i

imaginist

想象另一种可能

理
想
国

imaginist

当代建筑 22讲

A Critical History of Contemporary Architecture
1960—2010

[黎巴嫩] 埃利·G. 哈达德
[美] 大卫·里夫金德 主编
宗麟 王瑞珂 译

Elie G. Haddad David Rifkind

山西出版传媒集团 SHANXI PUBLISHING MEDIA GROUP　山西教育出版社

图书在版编目(CIP)数据

当代建筑22讲 / (黎巴嫩)埃利·G.哈达德,(美)
大卫·里夫金德主编;宗麟,王瑞珂译. -- 太原:山西
教育出版社,2022.8

ISBN 978-7-5703-2138-4

Ⅰ.①当… Ⅱ.①埃… ②大… ③宗… ④王… Ⅲ.
①建筑学-研究-世界-1960-2010 Ⅳ.①TU-0

中国版本图书馆 CIP 数据核字 (2021) 第 267825 号

A Critical History of Contemporary Architecture: 1960-2010, 1st Edition
Edited by Elie G. Haddad and David Rifkind / ISBN: 978-1-4094-3981-3
Copyright © Elie G. Haddad and David Rifkind, and the contributors 2014
All Rights Reserved.

Authorised translation from the English language edition published by Routledge,
a member of the Taylor & Francis Group.
本书原版由 Taylor & Francis 出版集团旗下 Routledge 出版公司出版,并经其授权翻译出版。

当代建筑22讲

DANGDAI JIANZHU ERSHIER JIANG

(黎巴嫩)埃利·G.哈达德 (美)大卫·里夫金德 主编
宗麟 王瑞珂 译

责任编辑 李梦燕 许亚星
特约编辑 张妮
复 审 海晓丽
终 审 康健
装帧设计 高熹
出版发行 山西出版传媒集团·山西教育出版社
     (地址:太原市水西门街馒头巷7号 电话:0351-4729801 邮编:030002)
印 刷 山东新华印务有限公司
开 本 1230毫米×880毫米 32开
印 张 21
字 数 478千
版 次 2022年8月第1版
印 次 2022年8月第1次印刷
书 号 ISBN 978-7-5703-2138-4
定 价 128.00元
如有印装质量问题,影响阅读,请与出版社联系调换。电话:0351-4729588。

目录

第二部分 全球当代建筑发展

前言　当代建筑的多元化

埃利·G.哈达德　大卫·里夫金德

借弗洛伊德精神分析法的要义来说：历史不仅仅是一种疗法。历史通过质疑自身的组成，来对其进行重构，同时历史也在不断重构其自身。因此，历史走过的轨迹，就像这种分析法一样，超越了具体的生产实践、生产方式。正如学科的多元化，历史学家的工作也在多元化中进行……历史在自身的结构上进行分析，用手术刀在"躯体"上划开切口，留下了永不磨灭的伤痕。与此同时，这道不可愈合的伤痕已破坏了历史结构的紧凑性，使它显得问题重重，却自以为表现出了"真实"。[1]

20世纪后半叶，建筑呈现了空前的多元化。随着现代建筑在全球范围内的广受欢迎，各种各样的"主义"和相关解读风起云涌，建筑运动的觉醒也随之而来。在此之前，从没有出现如此丰富多样的建筑，也从没有在这么广的范围内出现如此大量的建筑。

在过去几十年里，有关现代建筑之组成的研究层出不穷，这些研究证明了曼弗雷德·塔夫里关于建筑学中"历史计划"（historical project）的研究取得了成果。他的这项研究是多层、连续的，与之前的研究紧密相关。同时，正如塔夫里预测的，史学研究在历史的"躯体"上划下一道道划痕，正是这具布满划痕的"躯体"，构成了"现代性的历史研究"，被人们以不同方式剖析、解释乃至误读。

在一篇建筑史学研究文献中，弗雷德里克·詹姆逊将现代性与建筑技术联系起来。现代性一词有时欲盖弥彰，有时是技术的面具，有时仅作为纯粹的符号。在这方面，詹姆逊同时提醒我们注意，作为意识形态的现代主义与以"震惊"为美学特征而呈现出的"新"之间的密切联系。"新"的吸引力很大程度上来自"当代"建筑的标签，用詹姆逊的话说就是披着"新"外衣的"现代主义"的复兴。这次现代主义"后现代式"的重现，有意识地以"震惊"作为技术工艺来宣传自己，从而能在新资本主义秩序的全球版图中，让新兴的经济中心迅速将其当作平等的伙伴。然而，我们认为，撇去任何社会目的或政治目的，"当代"建筑仍是一种被修改过或"杂交"过的现代主义。

詹姆逊提出的另一个有趣问题是现代主义"两个阶段"的持续辩证。这种辩证在建筑、音乐、美术等各个领域的历史中交替进行，就像在从新艺术风格到包豪斯主义的早期运动中那样。这一交替也可以在当前动荡的建筑运动中追溯到一丝踪迹，它存在于两种截然相反的路线之间：一方面是新表现主义（从夏隆到盖里再到哈迪德），另一方面是新理性主义（从瑞士和德国的建筑设计到参数化设计），中间还有一系列混合前两种路线的尝试。即使有人否认，但所有这些，在某种意义上都有着同样的、分别指向"原始"和"新"两个方向的强烈驱动力，最终将它们引向詹姆逊所描述的"现代性的历史研究"：

在这里，必须革新或"创造'新'"的动力，以及"新"强大的核心价值似乎一直都是构成现代主义的基本逻辑。它重现了谢林提出的现代主义的动力 —— 以"寻求创新"的名义，为了创新而创新，而强力驱逐过去。这种做法是空洞的，是对形式主义的迷恋。[2]

詹姆逊将现代性的这种境况与语言学上的"表述危机"联系起来，后者似乎在建筑学领域同样适用。在建筑学领域，"追求与众不同"带来了不断增长的压力，使建筑在要素、主体和地域之间出现类似的断层。在经历早期"后现代主义"的失败尝试后，乌托邦时代的理想主义联盟发现它们将必然走向衰败，最终让位给各种新的建筑符码（形式），拉近了技术理性和主观自治这两极之间的距离。

由于这种内在的复杂性，我们开始尝试写一部建筑在当代的"发展史"，通过在业已成型的现代建筑的"历史"城墙上打开几个口子，延伸一下现代建筑在当下的意义，这样，我们就有可能对各种新兴主义进行分类。这些新兴主义已经超出了它们的"发源地"——西方，遍及世界的各个角落。

20世纪50年代末60年代初，"二战"后的现代主义者骤然从共识转向纷争，建筑领域的大肆扩张也由此开始。现代主义建筑面临着来自内部和外部（后现代主义的反击）的双重批判，这样的批判，为新的尝试开辟了道路——建筑既要解决空间语法和语义上的问题，也要尝试探寻规则最本质的基础。同时，随着"他者"理论的兴起，地域主义也开始出现。地域主义可衍化成各种形式，例如在主流现代主义内部被称为"批判主义"，或追求身份认同的复兴主义。

反殖民主义运动过后，出现了新的独立国家。它们纷纷在建筑领域积极寻找新的方向，进而产生了各种各样的建筑作品。为了让这些建筑的设计符合新社会的需要，有时要借助某种混杂的建筑语言，将区域和民族特征融入国际化的现代主义中。同时，西方的政治运动对精英文化和极权主义提出抗议，在从社区共同参与到自建建筑等各种非传统实践中寻找表达方式。一场声称"历史是一种宏大叙事"的论战，让西方永远记住了20世纪六七十年代冷战结束后的那段时间。随之而来的繁荣，使具有不同品位和追求的新建筑师获得了更多赞助，这导致多元化、差异化和异质化的观念传播开来。20世纪末，苏联解体改变了其广大区域上的政治经济格局，其中包括苏联和东欧社会主义国家。随后，中国一跃成为全球经济强国，也成为当代建筑和城市化的重点试验田之一。

建筑师们一时间实践各种不同的建筑范式，以应对全球资本主义扩张时代的各种挑战。一些是对传统的复兴，包括"复兴现代主义"，另一些是相反趋势的综合，以往截然相反的元素，如今可以并存于"现代主义"或"后现代主义"的旗帜下诞生的综合作品中，如弗兰克·盖里、詹姆斯·斯特林、雷姆·库哈斯、拉菲尔·莫内欧和彼得·艾森曼的作品。这一时期的各种历史研究显示，观念迥异的建筑师们通常被归到同一流派当中。在某些场合，他们通过在某场运动中重新调整自身来适应不同的理论，尤其在建筑展览上。主要的研究机构和博物馆，继续在新趋势和新运动的宣传中发挥重要作用，这导致某些建筑理论家再次极端地呼唤一种统一的、囊括一切的建筑"形式"。[3]

在这片文化的"马赛克"中，本书尝试通过两个部分来描绘多元的当代建筑史。第一部分是 1960 年后建筑史上发生的主要运动，这一时期包括后现代主义在内的观念依旧占统治地位。第二部分是基于地理区域的研究，涉及全球大部分地区。这些地区的建筑的普遍规范和趋势彼此杂交的范围似乎越来越大，同时，人们也在寻求建筑的具体性和独特性。全球化趋势下日渐模糊的地理界线，导致某些"主流"建筑实践和建筑公司在全球大举扩张。虽然本书这样的划分（基于地理区域的划分）可能与这一趋势相违背，但我们仍认为，本书针对当今的建筑趋势的探索将在批判性评论的道路上迈出第一步。这一时期建筑话语的去意识形态化，已经导致评论界对不同建筑作品只在风格上进行褒扬，却没有任何批判检视。同时，我们还认为单一作者已无法完成一部综合的建筑史写作，因此我们选择协同分工。当然，我们在工作中难免会产生很多分歧或"断层"，包括重复的内容以及历史上、地域上的"缺失"。

　　我们对当代建筑的论述始于 1960 年前后。这一时间选择不是绝对的，也不代表世界建筑发展进程在这一年发生了剧变，而仅仅是我们将其作为反思建筑领域后产生的潮流的一个基准点。这一时期非常重要，因为它在标志着现代主义运动转折点的最后一届国际现代建筑会议（CIAM）之后，见证了一批相互竞争的理论的诞生，如阿尔多·罗西、罗伯特·文丘里等人的理论。这些理论预示着后现代主义之后的修正运动的到来。一些近期研究确实也尝试囊括建筑领域的一些发展，但都是碎片化的，或仅仅论述了某个特定区域、某场运动，无法从多元发展中构建起批评的历史。还有一些研究尝试在主观的时间框架下分析建筑的发展，忽视了世界上那些仍被认为"不太重要"的地区。这些史学家仍将西方作为研究的中心。

因而，这本书将为读者呈现我们对当代建筑发展更加多元化的解读，从不同的建筑史作者的不同观点出发，提出问题。尽管我们的论述尽可能地包括许多地区，但我们仍然意识到本书的局限性，以及难免产生的分歧。例如，欧洲建筑在本书中被讨论得更多，这是由于当代欧洲建筑师探寻了多样的方法和问题。这些尤其体现在荷兰、西班牙—葡萄牙和瑞士这三种重要的"传统"中。这三大传统深刻影响了世界建筑的发展，并引起了现代建筑中多元方法的出现，包括当地传统以及对技术乌托邦的持续信仰。随着数字化工具应用逐渐推广，技术乌托邦的实现指日可待。

因此，本书回顾了不同建筑史学者的不同观点，也尝试在只从表现形式上审视建筑的"美学史"与回避材料的"意识形态史"写作之间取得平衡。在一些历史学家看来，当代的建筑只是现代建筑的"最近的一个阶段"，是不完整的；在另一些人看来，当代建筑证实了我们当下正处于真正的后现代时期，这一时期曾被误解为是历史主义和新古典主义的回归。对这些观念下定论还为时过早，因为叙述"进行中的历史"，仍是一种"暂时"的工作，是不完整、充满未知的，且受制于瞬息万变的环境。

注 释

1 Manfredo Tafuri, "The Historical Project," Introduction to *The Sphere and the Labyrinth*, MIT Press, 1990.

2 Fredric Jameson, "Modernism as Ideology," in *A Singular Modernity: Essay on the Ontology of the Present*, Verso, 2002(151).

3 相关例子参见 Patrick Schumacher's recent *The Autopoiesis of Architecture: A New Framework for Architecture*, Wiley, 2011.

PART
I

Major
Developments
after
Modernism

现代主义之后的
建筑发展

第1讲　1959年前后的现当代建筑

彼得·L. 劳伦斯

　　"现代"建筑是从什么时候演变成"当代"建筑的？尽管人们一般认为，20世纪建筑历史发生转折的一年是1968年，就像让－路易·科恩在《建筑的未来：1889年之后》一书中所说。但另一些历史学家却将20世纪现代性的转变追溯到更早的年代。[1]例如，1959年就被建筑界称为"万物改变之年"。为支持这一观点，历史学家弗雷德·卡普兰列出了1959年发生的一串重大事件，包括：苏联发射宇宙飞船、避孕药获批、美国实行种族隔离制度，以及IBM公司卖出了第一台商用计算机。卡普兰认为，在这一年，"新事物冲开了日常生活的缝隙，人类开始进入宇宙并能控制生命的孕育；世界变小了，但是生存在其中所需的知识却以指数级增长；'局外人'变成'当事者'；当不同范畴被跨越以及禁忌被蔑视，人人都觉得自己了解的一切事物都在改变。也就是说我们如今所熟悉的这个世界开始成形了"。[2]尽管一定会有人对卡普兰的"1959年是万物改变之年"这一说法不以为然，但它对这一历史时刻的描述，确实体现了近年来历史学界的一股风潮——除了20世纪60年代之外，50年代也是一个出现重大变革的时期（图1.1）。

　　20世纪50年代的建筑风格与60年代及其后的"后现

1.1　"C. I. A. M. 之死"，CIAM 最后一次会议，荷兰奥特洛，1959。从左至右：
彼得·史密森、艾莉森·史密森、约翰·福尔克、雅各布斯·巴克马、
桑迪·凡·金克尔。标牌下面趴着的两人是阿尔多·凡·艾克和布兰奇·莱
姆科

代"风格相去甚远，也因此更受人们喜爱。美国建筑师查尔
斯·詹克斯有一个著名论断："现代建筑之死"发生在 1972
年 7 月 15 日普鲁伊特-伊戈公寓项目被炸毁的那一瞬间（图
1.2）。自此，历史学家就一直探讨詹克斯的观点发表之前的
几十年里建筑文化界的复杂与矛盾性。在国际现代建筑协会
（CIAM）从 1928 年创立到 1968 年这 40 年中[3]，这些探讨主
要集中于"批判与反批判""延伸与批判""连续与变化"等
问题的研究。威廉·柯蒂斯的《1900 年以来的现代建筑》一
书的书名，恰恰突出了现代建筑发展至今的连续性。正如柯
蒂斯在该书第 3 版前言中所说：

　　自《1900 年以来的现代建筑》第 1 版出版以来，总能听到

1.2　位于美国圣路易斯市的普鲁伊特-伊戈公寓被爆破的瞬间。这一刻并不代表某些人所说的"现代建筑之死",而是证明了早几十年前对城市设计的批评论断就是准确的

"现代建筑已死"的论调……尽管现代主义被称为"一个时代的终结",但现在已经证明,后现代主义也不过是昙花一现(它并没有取代现代主义建筑)。事实上,关于现代主义还有其他的新转变,其中现代建筑的某些核心理念,以一种新的方式被再度审视。[4]

一些近期研究延续了这种对"二战"前后的现代建筑的再度审视,揭示了现代主义运动中的异端,并挑战了早期鼓吹者、当代批评家及后续演绎者的过火言论。例如,詹克斯或许正确地指出"在被诸如简・雅各布斯等评论家无情抨击了 10 年后,现代建筑的时代终于在 1972 年宣告结束。但雅各布斯和其他人一样,都没察觉到 20 世纪 50 年代初现代主义者的都市主义，以及支持都市更新所带来的后果"[5]。此外，在雅各布斯的《美国大城市的死与生》一书出版时，她对现代建筑及其代表人物勒·柯布西耶的批判，显得有些不合时宜。CIAM 在 1956 年就近乎瓦解，部分原因正是勒·柯布西耶和其他"1928 年一代"建筑师认为这一协会已行将就木，但更大一部分原因是关于现代都市主义原则的争议，还有就是这一时期的现代建筑被认为是异端、非正统的——尽管 60 年代的评论家的论调与此截然相反。[6]

回顾过去，我们可以看到，从 20 世纪 30 年代现代建筑的先锋试验到随后几十年中对现代建筑的广泛接受之间产生的文化滞后，这种滞后随即又产生在 20 世纪 40 年代后期及 50 年代的现代建筑的内部批判，以及 60—80 年代与之相对应的（对现代建筑自我批判）广泛抵制之间。正如后文会提到的，现代建筑在 1950 年就已经岌岌可危了，而且新一代现代建筑师在 1959 年就开始摒弃"现代"一词，而更爱用"当代"一词。他们借这个词将自己的作品与 CIAM 所倡导的"现代主义"区别开，并且，在之后的几十年里，这个词一直受到建筑师的追捧。

因此，为更好地理解是哪些力量和观念推动了 20 世纪上半叶的"现代"建筑转化为 20 世纪下半叶的"当代"建筑，我们应该仔细研究 20 世纪 50 年代和近几十年来出现的建筑危机的根源。此外，现代建筑离后现代主义的历史和民粹主义倾向越来越远（早在 20 世纪 50 年代，那些富有远见的建筑师就确信靠近民粹主义的路线行不通），而与 20 世纪的前几十年产生新的联系。通过审视"1928 年一代"与战后的"1956 年一代"设计思想的变化，我们就能发现，现代建筑能够打破早期的教条，演化出各种丰富的视角和方法。再进一步讲，一些所谓的"当代"战后思潮（比如，至今仍流行的地域主义、高技派）呈现出设计思维对过去的延续，说明了现代建筑有着更深厚的历史和更广阔的未来。

当代建筑与"1956 年一代"

从"现代"建筑到"当代"建筑的转型，是一次更新换代。在筹备 1956 年 8 月于杜布罗夫尼克举行的国际现代建筑协会第 10 次（CIAM 10）会议的过程中，协会的领袖们认为，将该组织的命运托付给"1956 年一代"建筑师的时刻已经到来。在这个被勒·柯布西耶称为"危机与变革"的时刻，只有更年轻的建筑师"才有能力切身且深刻地感受到实际存在的问题，找到前进的目标和达成目标的手段，以及能感受到改变可悲现状的紧迫性"[7]。凭借敏锐的历史触觉，勒·柯布西耶意识到了"1928 年一代"建筑师（大多生于 19 世纪 80 年代，活跃于 20 世纪 20—30 年代）与"1956 年一代"建筑师（大多生于 20 世纪 10—20 年代）之间的显著差异。

生于机械时代的新一代建筑师——包括雅各布斯·巴克马、阿尔多·凡·艾克、艾莉森·史密森、彼得·史密森和约翰·福尔克——都因为太年轻而无法像勒·柯布西耶那代人一样，目睹世纪之交时城市迅速扩张导致的顽疾，也无法体验现代化这场"伟大历史蜕变"。[8] 其实，早在"二战"后的 1947 年召开的旨在"重申协会宗旨"的国际现代建筑协会第 6 次会议（CIAM 6）上，巴克马和凡·艾克就批判了现代建筑的基本原则，尤其针对与城市规划相关的内容。与其认可国际现代建筑协会重申宗旨的文件，凡·艾克拒绝接受协会于 1928 年发表的《拉萨拉宣言》和 1933 年通过的《雅典宪章》中的大部分文件。他认为，这些文件患有"机械进步观"的毛病，与战后即将诞生新文明的信念背道而驰。[9]

1950 年，《建筑评论》杂志的编辑对这种对"战后进步"的幻想的破灭总结如下：

> 或许 1950 年最特别的一件事就是人们不再认为消极看待未来的人是愚蠢的（像 19 世纪或 20 世纪初那样）。原子弹最可怕的一点不是它会爆炸，而是无论它爆不爆炸，对人的影响都是一样的。西方文明正慢悠悠地坐看事态发展，其结果就是，一个曾被称为"社会进步"或"历史进程"的过程，出现了大减速。[10]

勒·柯布西耶那一代建筑师绝不会忽视这些关乎未来发展的问题，但是年轻一代对 CIAM 在过去几十年的工作的投入却比较少。于是，在 20 世纪 50 年代初，约翰·福尔克、史密森夫妇联合了凡·艾克、巴克马，以 60 年代批评家常见的惊人语调，共同抨击了协会长期奉行的功能主义城市规划原则。在 1953 年召开的国际现代建筑协会第 9 次会议（CIAM 9）上，沃克和史密森夫妇携手展示了一个名为"城市再定义"的项目。他们在这一项目中观察到：贫民窟里短小、狭窄的街道往往人气旺盛，但在经过城市改造，变成宽阔的街道之后却人气惨淡。这个社会学上的发现，很明显与 20 世纪 60 年代的城市理论有关。[11]此后不久，该团队发表了《多恩宣言》

（1954），旨在通过对于城市的"生态"复杂性的崭新理解来取代《雅典宪章》中狭隘的功能主义。[12] 通过抨击"1928年一代"建筑师在过去20年借以推行现代建筑和城市规划理念的作品，这些新一代建筑师拒绝接受协会提出的"功能主义者城市"的概念——城市必须具备居住、工作、休憩、交通这"四项基本功能"。史密森夫妇在1955年总结这种思想转变时，曾尖锐地指出："我们很怀疑，怎么会有人相信这种概念（即功能主义者城市理念）中隐藏着城镇建筑的秘密呢？"[13]

在如此强烈抨击的背景下，也难怪"1956年一代"建筑师会决定解散CIAM。于是，1959年在奥特洛举行的最后一次会议上，CIAM正式宣布解散。

然而，CIAM的解散，只是针对现代建筑更大规模批判的冰山一角。到1959年，就连"现代建筑"这一术语本身，也因为与广受诟病的"战后城市重建项目"相关，遭到年轻一代建筑师的质疑。关于此现象，巴克马解释道：

> 在我们荷兰，"现代建筑"一词已不再受人欢迎。但这是为什么呢？我们为什么不喜欢它了？因为在战后，城市和街道的重建方式让人们联想到现代建筑：我们大量重复建造千人一面的街区，而且在这些街区里，房屋就像兵营一样整齐排列……[14]

然而，摒弃"现代建筑"一词，就迫切要引进一个新名词和一个崭新的建筑概念。

凡·艾克在对"机械进步观"的进一步批判中列举了一个跨越20世纪20年代和30年代的实证主义的案例。他借此呼吁：建筑师和城市规划师必须抛弃成见。他注意到，与科学相比，带有实证主义色彩的现代建筑和城市规划的实践已经宣告失败。他认为，建筑师已经脱离现实并且"偏离了当代设计的主题"[15]。于是，他建议建筑师学习"非欧几里得"派的艺术家和科学家，如毕加索、蒙德里安、乔伊斯、勒·柯布西耶、勋伯格、伯格森和爱因斯坦。他形容他们的作品是"当代的"，而非"现代的"。

通过将"当代建筑"和"现代建筑"两个概念对立起来，凡·艾克相信，当建筑师重新审视这个世界，将会发现一种"新建筑——真正的当代建筑"。[16]

从"功能性神经症"到新经验主义

自1959年CIAM解散后，这种将20世纪下半叶的"当代"建筑与上半叶的"现代"建筑区别看待的观点变得越来越普遍。然而，由于这两个词的意思差不多，如果选择其一，既代表一种改变，也代表一种连续性。事实上，虽然凡·艾克借助修辞手法使新的当代建筑走上历史舞台，但他的灵感却来自现代主义的代表人物，包括毕加索、蒙德里安和勒·柯布西耶。他们的作品就被凡·艾克称为"当代"艺术。[17]

借美国哲学家托马斯·库恩于1959年前后提出的观点，这种从"现代"到"当代"的语义转变，其背后是一种范式和思维方式的转变。库恩认为，这种转变并不意味着要全盘否定以前的范式。然而，一种范式中长期存在缺陷，而且出现越来越多失败的例子，最终必定会触发某种"危机"。从

1950年开始，建筑文化领域开始更频繁地使用"危机"一词，其被引用的次数从1956年开始呈指数级增长。[18]库恩认为，知识危机是由两部分人之间的对抗而激发的。其中一部分人寻求保护正统的信仰，而另一部分人则急于指出当下流行理论中的缺陷并致力于"意义非凡的研究"——这是一个精准的词，可以用来形容20世纪50年代及其后几十年中丰富多样又转瞬即逝的建筑发展轨迹和文化现象。[19]最终，正如库恩在《科学革命的结构》（1962）一书中指出的：这种范式的改变，与其说是一种革命，倒不如说是一种渐进改良。[20]

　　功能主义就是20世纪50年代发生变化的一种基本范式。但根据库恩的学说，功能主义并不是一种被一致接受的概念，在某种程度上，有些人很早就已经认识到了它的不足，只是当时的功能主义没有被草率地全盘否定。事实上，作为一个与现代建筑密切相关的设计理念，关于功能主义的争论持续了大半个世纪，一直延续到20世纪70年代，并超越了现代主义建筑和后现代主义建筑之间固有的历史边界。

　　20世纪早期，对于功能主义的批判始终困扰着现代建筑。例如，1923年，阿道夫·贝恩通过区分建造者的功利主义和建筑师的功能主义，来批判建筑功能主义。他发现：一个真正的功能主义建筑师会将建筑设计成"单纯的工具"，以反对形式主义。[21]1932年，菲利普·约翰逊和亨利·拉塞尔·希区柯克不约而同地为新"国际主义风格"的美学阐释做辩护。他们都提到了功能主义建筑师否认美学元素在建筑中的重要性。[22]同一年，道格拉斯·哈斯克尔借用彼得·贝伦斯设计的魏森霍夫住宅区来论证他的观点，即功能主义建筑必须使用隐喻，因为它是"建筑师的童话"。而这个住宅项目在短短5

年内就严重风化，房屋状况极为糟糕。[23]1936年，莱斯特·B.霍兰将功能主义视为一种"建筑邪教"。他还富有远见地补充道：功能主义就像其他的"邪教"一样，会很快成为"杂志上的小玩意儿"。[24]霍兰预见到现代建筑将在未来几十年流行所带来的问题，然后指出："如果功能主义所强调的功能胆敢挑战大众对时代装饰的渴望，它必定会输给稻草人，充其量也只能取代另一种时尚。"[25]

一个关键的转折点出现在"二战"结束时。当时功能主义似乎和机械化紧密联系在了一起，同时，亚欧大陆也饱受战火肆虐。1946年，也就是凡·艾克与巴克马质疑CIAM宗旨的同一年，埃内斯托·罗杰斯提出了一个著名的问题："我们要将自己定义成功能主义者吗？"[26]20世纪50年代初，紧随这些战后早期评论的是源源不断的以功能主义或其他类似的建筑表达为主题的评论。这些评论的作者包括刘易斯·芒福德、罗伯特·伍兹·肯尼迪、保罗·祖克、爱德华·德·祖尔科等。[27]这场关于功能主义的争论一直延续到20世纪60年代中期，其标志就是文丘里和罗西发表的《论天真的功能主义》，以及70年代马里奥·盖德桑纳斯和彼得·艾森曼的论文。[28]

这些持续不断的争论表明：在20世纪50年代和60年代，功能主义并没有为建筑界所抛弃。"当代"建筑将从功能主义的重构中蜕变而出。琼·奥克曼在《1943—1968年的建筑文化》一书序言中提到，那个时代关于建筑的思考的主要特点是："一次功能主义与更多的人文关怀的和解与整合——符号化表达、有机理论、美学表达、文脉传承以及社会、人类学、心理学等相关主题。"[29]这个整合过程是一场危机，因为它要求人们反思当时流行的现代建筑的定义，也关系到城市规划理论的失效，还涉及重新思考一些重要但曾被忽略的因素，例如：历史、通俗文化、地方传统和城市本身。

事实上，虽然由于其内在逻辑和适用范围的约束，对功能主义的新诠释还没有被广泛接受，但战前的功能主义的某种变体，在战后很快就出现了。J.M. 理查兹的"新经验主义"是最早脱胎于功能主义的新理论之一。这一概念关注的是"功能主义的美学表达"。理查兹最初用该词形容瑞典的地域现代主义，但他在一篇同名文章中写到这种新经验主义将成为一种国际趋势：

> 从其他国家表现出的担心来看，这种趋势并不仅仅是瑞典独有的。这些地方的经验主义者显然很担心战后涌现的大量重建项目将很容易导致30年代功能主义的复兴。因为过去的讨论曾赋予功能主义"国际通用建筑语言"的地位。[30]

理查兹的理念很快被刘易斯·芒福德所采纳。芒福德在其论文《现状》（即著名的"湾区风格"一词的出处）中引用了"新经验主义"的概念，同时，这也促使纽约现代艺术博物馆（MoMA）组织了一次以"现代建筑怎么了"为题的研讨会。[31] 会上，阿尔弗雷德·巴尔和亨利·拉塞尔·希区柯克讽刺了芒福德的"现代主义的本土和人类形态"，讥讽他的湾区风格其实是"新农舍风格"，同时继续维护他们自己的国际风格的崇高地位。他们确信，国际风格就是"现代建筑的同义词"。[32]

　　然而，此后风云突变。1950年，理查兹明确提出了一个很快被广泛接受的观念："当下，是一个危急时刻，不是因为我们需要现代建筑，而是我们早已经拥有了它。"[33]

　　事实上，在20世纪50年代早期，许多现代主义大师对"我们是否愿意将自己定义为功能主义者"这个问题都说了"不"。西格弗里德·吉迪恩写道：建筑的特殊使命是从理性功能模式升级为非理性有机模式，并且找到一种办法，将社会从铺天盖地的技术工艺中拯救出来。[34]约瑟夫·路易斯·塞特也有着类似观点，他认为，现代建筑必须超越简单的功能表现，并发展出一套更完整的建筑语言。[35]他提出："人类自诞生起就喜欢多余的装饰。"他的结论是，建筑需要超越"20世纪刻板、严厉的建筑标准"。[36]1954年，瓦尔特·格罗皮乌斯在《建筑论坛》上发表的以"建筑危机"为主题的一组论文中也提出了类似的观点。[37]他认为，那种将早期现代主义先锋刻画成沉溺于歌颂机械却对人性漠不关心的形象的论调，早已经过时了。他认为现代建筑不是历史的倒退或静止，反而是能促使人们将现代建筑理解为一个持续进展的过程，一种能适应生活的变化，以及源于特定环境、气候、景观和风俗的地方性表达。[38]

　　虽然这些言论在今天会引起一些共鸣，但是在当时，老一辈建筑师的理念转变却没有引起新一代建筑师的一致认同。例如，20世纪50年代中期，詹姆斯·斯特林认为勒·柯布西耶嘲弄和背叛了现代建筑。在提到朗香教堂（1951—1955，图1.3）时，他抨击了这位前辈大师。斯特林认为柯布西耶未能正确地利用和表达材料，其虽采用了装饰性的母题，却无助于强化建筑的形式、结构和美学宗旨。这些做法都违背

1.3　"1956 年一代"某些年轻建筑师认为勒·柯布西耶设计的朗香教堂
（1950—1955）在现代建筑中代表"理性主义的危机"

了柯布西耶在自己的早期作品中所宣扬的原则。斯特林认为，
柯布西耶的朗香教堂"对'什么是现代'提出了质疑"，但同
时也触发了新的"理性主义危机"。[39]

　　现实中，一方面是 SOM 建筑师事务所（以下简称
"SOM"）设计的利华大楼（1950—1952，图 1.4）和古奇建筑
（Googie）所代表的 20 世纪 50 年代早期大公司和普通民众对
于现代建筑的支持；另一方面是对于勒·柯布西耶式的现代
建筑的明显排斥，这些都预示着"1956 年一代"的"愤青"
其实前途黯淡。1953 年，雷纳·班罕姆在评论路易吉·莫雷
蒂设计的一栋朴实的公寓"向日葵住宅"（1949—1950）对抽
象的历史及地方性元素的引用时谈道："年轻一代的现代建筑
师要面对功能教条主义和表现折中主义之间难以想象的狭窄

1.4 20 世纪 50 年代广受欢迎的现代主义建筑，如戈登·邦沙夫特 / SOM 事务所，利华大楼，1952—1954

1.5 密斯·凡·德·罗的战后作品与勒·柯布西耶设计的朗香教堂形成鲜
    明对比，如伊利诺伊理工学院的卡尔教堂就代表一种静态、过时且绝
    对化的功能主义

操作空间。"[40]

　　虽然人们对 20 世纪早期现代建筑的缺陷已经有了一定共
识，但是建筑文化在 20 世纪 50 年代仍深陷囹圄，这一现状
被罗宾·博伊德称为"功能主义神经症"。博伊德认为，虽然
现代建筑已经准备好要放弃功能主义，但因为还没有更好的
理论能取代这个"青春之神"[41]，所以现代建筑早已因自责和
被质疑而自我分裂了。现代主义建筑师以密斯·凡·德·罗
设计的卡尔教堂（图 1.5）和西格拉姆大楼（1954—1958）为
蓝本，已经建造了太多的"玻璃盒子"。博伊德认为，这些建
筑在设计思路上从 20 世纪 20 年代以来就丝毫没有进步。他
还注意到，现代建筑师虽然已经准备要放弃功能主义，并尝
试用心而不是脑来建造，但是他们感觉不安，他们认为"从

1.6 莫里斯·拉皮德斯，枫丹白露酒店，1952—1954。该建筑与国际主义
风格相混淆，加剧了战后现代主义建筑的危机

某种意义上说，这会让老一辈人大失所望"。[42] 放下这种情绪，
可能需要好几十年，甚至还要再经历整整一代人（图1.6）。

走向特殊性的功能主义

1950 年，J.M. 理查兹在一篇论文中不但描述了现代建筑
所面临的变革，而且高瞻远瞩地指出了建筑文化在未来 50 年
的发展。通过在一系列的流行语、潮流和方向中寻找共同线
索，理查兹将这种变革归结为"特殊的功能主义"。他认为，
功能主义建筑不必被放弃，而是需要更好地与时间、地点、
目的等关键要素相结合。在他看来：

我们不必为了搜寻能充分表达人类需求的建筑习语而放弃功能主义；我们只需要透彻地领会功能主义这个词本身的含义，探索其本身的性质，反思这个词在多数情况下的含义：不要将一切都粗略概括，建筑的本质是精确，而不是粗略。我们要尽力将这个词与时间、地点、目的这样的基本要素结合起来。这才是人类和科学理应追求的价值。[43]

虽然此后人们接受了对现代建筑多元化价值的描述，但因为这段宣言含糊得令人沮丧，所以它并不能取代现代建筑教条主义式的基本原则。事实证明，尽管"1956 年一代"的建筑师意识到了早期现代主义中许多不合理之处，但他们由于担心因噎废食而无法放弃这些原则。[44] 他们也清楚大量现代建筑项目因其本身良莠不齐而产生的后果。现代建筑在走过了被称为"同质化和个性化进程"的 30 年后，斯特林希望现代建筑广泛传播的时代能告一段落，并找到一种全新的综合理论。[45]

但是，人们很快就意识到这样一个描绘现代建筑的新名词是不会出现了。正如 1955 年雷纳·班罕姆在其文章中注意到了"新粗野主义"，其他新理念便以迅雷不及掩耳之势涌现出来。班罕姆在谈到新经验主义的"新"和势头正盛的新粗野主义时认为：

像任何与"新"字有关的术语一样，"新粗野主义"一词的使用，打开了新的历史视角。它假定历史学家可以分离出"旧的"经验主义，还可以通过历史对比的方法将新的经验主义从中区分出来。我们之所以能区分出如此细微的历史学意义，是因为我们如今可以轻易借用历史学的理论。在20世纪50年代早期的建筑学院高年级学生和其他对建筑学纸上谈兵的人当中，很流行使用"新××主义"之类的词（××可以替换成任何形容词词根）。[46]

尽管各种新主义不断涌现，但对于班罕姆、史密森夫妇和其他建筑师来说，"新粗野主义"是对斯特林在其文章（《地域主义和现代建筑》，1957）中提出的"新传统主义"的一次重大挑战。新地域主义、新经验主义和新帕拉第奥主义（受到鲁道夫·维特考威尔的《人文主义时代的建筑原则》一书的启发）纷纷指出了形式主义和历史主义中存在的问题，即新粗野主义（班罕姆描述其为"一种被扔在大众面前，介于成熟的标语和不完整的碎片之间的东西"）绝对属于当代建筑的范畴。[47] 随着"后现代主义"实践的初露端倪，那些抵制平民化或关注历史语境的建筑师有些坐不住了——后现代主义的实践将会持续循环20年，从20世纪50年代的地域主义开始，到80年代的批判地域主义为止。[48]

然而，CIAM大会最后一次召开的时候，人们已经为当代建筑各种"意义非凡的研究"做好了准备（图1.7）。"又一个统一的大师叙事"与CIAM一道被不情愿地接受了，并成为一种历史作品。虽然还有一些现代主义建筑师信奉野心勃勃的"全能建筑"的理念，但建筑范式明显已经朝着理查兹在10年前所指出的方向转变。[49] 到1959年，从不同角度思考问题的风潮已势不可挡。巴克马对CIAM的解散概括得很不错，他说，"CIAM的解散是因为个人和团体必须通过自己的探索去

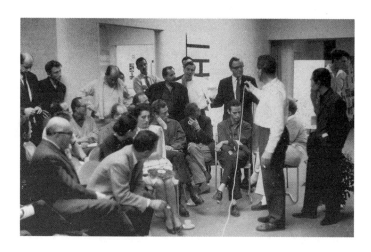

1.7　1959年，最后一届 CIAM 大会在荷兰奥特洛举行。何塞·安东尼奥·科德奇站在阿尔多·凡·艾克和吉安卡洛·德·卡洛（中坐者）身后，正在麦克风前讲话。这群人中有埃内斯托·罗杰斯（坐在最左侧）；彼得·史密森（左三站立者）；雅各布斯·巴克马和艾莉森·史密森坐在中间偏左侧。约翰·福尔克站在丹下健三身后。会议组织者包括巴克马（会议主席）、约翰·福尔克、埃内斯托·罗杰斯、阿尔弗雷德·罗斯和安德烈·沃根斯克

尽力找到一种新的建筑语言"。[50]

　　事实上，最后一届 CIAM 大会上展示的各种项目都具有非凡的前瞻性。赫尔曼·哈恩通过对撒哈拉以南非洲定居点的研究，提出了"建筑要素中需要引入人类学"的观点。同样去非洲多贡学习当地建筑的阿尔多·凡·艾克在会议上介绍了他设计的阿姆斯特丹孤儿院（1955—1960），这一作品体现了他多元化和不规则碎片化的设计理念。随后，凡·艾克还从结构、人类学、实验性和乌托邦空想理论等多个维度对这一项目进行了分析。[51]丹下健三介绍了菊竹清训事务所设计的"东京扩展计划"，这是新陈代谢派运动的一个早期案例。

1.8 最后一届 CIAM 大会上挑选出来的项目，代表了 CIAM 之后出现的各种不同的理论。从左至右分别是阿尔多·凡·艾克的儿童住宅（1955—1960）；丹下健三的香川县政府大楼（1955—1958）细部；菊竹清训事

他以"树"来比喻"结构"系统，将其分为永久性元素和暂时性元素。当他用树比喻城市（或住宅）时，认为公寓（或住宅中的技术构件）就像反复生长的树叶，是一种暂时性的元素。奥斯卡·汉森介绍了一座高技派的美术馆，它表现了结构和机械系统，同时是一座有历史意义的扩建项目，因为它原本是令人触动的奥斯威辛纪念馆，这些因素使得这座美术馆格外引人注目。耶日·索尔坦展示了一种为炎热气候设计的灵活的亭子系统，其中最突出的是被动降温技术的应用，这一点在如今的"可持续"建筑设计中也很常见（图1.8）。

相比其他城市的扩张和更新规划，爱德华·塞克勒为维也纳所设计的朴实居住区计划是史无前例的，因为他充分理解建筑和城市化之间的区别。这个项目是一个城市规划，而

务所的东京湾区项目（1959）；耶日·索尔坦的波兰展览馆被动散热
方案（达玛斯克，1956）

不是草率的建筑设计，它呈现出 20 世纪 50 年代城市设计的新
原则。塞克勒认为："城市设计有它的独特性，它不仅仅是建
筑设计。"[52] 虽然这一项目因为缺少地域和场所的特殊性而遭
到彼得·史密森的抨击，但是塞克勒的城市规划理念与 CIAM
所倡导的居住区以及城市规划方法完全不同，同时也与当下
所流行的郊区化、去中心化的设计风潮格格不入。但这些正
是史密森所设计的居住区规划项目的特点，同时也代表了当
时的城市规划理论。[53]

　　最后，约翰·福尔克、吉安卡洛·德·卡洛、拉尔
夫·厄斯金、丹下健三以及名气最大的埃内斯托·罗杰斯
一一介绍了各种地域主义概念和项目。在所有的项目中，
BBPR 所设计的维拉斯加塔楼（1950—1957，图 1.9）因其在

1.9 埃内斯托·罗杰斯、BBPR 团队设计的维拉斯加塔楼（1950—1957）在奥特洛举行的最后一届 CIAM 会议上遭到猛烈抨击，然而，这个项目对于在地域主义道路上拓展现代建筑语汇的进程来说是一次重要的尝试

建筑类型中借鉴了历史元素的概念而最受人瞩目。这个项目就是现代建筑的集大成者——摩天大楼。[54]

　　不出所料，罗杰斯照例在奥特洛的会议上抨击了维拉斯加塔楼：由于这座塔楼拥有飞扶壁、坡状屋顶和许多烟囱，所以它不仅挑战而且嘲笑了功能主义美学、现代主义建筑。彼得·史密森也同意罗杰斯的观点，他认为，虽然反对历史主义的观点早已过时，但这个设计也太过火了。他认为，这个项目是一个危险的先例：

> 如果你意识到自己所处的社会地位或者在社会发展过程
> 中所承担的角色，就应该明白自己所创造的模式会带来
> 危险的后果。这种新模式可能会导致其他人去做类似的
> 设计，但品质也许更差。[55]

　　但罗杰斯又补充说，该项目的设计与场地特征和历史文脉联系紧密，是对当下社会所流行的各种理念的全方位挑战，包括建筑、城市形态、业态、地域和场地特征以及历史。罗杰斯同时抨击了现代主义建筑和现代主义城市设计，因为他认为，带着先入为主的观念去建造"现代主义风格"的建筑，正如现代建筑师背弃历史一样，是十分荒唐的。同时，现代主义城市规划方案总是同城市现状与人们的实际生活格格不入。相较之下，他呼吁建筑和城市规划方案应当适应当地的气候和地形、现存的建筑和城市环境，以及与城市密不可分、历经岁月而传承的丰富遗产。[56]

　　罗杰斯对于建筑历史的论点关乎伦理，它超越了经验主义，也超越了设计项目本身。他相信，历史意识对现代主义

和人类来说都是必不可少的：

> 成为现代主义建筑师，就是要领会当代史在历史长河中所处的位置。于是，知道自身的责任就是要让行为不局限在以自我为中心的表现中，而成为一种沟通协作，通过自身的参与，增加和充实当代艺术可能的形式，使它与普及性相结合，具有长久的生命力。[57]

新理性主义、新现实主义、新地域主义和新功能主义

根据对乡土建筑、城市形态、人类学、社会学、技术、结构主义、新陈代谢派、地域主义和其他各种"新××主义"的最新研究，许多20世纪50年代的现代主义建筑师，都意识到超越功能主义局限传统的必要性。尽管如此，由于现代建筑在50年代广受欢迎，人们很难想象，在短短几年后就出现了对现代建筑的强烈抵制。就像耶日·索尔坦在CIAM最后一次会议上的总结报告中所说的，"世界上的每一个人都表现出对'现代'的渴望。新、旧事物之间的对抗业已结束，因为旧事物似乎已不复存在"。[58]

因此，许多现代主义建筑师相信，他们在"后CIAM时代"的核心任务就是坚定地抵制历史主义和民粹主义。然而，与早期现代主义建筑师必须对抗外部的反对不同，战后一代的建筑师发现"敌人"来自内部。他们必须区分清楚"新现代主义"和索尔坦定义下的"真现代主义"，前者旨在通过肤浅的风格和复古运动来迎合大众口味。[59]

　　相比之下，一些像阿尔多·凡·艾克这样的"1956 年一代"相信，现代主义建筑真正的威胁是来自内部的另一种思潮——现代主义城市规划以及其所蕴含的思想体系。正如凡·艾克所说的：

> 另一个"敌人"（关于城市的分析理论）的真正错误在于打造了四把开不了锁的钥匙……你去阿姆斯特丹，可以开车穿过根据 CIAM 倡导的四要素所铺设的几千米长的主干道，但你无法真正住进这座城市。这才是我们的"敌人"，它是如此强大、理性、顽固不化。[60]

　　现在看来，两种观点的支持者从各自角度所做的判断都是有道理的：一种是建筑过于迎合大众的口味，不管大众喜欢复古还是低俗的风格；另一种是建筑完全不顾场所环境而毁坏人们居住的城市。20 世纪 60—70 年代的建筑就走向了极端，前者的代表是查尔斯·摩尔设计的意大利广场（1974—1978，图 1.11），后者的代表是保罗·鲁道夫设计的曼哈顿下城区巨构项目（1967—1972，图 1.10）。在两种观点中，"后现代主义"一词明显更合大众的口味，就像 1973 年那场围绕"灰派"与"白派"的争论一样。

　　20 世纪六七十年代的平民主义运动，促进了"没有建筑师的建筑"猜想的提出。随后，建筑文化通过罗伯特·文丘里所代表的新现实主义作品，以及彼得·艾森曼在其"自我参照"建筑中所表现的新理性主义，共同回答了建筑自治、历史借鉴和大众喜好等问题。这标志着以上两种观点争论的终结。由于意识到功能主义中的缺陷，马里奥·盖德桑纳斯

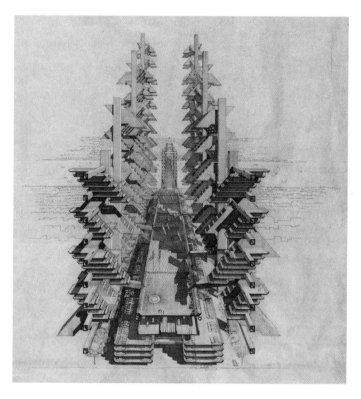

1.10　保罗·鲁道夫的曼哈顿下城区高速公路项目（1968）是现代城市设计的另一个失败之作。该项目基于1959年CIAM兴起的巨型结构想法，对巨型结构进行了概念上的层次排列

在1976年提出了一套基于"新功能主义"框架下的新现实主义和新理性主义的综合体。但是他的主张既没有在贝恩于20世纪20年代提出的功能主义上发展多少，也没有明显推进理查兹在50年代提出的理论。这一主张仅仅暴露了新一代建筑师在重述现代主义建筑时的根本问题。

　　20世纪50年代末，在诸如雅各布斯的《美国大城市的死与生》（1961）等关于建筑以及城市的批判著作出现十几年

1.11   在鲁道夫 LoMEx 项目的 10 年后，查尔斯·摩尔的意大利广场项目却
走向另一个极端，并且明显流露出致敬 "1956 年一代" 的意味

后，在 70 年代末许多城市百废待兴之际，"1968 年一代" 建
筑师才开辟建筑设计和城市规划的新道路（图 1.12）。[61] 但末
代 CIAM 提出的 "平民主义建筑和现代主义城市规划哪个问题
更严重" 这一难题还有待解决——20 世纪将会在列昂·克里
尔的乌托邦式的 "亚特兰蒂斯"（1986）和雷姆·库哈斯反乌
托邦式的 "基因城市"（1994）的争论中结束。[62]

　　然而，不管是历史主义还是 "基因城市"，都没能在 20 世
纪彻底赢得胜利。全球发展不平衡、历史遗产保护运动、人
和地区所固有的惯性，都在拖这两种理论的后腿。另外，更
保守的功能主义理论也依然存在，而且要与融入了时间、地
点和目的要素的建筑进行竞争。这看上去会是一场旷日持久
的战争。国际主义风格在 20 世纪 40 年代晚期与湾区风格以

1.12　作为全球化浪潮中的地域主义作品，恩瑞克·米拉莱斯和贝妮黛塔·塔利亚布的圣卡特琳娜市场改造项目（1997—2001）是城市和建筑设计、历史与当代建筑、当地特征和世界联系相结合的典范

及其他的地域主义风格并存。正如莉安·勒菲耶夫和亚历山大·佐尼斯所指出的：与古典主义建筑和哥特主义建筑并存不同，地域主义建筑拥有悠久的历史。[63] 理查兹在20世纪50年代对建筑的看法，在20世纪下半叶被证明是正确的。这些理论，包括地域主义在内，超越了战后建筑学理论的变革，完成了从"现代主义建筑"到"当代主义建筑"再到"后现代主义建筑"的转化。通过"新经验主义"这条共同的主线（后文将会提到的世界各地的项目会证明这一观点），现代主义建筑经受住了被提前宣布死讯的考验，并通过自我的发展，回应了关于特殊性和时代性的永不休止的挑战。

鸣 谢

由衷感谢亚当·沃克、赫尔曼·济丹、马克斯·里塞莱塔、德克·凡·丹·霍伊维尔、丹下健三事务所、莉安·勒菲耶夫、亚历山大·佐尼斯以及他们的摄影师。

注 释

1 Jean-Louis Cohen, *The Future of Architecture, Since 1889* (New York: Phaidon Press, 2012), 404.

2 Fred Kaplan, *1959: The Year Everything Changed* (New Jersey: John Wiley & Sons, 2009), 1.

3 参见 Kenneth Frampton, "The Vicissitudes of Ideology: CIAM and Team X, Critique and Counter-Critique 1928-68," *Modern Architecture: A Critical History* (New York: Thames & Hudson, 1980/92), 269, and William J.R. Curtis, *Modern Architecture since 1900*, 3rd edn (New York: Phaidon, 1996), 471. 威廉·柯蒂斯的著作类似肯尼思·弗兰姆普敦的《规范史》(第3版),扩展了20世纪建筑史,从地域和全球的视角审视了现代建筑。

4 Curtis, *Modern Architecture since 1900*, 9, 16.

5 Peter Laurence, "The Unknown Jane Jacobs," *Reconsidering Jane Jacobs*, T. Mennel and M. Page (eds) (Chicago: Planners Press, 2011), 15.

6 Max Risselada and Dirk van den Heuvel's *Team 10: In Search of a Utopia of the Present* (Rotterdam: NAi Publishers, 2005). 这本书对于了解20世纪50、60、70年代的建筑文化至关重要。

7 Oscar Newman, CIAM '59 in Otterlo (Stuttgart: Karl Kramer Verlag, 1961), 16. 又可见 Joan Ockman, *Architecture Culture 1943-1968: A Documentary Anthology* (New York: Columbia Books of Architecture/ Rizzoli, 1993), 13-24; and Eric Mumford, *The CIAM Discourse on*

Urbanism, 1928-1960 (Cambridge, MA: The MIT Press, 2000), 248.

8   Le Corbusier, Cathedrals, 34.

9   Aldo van Eyck and Oscar Newman, "A Short Review of CIAM Activity: Bridgwater 1947: CIAM 6," *CIAM '59 in Otterlo*, 12.

10 J.M. Richards et al., "The Functional Tradition," *The Architectural Review* 107 (Jan. 1950), 3.

11 [John Voelcker, Peter Smithson, Alison Smithson], "Aix-en-Provence 1954: CIAM 9," *CIAM '59 in Otterlo*, 14.

12 Jacob Bakema, Aldo van eyck et al., "Doorn Manifesto," *Architecture Culture 1943-1968*, J. Ockman (ed.) (New York: Columbia Books of Architecture, Rizzoli, 1993), 181-83. 这些章节启发了帕特里克·葛德斯在生物医学方面的思考，参见 *Patrick Geddes and the City of Life* (Cambridge, MA: MIT Press, 2002), 253-54, 以及 *Team 10: In Search of a Utopia of the Present*.

13 Alison and Peter Smithson, "The Built World: Urban re-Identification," *Architectural Design* (June 1955).

14 Jacob Bakema, "Introductory Talks," *CIAM '59* in Otterlo, 21.

15 Aldo van Eyck, "Talk at the Conclusion of the otterlo Congress," *CIAM' 59 in Otterlo*, 216.

16 Aldo van Eyck, "Is Architecture Going to reconcile Basic Values?" *CIAM' 59 in Otterlo*, 26.

17 同上。

18 通过谷歌 ngrams 数据库分析，我们可以了解"危机"一词在英语和其他语言中的使用情况。根据数据分析结果，这个词在 1956 年前后的使用率陡然攀升。但更令人好奇的是，这个词的使用率在 2000 年前后达到最高峰，参见 http://ngrams.googlelabs.com/ngrams/graph?content=crisis&year_start=1800&year_end=2011&corpus=0&smoothing=1. 托马斯·库恩在他的"思想变革"理论中借用了这个词，这是符合时代背景的。另外，他的这个理论有一个优点：它在某种程度上解释了 20 世纪 60 年代的变革是如何从 50 年代的混沌中走出来的。

19 Thomas Kuhn (1962), *The Structure of Scientific Revolutions*, 2nd edn (Chicago: University of Chicago Press, 1970), 82.

20 同上, 170-73。

21 Adolf Behne (1923), *The Modern Functional Building* (Der Moderne Zweckbau) (Santa Monica, CA: Getty Research Institute, 1996), 123.

22 Henry-Russell Hitchcock and Philip Johnson (1932), *The International Style: Architecture Since 1922* (New York: W.W. Norton & Company, 1966), 39.

23 同上 , 373。

24 Leicester B. Holland, "The Function of Functionalism," *Architect and Engineer* 126 (Aug. 1936), 25, 32. 在 1936 年 5 月美国建筑师协会第 68 届大会上发表，并在《八边形》（第 8 卷）1936 年 7 月号（第 3—10 页）上再次发表。

25 同上 , 32。

26 Ernesto Rogers, "Program: Domus, The House of Man," Domus (Jan. 1946), reprinted in *Architecture Culture*, 77.

27 Robert Woods Kennedy, "Form, Function and expression," *Journal of the American Institute of Architects* 14 (Nov. 1950), 198-204. Paul Zucker, "The Paradox of Architectural Theories at the Beginning of the Modern Movement," *Journal of the Society of Architectural Historians* 10 (Oct. 1951), 8. Lewis Mumford, "Function and expression in Architecture," *Architectural Record* 110 (Nov. 1951), 108. Edward R. De Zurko, *Origins of Functionalist Theory* (New York: Columbia University Press, 1957).

28 Robert Venturi (1965), *Complexity and Contradiction in Architecture* (New York: Museum of Modern Art, 1977), 34. Aldo Rossi (1966), *The Architecture of the City*, D. Ghirardo and J. Ockman (trans.) (Cambridge, MA: MIT Press, 1982), 46. Mario Gandelsonas (1976), "Neo-Functionalism," *Oppositions Reader*, K. Michael Hays (ed.) (New York: Princeton Architectural Press, 1998), 7; Peter Eisenman (1976), "Post-Functionalism," *Oppositions Reader*, 9.

29 Ockman, *Architecture Culture*, 13.

30 J.M. Richards, "The new empiricism: Sweden's Latest Style," *The Architectural Review* (Jun. 1947), 199.

31 Lewis Mumford, "Status Quo [The Bay region Style]," *New Yorker* 23 (Oct. 11, 1947), 106. 莉安·勒菲耶夫和琼·奥克曼在他们的著作中引用道："虽然芒福德对地域主义的兴趣能追溯到 *Sticks and Stones*

(1924) 一书，但 J.M. 理查兹和《建筑评论》是很有影响力的，芒福德引用了理查兹在《当代》上发表的论文《论新经验主义》，似乎十分受其理论的鼓舞。"

32 Museum of Modern Art, "What is Happening to Modern Architecture? A Symposium at the Museum of Modern Art," *Museum of Modern Art Bulletin 15* (Spring 1948), 9.

33 J.M. Richards, "The Next Step?" *Architectural Review* 107 (Mar. 1950), 166.

34 Quoted in J.M. Richards, "The Next Step?" 181.

35 José Luis Sert, "Centers of Community Life," *The Heart of the City: Toward the Humanization of Urban Life* (London: Lund Humphries, 1952), 13.

36 同上 , 14。

37 Walter Gropius, "Eight Steps Toward a Solid Architecture," Architectural Forum 100 (Feb. 1954), 156-57. 也可参见 Eero Saarinen, "The Six Broad Currents of Modern Architecture," *Architectural Forum* 99 (Jul. 1953), 110-15; Robert Woods Kennedy, "After the International Style - Then What?" *Architectural Forum* 99 (Sept. 1953), 130-33.

38 Gropius, "Eight Steps toward a Solid Architecture," 156.

39 James Stirling, "Ronchamp: Le Corbusier's Chapel and the Crisis of rationalism," The Architectural Review 119 (March 1956), 160-61. 也可见 James Stirling, "Garches to Jaoul: Le Corbusier as Domestic Architect in 1927 and 1953," *The Architectural Review* 118 (Aug. 1955), 145-51. 尽管以朗香教堂的其他缺点抨击了贾奥尔别墅，但是斯特林及其伙伴高恩在设计伦敦汉姆公社公园 (1955—1958) 项目时将它作为参考。

40 Reyner Banham, "Casa del Girasole: Rationalism and Eclecticism in Italian Architecture," *The Architectural Review* 113 (Feb. 1953), 77.

41 Robin Boyd, "The Functional neurosis," *The Architectural Review 119* (Feb. 1956), 85.

42 博伊德，同上。

43 Richards, "The Next Step?," 181. 另见 Harwell Hamilton Harris's 1954 essay "*Regionalism and Nationalism*," 也可参见 Harry Francis Mallgrave's *Architectural Theory*, vol. 2 (Malden, MA: Blackwell Publishing), 288-89.

44 James Stirling, "Regionalism and Modern Architecture," *Architects'
Year Book 7* (1957), reproduced in ockman, *Architecture Culture*, 248.
斯特林在此引用了英国作家约翰・韦恩的话。

45 James Stirling, "Regionalism and Modern Architecture," *Architects'
Year Book 7* (1957), reproduced in Ockman, *Architecture Culture*, 248.

46 Reyner Banham, "The New Brutalism," *The Architectural Review* (Dec.
1955), 356.

47 同上。

48 Kenneth Frampton expanded Alex Tzonis and Liane Lefaivre's notion
of "critical regionalism" in "Towards a Critical regionalism," *The Anti-
Aesthetic: Essays on Postmodern Culture*, H. Foster (ed.) (Seattle: Bay
Press, 1983), 20.

49 Jacob Bakema, "Introduction," CIAM '59 at Otterlo, 10.

50 同上。

51 参见 Nathaniel Coleman, Utopias and Architecture (New York: Routledge,
2005) 第 10、第 11 章。

52 *CIAM '59 in Otterlo*, 186. 关于 20 世纪 50 年代城市设计的发展概述,
可参见 Peter Laurence, "The Death and Life of Urban Design," *Journal
of Urban Design* 11 (Jun. 2006).

53 同上。

54 参见 *CIAM '59 in Otterlo.*

55 同上, 95–96。

56 Ernesto Rogers, "Preexisting Conditions and Issues of Contemporary
Building Practice," *Architecture Culture 1943–1968*, J. Ockman (ed.)
(New York: Columbia Books of Architecture, Rizzoli, 1993), 200–1.

57 同上。

58 *CIAM '59 in Otterlo*, 197.

59 同上。

60 同上。

61 拼 贴 城 市 代 表 作 包 括 : Colin Rowe's Collage City (1972–1978),
Venturi, Scott Brown, and Izenour's Learning from Las Vegas (1972),
Rossi's "Analogical City" (1976), Bernhard Tschumi's "Manhattan
Transcripts" (1976–1981), Anthony Vidler's "Third Typology" (1977),
Leon Krier's "Reconstruction of the City" (1978), and Rem Koolhaas's

Delirious New York (1978).

62 Leon Krier, *Atlantis* (Brussels: A.A.M. Editions, 1988). Rem Koolhaas, "Generic City," *SMLXL* (New York: Monacelli Press, 1995), 1239.

63 Liane Lefaivre and Alexander Tzonis, *Architecture of Regionalism in the Age of Globalization, Peaks and Valleys in the Flat World* (New York: Routledge, 2012), 3.

第 2 讲　后现代主义建筑：批判与回应

大卫 · 里夫金德

20 世纪 50 年代末 60 年代初，战后初期关于现代主义的共识逐渐让位于怀疑主义。现代建筑面临来自内部（如"十人组"）和外部（后现代主义流派）的双重批判。经历了几十年的政治危机和社会变革（民权运动、反殖民运动、冷战、局部冲突、经济动乱）；同时，受到资本主义阵营越来越多影响的激进现代化运动效果不够理想——这些现实，沉淀出对建筑实践的道德伦理的深刻反思。20 世纪 60 年代初，许多建筑师和学者通过寻找一些能代表建筑的新词汇，以便回应西方建筑中广为人知的同质化现象。一些人想通过吸收非西方的形式语言来为现代建筑注入新活力；还有一些人认为被勒·柯布西耶等其他建筑师称颂的乡土建筑，恰恰代表了一种"自然风采"，这种风采一直被现代主义流行的技术决定论所压制。然而，还有些人仍呼吁装饰主义和形式主义的回归，以使建筑能完成传递意义、构建社会秩序的历史使命。[1]

许多建筑师挑战了学科专业规范，包括让社区居民群体直接参与到设计过程中，或通过大量的建造和改造项目来推翻建筑原则上的精英主义结构。[2] 20 世纪 70 年代，这些努力与建筑领域出现的新趋势合为一股。这一新的流派，通常被称为"新古典主义"，以应用装饰、关心公共空间和历史环境、设计生动活泼的街景和戏剧化的屋顶景色为特征。建筑领域里的"后现代主义"的多样性以及多元性像其理论和美学上的思考一样,给其主要的追随者带来诸多启发,这些追随者包括:罗伯特·文丘里、丹尼斯·斯科特·布朗、查尔斯·摩尔、阿尔多·罗西、菲利普·约翰逊、迈克尔·格雷夫斯、詹姆斯·斯特林、里卡多·列戈雷塔、罗伯特·斯坦恩、西萨·佩利和里卡多·波菲尔。

后现代主义建筑的兴起,不仅是一场建筑运动,更是一系列焦点彼此重叠的综合运动。除了广义的设计实践领域之外,后现代主义在更大的范围内对现代主义展开了批判。这些超越建筑的领域包括文学、哲学、流行文化和表演艺术等。对语言和意义的质疑和恢复建筑交流功能的欲望,既激起了对语义学的探索,又刺激了对历史学、社会学和人类学的研究。即使元叙事得到科学和事实的支持,让 – 弗朗索瓦·利奥塔仍然批判元叙事;后现代主义对现代主义革命辞藻的批判,同利奥塔一样充满怀疑精神。[3] 由于对"现代主义改变社会和个人的理想的信仰"充满怀疑,后现代主义者往往推崇多元主义、嘻哈、纵欲和模棱两可的概念。

文丘里和罗西:打破现代主义教条

20世纪60年代中期出现很多对现代主义的批判性研究中,最值得注意的是罗伯特·文丘里的《建筑的复杂性与矛盾性》(1966)以及阿尔多·罗西的《城市建筑》(1966)。这两本重要著作对建筑教育与建筑实践产生了深刻的影响。[4] 在短短10

年里，文丘里、罗西和其他建筑师在一些大型公共项目中尝试具体地应对象征主义、历史、先例、类型学、公共空间和城市规划中的问题。

文丘里的《建筑的复杂性与矛盾性》一书，常被误解为一种折中的辩解。文丘里的"对不坦率建筑的温和宣告"批判了正统现代主义原始逻辑和普遍的叫嚣。它致力于"促进丰富性和模糊性战胜统一性和明确性，矛盾和冗余战胜和谐与简约的建筑"。这本书聚焦于不同历史纪元建筑的共同品质，但不附着于特定的文化环境，这种跨历史批判也成为后现代主义思想的共同主题。《建筑的复杂性与矛盾性》既具有大众可读性，对精通建筑史的研究者也同样重要。它提供了大量历史案例，根据空间和形式特征组织线索，详细阐述了复杂性与矛盾性的概念。[5]

文丘里在这本书中阐述的一些观点曾在他在费城栗树山为自己母亲设计的住宅中体现出来（图 2.1）。"瓦娜·文丘里住宅"建于 1964 年。文丘里的这项杰作备受争议，因为它将各种建筑师的风格紧密地融合为一。这些建筑师包括米开朗琪罗、勒·柯布西耶、弗兰克·弗内斯、路易斯·康和路易吉·莫雷蒂。这些形式语言的并存，证实了文丘里对"通过包容获得艰难统一"而不是"通过排斥轻易获得统一"的追求。这座房子拥有的巨大的山墙、内陷的门廊是美式民居的典型特征。但它的很多设计手法却削弱了房屋的稳定和对称性，比如突出的烟囱和不规则的窗户。这种看似对称却不对称的小把戏，来源于对中心点讽刺性的暗示和省略，这赋予房子一种紧张感，这是文丘里在米开朗琪罗和莫雷蒂的作品中发现的技巧。这座房子呼应了宾夕法尼亚美术学院的分叉

2.1 罗伯特·文丘里，瓦娜·文丘里住宅，美国费城，1964

入口的结构，这也是文丘里在他的《建筑的复杂性与矛盾性》中所推崇的。这一特点在现代建筑国会议事厅（1964）中也曾出现。议事厅正立面的条带式窗户，受到柯布西耶的启发，向厨房敞开——这与泰勒的功能主义的联系也并非偶然。魏玛时代的性别元素以及现代主义者对健康的追捧，都宣示着后现代主义的另一主题——吸收现代主义元素的能力。

丹尼斯·斯科特·布朗是罗伯特·文丘里的妻子，也是他的工作伙伴，她在为公司所设计的作品和其文字论述中注入了对社会和流行文化的关注。这一点在《向拉斯维加斯学习》（1972）一书中有所体现。[6] 书中研究表明，拉斯维加斯的街道具有美国本土风情，其象征意义一目了然。但这一特点却被现代主义建筑师所忽视，就此导致了建筑环境的贫瘠。

布朗和文丘里夫妇以及他们的长期合作伙伴史蒂芬·伊泽纳尔，都支持"丑陋平凡的"、非英雄主义的建筑。他们批评摩天大楼那过度形式主义的矫情姿态，如保罗·鲁道夫的作品，斥其为"鸭子建筑"。他们喜欢被他们称为"装饰外壳"的简单建筑，这些建筑像户外广告牌那样公开运用了装饰元素。

在《建筑的复杂性与矛盾性》一书中，文丘里对流行文化的兴趣是通过波普艺术慢慢渗入的。然而，由于与布朗、伊泽纳尔合作，他公司的作品更直接关注日常生活中的物质文化。文丘里的早期著作《向拉斯维加斯学习》从民粹主义而非文学批评的角度出发，对拉斯维加斯的条带状建筑和街边标识做了系统化的研究。这本书收录了文丘里、布朗以及他们在耶鲁大学的研究生的建筑作品。这些学生将对爱德华·鲁沙纪录片式摄影的实证研究与社会科学分析方法相结合。《向拉斯维加斯学习》使街边的平民酒馆成为美国的建筑学院研究的严肃话题，同时为仍沉浸在正统现代主义的英雄传统中的建筑师引进了新的流行词。[7]

在设计完国会议事厅之后，文丘里和布朗又建成了许多杰出的项目，包括位于普林斯顿大学的胡应湘堂（1983）和托马斯实验室（1986）、西雅图艺术博物馆（1991）和与英国国家美术馆（1991）整体格格不入的塞恩斯伯里侧翼展馆（图 2.2）。此前，英国查尔斯王子批评了阿伦德·伯顿·克拉利克设计的伦敦国家美术馆侧翼，将其喻为"一块长在可爱优雅的朋友脸上的脓疮"。文丘里和布朗的设计方案与威廉·威尔金斯在 1838 年设计的美术馆主建筑的宏大规模和建筑材料很好地搭配起来，运用一种同样借鉴巴洛克风格的立面拼贴和视频剪辑式的技巧，创造性地将原结构的新古典主

2.2   罗伯特·文丘里、斯科特·布朗与合伙人，英国国家美术馆塞恩斯伯
       里侧翼，英国伦敦，1991

义装饰进行重组。塞恩斯伯里侧翼展馆对旧式建筑中的科林
斯式立柱既有所回应，同时又有所改造。离主楼越远，装饰
就变得越立体，与全立柱的序列结构相映成趣，但同时又将
这些元素压缩至两栋建筑之间一系列层叠的接合处。这种相
互矛盾的设计，既强调了两栋建筑的接合，又强调了远离接
合处的正立面，引入了一种复合的紧张感。站在特拉法加广
场望向国家美术馆，这种设计令观看者回味。这一设计将标
志性的台阶引入室内，以平实的姿态使宽阔的大门面向人行
道，拉近了国家美术馆与观众之间的距离。

　　阿尔多·罗西在欧洲发展了有广泛影响力的后现代主义，
他的理论根植于对现代建筑和城市规划令人信服的批判，聚
焦于将类型学作为建筑形式来源的观点，并取材于古典建筑
和乡土建筑的传统。罗西主张一种原始几何建筑，简单的

几何形状能激起一种古典的永恒感。罗西是意大利塔丹扎（Tendenza）学派的核心人物。塔丹扎学派又称"新理性主义建筑"学派，这一流派的思想来源甚广，从"二战"时期的理性主义到乡村民居都有所涉及。罗西在其著作《城市建筑》（1966）中重申了传统欧洲城市是工艺品的集合地，这些工艺品的纹理、规模和外形传统必须以一种新的建筑形式被尊崇。矛盾的是，尽管他的作品受到浸淫于城市生活的建筑的启发，但他的设计却是形式主义的，以"自主的姿态"自居。《城市建筑》明确反对日渐式微的"功能主义"原理。这一原理从路易·沙利文时期开始就一直是现代主义思想的信条，其根源甚至能追溯到奥古斯塔斯·普金的时代。与此相反，罗西认为：所有主流的工艺品都在历史长河中经历过各种改造，改变了功能以适应不同的场景，但这没有减少它们的重要性。罗西不认为这是"功能"，而是一种类型，这种类型会作为产生一种清晰、连贯的建筑环境的工具，而这种建筑环境会成为社会集体记忆的生动写照。

在罗西的早期作品中，表现这种新趋向的一座建筑是圣卡塔尔多殡仪馆。1971 年，罗西凭该建筑赢得了为 19 世纪的圣卡塔尔多公墓做扩建方案的机会。罗西和詹尼·布拉吉耶里将公墓设想为神圣的建筑组合（形式极简，只看一眼图就能了解），将不同的功能区嵌入其中，包括一间大藏骨堂、骨灰安置所和一座公墓。尽管实现得不多，但圣卡塔尔多殡仪馆表达了某种形而上学的特质，这种特质常在罗西的类型学方法中出现。骨灰安置所作为公墓的主体却没有屋顶，窗户也没有上釉，建筑似乎已经失去了为逝者遮风挡雨的功能。

罗西的类型学方法的重要性，体现在其他很多建筑中，

2.3   阿尔多·罗西，浮动剧场，意大利威尼斯，1979

包括市政厅、博物馆、公共图书馆和工艺住宅，其中最有代表性的是他在柏林设计的威廉大街（1981）和在巴黎设计的维莱塔公园（1986）、博戈里科市政厅（1983）、马斯特里赫特的博尼范登博物馆（1990），以及柏林的费埃德里斯塔居住综合体（1998），后者通过在单个综合体中运用一系列城市元素，再现了柏林的城市结构。

罗西为1979年威尼斯建筑双年展设计的浮动剧场（图2.3）是一个临时建筑，他通过创造和延续集体记忆来重塑建筑。罗西再现了18世纪的建筑类型——一座临时的、漂浮于水面的剧院，成为代表公众的场所。[8] 剧院的概念图简单得不可思议：剧场位于接近立方体的楼体中央，两翼是长方形的带楼梯塔楼，屋顶是八角形提灯和顶盖。外墙是木质的，被漆成明亮、夸张的颜色，内侧留有金属脚手架结构以突出建筑的临时性。城市剧场作为供公众互动的空间范式，在罗西的作品中反复出现，尤其是楼体连带看台的设计，比如他设计的桑迪罗·皮蒂尼纪念碑（米兰，1990）、日本皇宫旅馆（福冈，1987）。

作为带来建筑灵感的媒介，素描、油画和写作对罗西同样重要。罗西的画，内容经常是描绘漂浮在理想城市中的建筑，画面中充满雕像，给人一种不安的沉寂感。他的画经常受到席里柯的启发，其中抽象的街景也可以同约翰·海杜克的作品相参照。海杜克的建筑作品中同样会重现他在早期素描和水彩中曾用过的元素。

罗西清晰的新理性主义倾向，使得他在这种后现代主义思潮中的影响，不仅呈现在他所设计的建筑中，还延伸到整整一代建筑师身上——从格奥尔格·格拉西到奥斯瓦尔德·马蒂亚斯·翁格尔斯，以及雅克·赫尔佐格和皮埃尔·德梅隆。其中德梅隆阐述和发展了罗西主张的原则。

叙述后现代主义（展示后现代主义）

建筑史学家、评论家和学者在后现代主义建筑实践的理论发展中都做出了重要贡献。在激起对现代主义传统的彻底反思的学者中，科林·罗是十分重要的一位。从具有开创性意义的文章《理想别墅中的数学》开始，罗对建筑形式进行跨历史的分析。他通过将帕雷迪奥和勒·柯布西耶设计的别墅中的组合策略做比较，将建筑语言从文化环境中分离出来，将设计聚焦于基本的审美，而不是道德伦理。[9] 罗对现代主建筑的理想抱负的怀疑以及对城市现有建筑的分析，影响了许多的建筑师，包括詹姆斯·斯特林和彼得·艾森曼。

罗与弗瑞德·科特在1973年合著了《拼贴城市》，该书对传统城市形式进行了重要分析，并对现代城市规划学说提出了重要批判。[10]《拼贴城市》挑战了现代主义的核心理念——破旧立新和乌托邦理论。与现代主义不同，罗认为建筑必须融入现有的城市构造，从而回应城市的纹理和异质性。他坚持认为：传统城市在时间长河中历经了不同事件的重叠与冲突。在反对社会参与时，罗在建筑自治理论的基础上发展了一种形式主义理论。在《拼贴城市》中，罗马因其丰富的城市构造被罗视为一个典型案例，它具有的复合城市形式，与现代主义所主张的破旧立新恰恰相反。在罗看来，蒂沃利设计的哈德良别墅是拼贴建筑的典型案例，与现代主义者设计的凡尔赛宫比起来，它的建筑拼贴感更为明显。[11]

在《拼贴城市》出版的同时，罗参与了"被打断的罗马"（1978）项目的设计。在这件精致的建筑作品中，许多建筑师和批评家都看到了诺利于1784年绘制的罗马地图的影子。在1978年，朱利奥·卡洛·阿尔甘和克里斯蒂安·诺伯格·舒尔茨合作策划并展出了"被打断的罗马"项目。[12]这个项目的正式启动以及对罗马的关注，激发了公众对历史结构、城市空间和以尊重城市历史为前提参与城市建设的可能性。

查尔斯·詹克斯自称为新运动的传道者，他在推动后现代主义建筑的运动中发挥了关键作用。[13]詹克斯在1977年出版的著作《后现代建筑语言》中，对形成这种新兴运动的不同形式和概念的实践进行了概述。[14]他认为后现代主义建筑是"自觉的双层编码"，使用诗歌的修辞——如讽刺、比喻和类比——在不同的层次上传达意义。[15]《后现代建筑语言》多次再版，并且随时修订，以适应新材料和新项目。詹克斯认为，由于后现代主义更准确地反映了当代文化的多元主义，因此对多样性、不连续性和冲突性更加包容。为了向民粹主义致敬，詹克斯在此书一开篇写震撼地写道：位于圣路易斯的普鲁伊特–伊戈公寓（1952—1956）是由山崎实设计的。这一项目于 1972 年被爆破，标志着现代主义建筑的终结。

城市规划一直是后现代主义所关注的重点，而展览是检验和传播理论的关键渠道。1980 年威尼斯双年展增设了一个展区，意大利建筑师保罗·波多盖西邀请了 20 多名建筑师在一条虚构的街道上设计建筑立面——主街——作为中心展品，展览的标题是"昨日重现"，表达了对西方世界中传统形式和空间关系的担忧（图 2.4）。[16] 同波多盖西一起参与的还有文丘里、劳奇和斯科特·布朗、弗兰克·盖里、雷姆·库哈斯、汉斯·霍莱恩、矶崎新、迈克尔·格雷夫斯、罗伯特·斯坦恩、里昂·科里尔、莫里斯·库洛特、里卡多·波菲尔、奥斯瓦特·马塞思·格尔斯、科斯坦蒂诺·达尔迪、佛朗哥·普里尼、劳拉·西姆、亚历山大·安塞姆、托马斯·戈德史密斯、GRAU 工作室、查尔斯·摩尔、斯坦利·泰格曼、艾伦·格林伯格、马西莫·斯科拉里以及约瑟夫·保罗·克雷修斯。他们设计的立面以原尺寸展示，作为各自展区的入口，两侧是贯穿军械缆绳厂的都市大道，同时宣示着后现代主义关心的建筑的含义和公共空间。后来，当这些建筑立面从巴黎巡展到旧金山时，又增设了一个入口。

1980 年的双年展刺激德国哲学家尤尔根·哈贝马斯写出了一篇尖锐的评论文章。他在文中批评后现代主义建筑从充

2.4 保罗·波多盖西（策展人）和合作者，"昨日重现"展，意大利威尼斯，
1980

满理性的社会生活启蒙时代退步了。哈贝马斯认为，理性、逻辑、客观科学以及普遍伦理是现代主义的"不完全的尝试"的一部分，这是建筑所不能抛弃的。[17] 其他一些哲学家和社会评论家紧跟哈贝马斯的脚步为现代主义作辩护，其中就包括弗雷德里克·詹姆森，他对后现代主义大肆贬低，认为后现代主义建筑是仿作，是资本主义晚期上层建筑的产物。[18]

然而，还有一些哲学观点为后现代主义建筑提供了理论支持。克里斯蒂安·诺伯格·舒尔茨从马丁·海德格尔后期著作的基础出发，尝试为后现代主义建筑提供一种现象学解读。诺伯格·舒尔茨著作很有影响力，从《存在、空间和建筑》（1971）开始，他假定了建筑有必要同特定区域的自然环境联系起来并体现环境。[19] 在晚期作品中，舒尔茨发展了"一个地方的风气或特色"的观点，认为它是复兴某个"空间"的关键特质的方法。这里的"空间"与普遍认为的"空间"相反。他认为这一观念应该传达到每一座建筑上，从微观的地质构造到宏观的区域和景观。[20] 在后期著作《居住的概念》（1985）中，舒尔茨更加明确地主张要复兴建筑包含的"比喻"特质，并将后现代主义称为"装饰主义建筑的复兴"。[21]

克里斯托弗·亚历山大在20世纪70年代关于后现代主义的论述中不算起眼却极其重要，他对绝对超出类型和意义的建筑实践进行了详尽的批判。他的《建筑模式语言》（1968）一书将源自系统理论的洞察力与社会科学方法论相结合，形成建筑设计的通用语法，提出了世界范围内的传统乡土建筑实践的新设计方法。他认为，这将创造出更加人性化、更有社会意义的环境。将设计进行如此巨大转变的一个关键方法是：让集体参与到设计过程中，将建筑师角色的重要性降低为设计过程中的协调者。[22] 亚历山大将他的设计理论应用到位于加利福尼亚、拉丁美洲和欧洲的多个项目中，比如奥地利的林中咖啡馆（1980）。[23] 亚历山大给建筑界留下的最深刻印象是他涉猎广泛、旁征博引。

公民与企业认同

许多重要的后现代建筑师在刚入行时都是现代主义者，其中菲利普·约翰逊可能是一个典型。作为 1932 年在 MoMA 举办的国际建筑风格展的联合策展人，约翰逊对国际现代主义传入北美发挥了关键作用。约翰逊是康涅狄格州新迦南玻璃房子（1949）的设计师，并与密斯·凡·德·罗合作设计了西格拉姆大厦（1958），他帮助定义和提升了美国传统现代主义的形象。但实际上，约翰逊开始复兴古典形态是在 1964 年，那一年他完成了位于林肯广场的纽约州剧院设计。该项目带有米开朗琪罗风格，由负责联合国项目的总设计师华莱士·哈里森设计，标志着美国建筑师中有关组织公民空间的保守观念迈出了更远的一步。约翰逊（与合伙人约翰·珀）对纽约城的美国电话电报公司（AT&T）新总部大楼的建设做出了重要的贡献，该建筑也是后现代主义建筑在纽约的代表。现代性的标志性建筑类型是摩天大楼，但后者未必属于现代主义运动。对一个后现代主义者的后代来说，纽约艺术装饰风格大楼上的所有装饰品和奇思妙想——尤其是克莱斯勒大楼和美国帝国大楼，其间它艺术性的堆砌、装饰艺术以及共同特征都相得益彰。然而，1958 年，约翰逊和密斯完成了西格拉姆大厦的设计，摩天大楼从此成为完全吸收现代主义的企业资本主义的代表。约翰逊的美国电话电报公司大楼（1978—1984）宣告了后现代主义建筑为国家商业精英所接受，他们将很快拥抱装饰建筑并用以作为另一个企业宣传媒介，一种树立品牌形象的途径。

迈克尔·格雷夫斯是美国第二代现代主义者的另一位领袖，是短暂存在的"纽约五人组"的成员。这一场复兴 20 世纪 20 年代欧洲现代主义设计原则的运动，解决了他们的前辈对社会、技术和功能的担忧。格雷夫斯通过一系列带有"柯布西耶灵感"的别墅树立了自己现代主义者的资格，第一座是 1967 年印第安纳州韦恩堡的汉索门住宅。这座优雅的纯粹主义住宅极具吸引力的入口，将观者引入由立面和线条构成的多层空间，他汲取了柯林·罗对柯布西耶式空间的分析和罗所参照的 20 世纪建筑风格的灵感。格雷夫斯像画家一样探索了建筑的主题——用一幅巨大的壁画融入汉斯门住宅设计。20 世纪 70 年代中期，格雷夫斯逐渐转向有趣的、新古典后现代主义，开始采用抽象的古典图案、丰富的水彩和大地色调。

格雷夫斯通过波特兰市政大楼标志性工程（1980—1982，通称"波特兰大楼"，图 2.5）重新开启了关于公共建筑适当形式的辩论。这是他通过一场竞赛赢得的项目，其中菲利普·约翰逊是陪审员。格雷夫斯用多色砖石饰板包裹了常规结构，挑战了"二战"后建成的、显露着官僚主义单调的政府办公大楼。然而，大楼并没有特别关联到波特兰的建筑遗迹，而是试图促使这个公共结构与城市功能相适应。詹克斯用波特兰大楼的照片作为他《后现代建筑》某一版的封面。因为他考虑到这一建筑的规模、象征手法运用、促成公民身

2.5 迈克尔·格雷夫斯，波特兰市政大楼，美国波特兰，1980—1982

份的方面，都与 AT&T 对企业形象的关注截然不同。[24] 在形式上，它的四个立面运用了独立图形，轻松联结了旁边的市政厅以及它东边对面的广场。然而，波特兰大楼的意义在于它对全世界政府建筑的影响。受它影响的主要后现代主义项目包括：密西索加市政厅（琼斯与柯克兰，1982—1987）、比弗利山庄市民中心（查尔斯·摩尔，1988—1990）和堪培拉新国会大楼（米切尔与吉尔格拉，1988）。

后现代主义与全球化

在欧洲大陆，罗西领导的意大利运动如火如荼，同时，

2.6　詹姆斯·斯特林、迈克尔·威尔福德及其合伙人，斯图加特新国立美术馆，德国斯图加特，1984

苏格兰建筑师詹姆斯·斯特林带来了同样的重大转折。[25] 斯特林是最早对勒·柯布西耶的朗香教堂提出批评的年轻建筑师之一，批判其前现代的形式和民间建筑语言的复兴。[26] 然而，在结构主义灵感建筑普及后的 10 年，由他设计的莱斯特大学工程学院（1959—1963）和剑桥大学历史学院（1964—1967）表明斯特林开始采用来自新古典建筑研究的规划策略、比例系统和材料色板。他对语境和城市空间重要性的新解读，表现在德国斯图加特新国立美术馆（图 2.6）的设计上。他在那里发展出一个连现代主义者都意想不到的规则的系统排列，如带有厚重砖石结构和新的装饰细节的柯布西耶式的钢琴曲线。斯特林采用纹理丰富的石材覆面，而不用颜色鲜艳的工业材料，如船栏杆、金属推拉窗、暴露在外的钢架和静音地板的材质，从而形成一个现代与传统材料结合的独特综合体。

位于斯图加特的新国立美术馆代表了一个非简单采用历史形式的象征主义先例的精妙阐释。斯特林颠倒了卡尔·弗里德里希·申克尔设计的柏林美术馆（1824—1828）的第一部分，把中央大厅改成外部庭院，同时保留了原先排列成行的长方形画廊，用于展示艺术作品。庭院聚集起一系列户外循环空间，小路和露台在陡峭倾斜的场地上用以调节高度的变化。斯特林在这片场地开发出一个风景如画的三维循环路径，形成一种接连看到开放空间的惊奇感和发现城市景观的体验，同时参观道路却是彼此平行的。新国立美术馆成了一个文化机构参与和丰富城市脉络的典范。此外，正如安东尼·维德勒所说的，虽然斯特林巧妙地重新阐释了该美术馆的经典样貌，但他避免了将一张有辨识度的"建筑面貌"呈现在大街上，以尊重德国在战后极度困难的状况。[27]

同年，约翰逊设计了美国电信电报大楼，加泰罗尼亚建筑师里卡多·波菲尔开始着手设计法国的两座大型公寓，后者的规模比新生的后现代主义运动的任何建筑都要大。[28] 这两个项目——伊夫林地区圣康坦的"湖上拱廊"和马恩拉瓦莱市的"护符宝石广场"（图2.7）受托于法国政府，于1982年建成，目的是发展首都外围的新市镇，以缓解巴黎的交通拥堵。为适应城市设计规模，两个项目均采用了立面接合的古典元件，"柱上楣构"有3层；加上柱子整体可达12层。虽然波菲尔已经表达了他对米开朗琪罗和巴洛克建筑的兴趣，但他的作品最能让人想起创造性的古典主义和克洛德·尼古拉斯·勒杜的乌托邦都市主义。

波菲尔设计的城市缩影因其清晰的分隔秩序而显得整体，

2.7　里卡多·波菲尔，护符宝石广场，法国马恩拉瓦莱，1982

就像勒杜在弗朗什孔泰设计的皇家盐场一样。就像它的灵感
来源一样，护符宝石空间将一些住房安置成一个半圆形格局，
用以构成一座大型的露天剧场。而勒杜的"工业剧场"是一
种隐喻的装置，旨在隐喻一种管理与劳动的关系。波菲尔的
作品则将传统剧场忠实还原为复合住宅的格局，以便凸显公
共空间，并为未来的市民服务。[29]

现代主义的都市批判

　　后现代主义从多元化城市规划实践的批评中获得了巨大
的动力。简·雅各布斯和凯文·林奇对 CIAM 正统派发起了另

一种挑战，并契合了后现代对传统城市环境的关心。雅各布斯是作家和社会活动家，而林奇是城市规划教授，他们影响了从未采用后现代主义形式特征的几代建筑师和规划师。雅各布斯在她开创性的作品《美国大城市的死与生》中，评论了从公民生活和日常经验的角度规划城市的方法。[30] 雅各布斯对社会参与比对审美教条更感兴趣。她强调要保护和扩大传统的城市形态，并多次组织抵制大规模都市更新和破坏繁华街区的基础设施的活动。她既同意花园城市运动的重点是低密度城市化，又认可"勒·柯布西耶的乌托邦"，将城市隔离成单一功能区。她的有些作品旨在为密集嘈杂的街区带来活力，这样的作品有圣弗朗西斯科北部海滩的电报山、费城的利顿豪斯广场、纽约的格林尼治村。[31]

林奇也提出了进入城市体验街道视野的方法，挑战了战后的城市规划理论。在《城市形象》一书中，林奇抛弃了类型、密度和流通的平面和抽象的设计，代之以"形象"的概念——建筑环境的形象是一个城市的居民日常生活的组成部分，这一形象来自对这些公民的广泛访谈。[32] 林奇认为，示范城市可以用五个经验元素来表示，即路径、边缘、区域、节点和地标。就像雅各布斯的"眼睛在街上"的概念那样，林奇的分析术语通过设计师和思想家对建筑环境进行描述，放弃了书面化的语言。

参与式民主项目由雅各布斯倡导、多名建筑师响应，其中，查尔斯·摩尔在设计过程中逐渐成为社区参与的主要支持者。1974年，摩尔被委托设计一个新奥尔良的公共空间项目，以纪念该市的意大利美国社区，帮助复兴衰落中的街区。这就是竣工于1978年的意大利广场（图2.8）。广场带有一个

2.8　查尔斯·摩尔，意大利广场，美国新奥尔良，1978

形如意大利地图的大型喷泉，被安置在一个由廊柱和拱门形成的蒙太奇透视场景前，把广场变成了城市剧场。摩尔试图让行人在从不同方向走进广场时都能获得丰富体验，让神奇和惊喜感充满这座建筑。他将传统的意大利材料和饰面（包括琢石砌体、石材铺装和粉刷）与商场花花绿绿的色板（霓虹灯和反光的金属表面）相结合，创造出一个整体，用官方语言说是"公认的、意大利的"；从双关语与反讽手法的幽默角度看，它又无疑是"美国的"。摩尔的作品充满了幽默，用吸引参观者目光的幽默来反对建筑一丝不苟的严肃性，在追求更多的民主空间实践中含蓄地逐步削弱建筑被压制的天性。

　　克雷斯吉学院（1972—1974）建成于意大利广场项目之前。这是一所位于圣克鲁兹的加州大学寄宿制学院，其结构布局为"学生参与学术和管理"的创新教学法提供了物质形式。摩尔和搭档威廉·特恩布尔通过设计不规则街景让人产生社区的意识；设计门廊和阳台以促进住在其中的师生互动。建筑师参照传统小城镇的街道生活来设计克雷斯吉学院的学习和生活空间，还参考了意大利山上城镇的先例，以此回应加利福尼亚地区的陡峭地形。

列昂·克里舍尔对现代主义城市规划中建筑形式的易读性和城市的适当规模提出有影响力的批判。通过追溯他70年代中期的论文和一系列城市规划［包括从未实现的、重建他的故乡卢森堡（1978）的计划，以及在梦幻般"圆满"的华盛顿特区，用宽阔的运河取代了这个城市代表性的公共空间（1984）］，克里舍尔提出：建筑必须遵守类型惯例，以恰当表达它们的市民功能，城市和社区都要具备有规划的多样性（如住房要和商场相邻），人口密度要与传统欧洲城市相似以便蓬勃发展。作为新都市主义运动的一个重要支持者，他获得了查尔斯王子的赞助，并为他设计了庞德布里镇（1993至今）。同时，还与驻迈阿密建筑师和规划师安德雷斯·杜安尼和伊丽莎白·普莱特 – 伊贝克合作设计了佛罗里达州海滨的项目（1978—1985）。[33] 伊丽莎白在担任迈阿密大学建筑学院院长期间，获得了克里尔学校新礼堂及展览厅（2000）的设计权，其设计替代了此前阿尔多·罗西未能实现的方案。

持续的批评

后现代主义在欧洲西部和北美以外的地方受到热情欢迎。这些建筑师包括孟买的查尔斯·科雷亚、东京的矶崎新和墨西哥城的里卡多·列戈莱塔，他们使用形式语言和从传统形式中抽象出的简单的几何句法生产出具有宏大叙事深度的建筑。他们的作品反映了对建筑区域特征的关注，展示了多元化的气候、文化和经济状况。然而，这种做法与现代主义并不对立。列戈莱塔和科雷亚的作品分别受路易斯·巴拉冈和路易斯·康影响，是典型的战后现代主义的自我批判中的后现代主义根源与现代建筑中的地域主义的结合产物。

在埃及，哈桑·法帝的学生阿卜杜勒·瓦希德·阿尔·瓦基，因复兴传统中东和伊斯兰建筑，被授予了 2009 年德里豪斯奖；[34] 还曾两度获阿卡汗建筑奖（Aga Khan Award，AKAA）。他继承了法帝对传统建筑类型和施工方法的关注。他的建筑是由对方言和历史形式的浓厚兴趣所驱动，而非为了反抗现代建筑。就像艾伦·格林伯格（2006 年德里豪斯奖得主）的新古典主义一样，阿尔·瓦基的作品对现代主义的态度不置可否，而不是明确对抗。

历史上没有哪次决定性的突破足以标明现代主义与后现代主义的分离。詹克斯主张的具有明确时间截点的"现代主义之死"（也阐明了其思想被普遍地排斥），有助于后现代批评的合理化。但这种观点掩盖的事实是：这两个"运动"是如此宽泛，它们共享着许多概念关注和形式属性。例如，在亚历山大和克里斯蒂安·诺伯格－舒尔茨的文章中强调的"寻找永恒的设计"，也是密斯和康的关注点。许多在形式上或风格形态上与现代主义有联系的——如象征艺术的融合，装饰的运用，对称分布策略，建筑类型的改制，对当地传统的关注，甚至对表现主义的偶然兴趣——也出现在许多现代主义的作品中。此外，后现代主义可以提出对许多实践的所有权，如雷姆·库哈斯与大都会建筑事务所（简称 OMA）对教条式现代主义的批评，仍然肯定了很多塑造 20 世纪建筑的先锋视角。现代主义和后现代主义过于复杂和重叠，因此不能把它们简单对立起来。后现代建筑源于现代主义自我批评的几十年当中，两个运动在叙事和社会参与上志趣相反，说明它们是不断研究自身起源和目的学科的一对"双胞胎"，而非两种明显分裂、彼此毫不相干的运动。

注释

1 关注非西方形式语言的建筑师包括胡安·戈尔曼和瓦尔特·格罗皮乌斯。"本土天才"包括西比尔·莫霍利·纳吉和伯纳德·鲁道夫斯基。那些要求装饰和图案回归的人，目的是充实建筑作为社会意义的传递者和社会秩序的创造者的历史角色，包括罗伯特·斯特恩、查尔斯·詹克斯、艾伦·格林伯格、列昂·克里舍尔。

2 众多建筑师通过开创性的实践挑战了该学科的专业标准，强调社区居民直接参与设计过程（查尔斯·摩尔），或通过民众参与建筑的制作和改造打破该学科的精英主义结构（建筑电讯派、克里斯托弗·亚历山大）。

3 Jean-François Lyotard, *The Postmodern Condition: A Report on Knowledge*, trans. Geoffrey Bennington and Brian Massumi, Minnesota, 1984; first published as La condition Post-Moderne: Rapport sur le savoir. Paris: Les Éditions de Minuit, 1979.

4 Robert Venturi, *Complexity and Contradiction in Architecture* (New York: Museum of Modern Art, 1966), Aldo Rossi, *Architecture of the City* (1966), trans. Diane Ghirardo and Joan Ockman (New York: Oppositions Books, 1982). 这一时期的其他重要文献包括 Christian Norberg-Schulz, *Intentions in Architecture* (Cambridge: MIT Press, 1965), Christopher Alexander, *Notes on the Synthesis of Form* (Cambridge: Harvard Univeristy Press, 1964), and Vittorio Gregotti, *Il*

territorio dell'architettura (Milan: Feltrinelli, 1966).

5　文丘里将其论文植根于对 T.S. 艾略特和其他文学理论家的解读。虽然这本书在分析上既不系统也不严谨，但依然很有洞察力和说服力。

6　大众文化作为一种需要调和的生存条件以及一种建筑实践的原材料的重要性源于 1956 年，来源于艾莉森、彼得·史密森和建筑师"X 小组"的作品中。

7　大众文化作为一种需要调和的生存条件，以及一种建筑实践的原材料的重要性，源于 1956 年由艾莉森和彼得·史密森发表的文章《但今天我们收集广告》(*ARK*，1957.11)。史密森夫妇是建筑师"X 小组"和跨学科独立小组的成员。后者是成立于 1952 年伦敦当代艺术研究所的独立团体，成员包括有影响力的流行艺术家爱德华多·普罗西和理查德·汉密尔顿、建筑评论家和历史学家雷纳·班罕姆。史密森夫妇与普罗西和摄影师尼格尔·亨德森合作，做出了将高雅和流行文化形式在空间结合的案例。独立小组的 12 次展览之一的"这就是明天"展览，1956 年在白教堂画廊举办。斯科特·布朗于 20 世纪 50 年代在伦敦的建筑协会学习时，接触到了独立小组。她将英国小组融入流行文化和现代建筑的兴趣带到了费城。

8　Hannah Arendt, *The Human Condition* (Chicago: University of Chicago Press, 1958), 198.

9　Colin Rowe, "The Mathematics of the Ideal Villa," *The Architectural Review* (March 1947): 101-04.

10　Colin Rowe and Fred Koetter, *Collage City* (Cambridge: MIT Press, 1978).

11　罗用跨历史批评主义讨论了这栋别墅，就像查尔斯·摩尔在 1960 年的论文中认为哈德良项目是罗马传统古典主义的正统替代物，是为了讽刺批判摩尔的国际风格同时代的正统派。Charles W. Moore, "Hadrian's Villa," *Perspecta*, vol. 6(1960): 16–27.

12　Giulio Carlo Argan and Christian Norberg-Schulz, (eds)*Roma Interrotta* (London: Architectural Design, 1979). 参与"被打断的罗马"项目的设计师包括科林·罗以及他的合伙人彼得·卡尔、朱迪斯·迪马奥和斯蒂芬·彼得森。阿尔干是现代主义的长期拥护者，认为处理社会问题必须关注个人。1978 年，阿尔干虽承认现代主义无法履行其社会转型的职责（一个进行中的项目带给他的启示），但仍致力于建筑的变革潜能。

13　Elie Haddad, "Charles Jencks and the Historiography of Post-

Modernism," *The Journal of Architecture*, vol. 14, Iss. 4, (2009): 493-510.

14 Charles Jencks, *The Language of Postmodern Architecture* (New York: Rizzoli, 1977).

15 詹克斯是符号学的重要支持者，他与乔治·贝尔德一起改造了弗迪南·德·索绪尔和罗兰·巴特的符号学思想，使其适应建筑的分析与生产。Charles Jencks and George Baird (eds), *Meaning in Architecture* (New York: Braziller, 1969).

16 Gabriella Borsano (ed.), *Architecture 1980: The Presence of the Past* (New York: Rizzoli, 1980).

17 Jürgen Habermas, "Modernity-An Incomplete Project," 1980, in Hal Foster, *The Anti-Aesthetic: Essays on Postmodern Culture* (Port Townsend, WA: Bay Press, 1983), 3-15.

18 Frederic Jameson, *Postmodernism, or the Cultural Logic of Late Capitalism* (Durham, NC: Duke University Press, 1991), 18.

19 Christian Norberg-Schulz, *Existence, Space & Architecture* (New York: Praeger, 1971).

20 Norberg-Schulz, *Genius Loci: Towards a Phenomenology of Architecture* (New York: Rizzoli, 1979). 也可见他的 *Existence, Space & Architecture*.

21 Christian Norberg-Schulz, *The Concept of Dwelling: On the Way to Figurative Architecture* (New York: Electa, 1985).

22 Christopher Alexander, *Sara Ishikawa and Murray Silverstein, A Pattern Language Which Generates Multi-Service Centers* (Berkeley: Center for Environmental Structure), 1968.

23 Christopher Alexander, *The Linz Cafe* (New York: Oxford University Press, 1981).

24 Charles Jencks, *The Language of Postmodern Architecture*.

25 斯特林也是罗的学生，是参与罗马罗塔国际项目的 12 位建筑师之一。

26 James Stirling, "Ronchamp: Le Corbusier's Chapel and the Crisis of Rationalism," *Architectural Review* (March 1956): 155-61.

27 Anthony Vidler, *"Losing Face,"* in *The Architectural Uncanny* (Cambridge: MIT Press, 1992), 85–100. 维德勒写此回应科林·罗的建筑批评主义。斯特林和他的搭档迈克尔·威尔福德设计的斯图加特新国

立美术馆是为了 1977 年的设计竞标而做，希望在 19 世纪的美术馆以外另找一个振兴斯图加特市中心的办法，由此开创了"用文化机构包围艰难之地"的定义。

28　1978 年是后现代主义的分水岭。除了约翰逊和波菲尔的项目，这一年的大事还包括：意大利广场的建成，《拼贴城市》出版，"被打断的罗马"展览以及克里舍尔未实现的卢森堡城市规划项目。

29　Anthony Vidler, "The Theater of Industry: Ledoux and the Factory-Village of Chaux," in *The Writing of the Walls* (New York: Princeton Architectural Press, 1987), 35-51.

30　Jane Jacobs, *The Death and Life of Great American Cities* (New York: Random House, 1961).

31　同上，21。

32　Kevin Lynch, *The Image of the City* (Cambridge: MIT Press, 1960).

33　1993 年，安德雷斯·杜安尼和伊丽莎白·普莱特 - 伊贝克、彼得·卡尔索普、伊丽莎白·穆尔、斯蒂凡诺斯和丹·所罗门共同创立了新都市主义协会 (CNU)。

34　德里豪斯奖被认为是普利兹克奖的替代品，除了瓦基，获奖者还有：列昂·克里尔、德米特里·波尔菲里奥斯、昆兰·泰瑞、艾伦·格林伯格、杰奎林·T. 罗伯森、安德雷斯·杜安尼、伊丽莎白·普莱特 - 伊贝克、拉斐尔·曼萨诺·马托斯和罗伯特·A. M. 斯特恩。

第 3 讲 高技派：现代主义的复兴

莎拉 · 德永

　　1968 年 5 月，百废待兴，在此后诞生的各种建筑潮流之中，唯有高技派（High-Tech，也叫重技派）建筑仍在坚守现代主义的理想。与后现代主义不同，高技派仍然秉承着现代主义的精英观念——对新建筑材料和手法的信仰，以及对新科技造福人类的信念。高技派的建筑师是现代主义的后嗣；而现代主义传统产生自 19 世纪的工艺美术运动和约瑟夫 · 帕克斯顿（伦敦"水晶宫"的设计师）身处的第一机械时代，并经历 20 世纪一直延续下来，产生了巴克敏斯特 · 富勒、弗莱 · 奥托、查尔斯 · 伊姆斯、雷 · 伊姆斯、让 · 普鲁维等建筑师。他们从早期的原型设计和制作实验中吸取灵感，与工程师和制造商紧密合作，并几乎把这些人当成同行。但是，如果说他们的理念来自过去，那他们的手段必然是朝向未来的，需要积极吸收建筑业以外一切行业的先进技术，因此"高技派"这一名称反映了这个群体的未来主义观点。这一名称最先被建筑史学家雷纳 · 班罕姆倡导和使用。班罕姆还接着将体现了现代主义实用原则的当代建筑设计运动誉为一种新的美学表达形式，认为这次运动始于 50 年代早期的新粗野主义。但是，其他流派没能产生持久的影响力。班罕姆认为，高技派是唯一在运动中产生了实际生命力的流派。[1]

早期作品和蓬皮杜艺术中心

当其他流派都在揭露"功能的假象"时，继续支持现代主义的人可能会被同行孤立，但也表达了一种无声的同盟关系：共同的价值观自动将关键人物聚到了一起，相似的经验将这一价值观塑造成一种鲜明特征。[2] 这些共事的经验，让他们从执业初期就捆绑在一起。理查德·罗杰斯和诺曼·福斯特都曾在耶鲁大学读研究生，并一起进行初次创业——成立"四人组"（成员还包括温迪·福斯特和苏·罗杰斯）。"四人组"散伙后，罗杰斯又与伦佐·皮亚诺短暂合作，并建造了他们获大奖的作品——乔治·蓬皮杜中心。罗杰斯、尼古拉斯·格雷姆肖和米歇尔·霍普金斯都曾在伦敦建筑师协会学习，尽管时间略有不同：罗杰斯是在50年代"十人组"的巅峰时期在此学习；格雷姆肖和霍普金斯是60年代建筑电讯派占主导地位的时候。扬·卡普利基在1979年建立"未来系统"之前，也曾为皮亚诺和罗杰斯工作，并在福斯特建筑事务所工作过（霍普金斯也是）。这些建筑师都在英国伦敦继续他们的事业，并获得了成功（只有皮亚诺例外，他的事务所总部设在热那亚）。随着承接项目的日益增多，项目内容变得更重要、更复杂，他们也继续相互学习。

由于高技派各位建筑师职业生涯紧密的联系，20世纪60年代的英国社会成为他们早期作品的重要产生背景。一些成长期的作品，如罗杰斯的"拉起拉链住宅"（1968）、皮亚诺的大阪世博会意大利工业馆（1970）以及卡普利基的"380木屋"（1975），都反映了波普未来主义的影响。"波普未来主义"一词，最早由雷纳·班罕姆提出，具体表现在建筑电讯派（Archigram）、日本新陈代谢派（Metabolists）、超级工作室（Superstudio）和建筑伸缩派（Archizoom）设计的奇异建筑中。这些新流派从流行文化中寻找灵感（尤其是建筑电讯派），并在此过程中洞悉了技术的图景，这一图景吸引着日益流动的，灵活的，直接与快速的消费文化。在众多案例研究（Case Study）建筑师中，班罕姆注意到了查尔斯·伊姆斯和雷·伊姆斯与众不同的美国现代主义中也存在这种转变；从晶体管收音机转向房车和喷气式客机的美国机械工业美学中也能看出一二。[3]

　　当建筑电讯派给这一时期的混凝土建筑带来一丝清新之风时，高技派则将它超现代的想象化为建筑实体。事实上，他们深入了这一流派的内在动机，比自己的同行走得更远。这是由于他们对先进技术的兴趣，与对速度和机动性的永恒追求有紧密关系，也与新材料和新建筑技术的研究紧密相关，这些新材料、新技术让这一追求得以实现。[4] 正因如此，早期的高技派作品获得了一些建筑师兼工程师的直接指导，例如，弗莱·奥托就以他对张力结构的创新性研究引领了 60 年代的轻型结构领域。他的研究不久就对皮亚诺产生了影响，后者在职业生涯初期就设计了很多张力结构，并表明高技派赞许同行工程师在材料和形式上的直觉。

　　因此，高技派不仅表现了科技，它的建筑形式也得益于成熟的建筑科技。一个例子就是巴黎的乔治·蓬皮杜中心（1971—1977），它是第一座获得全世界认可的高技派建筑。蓬皮杜中心（又称"博堡"）项目，源于为了在历史悠久的巴黎市中心建设一座当代艺术文化中心而举行的一场国际竞标。这场竞标开启了罗杰斯和皮亚诺的职业生涯，也开启了他们的工程业务伙伴奥雅纳公司的特德·哈波尔德和彼得·赖斯的职业生涯。在克服重重难关之后，这个建筑师和工程师的合作团队战胜了 680 件入围作品，他们设计的作品，被由艺术策划人和建筑师（包括约翰·伍重、让·普鲁维、奥斯卡·尼迈耶和菲利普·约翰逊）组成的盲审团宣布为获胜者。[5]他们的获奖方案其实是一座巨型高层建筑，也是一个带有灵活机动部件的巨大框架。它证明了史上形象最诱人的建筑构想——建筑电讯派的"拼贴城市"（1964）——是能够实现的，因为他们的方案克服了其中唯一的难题：消防规范。

在建筑工程领域，高科技巨型建筑的难题在于如何表现钢结构，而不是用多层建筑必备的标准防火材料（最典型的是混凝土）覆盖它，以及符合皮埃尔·夏洛"玻璃房子"（1928—1932）建立的黄金标准。密斯·凡·德·罗设计的著名的钢结构摩天大楼，选择把钢铁支柱架设在外立面上来解决这个问题。但从工程美学上来看，它只是一个妥协手段，因为暴露在外的钢结构并没有起到支撑作用，而只有装饰和语义学性质（充当建筑符号）。[6]罗杰斯和皮亚诺希望钢结构能暴露在外立面上，这样内部空间就没有柱体，能更好地适应不断变化的内部活动方式，进行灵活的空间安排，但它仍需要有耐火性。赖斯的解决方案是，将中空的柱体灌满水，并在横跨内部空间的 48 米长桁架外层镀铝。赖斯赞赏建筑师将"透明"变成钢结构建筑固有属性的愿望，因而设计生产了一种名为"盖贝尔"（gerberettes）的铸钢接头，用以支撑大跨度的桁架（图 3.1）。

盖贝尔接头既美观而又造型独特，它由纤细的受拉杆件压紧，框架用对角拉条来固定，让建筑外观显得更加轻巧。[7]

3.1 彼得·赖斯，乔治·蓬皮杜中心的"盖贝尔"构件的细节，法国巴黎，
1971—1977

根据空间跨度的原则，垂直循环、通风管道、盥洗间和装卸
区等设备都被固定在建筑物的表面，再漆上鲜艳的色彩，以
作为主立面的主要特点。

像埃菲尔铁塔一样，蓬皮杜中心成为巴黎的地标性建筑
标志着现代主义对机械的崇拜。它与埃菲尔铁塔还有一个共
同点——尽管受到了大众的热烈追捧，但还是遭到了学院派
的批评。[8] 虽然蓬皮杜中心的设计很大程度上得益于建筑
电讯派普及的技术构想，但在建造过程中却遭到了极端左派的
攻击。虽然班罕姆赞扬高技派"勇于实践"，但文化理论家
让·鲍德里亚却把蓬皮杜中心视为一种技术和媒体过度泛滥
的社会征兆，而艾伦·H.科洪则批评它展现的是彻底机械化
的非人形象。[9] 这些批评，都反映了与战后的乐观情绪相差极
大的舆论氛围，也反映了时代已坚定地掉转方向，大举反对
所谓"现代主义的假先知"。

尽管福斯特、皮亚诺和罗杰斯在此后轮番否认了"高技派"一词，说它的意义太狭隘，会有误导性，但他们仍视自己为后现代派的门徒，倾听着"伟大的二三十年代"的余音，站在 SOM 等现代派设计的对立面。仅仅是这种信念，就足以让他们几个在后现代时期的建筑话语中居功至伟。班罕姆在 1979 年这样写道："在（后现代主义）尚未举办的千禧庆典中，最尴尬的一点肯定是'旧的现代主义建筑'作为新的、多样性的主导元素存活下来，而且还在继续兴建，它（在社会、经济和技术领域）的神话地位丝毫没有被动摇。"[10]虽然他也提到高技派赞赏工程师对形式的直觉，以及他们表现建筑物内在逻辑的渴望，但高技派的作品在另一方面强调了现代主义的其他特征，例如从预制构件、原型设计与制作到社会规划和可持续性。在技术构想的背后，我们能发现班罕姆想通过发表文章，努力挽救现代主义传统的一些关键要素。

预制构件与原型设计

迄今为止，高技派以后的现代主义所提倡的一个最重要的特质就是：用预制构件修建房屋的渴望，也就是约瑟夫·帕克斯顿在 1851 年建造伦敦水晶宫时用的方法。这种传统被伊姆斯夫妇和蓬皮杜中心设计竞标中获胜的青年建筑师让·普鲁维以一种典型方式延续到了 20 世纪中叶。的确，他们的这些实验性的房屋可算是前卫的高技派建筑。伊姆斯住宅（1949）因融合了一些现成的建筑构件（钢制框架、室外甲板和内嵌板）而成为引人瞩目的建筑设计。普鲁维的热

3.2　让·普鲁维，热带住宅，法国，1949

带住宅（1949）又是一栋药盒式的建筑，它由让·普鲁维工
作室设计生产的漂亮的预制构件组合而成，具有经济实惠的
特点。那些构件在设计生产时考虑到了操作中的各种限制条
件——性能、制作方式、成本、功能以及运输方式（图 3.2）。
例如，铝板被加上肋撑以增加强度，并制成特定的尺寸，以
便货机运输。门式钢架结构使用经过折叠挤压的钢材，同样
为了便于运输，增大强度，提高建筑效率。

　　对预制构件的这种持久的兴趣，早在建筑电讯派诞生之
前就在罗杰斯和福斯特那里出现了。在耶鲁大学读书的时候，
他们的老师小文森特·斯库利就推荐了"案例研究"的房屋。
1962 年大学毕业后，他们利用在加利福尼亚工作的闲暇参
观了伊姆斯夫妇、拉斐尔·索利安诺、皮埃尔·柯尼格和克
雷格·埃尔伍德设计的住宅。[12] 在那里，他们还接触了埃兹
拉·埃伦克兰茨在学校建设中用到的灵活建筑系统。这些影
响在他们加入"四人组"后与工程师托尼·亨特一起设计的

3.3   四人组，诚信开关公司电子加工厂（外立面），英格兰斯文顿，
1965—1966

第一个著名项目——诚信开关公司电子加工厂（图3.3）中就
有明显的体现。该加工厂如今已被拆除。它是一间轻型棚屋，
采用了标准化构件，如用于龙门构架的不锈钢部件；同时，
用作墙体和地面铺装的瓦楞钢板，被安在一个边长达12米的
结构柱网上。通过这种方式，它展现了与"案例研究"试验
住宅一样的灵活性和经济性。但其中非功能性装饰物却用得
很少，使它有别于之前的建筑，同时，它跳出了纯粹的工程
逻辑——对角支撑被应用在不需要从横向受力上获得加固的
隔栏里，而从边界柱的顶部穿过的伸出梁，其横截面似乎仅
仅是木质结构的残余元素。[13]

　　由于预制件在生产地之外加工，这样做不仅提高了精确
度，而且能减少建设过程中的湿作业，使得现场的建设和组

装速度翻了几倍。福斯特和罗杰斯就是用这种方法，迅速在潜在客户之间立起物美价廉的口碑。尽管诚信开关公司电子加工厂这类成长期的作品将构件标准化，并依赖非功能性的装饰物来表现美学趣味，但后来报价更高的建筑委托项目，却让他们产出了更多独一无二的建筑物。在这些项目里，越来越多的构件经历了原型化过程——建筑师对制造商多方咨询，再进行设计和测试，而非直接预制标准构件，再进行大规模的组装。

就像普鲁维的工作室或伊姆斯夫妇研究多层胶合板的胶水那样，高技派将构件预制技术引入建筑业，发明了很多新的建筑手法。蓬皮杜中心建设中的以下经验具有重大意义：由于使用了现成构件，建筑物的室内特征不够明显，因此外观就采用精选的铸钢细部来吸引关注。

对类似"盖贝尔"这种细节构件的重视，再次凸显了工程师对制造和设计的巨大可参与空间，因而，自从在诚信开关厂项目中与工程师托尼·亨特合作以后，福斯特就聘请他为自己的长期顾问。罗杰斯与哈波尔德、赖斯也建立了同样的关系，皮亚诺甚至与赖斯在蓬皮杜中心项目之后有过一段短暂的合伙人经历。对罗杰斯和福斯特来说，在他们接手的项目日益重要的情况下进行原型设计与制作是合乎逻辑的行为。但对皮亚诺来说，这更是他的人生观的重要组成部分。这种人生观扎根于工艺美术传统和世代从事建筑业的家族历史。尽管皮亚诺–赖斯工作室寿命短暂（1977—1980），但皮亚诺在他们为菲亚特公司合作设计实验汽车的过程中，总结出了与原型设计紧密结合的"工艺"的新定义。他提出："工艺与具体的工艺品无关。工艺的现代意义产生在大规模生产化之前的生产阶段，即原型阶段。"[14] 普鲁维的案例显然产生了重大影响，但是，在普鲁维那里，"原型"用于大规模生产，而在皮亚诺这里，原型设计与制作却是为预制构件创造独特设计感的方法。

在这方面，伦佐·皮亚诺建筑工作室（RPBW）建造的位于得克萨斯州休斯敦的梅尼尔收藏品博物馆（图3.4）是一个重要代表项目。这家博物馆是为陈列多米尼克·德·梅尼尔的现代艺术收藏品而建的。这乍看是一座不起眼的建筑，主体是钢结构，外墙使用灰色护墙板，以便搭配周围典型的得克萨斯平房。[15] 不过，比起这些灰白盒子状的建筑，更让人兴奋的是皮亚诺和赖斯设计的遮阳系统，这也是建筑委托中最主要的要求。屋主希望间接利用自然光，创造一种凉爽、活泼的氛围。他们设计并测试了遮阳设施的原型，并根据制作出的檐篷形状，将其命名为"叶片"（图3.5）。[16]

这些叶片被支在纤细的球墨铸铁桁架上，形成连续的曲面百叶窗，形状根据对阳光角度的精确计算来决定，且使用了钢筋混凝土的硬壳式结构，以手工打磨出明亮的光泽。[17] 这些叶片十分精巧美观，因此皮亚诺在博物馆的外墙也使用了这一设计。但只有在室内，当它根据环境的变化节奏对空间进行修正时，它才能完全展现魔力。可是，尽管梅尼尔博物馆有一种宁静之美，但还不能说它完美，因为这些叶片藏在玻璃下面，将太阳照射产生的热能锁在了室内，导致室内过热。如果把叶片改放在玻璃上面，它们在美学上就不会像现在这样充满戏剧感。

RPBW对顶部照明的画廊进行了很多实验，使得这些元素成为这家事务所的标志特征。在每个博物馆项目中，这家

3.4　RPBW,梅尼尔收藏品博物馆，美国休斯敦 ，1981—1986

3.5　RPBW,梅尼尔收藏品博物馆（正面细节：东面柱廊的单跨"叶片"
　　结构 ）

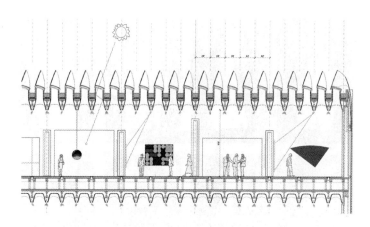

3.6   RPBW，高级艺术博物馆扩建项目剖面图

事务所都会根据客户、设计方案和环境语境等具体特征，为间接自然采光设计一个新的解决方案。赛·托姆布雷画廊（1992—1995）和梅尼尔博物馆相距不远，RPBW为它设计了由水平方向的多层屋顶和多种遮挡因素构成的遮阳篷。这些遮阳篷的组成包括：由固定的外部百叶窗、屋顶结构和玻璃构成的多层三明治结构，可调节的内部百叶窗和织物天花板。外部百叶窗的窗体像"飞毯"一样飘浮在屋顶上方（图3.5）。

这种设计形成了一种解决方案，可以应用于他们的其他项目。[18] 在达拉斯艺术园区，在受路易斯·康启发设计的纳什尔雕塑馆（1999—2003）中，客户希望遮阳设备从内部能直接看见；而且，由于展出的是雕塑而非绘画，希望室内照明采用更多的自然光。这就意味着三明治结构的所有元素都会被压缩、变小。固定的外部遮阳设施包括：带蛋形穿孔的铸铝板材，造型之后只能透出北向的光线；铝板安放在法兰盘上，由略高于防紫外线夹层玻璃的螺栓固定住；玻璃则用

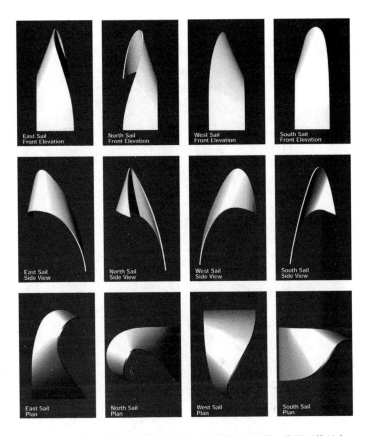

3.7　RPBW，高级艺术博物馆扩建项目"连接板"细节，美国亚特兰大，
　　　1999—2005

在一个薄薄的钢架结构内部，做成浅凹槽，上部以拉伸钢构
件固定。这些形似西餐蛋架的铝板有着很大的视觉冲击力，
其很可能是皮亚诺设计的佐治亚州亚特兰大高级艺术博物馆
（1999—2005）的灵感来源。在那里，这种设计是以超大规模
出现的（图 3.6 和图 3.7）。

　　高技派风格的原型设计的另一个绝佳案例就是福斯特事

3.8   福斯特及合伙人建筑事务所，雷诺产品配送中心（建造时的外观），英
　　　国斯文顿，1980—1982

务所设计的位于英格兰斯文顿的雷诺产品配送中心（图3.8）。
这栋建筑以其淡黄的色彩而闻名，是典型的盒式建筑，几乎
所有预制部件都是专门定做的。它有一个边长24米的正方形

模块，可以沿虚拟网格的各条轴线无限添加。有了这个模块之后，这个自给自足的结构充分发挥了钢材的延展性。它包含一根中心桅杆，所有的横梁和组装屋顶都悬挂在其上，模块也在这里形成了该建筑的外部包裹结构。玻璃幕墙从横梁上垂下，接头将横梁与中心桅杆和悬垂结连接起来，接头铰接成组合屋顶的倾斜角，并在模块全部相连后产生一种活泼的脉动感和韵律感。

融合实践

盒式建筑在设计中需要保持灵活，例如工厂、办公室和博物馆，这些也恰好是福斯特、罗杰斯和皮亚诺在事业初期曾参与建设的类型。但对设计更加复杂的大型建筑来说，高技派面对的挑战其实更大。

一方面，将建筑的框架结构和内部运作机制暴露在外，需要对传统手段进行彻底颠覆。在修建两栋大幅提升高技派在高层建筑界地位的商业殿堂——罗杰斯事务所设计的伦敦劳埃德大厦（1978—1986）和福斯特事务所设计的香港汇丰银行大厦（1979—1986）时，他们就遇到了这种情况。这两栋举足轻重的金融业建筑，也是两家事务所当时接手的最大项目。它们也证明了高技派不仅仅意味着预制框架结构和檐篷，还能将各方面因素——建筑理念、设计方案、建设过程，还有城市、社会和文化语境——融入设计当中，体现深刻的设计思想和高超的协调能力。

福斯特的香港汇丰银行（图 3.9 和 3.10）开拓了很多新

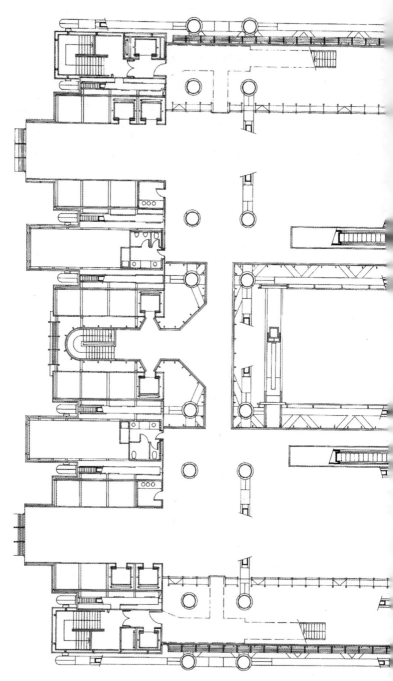

3.9 福斯特及合伙人建筑事务所，香港汇丰银行办公区平面图，中国香港，1979—1

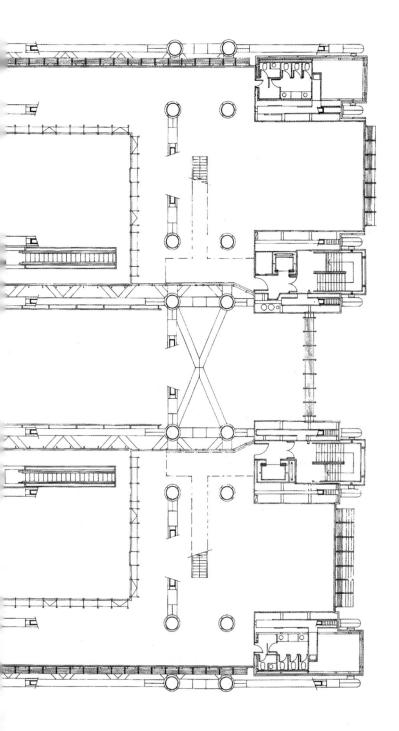

3.10   福斯特及合伙人建筑事务所，汇丰银行大厦，中国香港，1979—1986

领域，但其最具独创性的是对设计需求的应对和对建筑行业的影响。在改造的项目中，如英格兰伊普斯维奇城的威利斯·费伯和杜马斯保险公司大楼（1971—1975），福斯特已经表现得相当大胆，会在拿到客户的设计方案之后对其大幅修改。这是从他在耶鲁的导师塞吉·希玛耶夫那儿学来的，后者经常为社会大众和社区设计活动场所。在威利斯·费伯大楼项目中，福斯特说服客户在必要的办公空间以外增加了一些娱乐性便利设施，包括游泳池、咖啡馆和屋顶花园；重新优化了使用在"房屋正面"和"房屋背面"的表面材料；在垂直电梯以外增加了步行电梯，以鼓励员工参与社交。[19] 在银行的办公功能方面，他采用的是办公大楼的传统形态，一个中岛总服务台加上一圈串联式办公室。但他用的不是普通的"烤肉串"形式，而是把框架结构和设备推到了建筑之外，就像蓬皮杜中心一样。[20]

在伦敦的劳埃德大楼项目中，罗杰斯也把框架结构和设备推到了外部，将中间部分留给开放式工作空间、内部流通和高悬的中庭。在这两个案例中，改变位置都是为了获得灵活性。对罗杰斯和福斯特来说，灵活空间对任何一个设计方案都非常重要，因为它有利于适应建筑在不同时段变更的用途。对他们的客户而言，这反映了当时的商业繁荣态势，因此显得很有说服力。更重要的是，他们预测到了对信息技术日益增长的需要，在抬高的楼面系统之间设计了灵活的设备空间（移开镶板就可以进入）。他们两人将这种构想的灵感归功于路易斯·康将服务空间与被服务空间分离的手法。

这样就实现了建筑的灵活性，但同时也具有审美价值，因为它提供了一个强力的理由，能将通常隐藏在视线以外的建筑物内部运作暴露于人，作为建筑设计的标志性特征。伦敦的劳埃德大楼通过它的设备架实现了这一壮举。这些设备架形似规整的盒子，巧妙地安放在现场诸多不规则的角落里，制造了别具一格的画面感。汇丰银行也有类似的设计，不过主体不是设备架，而是其壮观的框架结构。它的框架结构是结实的钢制桥接结构，各个楼层就通过这些钢桥支持起来。而且，该大楼横跨在一座公共广场上方，人们可以从广场上搭乘自动扶梯到达大楼那玻璃围成的宏伟腹地。

斯蒂芬妮·威廉姆斯在一本关于香港汇丰银行的著作中，描述了福斯特在该大楼的设计和建设过程中面临的挑战。[21] 她清楚写下了福斯特如何深入参与这个项目的每一个具体细节。他们与客户、工程师和生产商密切合作，以便实现设计理念。此外，他们还与建筑公司密切合作，因为建设中需要用到一些新技术。通常，这些技术在建筑行业里不仅不是现成的，而且要参考其他领域。为此他们寻找能生产用作管道的巨型钢管的钢材制造公司，以解决生锈问题。他们在日本寻找能对整栋建筑所有管线进行包装（立管）的企业，也在运输行业寻找为钻井平台工人制作居住用集装箱的公司。[22] 他们为这个项目设计了很多独一无二的系统，比如包含盥洗、供热、通风和空气调节设施的预制模块，和能进行空气调节和防火喷淋的地下系统。[23] 这样的工作方法意味着在持续的跨领域交流中，建筑设计会不断改变、进化。随着对某些领域专业知识的逐渐了解，建筑思想注定会发生巨大的改变。总体而言，他们在一个——根据威廉斯的说法——充满活力又无法预计的过程中，将设计顾问和制造商的专业知识相融合。

香港汇丰银行是福斯特事业上的分水岭（伦敦劳埃德大厦对罗杰斯也有同样的意义）。大卫·纳尔逊对福斯特团队这样评价道："香港汇丰银行真正改变了每个人眼里的每样东西。它属于那种伟大的项目——它们对建筑元素进行的开发为我们提供了巨大的机遇。"[24] 的确，香港汇丰银行、劳埃德大厦和蓬皮杜中心，都证明高技派不仅是钻研某一类建筑的专家（当项目日趋复杂时，很多事务所都能做到这一点），而且是将建筑设计与工程、制造和建设创造性地融合的专家。正如我们所见，高技派扎根于现代传统，因为总体上迫使他们进行深度融合的正是改变建筑物表现透明、轻盈和本体意义这种底层的诉求和逻辑。这个诉求把预制构件的精确性、经济性变得不可或缺。所谓构件预制，就是建筑的所有部件都在工厂里进行设计和测试，最后再拉到现场组装。

这一观点对现今的建筑项目仍有指导意义，例如从机场到医院，再到音乐厅、体育馆，影响了各式各样的建筑。不过，从 20 世纪 80 年代起，高技派向两个方向再次进化：一是对数字手段的研发，创造复杂的曲线形状；二是对建筑设计的可持续性的强调。随着 NURB（non-uniform rational B-spline，意为"非均匀有理 B- 样条"）数学模型的流行，曲线建筑形式如今已经很普遍，但高技派建筑师对复杂表面的设计开始得相对较早，甚至要早于"流体建筑"。高技派建筑事务所中最先锋的一家是"未来系统"事务所，他们设计的洛德媒体中心（1994）和巴黎的 Comme des Garçons 精品时装店（1998）就是两个典型案例。前者像一颗天空中的眼球，媒体人士在其中观看洛德板球场上的比赛（图 3.11）；后者是一个受拓扑学中"克莱因瓶"启发的创新项目。[25] 这家事务所提前为人们展示了未来的模样，并从 80 年代末开始坚持实验复杂的几何形态。

这种对可持续性的探索可追溯到 20 世纪 70 年代，特别是高技派建筑的另一位先驱 R. 巴克敏斯特·富勒。作为可持续建筑设计的早期支持者，富勒发表多篇文章，表达了"世

3.11　马里波恩板球俱乐部洛德媒体中心，英国伦敦，1994

界自然资源是有限的"的观点，他的文章在那时给很多年轻建筑师带去灵感，包括福斯特。1971 年，福斯特与富勒合作了一个名为"气候办公室"的办公楼项目。富勒擅长的轻体量建筑主题（他曾问过福斯特一个著名的问题："你的楼有多重？"）和灵活的建筑体系，都出现在其早期作品中，然而直到 90 年代初，可持续性才成为高技派建筑的明确关注点。这类项目包括霍普金斯建筑师事务所在英国诺丁汉郡设计的国内税务中心大楼（1992—1995），他们在这栋大楼设计竞标中胜出，设计要求是必须百分之百自然通风。[26]

　　他们渴望表达出建筑的功能逻辑，但也没有无视可持续发展技术，而是当成形式的驱动力，有时是受到生物拟态的启发，比如未来系统设计的生物拟态形状的绿色建筑（1990）。还有些时候，他们会受到地方形式的启发，比如

RPBW 在卡纳卡中心设计了木条集风口（1993—1998）。但体现功能主义的艺术意志的最佳案例可能是尼古拉斯·格雷姆肖设计的 1992 年塞维利亚世博会英国国家馆。这座环保主义的展馆不仅对建筑结构和附属设备进行了诗意的表达，而且对能源效率的可持续性进行了诗意的呈现。屋顶上的遮阳板体量超大，充满了节日氛围；循环水流构成的水墙在东立面欢迎游客到来；在室内设计出了很多单独控温的小隔间；彩色的帆状物保护向南的立面不受安达卢西亚炽热阳光的直射。[27]

以上这些项目告诉我们，高技派以这样的方式将形式与功能相融合：虽然功能从未战胜过形式，但形式却总因功能的变化而变化。皮亚诺有个简单的说法："做出新形状、发明新形式并不难，难的是开发出一种有意义且能被建造出来的新形式。"[28] 这一理念与功能主义传统和班罕姆所称的"工程师风格"形成对话。这种风格在高技派中取得了比它的现代主义前辈更久远的胜利。[29] 在蓬皮杜中心、香港汇丰银行和劳埃德大厦这些备受瞩目的关键性项目后，高技派通过对专业实践进行再思考，将制造业和工程创造性地融入建筑设计当中，继续开拓出新的形式，并以高超的建造水平去实现它们。

致 谢

感谢我的同事克雷格·巴布，作为曾在霍普金斯建筑事务所工作的执业建筑师，他给了我很多真知灼见。我也非常感谢福斯特合伙人建筑事务所和 RPBW 的图片支持。

注 释

1　安东尼·维德勒含蓄地指出，雷纳·班罕姆批评了现代主义晚期天真的
　功能主义倾向，但却为一个抓住了第二机械时代的表现主义特质的建筑
　辩护。参见 *Histories of the Immediate Present* (Cambridge, MA: MIT,
　2008).

2　"功能的谎言"(the fiction of function) 这一说法出自斯坦福·安德森一
　篇文章的标题，该文载于 *Assemblage*, no.2 (February 1987): 19.

3　参见 Reyner Banham, "The Great Gizmo," *Industrial Design* (September
　1965); reprinted in *Design by Choice*, ed. Penny Sparke (New York:
　Rizzoli, 1981), 108-14.

4　速度和机动性是保罗·维希留讨论现代文化时常用的两个比喻。Paul
　Virilio，*Speed and Politics*, trans. Mark Polizzotti (1977; New York:
　Semiotext(e), 1986).

5　关于蓬皮杜中心，参见 Nathan Silver, *The Making of Beaubourg*
　(Cambridge, MA: MIT Press, 1994) 和 Brian Appleyard, *Richard
　Rogers: A Biography* (London: Faber & Faber, 1986), 159-219.

6　有关建筑师和工程师的优先权冲突，参见对高技派建筑进行深入观察
　的作品：Andrew Saint：*Architect and Engineer: A Study in Sibling
　Rivalry* (New Haven: Yale University Press, 2007), 377-94.

7　Kenneth Powell (ed.), *Richard Rogers, Complete Works*, vol. 1 (London:
　Phaidon Press, 1999), 112.

8　Appleyard, *Richard Rogers*, 221.

9　Jean Baudrillard, "The Beaubourg Effect," *Simulacra and Simulation*
　(1981; Ann Arbor:University of Michigan Press, 1994), 61-74. Alan
　Colquhoun, "Plateau Beaubourg," *Architectural Design*, vol. 47, no. 2
　(1977); reprinted in *Essays in Architectural Criticism* (Cambridge, MA:
　MIT Press, 1981), 119.

10　Banham, "Foster Associates" (1979); reprinted in *On Foster... Foster
　On*, ed. David Jenkins (Munich: Prestel, 2000), 69.

11　参见 Banham's *Theory and Design in the First Machine Age* (London:
　Architectural Press, 1960), 以及 *The Age of the Masters:A Personal View of
　Modern Architecture* (New York: Harper & Row, 1962)。班罕姆在他的
　Megastructure, Urban Futures of the Recent Past (London: Thames &

Hudson, 1976) 一书中描述了 20 世纪 60 年代空想建筑学的兴起与衰落，几乎将它当成了应对由 1968 年法国五月运动带来的现代主义悲剧的一种方法。

12 关于福斯特在耶鲁大学的教育背景参见 Robert A.M. Stern, "The Impact of Yale" (1999); reprinted in Jenkins, *On Foster*, 345-61。

13 看上去就像伸出梁的其实是焊接在钢柱上的"顶架"。顶架的作用是让新的横梁在它的零力矩点上与现存框架连结。由于场地的限制，该建筑物无法继续扩建，因此顶架就变成了一种装饰元素。参见 Ian Lambot (ed.), *Norman Foster, Team 4 and Foster Associates* (London:Watermark, 1991), 82.

14 "Renzo Piano Building Workshop: 1964-1988," *A+U Extra Edition*, vol. 3 (March 1989): 18.

15 Peter Buchanan, ed., *Renzo Piano Building Workshop, Complete Works*, vol. 1 (London, Phaidon Press, 1993), 140.

16 Renzo Piano, "Building Essay," *Harvard Architecture Review*, vol. 7 (1989): 80.

17 皮亚诺与赖斯合作菲亚特 VSS 实验汽车项目中了解了硬壳式构造。参见《A+U》，199。

18 "飞毯"这个比喻是皮亚诺提出的。

19 参见 Norman Foster, "Social Ends, Technical Mean" (1977); reprinted in Jenkins, *On Foster*, 463-64. 威利斯·费伯大楼和杜马大楼著名的悬空玻璃墙在当时过于前卫，福斯特只好将专利卖给了生产厂家，希望厂家能制造出来。

20 Saint, *Architect and Engineer*, 390.

21 Stephanie Williams, *Hongkong Bank* (Boston: Little, Brown and Company, 1989), 125. 福斯特最终还是未能将钢结构涂上铝电镀涂层，只能任其暴露在外。

22 同上，115。

23 同上，127。

24 Nelson interview with Malcolm Quantrill, *The Norman Foster Studio* (London: E & FN Spon), 56.

25 有关洛德媒体中心的建设，可参见 Future Systems, *Unique Building* (London: Wiley-Academy, 2001).

26 富勒与福斯特之间的这段著名对话，可见马丁·泡利的文章 "Richard

Buckminster Fuller ", *Norman Foster, Foster Associates, Buildings and Projects*, ed. Ian Lambot (London: Foster Associates, 1989), 82.

27 Deyan Sudjic and Richard Bryant, *British Pavilion Expo '92, Seville. Architects Nicholas Grimshaw and Partners* (London: Wordsearch, 1992), 8.

28 "Renzo Piano Interview," *Space*, vol. 487 (2008): 133.

29 Banham, "Introduction," *Foster Associates* (London: RIBA, 1979), 5.

第4讲　解构主义：建筑中激进的自我批评

艾利·G.哈达德

1988 年，纽约现代艺术博物馆展出了由菲利普·约翰逊和马克·威格利组织的一场名为"解构主义建筑"的展览。它与这一话题的另一重大事件恰好同时发生，那就是《学院》期刊的编辑安德里亚斯·帕帕达基斯在伦敦泰特美术馆举办的研讨会。这两个事件共同标志"解构建筑"或者"解构主义建筑"的诞生。在这场运动中，很多建筑师被归结为一类，但有些人其实与这个源于哲学和文学批评的话题并没有理论上的联系。这些人当中有一部分，比如弗兰克·盖里，对将自己与这个理论联系起来的说法明确表示欢迎。但这只是当时为了在国际范围内进一步推介自己作品的权宜之计。

《学院》期刊随后对解构主义进行了简单介绍，并刊登一系列评论文章，其中最重要的两篇分别由克里斯托弗·诺里斯和安德鲁·本雅明撰写。诺里斯专门研究"解构"[1]概念创始人、哲学家雅克·德里达，他的文章试图将德里达的思想放在从柏拉图到海德格尔的哲学史的完整语境中做整体考察；而本雅明的任务则是初步将这一哲学原理转译到建筑学中。本雅明在几位建筑师的作品中都看到了解构主义的迹象，这些建筑师挑战了很多建筑学的成规，尤其是那些建立在"以居所为核心"[2]概念上的作品。多个建筑作品都体现了本雅明对解构主义的理解，从藤井博已的"牛窗"艺术中心、盖里的温顿宾馆，再到伯纳德·屈米的拉维莱特公园和丹尼尔·里伯斯金在柏林的"城市边缘"计划。彼得·艾森曼的作品被归入解构主义还可以理解，但以上这些作品为何会被归为解构主义，我们就不得而知了，只知道它们体现了非传统的建筑手法。这些作品多数都没有主动参与这场哲学运动，也未曾对它进行建筑学的解读。本雅明对这些建筑的哲学解读遭到了一些非议，比如，马克·威格利将"解构主义"的概念与俄国建构主义联系起来，刻意切断了它与德里达的联系。[3]

解构主义的哲学基础

1967年，法国哲学家雅克·德里达出版了三部关键作品：《书写与差异》《论文字学》《声音与现象》，并借此发起了一场新哲学运动。这场运动最初被命名为"后结构主义"，后来才改为一个更著名的称呼——解构主义。德里达的主要工作就是批判性地消解西方哲学传统的基础，具体来说就是"逻各斯中心主义"（Logocentrism，即对逻各斯、语言、一切以语言表达的逻辑结构进行指称并高度观照），以及海德格尔《存在与时间》中的"存在形而上学"。德里达主要的解构对象是语言本身，从而揭露了一些经典文本中潜藏的错误，包括从柏拉图的作品到罗素、弗洛伊德和索绪尔的书。但这位法国哲学家认为，由于对逻各斯中心主义的批判，正是他试图推翻的逻各斯中心主义的基础，这就导致开创任何关于意义的新学科都变得不现实。[4]当结构主义者将自己限定在语言结构和规则分析中时，德里达选择用语言来反对语言，揭露它的不足和矛盾，从而消解了宗教系统、标识系统和推理系统赖以建立的大楼。尽管德里达可能在作品中用了不同的方法论，但这些德里达式的手段，其实在一定程度上源自尼采。

虽然德里达对任何一种系统性方法论的基础都加以质疑，但他一直警惕地拒绝用自己的概念代替那些被质疑的概念，以免陷入新的逻各斯中心主义。在《论文字学》一书中，他对弗迪南·德·索绪尔阐述的系统的存在前提提出了质疑——索绪尔依据的是"符号"（sign），而不是"踪迹（trace）"。因为概念和词语，只能在与他者关联时——或者用德里达的话说，通过一种名为"延异"的过程——才能产生意义。"延异（differance）"是他生造的一个词，用来表示一个既（在时间上）延迟又（与其他符号）不同的过程。[5]德里达用同样的套路，对逻各斯的基本概念发起进攻。这里所说的逻各斯，与列维纳斯和黑格尔的作品中的"神圣的本质"或"绝对性"不谋而合。在德里达看来，这个形而上学的课题，受到文化与自然、形象与再现、感性与理性等一系列二元对立概念的支持，特别是受到了"流俗时间"概念的支持。

由于德里达对"形而上的时间"概念发起了进攻，因此，对以类似手段成为现代建筑学基础的空间概念进行类似批判，似乎也并不难。如果西方学说的一切基础都要被重新审视和解构，那么建筑作为一门学科也必会成为这场激进的消解运动的对象。在《哲学的边缘》一书中，德里达对"起源"的说法也提出了明确的质疑，而它正是很多建筑学规则建立的基础，它在语言中也随处可见，比如 archi、telos、eskhaton 这些前缀，都可以指"在场"。因此，architecture（建筑学）一词的前缀 archi（拱），作为基本元素放在"构造"（tekton）前面，也难逃被解构的命运。德里达特别提到，建筑是一种供人居住的建构体，是一个包含某些不变因素的整体，因而解构行为能对它进一步修正。他还给"建筑学建筑"的说法下了一个定义：

> 我们不能忘记，还有建筑学建筑……自然化的建筑是自然对我们的馈赠，我们居于它之中，它也居于我们身上；我们认为它的命运就是作为人的居所，它对我们绝不再是物品。但我们认识到，在它之中有一件艺术品、一栋建筑、一座纪念碑。它不是从天而降的，不是自然生成的，即便它能说明一个它与身体、天空、大地、人类和神相关联的秘密。建筑学建筑是有历史的，是彻头彻尾的历史产物。它的传承，始于我们在经济中的紧密关系，我们的家庭规则（环境科学），我们家族的、宗教的和政治的环境科学，一切关于出生和死亡的地方：寺庙、学校、体育馆、市集、广场和坟墓之中。[6]

然后，德里达认为，建筑意义对建筑语法的指导表现在 4 个方面：家庭（居住）法则、纪念法则、居住技术，以及美、和谐与整体价值（美学）。建筑学遵照这些法则来运作，不仅影响了它自身，还"规范了被称为西方文化的一切内容，远远超越了建筑学的范围"，并作为"形而上学最后的桥头堡"傲然耸立。[7]

解构主义建筑的设计方案

彼得·艾森曼是少数认真对待解构主义的建筑师。他关注解构主义在哲学和文学批判中的发展，将其作为在建筑学中阐述所有解构主义建筑项目的前奏。与同辈不同，彼得·艾森曼直接受德里达理论的影响，更早时候还关注了诺姆·乔姆斯基的结构主义。他在建筑学中探索这些新批评的潜力，尽管要把这种反结构、反基础的批评转译到一个建筑项目中是十分困难的。这一点可以从艾森曼作品的变化过程中看出来，他的"住宅"系列就从"结构主义"实验阶段，渐变到"EL 单双构架住宅"（图 4.1 和 4.2）。通过名称上的文字游戏和它对自身建筑语法规则的戏谑，这一项目表达了艾森曼作品中的转变，这个转变过程一直持续到他的晚期作品中。与解构主义哲学家德里达的不断交流甚至合作，使他的这些作品获得了持久的生命力。

艾森曼作品中的转变，同样出现在他 1980 年以后的一系列文章中。这些文章从研究《房屋研究》中示例的建筑"符号"，[8] 逐渐转移到了柯布西耶的多米诺住宅[9] 研究和对特拉尼作品的形式研究[10]，最后进入了对后结构主义的研究阶段。这一阶段始于他于 1982 年发表的论文《怀疑的表象：论符号的符号》[11] 和影响深远的散文《古典的终结、开始的终结、终结的终结》。[12] 艾森曼在此阶段发表的作品也反映了这种转变，其中就有《发现房子》（*Fin d' Ou T Hou S*）[13]。这是一本收集了"住宅"系列最后一个项目的活版图纸的合集，[14] 将建筑资料提升为稀有的珍贵手稿。一年后，他又出版了一本名为《移动的箭、厄洛斯和其他错误》的书，用透明纸印刷，内容

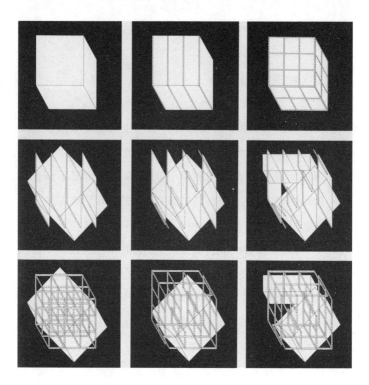

4.1　彼得·艾森曼，三号住宅，1969—1971

4.2　彼得·艾森曼，EL 单双构架住宅，1980

主要是为维罗纳城设计的"罗密欧与朱丽叶"项目。[15]

然而，最重要的文章是艾森曼的《古典的终结、开始的终结、终结的终结》，这个标题与德里达《论文字学》书中某一章标题惊人的雷同[16]，不过，这次艾森曼承认自己借鉴了佛朗哥·雷拉在《卡萨贝拉》月刊上发表的一篇文章。艾森曼的文章恰好发表在他的获奖设计项目——俄亥俄州的温克斯勒中心——入选的那一期上。[17]在文中，艾森曼受到福柯的"知识型（epistemes）"概念、鲍德里亚的"模拟（Simnlation）"概念和德里达"踪迹（trace）"学说的影响，为自己设置了任务——批判性地揭示建筑作为一个人文学科建立在文艺复兴时期"逻各斯中心主义"论述的基础上的真相。他追随着福柯的脚步，将古典定义为一种"知识"，一段由某种知识形式占统治地位的连续时期，这段时期是从文艺复兴开始的，以再现、理性和历史这三个"假象"为标志。

艾森曼后来挪用了德里达的"踪迹"学说，试图克服建筑作为一种植根于物理目的、功能目的和象征目的的活动所特有的困境，旨在发起对它基本的确定性——起源、功能和历史——的攻击。这些"确定性"，构成了古典的建筑形而上学的基础。其中有一套固定的思路，通过再现，形成了一个建筑的"整体"，并且不考虑这建筑是古典的还是现代主义的。艾森曼还提出了一种能通过各种手段否认这些多样"假象"的、相反的建筑学。在使用这些手段时，建筑师扮演着"译码员"的角色，发掘隐藏的碎片，以及被压抑的意义或者其他踪迹的含义，将每个项目的现场改造并重写。这其中，建筑会产生新的假象、多重的历史和故事。[18]艾森曼作品中的这种变化——建筑实践从对"句法"的研究转向对建筑进行分解[19]的策略，便得建筑被作为"文本"来阅读。这一转变远早于德里达和艾森曼合作的尝试。[20]

因此，在"住宅"系列（1967—1975）的各种实验之后，艾森曼开始重新寻找作品方向。他转向了一种"人工发掘"的形式，此形式希望揭露该领域内潜在的、隐藏的符号，再将其用于颠覆或反对该操作的原始现场。这些人工发掘，会呈现在一些"被接管的"城市建造现场，从卡纳雷吉欧（1978）到柏林（1980），再到一些历史感不太浓厚的建造现场，比如加利福尼亚的长滩（1986）。[21]

在柏林，在一座坐落于东西分界线上，靠近查理十字路口，标志着城市悲剧历史的建筑现场（图4.3），艾森曼提出了基于两个彼此冲突的地理网格开发出的建筑项目。这两个网格，一个是虚拟的"墨卡托网格"；另一个是真实的城市街区网格，充斥着这座城市历史的痕迹。这种转译只实现了一部分——在弗里德里希大街与科赫大街交界处的一栋建筑，不能完整表达设计方案最初的意图，即想要彻底改造位于昔日的世界交界处的一片市区。在这里，艾森曼第一次从绝对的建筑语法实践，转向了更有剖析意义的实践，即特别依赖于建筑横向铺开的痕迹。让·弗朗索瓦兹·贝达德将这种来自考古学的形式解释成"不以恢复或揭示现场的历史为目的"，而是像威尼斯的卡那雷吉欧项目一样，试图表达"现代主义理性的无意义"；[22]换句话说，以一个目的明确的考古行为（旨在通过颠覆它并以其他形式代替的操作），来揭示现代主义大厦的断层。

这种操作，被沿用到了俄亥俄州的温克斯勒中心（1989）的设计上（图4.4），该项目明确显示建筑师作品方向的转变，

4.3　彼得·艾森曼，查理十字路口住宅项目，德国柏林，1981—1985

也昭示了当时建筑趋势的变化。温克斯勒中心试图调和两个网格结构的对立，即大学校园网格与城区网格。此外，建筑师还加上了对该地区历史的碎片式"复原"，因为这里曾有一座军械库。这一重要的操作，不仅为"解读"建筑项目的文本开创了新的可能，而且还为解决历史问题找到了区别于传统的后现代主义的新方法。正是这一方法让该项目获得了优势，击败了其他四个参与竞标的设计方案，其中最突出的就是迈克尔·格雷夫斯和西萨·佩里的遵循典型纪念碑式古典主义的项目。这次竞标也成为后现代主义历史上的一个转折

4.4 彼得·艾森曼，温克斯勒中心，美国俄亥俄州哥伦布，1983—1989

点。当1989年温克斯勒中心完工时，恰逢前文所述的解构主义第一次公开展览开幕。

在一些批评家的眼中，温克斯勒中心似乎复兴了现场历史上令人不堪回首的元素（就是那些塔楼），代表一直矗立到1959年的一座军械库。[23] 但艾森曼故意复活了这些象征性的碎片，暴露了该地区备受压抑的历史记忆。他不是要怀念这里的军事历史，而是表达一种对战争的警醒。艾森曼再一次强调了校园网格与城市网格的对立，目的是加强这种相互干涉，辅之以作为碎片被复兴的历史元素。军械库的各个碎片因而被城市网格的延伸部分切割开，这个延伸部分是白色天棚的钢质框架结构，它像脊椎一样横跨着整个现场。建筑的主入口被一幅拼贴画掩盖起来，引导游客走向位于地下的一系列功能各异的内部房间。

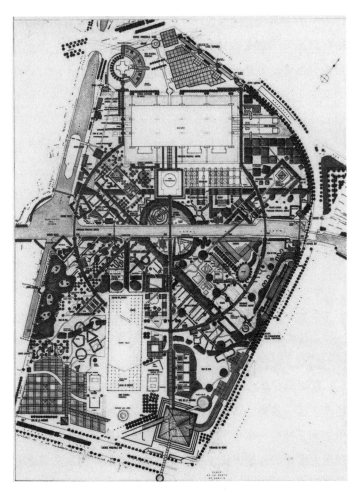

4.5　彼得·艾森曼，拉·维莱特公园平面图，法国巴黎，1987

在艾森曼的解构主义作品中，这一阶段的标志事件是由伯纳德·屈米提出的与雅克·德里达的合作项目，内容是巴黎拉·维莱特公园的平面图（图4.5）。这个未能实现的项目，被记录在一系列手稿中，最终以 *Fin D'ou T Hou S* 为题出版，这本书的书名与它的形式 24 一样十分独特。因为方案中的网格实际上给书面文本打上了鲜明的烙印，使解读这一操作变得十分困难。另外，书的结构也与以往的书完全不同，引言和其他一些部分 25 被放在书的中间。这部作品也显示了哲学概念在转化成建筑学时所受的限制，而建筑师则努力为那些不一定真能翻译出来的对话赋予形式。德里达在与艾森曼交流的一开始就警告说：

> 我读了你的文章，研究了 *Fin D' ou T Hou S*，看到了很多东西 —— 你对起源、对人类中心主义和对美学的批评，与施加于建筑学自身的解构是一致的。你的作品似乎在提倡一种反建筑，或者一种无建筑，但是，这当然不会如此简单，因为我的所作所为的反建筑性质，用的是传统意义上的"反"字。26

这样的交流持续了两年，产生了好几段有记录的对话，27 还产生了一系列绘图，并在德里达与艾森曼的最后一次交流中达到了高潮。在这次交流中，哲学家向建筑师提出了一系列尚无定论的问题，将他自己在建筑学上的解构主义实验融入问题中。28 但艾森曼的实践仍在推进，它产出的几个作品都运用了与"人工发掘"的早期项目相同的生成手法，建造了西班牙的瓜迪奥拉住宅（1988）、东京的小泉三洋办公楼（1990）、俄亥俄州的哥伦布传统文化中心（1993）、辛辛那提的阿罗诺夫中心（1996，图 4.6）和罗马的千禧教堂（1996）。所有项目一致遵循的策略，就是让这些现场在计算机中经历一次基本元素的变形。这样的求同过程，让一些人对艾森曼

4.6　彼得·艾森曼，阿罗诺夫中心，美国辛辛那提大学，1988—1996

的作品产生了疑问，认为它们不过是另一种形式主义，或者最多就是他在 70 年代的"住宅"实验中用过的结构主义的延续——尽管他也使用了新的工具，特别是将计算机引入设计。这些批判为艾森曼提供了一个机会，在德勒兹进入建筑学语境这一事件的刺激下，他将理论探索转向了其他领域。

　　解构主义运动中另一个主要人物是伯纳德·屈米。屈米的职业生涯开始于 1968 年"五月风暴"以后针对建筑学秩序提出的新主张。他首先提出，要建立以通信技术为基础的互动建筑学，其具体形式就是一个名为"自制城市"（Do-It-Yourself-City）的项目。他在设计中寻找功能范式和形式范式的替代物，融合了从乔治·巴塔耶、罗兰·巴特和菲利普·索莱尔斯作品中吸取的经验，最后才转向德里达。屈米将从哲学和文学批评中引申出的概念引入建筑学中，包括像"香艳""暴力""愉悦"这类的表达。在建立新理论框架的过

4.7　伯纳德·屈米，维莱特公园红色亭子，法国巴黎，1982—1998

程中，屈米似乎离雷姆·库哈斯更近，反而离彼得·艾森曼
更远了。因为他的兴趣是建立跨学科的联系（比如电影与建
筑、文学与建筑），是超现实主义式的并置，还可说是为理性
和非理性的对立搭建的舞台。[30] 他的策略之一"跨项目规划"
并置了不同的项目用途，目的是创造出乎意料的活动，用他
的术语来说就是"事件"。屈米也通过电影摄影中的蒙太奇手
法，创造非常规性空间，这样的空间能抗拒传统的"解读"
或解释。

　　屈米与德里达的友谊，很可能与如何解读他的第一个重
要作品——维莱特公园有重大联系（图 4.7）。他的这个项目
在竞标时是作为"解构主义"作品胜出的。这个设计里设置
了三种组织系统，刻意避免赋予其中任何一个系统在等级上
的重要性。这些系统之一是基于笛卡尔网格的，标志是一系
列的红亭子，屈米指定它们作为"讽喻"，剥夺它们与功能的

一切联系。这些讽喻之间存在戏谑关系，它们的形式语言借鉴了像伊雅科夫·车尔尼科夫这类早期建构主义者，这些比喻戏仿了罗兰·巴特的"符号"概念，展示出这些"被循环利用"的符号可以在新语境下被重新解释。这些新语境，让这些符号的语义范围获得了其他解读。

屈米在后期的成就——从法国的勒弗雷斯诺国立当代艺术学院和哥伦比亚的勒纳尔大厅（1999），再到更近期的雅典卫城博物馆（2009）——距离他早期"批判性"主题都渐行渐远。这些项目不再对原理进行"彻底"修正，但仍然在持续探索新手段，以便组合各种要素，推翻传统的地形学，做出令人产生深思的、带有电影效果的空间体验。

丹尼尔·里伯斯金也与解构主义联系密切，尤其是在德里达与艾森曼之争以后。在这场争论中，哲学家暗指里伯斯金的作品是最能恰当反映缺失、消极、空虚这些内容的。而这些内容都指向踪迹、写作和"解构主义的位置"。在给艾森曼的信中，德里达带着赞赏，大量引用了里伯斯金在柏林博物馆犹太人博物馆扩建工程（图4.8和4.9）里的陈述。[31]

里伯斯金在这项代表作中对记忆、现场和叙事等问题给予了同样的观照。在这里，历史在悲剧层面上的重量促使了批判式解读的必要性。里伯斯金以高超的技巧开发了这个高难度项目的潜力，创造了一个蔑视传统常规的扩建建筑，同时解构了该博物馆作为一个类型博物馆的所有意义，并解决了如何将犹太文化融入这个有争议地点的问题。这个作品使用了三个各自独立的主题：城市里犹太文化分布的地图（用那些最耳熟能详的地名来代表），阿诺德·勋伯格未完成的歌剧《摩西与亚伦》，本雅明的作品《单向街》。里伯斯金从三

4.8 丹尼尔·里伯斯金，柏林犹太人博物馆外立面，德国柏林，1988—1999

4.9 丹尼尔·里伯斯金，柏林犹太人博物馆地下通道，德国柏林，1988—1999

个不同领域——地理、音乐和文学——中吸取概念，将这个扩建部分解释成独立的一卷，由两个相冲突的元素构成：一个是笔直的，另一个是破碎的，它们分成几段，在不同地方交叉，创造出不同的留白。建筑外部，在一个地面倾斜、栽着水泥柱的花园，代表希望的橄榄树从这里生长起来，进一步强调了这个项目的象征含义。从外表看，这个建筑物是不透明的，没有任何欢迎游人参观的入口；它以锌板铺面，进一步加强了它在这一环境下的独特性。它的入口走廊是原博物馆大厅的一条地下通道，使它能进一步否定与"原始"建筑物之间常规的物理联系。

犹太博物馆的成功给里伯斯金带来了其他的建筑项目委托，也让他形成了惯性，在以后的实践中总是不幸地试图重复犹太博物馆的模式，有时是主题类似的现场和项目，例如：奥斯纳布吕克的菲利克斯·努斯鲍姆博物馆；而另一些像丹佛艺术博物馆这类建筑，则与它没有任何共同之处。里伯斯金一开始具有重大潜在意义的"解构主义"职业生涯，却失败地凝结成一张万能药方，囫囵地用在全世界其他项目上，但这些项目最后都没遇到柏林博物馆的问题。

从新建构主义到新表现主义

被划入"解构主义"阵营的其他几位重要建筑师在美学和理论上的关注，实则与解构主义的哲学议题没有任何直接关联。不过，形式上的相似性将这些建筑师聚在一起。这也许是为了创造一个成规模的群体，以便在组织这样的大型展览、进行这样的新运动时显得师出有名。

马克·威格利在他撰写的纽约现代艺术博物馆"解构主义建筑展"展览目录的引言中，假定了这些作品与俄国建构主义建筑师有些关系。这些建筑师的设计在20世纪20年代并未完全实现，而代之形成两种风格：一种是现代运动的苦行式的纯粹，另一种是对俄国和德国的新古典主义的复兴。威格利将这种新的建筑学视为针对"早期俄国先锋派的不确定性与高级现代主义的确定性之间关系"而进行的协商。他还进一步将它定义为一种"表现破裂、偏离、失常和畸变的，而不是表现销毁、拆除、衰减、变质和瓦解的建筑学。它会置换结构，而不是摧毁结构。"[32] 在七个展出项目中，威格利单独挑出了库普·西梅布芬事务所在维也纳设计的"顶楼办公室"，作为这种新学说的代表案例。

在该文的另一个修订版本中，威格利对这一标签下的一些作品变得更加挑剔：

> 解构主义通常被误认为是将构造物拆解开来的行为。因而，任何一个招人喜欢的建筑设计，只要它好像通过简单地打碎物体来拆解结构——例如詹姆斯·怀恩斯的作品，或者用复杂的方式掩饰事物并使它变成一幅"痕迹的拼贴画"——例如艾森曼和藤井的作品，就被称为解构主义。这类设计策略已产生了一些近年来最糟糕的项目，不过它们仍成功激发了其他学科中的解构主义作品。它们并没有将建筑学事物独有的条件利用起来。[33]

直到1990年《建筑设计》刊载了解构主义作品的第三篇

文章，威格利才终于承认德里达在这场新运动中的影响力。在此文中，威格利深入探讨了解构主义的哲学背景，从康德谈到了海德格尔，最终在德里达身上达到高潮。同时，他还详细阐述了将哲学转译到建筑学领域这一任务之艰难，还认为相反的过程也同样困难。但他没有特别提到任何建筑项目，只是简单总结了建筑领域内试图实践解构主义的那些努力：

> （解构主义）并不仅导致对建筑的形式重组。它还将事物的状态，即"物性（objecthood）"引入问题当中。它从建筑的状态中提出问题，而非草率地抛弃它……因此，在建筑学中对解构主义进行转译这种行为要被重新思考。我们需要一个更具攻击性的解读——解构主义在建筑学领域的转译从解构主义的间隙中吸取能量，这些间隙需要这样的滥用，以及那些被某种建筑暴力操纵过的现场。[34]

在此文中，威格利并未暗示有一个建筑项目可能已探索过哲学和建筑学的边界。他只是让这个问题悬而未决。而且，他也没有重提哲学领域的"解构主义"和建筑领域的"解构主义"的对立。这两个术语，最终被用来指代相同的东西，还被无差别地用于指称那些展示了"碎片"和不规则构成的建筑项目，它们在表面上同时挑战了"现代"和"后现代"的形式语言。

但是，与建构主义有关——对待这种说法也必须谨慎，因为俄国建构主义者对形式问题采取了科学、系统、经济的探讨方法，这让他们的作品能有别于后期的"新建构主义"。[35] 这一运动的领袖之一莫赛·金兹伯格，在以下这段话中清晰表达了建构主义的优先原则和设计理念：

> 毫无疑问，这样的艺术家不会失去创造力，因为他清楚
> 地知道自己想要什么，目标是什么，工作的意义在哪里。
> 但是意识中冲动的创造潜力必须被一种结构清晰的方法
> 所取代。这种方法能节约建筑师的精力，将解放出来的
> 精力转变成更多的创造力和更强的创作冲动。[36]

它当然会出现某种形式上的亲切感，但技术、社交和经济参数都从这个"新建构主义"纲领中缺席了，这一纲领，让人们更难将其视为新"表现主义"的宣言并恰当解读，也让它在精神上更接近早期表现主义者的作品，比如：汉斯·夏隆、赫尔曼·芬斯特林和布鲁诺·陶特。不过这一次它可以通过新技术变成现实了。建筑师扎哈·哈迪德就是一例，她早期作为建筑协会的学生时，就展示了对"至上主义"的兴趣。她最重要的导师雷姆·库哈斯，那时正受到伊万·列奥尼多夫作品的影响，这些作品引发了他对莫斯科的那次访问。库哈斯后期的作品显示：他对建构主义的实验和科学手段有了更多肯定，但也剥离了其社会纲领。库哈斯在几次"解构主义"风潮中几乎都是缺席的，因为他的作品并不真的符合宣传上的"形象"，唯独有一次例外：纽约现代艺术博物馆的展览中收录了他的一项作品，但它与展出的其他作品之间也没有显示出太大关联。[37]因此，哈迪德对"建构主义"的热情，源于一个事实——在建筑学中，建构主义此前从未被转译。在库哈斯和埃利亚·曾西利斯手下，她研究了如何将马列维奇的建构主义应用在伦敦当地建筑语境，[38]并

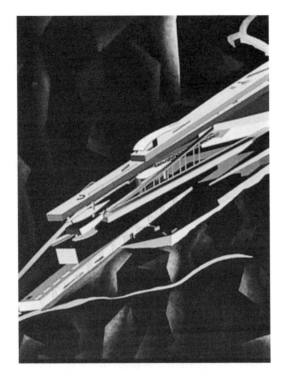

4.10 扎哈·哈迪德，香港山顶俱乐部设计方案，中国
香港，1982—1983

开创了一种新形式；后来，她运用高超的手法将这一形式融
入了第一件重要作品中，这一作品也让她在国际上崭露头角，
这就是中国香港的山顶俱乐部（图 4.10）。在这个未能实现的
作品中，不同方向的石板层层叠加，支出山体边缘，采用一
种反重力的模式，显然是借鉴了马列维奇的形式语言，但也
有梅尔尼科夫、维斯宁和尼多夫的影子。

因此，她用以下术语来解释建筑对这些香港的山丘的介入：

我从一开始就感觉到：对这些地况条件的任何干涉都不可能是垂直的，而必须是水平的。它也必须有一定程度的锋利——就像刀劈大山那样。当你离开城市爬到山上时，周围不再拥挤，城市里成片的高楼从所谓的"中等水平线"开始变得碎片化。山顶几乎是与世隔绝的——这个设计就是从这里开始介入的。因为我的建筑物是被安置在香港的山上，它开始侵蚀这个城市，并改变了它。[39]

值得注意的是，哈迪德不像艾森曼，从不花时间将她的建筑作品理论化，也没有试图反映对解构主义提出的任何问题。她的设计不是需要阅读或解释的"文本"，它们就是已经解构的，就像对"反重力"这种形式冲突进行的实验。这些实验目的仅仅是产生一种意料之外或令人肃然起敬的经历。这些概念总会从与景物发人深省的关系中生发出来，试图从字面意思上"刮掉"建筑语境，不产出任何物体，而仅仅是一些以悬念联结的元素集合。哈迪德承认她的作品引用了多个参考对象的主题，这就是她为柏林的库达姆大街设计的项目（图4.11），其形象就是对杜尚《下楼梯的裸女》进行的建筑学转译。但在具象化的过程中，这些设计方案失去了大部分透明感和"建构"特质，这点可以从维特拉公司消防站（图4.12）和辛辛那提当代艺术中心（图4.13）中看出来。从香港的山顶俱乐部，到后来与帕特里克·舒马赫合作设计的那些项目，[40]哈迪德逐渐抛弃了早期对马列维奇和他那棱角分明的构造形式的迷恋，转向更"平滑"的形式，出现在那些对曲线形体进行的造型当中，更像是在追忆埃里克·门德尔松的作品，而那些技术上的新的可能性，则带领它们走上了

4.11 扎哈·哈迪德，库达姆大街办公楼设计方案，德国柏林，1986

4.12 扎哈·哈迪德，维特拉公司消防站，德国魏尔，1990—1993

4.13　扎哈·哈迪德，当代艺术中心，美国辛辛那提，1997—2003

不同的高度。

　　弗兰克·盖里是又一个被归入解构主义阵营的重要人物。说到自己被归入其中，他的惊讶表现得更加直白。在当时的一次演讲中，他说自己对艾森曼的语言学论述感到十分困惑，承认自己对其理论基础一无所知。[41] 在很多作品中，盖里都背叛了"心灵手巧者"的创造方法，例如，他位于加利福尼亚威尼斯镇的自住宅扩建项目（1978）中就体现了这一点，在艾奥瓦大学实验室项目（1992）中也是一样。后者的设计包括一个长方形条块建筑，前方是各种立方体元素，就像桌上的骰子被随意地撒在地上。为了解释这个特别的设计，盖里提到了"晶体"一词，这是科学家才会用的词，它在造型中表现出了一个极富个性和工艺性的方法：

我观察了很多晶体的形状，像船或像鱼一样（随你喜欢）的顶部造型部分是辅导中心……因此，我开始利用它塑造外形……我们把一些部件简化了。但因为这座管状大楼有一面实心墙，所以我能做出这种雕塑般的造型，我想把它放在这条街上，赋予它活力……[42]

在布拉格的跳舞的房子项目（图4.14）中，盖里假借对

4.14 弗兰克·盖里，跳舞的房子，捷克布拉格，1992—1996

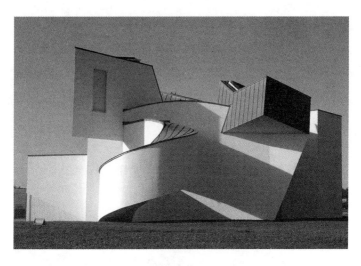

4.15　弗兰克·盖里，维特拉设计博物馆，捷克布拉格，1989

两个元素戏谑的表达，用隐喻的手法重新解释了舞蹈这个主题，将它放进历史的语境中，让它支撑起一件现代版的巴洛克艺术品。盖里向表现主义风格的转变，标志着他开启了后期风格，因此，这个时期起始的时间，事实上远远早于毕尔巴鄂的古根海姆美术馆的建立。这样的作品还有维特拉设计博物馆（图 4.15），该项目中，建筑物都是对一个雕塑进行变形而构成的，它们形状扭曲，组合形式与他早期的设计手法有明显区别。在盖里的描述中，他始终用的是与哈迪德区别不大的一种语言，身兼艺术家职责的建筑师始终牢牢掌握着决策过程，遵循手艺人靠直觉工作的方法，但是，他所用的工具大不相同——从那些能剧烈撕开现场的工具，变成了幽默的手艺人道具。这个手艺人经常会借助自己的偏好（例如对鱼形的偏好）为他的作品带来生机。

结 论

建筑史学家都有一种倾向，要为某一场运动安上开始和结束的时间。在这点上，我们可以将"解构主义"的起源定在比1989年那场定性展览早几年的时候，即80年代早期，具体就是艾森曼的"卡那雷吉欧"项目和"查理十字路口"项目；而它的高潮则出现在90年代中期，那时似乎到达了巅峰。不过很快，盖里、哈迪德甚至艾森曼的作品都发生了变化，走向了另一个极端，这促使查尔斯·詹克斯这样的潮流先锋对他们重新研究，将他们归入一个内涵更广的新流派——后现代主义学派。不过，解构主义的问题恰好就在于它很难被转译到建筑学中。根据一些批评家的说法，它就是不能出现在现实的"项目"中。不管这些项目会有多么严厉的自我批评，它更适合变成一种从整体上对建筑学所具有的潜在结构进行的批判，一种针对它的层级组织，针对它与政治经济秩序的关系所做的批判。换句话说，对建筑学"标识"的解构，对建筑学主要操作逻辑的解构，对建筑学在现存权力结构中所扮演角色的解构，都是没有定论的课题。

注 释

1 Christopher Norris and Andrew Benjamin (eds), *What is Deconstruction?* (London: Academy Editions, 1988).

2 同上，40。

3 威格利也是一本关于德里达的书 *Haunt: The Architecture of Deconstruction* (Cambridge, MA: MIT Press, 1993) 的作者。该书提到了德里达的观点，但没有明确将它与任何建筑"课题"相联系。

4 Jonathan Culler, "Jacques Derrida," in *Structuralism and Since: From Lévi Strauss to Derrida*, J. Sturrock (ed.) (Oxford: Oxford University Press, 1979), 172.

5 Jacques Derrida, *Of Grammatology*, Gayatri C. Spivak (trans.)(Baltimore: Johns Hopkins, 1976).

6 J. Derrida, "Point de Folie-Maintenant Architecture," *AA Files* 12 (Summer 1986): 65.

7 同上，69。

8 Peter Eisenman, "Cardboard Architecture:House I and House II," in *Five Architects*, Arthur Drexler (ed.) (Oxford: Oxford University Press, 1972), 15-24.

9 Peter Eisenman, "Aspects of Modernism: Maison Dom-ino and the Self-Referential Sign," *Oppositions* 15/16 (1980): 119-28.

10 Peter Eisenman, "The Futility of Objects: Decomposition and the Processes of Differentiation," *Harvard Architectural Review* 3 (Winter 1984): 65-82.

11 Eisenman, "The Representations of Doubt: At the Sign of the Sign," *Rassegna* 9 (March 1982), reprinted in *Eisenman Inside Out: Selected Writings 1963-1988* (New Haven: Yale University Press, 2004), 143-51.

12 "The End of the Classical, the End of the Beginning, the End of the End," *Perspecta* 21 (1984): 154-72 ; reprinted in *Eisenman Inside Out*, 152-68.

13 Eisenman, *Fin d' Ou T Hou S* (London: Architectural Association, 1985).

14 杰弗里·基普尼斯以这一主题讨论过这个文字游戏，它既能表达"找到房子"(find out house)，也能表达"有疑问的房子"(fine doubt

house)，其他意思还有法语的"fin d"Aout'。参见 Kipnis, "Architecture Unbound," in *Fin d' Ou T Hou S*, 12-23.

15 Eisenman, *Moving Arrows, Eros and Other Errors: An Architecture of Absence* (London: Architectural Association, 1986).

16 德里达写的这一章名为"书的终结与写作的起源"。

17 参见 Franco Rella, "Tempo della fine e tempo dell' inizio（结束的时代和开始的时代），" *Casabella* 498-9 (January/February 1984): 106-8; and Jeffrey Kipnis, "Eisenman/Robertson: Trasposizione di maglie urbane: un progetto per la Ohio State University," *Casabella* 498-99 (January/February 1984): 96-99.

18 Eisenman, "Misreading," in *Houses of Cards* (Oxford: Oxford University Press, 1987), 167.

19 艾森曼当时用的术语是"分解"(decomposition)，后来，他作品中某些描述会将"解构"作为分解的补充说法。

20 基普尼斯评论道：这个项目出现的时间恰好是艾森曼在追求结构主义那"难以捉摸"的目标时产生困惑的时期。他正是在这时开始阅读德里达的。参见 Kipnis, "Eisenman/Robertson: Trasposizione di maglie urbane," 15-21.

21 *Cities of Artificial Excavation* 一书于 1994 年出版，包含 1978—1988 年的项目。不巧的是，卫克斯那艺术中心，这组作品中最重要的一个（完成于 1989 年）却没有收入这本合集。

22 Jean Francois Bedard, Introduction to *Cities of Artificial Excavation: The Work of Peter Eisenman, 1978-88*, Jean-Francois Bedard (ed.) (Montreal: Canadian Centre for Architecture, 1994).

23 可以参考黛安·吉拉多在 *Two Institutions for the Arts* 一文中对艾森曼的作品评论，该文出自 Ghirardo, *Out of Site: A Social Criticism of Architecture* (Seattle: Bay Press, 1991) 一书，黛安·吉拉多评论道："在这里，现场真正的政治历史被压抑，而用了一个装饰性外壳，这可能是整个设计中最吸引人的、最有力的特征。它那精致的工艺和娱乐式的一块块的塔楼、拱门和墙壁，对早前结构形成了迪士尼式的夸张讽刺，有效地实现了本雅明关于政治审美化的悲观预言。拜物教式的结构，被狡猾的人清空了它们的历史，让它们变得仅剩下可以轻松自由操作的形象，让人们的注意力只会投向那些形式的游戏。"

24 艾森曼之前的作品在展出时同样在题目上玩了文字游戏，见上。

25 *Chora L Works: Jacques Derrida and Peter Eisenman*, Jeffrey Kipnis and Thomas Leeser (eds) (New York: Monacelli, 1997).

26 Derrida, in *Chora L Works*, 8.

27 From September 17, 1985 to October October 27, 1987.

28 Jacques Derrida, "Letter to Peter Eisenman (October 1989)," in *Chora L Works*, 161-65.

29 这个设计的更多资料参见 *Blurred Zones: Investigations of the Interstitial: Eisenman Architects, 1988-1998*, Andrew Benjamin (ed.) (New York: Monacelli, 2002).

30 伯纳德·屈米的理论性设计项目的相关分析，参见 Louis Martin, "Transpositions: On the Intellectual Origins of Tschumi's Architectural Theory," *Assemblage* 11 (April 1990): 22-35.

31 Jacques Derrida, "Letter to Peter Eisenman," in *Assemblage* 12 (August 1990): 6-13.

32 Mark Wigley, "Deconstructivist Architecture," in *Deconstructivist Architecture*, Philip Johnson and Mark Wigley (eds) (New York: MoMA, 1988), 16-17.

33 Mark Wigley, "Deconstructivist Architecture," in *Deconstruction*, Andreas Papadakis Catherine Cooke, Andrew Benjamin (eds) (New York: Rizzoli, 1989), 133.

34 Mark Wigley, "The Translation of Architecture: The Tower of Babel," in *Deconstruction III*, Andreas Papadakis (ed.) (London: Academy Editions, 1990), 12.

35 Catherine Cooke, "The Development of the Constructivist Architects' Design Method," in *Deconstruction*, 21-37. 杰弗里·布罗德本特就关于这个话题写下了一篇质疑的文章。他将这个新趋势的理论来源，从20世纪60年代环境决定论者那些新近作品，扩大到达达主义和立体主义等。参见 Geoffrey Broadbent, "The Architecture of Deconstruction," in *Deconstruction: A Student Guide* (London: Academy Editions, 1991), 10-30.

36 同上，22。

37 在专门为这场运动出版的《建筑设计》连续 3 期专刊中，库哈斯的作品只出现在第 1 期；柏林的查理十字路口项目被算作 OMA 的作品，同时还附带了一篇他当时的合作伙伴埃利亚·曾西利斯的文章。菲利普·约翰逊和马克·威格尔在 MoMA 举办的展览中也包含库哈斯的一件作品，这是他在鹿特丹的一个公寓设计方案，但此项目不管在形式上还是理论上都没有表现出与其他解构主义作品的任何相似之处。

38 Zaha Hadid, "Recent Work," in *Architecture in Transition: Between Deconstruction and New Modernism*, Peter Noever and Regina Haslinger (eds) (Munich: Prestel, 1991), 47-61.

39 同上 , 48-49。

40 可参考位于莱茵河畔魏尔的庭院博览会 (1999)，以及位于莱比锡的宝马工厂 (2005)。

41 弗兰克·盖里的主题演讲，即 1989 年 10 月在加利福尼亚的贝克汉姆中心举办的 "后现代主义及其他 : 作为当代文化批判艺术的建筑学" 研讨会上的演讲。*Critical Architecture and Contemporary Culture*, William J. Lillyman, Marilyn F. Moriarty and David J. Neuman (eds) (Oxford: Oxford University Press, 1994), 165-86.

42 同上 , 171。

第5讲 绿色建筑：可持续性的影响

菲利普·塔布

导 论

当代建筑及其反映出的文化，使得"绿色"这一概念在过去50年里迅速发展，并变得日趋必要。JDS建筑事务所的朱利安·德·斯麦特表示："有个定义方面的问题，'绿色'和'可持续性'这两个术语被用来描述我们这个时代最迫切问题的答案，但它们却有歧义，不确定，而且变得相当危险。可持续建筑无处不在，却处处都不是。"[1]因而，在本讲中，"可持续"被定义为对建筑的绿化行为，即在一段时期内逐步地减少建筑物、城市规划和居民生活中的非可持续行为，以及它们对环境造成的不利影响。

现代主义建筑关注的抽象概念、标准化和系列化生产，试图创造一种跨越国境、高度一致的身份特征。它在很大程度上是低能效的，结果就是：它无意中对环境产生了不良影响，并让我们高度依赖化石燃料。幸好勒·柯布西耶、路易斯·康、弗兰克·劳埃德·赖特、拉尔夫·厄斯金、阿尔瓦·阿尔托和哈桑·法帝等人早期应对气候变化的作品，成为"现代派绿色建筑"（modernist green architecture）的先驱。这一流派的案例包括勒·柯布西耶设计的向阳的昌迪加尔高等法院大楼（1956），以及路易斯·康在肯贝尔艺术博物馆中对阳光的处理（1972）。从20世纪60年代起，封闭的"大一统"理论体系受到反思，一些地方性的概念兴起，人们开始在设计中积极应对环境。后来，绿色建筑成为一种现象，不断改进，从理性的、以性能为基础的、应对特定环境的小规模设计手段，发展成涵盖范围宽广的、生态化和系统化的建筑方式，其影响深入当代文化的各个角落。

富有远见的开端

20世纪60年代，当代生活对环境造成的危害引起了越来越多人的关注，情况变得十分迫切。雷切尔·卡森的《寂静的春天》像一声惊雷唤醒了众人。[2] 卡森是一个海洋生物学家，她记录了杀虫剂对环境造成的危害。她关注的重点是鸟类：由于鸟蛋的蛋壳受到了空气中喷洒的 DDT 杀虫剂的影响，鸟类的数量大幅度下降。她认为，这种农药的大规模运用，不仅会对其他动物造成危害，而且会危害人类。1972年出版的《增长的极限》是另一次深刻警告，警示日益增长的全球人口以及达到地球资源总量所能承受的上限。[3] 1973年，OPEC 禁运石油，也促使人们关注美国对外国能源的依赖。

2006年，时任美国副总统戈尔通过一部煽动性的纪录片《难以忽视的事实》，将这一问题更加生动地呈现在公众眼前，[4] 并引起人们再次高度关注环境恶化、气候变化、可再生资源的耗减、全球人口增加、自然与人造环境间重大关系等一系列问题。根据美国气象数据中心的记录，2008年夏天出现了有记录以来的全球最高气温。科学家也证实：温度上升是由于大气中的温室气体含量过高，太阳辐射被困在地面。尤其是大气中的二氧化碳问题，建筑行业、供暖过程和交通行业燃烧化石燃料都会导致它的增加。

维克多·奥戈雅是绿色建筑早期的理论家之一，提倡从生态与气候的角度理解建筑。他的书《气候与设计》在 20 世纪六七十年代的建筑教学领域很有影响力。[5] 他建议道：气候因素，如太阳辐射、温度变化、降雨量、风和湿度以及现场资源都标志着区域差别，可以通过适当的设计来加以利用。这些都成为重要的绿色原则。建筑物和城市一样，基础设施和周边的环境因素都成为建筑形式的潜在决定力量，其实例就是拉尔夫·厄斯金通过"北极城市"描绘出的北方气候图景，以及他设计的位于瑞典斯托桑的"风暴别墅"——它以其紧凑的形式应对了冬季较低的太阳角度，其防风设施则应对了严酷的寒带气候。

绿色建筑的有效性，依赖于当地的能量资源和建筑物的能源保有量之间的平衡关系。建筑物合围结构越是"保守"，隔热性和工程的密封性越好，其主要能源需求就越容易与当地可用资源匹配起来。其设计的准则就是"节约至上"。在寒冷的气候下，建筑关注的是吸收太阳能，使用隔热值更高的材料和双层玻璃进行热能保存，甚至使用可移动的隔热层；在温和的气候下，关注的则是通过合围结构控制太阳能，特别是通过屋顶和西向立面，关注点还有自然通风和照明。节约化设计与之前的现代主义趋势形成了鲜明的对比。后者强调的是大空间、复杂的形式、昂贵的玻璃装饰以及依赖化石燃料与机械装置的采暖 / 制冷系统。

美国在"二战"后大量修建城区大型建筑物和低密度郊区，上述趋势加剧了对土地、基础设施、交通路网、建筑材料和能源的需求。美国家庭的平均居住面积，从20世纪50年代起，已经扩大了近两倍。[6]人们对一家一户的独栋式住宅的偏好，也导致了城区的扩张。E.F.舒马赫于1973年出版的书《小即是美》，挑战了"美国梦"中对大房子的渴望。他提出："少就是多。"[7]对于正在兴起的绿色建筑手法来说，房子的尺寸明显是很重要的。相应地，R.巴克敏斯特·富勒的作品既新奇又富有创意，尤其是他设计的住宅。[8]富勒所做的以最小限度换取最大限度住宅实验（1929）、测地线结构、结构和材料效率的概念，引出了绿色建筑的另一条重要原则——"协同"。这一原则强调了系统各组成部分的关系行为和由此产生的效率。挪威哲学家阿恩·内斯于1973年创立的深层生态学（Deep Ecology），其理论基础是认识到生态群落的成员身份的包容性——"每个生物都与其他所有生物息息相关"。

绿色建筑的首次探索是非常激进的。阿拉斯泰尔·戈登在2008年的论文《真正的绿色：20世纪60—70年代反文化建筑中的教训》中解释道：年轻建筑师应该抛弃合作式、机械化、丰碑式的建筑学，转而寻求更流行的灵感——蚕茧、蚂蚁山、蜂巢、鸟窝、土丘、飞船和种荚。[9]建筑是从土地上建起来的，所以应该对建筑材料和普通建筑产品进行回收和清除。1965年，一群艺术生建立了"空降城市"，这是位于科罗拉多州南部的一个穹顶下的社区，占地7.5英亩，被他们称为"空降的艺术品"。但它并不能做到自给自足，最终于1977年被废弃。不过这种自发精神却传递给了其他相继出现的绿色乌托邦试验。比如，斯蒂夫·贝尔，他受富勒和空降城市

5.1　斯蒂夫·贝尔，贝尔住宅，美国新墨西哥州

5.2　保罗·索莱里与合伙人，美国阿科桑蒂城，1970 至今

的启发，组建了 Zome 工作室，开始修建多面体建筑，并综合运用了主动和被动的太阳能转化技术（图 5.1）。

保罗·索莱里对乌托邦的愿景，驱使他将一生献给了亚利桑那州沙漠中的阿科桑蒂城（图 5.2）。阿科桑蒂城设计的居住容量是 5000 人，兴建于 1970 年，寄托了索莱里对建筑学和生态学的折中哲学——他自称为"建筑生态学"。索莱里的愿望是在郊区设计出一种城市环境，促进社会交流、使公共设施便利、提高人口密度、利用当地资源和规模化建设，并减少浪费，更加亲近自然。与之形成对比的是建筑电讯派的建筑图景，其本质并非关注生态环境，但在针对都市环境的模块化技术上，成功探索出一条高科技、轻体量的建筑思路。他们的城市方案包括拼贴城市、一次性城市，还有和声城市，都是旨在引发思考与行动的大胆假设。从很多方面来看，这些早期设计都显露出创新、创意、非永久等特征。

以纽约为根据地的 SITE 建筑事务所受到 20 世纪 60 年代美国社会与政坛动荡的双重影响。它于 1970 年创立，其最知名的作品就是与百斯特公司合作的一栋"大盒子"购物中心——它的立面的各部分被小心地拆解，作为对购物中心的一种注解，同时彰显出它在郊区环境中的个性。20 世纪 60 年代中期，"超级工作室（Superstudio）"由阿道夫·纳塔利尼和克里斯蒂亚诺·托拉尔多·迪·弗朗西亚于佛罗伦萨创立。他们提出了一套"技术语态建筑"的概念，显示出强烈的高技派乐观主义倾向，其最值得一提的作品是美国占地 425 英亩的佛蒙特州皮克里山上的各种建筑规划项目。这座实验场展现了都是大卫·E. 塞勒斯的观念，他提出：包括可持续建设在内，设计和建设项目都是即兴创作的。这些作品有着重要的历史意义——挑战了当时的建筑学界，设想了崭新的、具有环境导向的建筑形式和建筑技术。

随着公众生态意识的高涨和绿色新技术的涌现，环保运动和建筑学之间的结合日渐紧密，在反文化实验的大潮下以及人们对自建住房和共识社区兴趣高涨期间，斯图尔特·布兰德于 1968 年出版了《全球概览》杂志的创刊号。通过非传统技术探索新的发展方式，成为全体公民可以参与的活动。苹果公司创始人史蒂夫·乔布斯将此杂志描述为"万维网概念的先驱"。在绿色运动的初期，环境健康，建筑体量、能效节约化，现场资源利用等一系列概念，以及新出现的可持续技术，逐步影响了建筑实践。空降城市、阿科桑蒂城、超级工作室、皮克里山和建筑电讯派的想象都市这类重大项目，环保主义文学的兴起，还有太阳能技术的广泛传播和应用，都成为 20 世纪 70 年代自由的建筑形式的形成条件。

太阳能建筑

美国政府通过的新法案支持绿色建筑运动的发展。为了保护环境，政府制定了一系列法规，包括《美国国家环境政策法》（1969）、《清洁空气法》（1970）、《净水法案》（1972）和《濒危物种法》（1973）。紧接着，石油禁运导致加油站前大排长龙，也推进了人们对替代能源的探索。由于被动利用太阳能的技术已经被人类实践了千百年，石油禁运后首先发生变革的就是主动式太阳能技术。该技术的焦点是太阳能收集板、热能吸收和储存媒介、热传导和动力传播系统以及电子监控装置。

利用主动式太阳能技术的第一个案例只是简单粗暴地将现有技术叠加在建筑上，一般是堆在屋顶。太阳能板阵列要安置在最佳位置，以适当角度面对太阳，但它通常与建筑物的朝向和屋顶的形式发生冲突，导致尴尬混乱的局面。随着

5.3   建筑师联合事务所，科罗拉多大学波尔德分校学生宿舍，美国波尔德，
1975

行业发展，建筑设计吸收了这种技术的成功之处，将太阳能板的方向、倾斜角度和区域密度以及特征合理吸收进来。对早期利用主动式太阳能的建筑物来说，尤其是在寒冷或天气多变的地区，不透明的太阳能板阵列与住户的照明需求之间产生了一个问题——对采光的争夺。1975 年，由建筑师联合事务所（Joint Venture Architects）设计的科罗拉多大学波尔德分校学生宿舍项目（图 5.3）对这一问题交出了答卷：70% 的室内供热和全部热水都由主动式太阳能系统来完成。这栋建筑解决了太阳能板系统的朝向限制，获得了 700 平方英尺的吸收面积，并且通过倾斜的南向立面找到了最佳角度。南向立面由多种二次形式相互牵扯而构成，打破了单一的建筑外表；这些二次形式之间的空间被用作楼梯、阳台或阳光射入内部居住空间的通道。

太阳能技术已经被人类运用了上千年，而"被动式太阳能"是指不依靠机械或电子辅助部件来吸收太阳能的技术，它是在科罗拉多州丹佛市的理查德·L. 克劳瑟的提倡下，在20 世纪 70 年代流行起来的。[11] 他设计的被动式太阳能系统可以 24 小时不间断地提供热能。后来，埃默里·罗文斯提出了一个术语"软能量"，用以定义更有亲和力的环境友好型能源技术。它能根据最终使用要求，从范围和质量上进行与之匹配的生产。[12] 主动式太阳能技术采用的不透明构件，被更透明的传统建筑元素所替代，如温室、阳光房、中庭、窗户、门、天窗和侧天窗，并将建筑物本身用于热能储存——建筑物成了能量收集器。太阳能调节技术是首个用于越来越多地南向外立面的门窗区域的技术，但这些系统，常常由于不合理的热能储存设计而变得过热。被动式太阳能系统能否生效，取决于建筑师在整个太阳能系统的功能区是如何设计的，包括如何协调太阳能采集区域的密集感，如何将太阳能玻璃与内部热能物体恰当配合起来存储夜间要使用的能量，以及如何高效地将阳光照射的空间与其他无照射的内部空间穿插匹配起来。

其中最著名的项目是由威廉·兰普金斯设计的鲍尔科姆住宅（图 5.4）。这所住宅建于 1979 年，它的被动式太阳能的设计，体现在一个以大面积独立式热吸收阳光房为主的被动利用系统上，它还附带其他热能设施，如室内土坯墙、石质地板和嵌入地下的隐蔽岩床。与阳光房相连的两层居住空间，能通过多个可操作的开口来设置室内温度，这都受益于这一热能系统。[13] 这所房子的主人、工程师道格拉斯·鲍尔科姆对它进行了长达 10 年的分析，最后开发出一套太阳能采暖的被动利用工程设计工序，使得后来的建筑师能在有用的性能

5.4　威廉·兰普金斯，鲍尔科姆住宅，美国圣菲，1979

基础模块和算法下做设计。这些数据特别有用，比如，可用于确认太阳能收集整列的大小计算和热能储存的总量。爱德华·玛兹里亚的《被动式太阳能技术手册》（1979）一书，从相关案例中总结了太阳能的入门技术和术语词库，为全世界的建筑师提供了被动式太阳能的设计策略和具体方案。[14]

　　与兰普金斯以太阳能为主的作品形成鲜明对比，马尔科姆·威尔斯开始转向地下。他独特的覆土式作品，目的是减少传统建筑物所需要的消耗森林的建筑材料。他使用更多以泥土为基础的材料——素土夯实、绿化屋顶、石料、混凝土块和混凝土墙。这种先锋式的作品，激发了几十年后的屋顶绿化方案。屋顶池塘的"自热"系统（Skytherm）的工程由哈罗德·海主导设计，它借助了水的储热能力；但对更大型的建筑，这一系统就很不现实了，尤其是那些多层的或有多种屋顶形式的建筑。詹姆斯·拉贝斯的作品则另辟蹊径——他在太阳能建筑的形式上追求趣味，把重点

5.5 迈克尔·雷诺兹，大地之舟，美国陶斯

放在了"局部太阳能"上。[15] 他的方案总会对利用太阳能的功能部位进行外形放大，显得乐观、幽默，用他自己的话说——"与阳光共舞"。

迈克尔·雷诺兹的激进作品则试图拓展住宅设计的边界，用了一些非传统的再生材料，如汽车轮胎、铝罐头盒和回收玻璃瓶。而且，他的建筑完全是自给自足的，对当地资源实现了全面利用，实现了太阳能热水系统在被动和主动技术之间的转换，光能发电也得以实现。他的"大地之舟"（图5.5）是完全独立的单元，标志着一种"自由精神"，不同凡响又极具本地特色。[16] 单体的大地之舟曾在世界各地被建起来，很快发展成了小型社区，遍布于新墨西哥州北部，通常坐落在远离市政设施、地价便宜的地方。作的作品使这二者之间有了清晰可见的关联，即居民所在的服务空间和其太阳能系统区域，与完全离网的室内取暖、供水、供电设备所需的空间。

拉尔夫·诺尔斯研究了纯粹形式、城区密度、太阳的季节变化及日间节奏这三者之间的关系。[17] 通过这个研究，他提出了"太阳能合围结构"的概念和太阳能区域划分方针。他在很多需要融入洛杉矶城市风貌的学生作品上测试了这一理论。太阳能开始能在最大为每亩 50 户的密度上发挥效用。迪恩·霍克斯和斯蒂芬·格林伯格在英国的作品，探索了太阳能建筑在不同朝向的郊区分区计划中的相对位置。通过适当弱化建筑物和地块的几何关系，他们展示了太阳能设施在所有建筑物中的恰当位置。这一研究证明了这一点是可行的，但也暴露了太阳能在城区设计和高层建筑应用中日益增多的缺陷。在人们渴望进行高密度发展的情况下，要同时应对不同的现场条件，进行灵活的现场设计，还要提供适当光照，这些都是很有挑战性的工作。

亚利桑那州立大学的杰弗里·库克是生态气候设计的热心支持者。但后来，他却对很多太阳能设计方案持批评态度。他抨击了被他称为"主导的太阳能区域"的作品，认为它太不方便移动，无法灵活处理其他的气候、程序、美学和形式等重要因素。毫无疑问，他关注的是这些房屋千篇一律、不通透的北面，以及这些早期项目中普遍存在的角度极大、向光性且透明的南立面。在美国，新能源工业迅速增长，直到 1985 年美国联邦和各州的能源税优惠政策到期才逐渐放缓。与这一趋势相伴的是廉价的天然气，这让采用太阳能的美国的绿色建筑至少倒退了 10 年，主流建筑学进入一个新时期，开始了多样化的理论探索。

后现代绿色技术

　　20 世纪 80 年代的后现代主义，让人们对 70 年代那些无人入住的太阳能建筑日趋麻木。后现代主义关注的是技巧、象征主义、参照物和多色彩的美学，与以性能为基础、过度承担社会责任的固定式太阳能建筑的早期案例形成了强烈比照。斯蒂文·摩尔评述道："在七八十年代，欧洲和北美洲的后现代环保主义者习惯性地把现代建筑的特点总结为'既不人性化，又一贯反自然'。在这种保守观念下，现代建筑就像帮它化为现实的现代科学技术一样，被认为是环境恶化的根源，而不是应对恶化的良药。"[18] 查尔斯·詹克斯认为，现代建筑终结于 1972 年 7 月 15 日的密苏里州圣路易斯普艾特–伊戈公寓被爆破，之后开启了一个新时代。[19]

　　早期绿色建筑的现代主义根源是对功能秩序和构造秩序的追求，但后现代主义理论放松了以性能为基础的设计中那种古板的功能规则，让功能重新回到了反映特定地点、生活民俗的公共意义，以及转译和自发表达的道路上。北美的后现代建筑学朝着三个方向发展：第一个方向，是将具有民俗特色的形式和对它们的直接应用恰当运用到当代建筑方案中，比如在商业购物中心中对"大盒子"建筑按比例进行本地化处理。第二个方向，是对高层结构进行装饰，比如：菲利普·约翰逊设计的美国电话电报公司大楼（纽约，1978—1984），迈克尔·格雷夫斯设计的波特兰市政厅（波特兰，1980—1982）。第三个方向，是集中反映环境条件和环境因素的当代混搭风格获得发展，产生真正的民俗形式。将土著的绿色建筑原则运用到特殊的建筑语境中，是混搭风格产生的

5.6   后现代主义住宅，法国巴黎郊区

重要原因。这种混搭建筑，吸取了特定地点和特定时间的文
化和环境特征，但又与现代主义特定的空间、构造和材料概
念保持一致，如巴黎郊区一座带有可调节太阳能的后现代主
义住宅（图5.6）。

　　塞缪尔·莫克比于20世纪90年代初在亚拉巴马州西部
创立了"乡村"工作室，在"广泛的社会参与"这一口号下
表现了对环境的关注。由于面对的多是穷客户，莫克比和他
在奥本大学的学生一起建造了低成本创新住宅和社区，并利
用了回收的旧材料和被动太阳能系统。例如，位于亚拉巴马
州曼森斯本德镇的玻璃小教堂（2000），就将报废警车的车窗
用于玻璃屋顶系统和夯土墙。1980年，"昔日未来"工作室于

佛蒙特州韦茨菲尔德创立，其作品提倡新生的可再生技术和地方建材，还有自助建造低成本的建筑方法，并将建筑设计学校与主动实施的建筑项目相结合。

在澳大利亚，格伦·穆卡特也在关注新出现的环境敏感型建筑作品，包括住宅和公共建筑。他的口号是"轻松接触大地""联系大自然"。他在新南威尔士设计的马格尼住宅（1984）使用了穹隆式的蝶形屋面，将水、空气和光线作为主角。宽大的悬臂梁针对干热气候进行了改造，保证玻璃窗不会受到过多的阳光照射，而将更多的自然风引入室内。房屋面宽下方有一道槽，用于收集雨水，并使之流入地下的贮水装置。住宅的南面安装了功能设备，北面则设计了开口，接受日光照耀、微风轻抚，还能看到塔斯曼海的远景。

在加拿大新斯科舍，布莱恩·麦凯—里昂将传统的民俗形式和现代主义建筑细节同时应用在设计当中。虽然他的建筑实践始于 20 世纪 80 年代中期，但那些富有创意的绿色建筑设计却是 90 年代后才做出的。他从新斯科舍海岸边的造船小镇那些具有地方特色的建筑文化和形式中吸取灵感。马丁-兰卡斯特住宅（图 5.7）位于大西洋岸边的普罗斯佩克特，是一座占地 278 平方米的被动式太阳能住宅综合楼，其特点是将各种形式简单的山墙进行组合，它包括独立的车库、客房、聚会厅和迎宾庭院。被动式太阳能策略也被用于"极简"（zero-detailed）屋顶，用于解决海洋性气候中周期性结冰和解冻的问题。马尔科姆·奎特里尔将自己的作品描述为"作为'工具'的建筑物，而不是一个有预定形式和几何形态的整体，这样一来，它才是开放性的，才有可能自由诠释或自由定义其性能"。[20] 马丁-兰卡斯特住宅的外观展现了典型的简单山墙屋顶。

5.7　布莱恩·麦凯-里昂，马丁-兰卡斯特住宅，加拿大新斯科舍

与70年代主流太阳能功能区相比，它在形式上更加平衡。

在得克萨斯州的圣安东尼奥，弗拉托湖建筑事务所发展出了一种地域主义，用他们的术语说是一种"可持续性与低调外表的融合"。位于气候温暖的地区，对地方性建筑材料、个性化形式和自然环境进行通盘考虑和合理利用，这些条件共同催生了他们的作品。得克萨斯州凯尔市的卡拉罗府邸（1990）将阿拉莫水泥厂拆除时当作废品卖出的钢结构部件在设计中重新组装（图5.8）。工业风格的外壳被重新设计，作为外层表皮，为户外的房间提供了遮阳效果和空间。这件作品之所以成功，是因为其将具有当地历史感的形式和功能与当地建筑项目进行混搭和再利用。

像新都市主义运动这样的集体措施，在很大程度上受到了后现代主义的影响，并通过提倡密度更大、用途更多样的新传统住宅，来应对郊区疯狂蔓延的趋势。英国多赛特的庞

5.8　弗拉托湖事务所，卡拉罗府邸，美国凯尔

德伯里（列昂·克里尔）、佛罗里达的海滨区（DPZ 事务所）、加利福尼亚州圣迭戈市的里奥维斯塔西区（卡尔索普事务所）这类作品，都是这一新运动的典型建筑。列昂·克里尔在 20世纪 80 年代初发表了《都市设计宣言》，描述了对现代都市主义的一系列评判标准。[21] 他提出了一个都市通过叠加（而非从外围添加）的方式获得扩展的蓝图。他提倡一体化分区，反对依照特定用途进行功能分区；还提倡建立以行人为尺度来衡量街区、街道、广场和室外公共空间的都市模式。根据鲁斯·杜拉克的说法，"新都市化乡村"必然是一个经过全面规划，可进行系统管理的环境，它对变化、对决定其形式和功能的种种规则的任何偏离，都有强大的抵抗力。[22] 尽管它们代表了一些可持续的城市规划策略，比如加大密度、用途多样化、以行人为中心、多样化交通方式，但这样的社区并没有真正做到"绿色"。它们的建筑大部分都是怀旧式的，并参

考了其他作品，而非真正因地制宜地应对气候问题和资源保护问题。

亚历山大·佐尼斯和莉安·勒菲耶夫对地方秩序以及兴起于第二次世界大战结束初期的全球秩序之间的冲突进行了研究，提出了认知设计的概念和批判性地域主义的概念。他们认为，在解决问题过程中引入的通用方案应该被弱化，而本地的反思能力、创造力和独特性应该被重视。肯尼思·弗兰姆普敦在 1983 年发表的《批判性地域主义》一文中，呼吁建设一门新建筑学，以克服通用建筑方法和设计策略固有的地方性缺失问题。尽管也肯定了现代主义对社会的贡献，但弗兰姆普敦还是提出了一种批判性地域主义，即从自身的地理环境中吸取地形、气候和光照条件等因素，还吸收了它所在文化环境中的传统构造形式。[23] 他进一步强调：建筑既不是空洞的现代技术"国际化"演习，也不是对民俗建筑"饱含感情"的模仿。他提出要在通用性和地方性之间培育一个中间地带。斯蒂文·摩尔从弗兰姆普敦的呼吁中看到了一个强大的"环境主义者理论"的原型，这能使下一阶段的绿色建筑学变得合法化。20 世纪 80 年代对建筑的绿化，主要集中在居住型项目上，其焦点是被称为"外壳为主"和"来自民俗"等可持续性理念及其相关技术。他们将绿色手法引入了室内和室外的能源互动中，吸取当地的通俗形式，调整合围结构或"建筑物外壳"，以便获得一定的隐蔽性、抵抗能力、开阔感和通透性。

生态技术

绿色设计在 20 世纪 90 年代传播开来，涵盖了一些新的或改进过的环境技术，大胆地融入并表现在当代建筑中。这一时期的建筑师宣称：建筑天生就该设计成可持续的，并且应在给定的项目的独特的限制条件和参数中日常化，也就是说，绿色建筑应该成为实践的基本标准。新兴的绿色技术倾向于体型更大、风格更多样的建筑形态学。这就要求它固守"以承载量为主导"的能源设计措施和"以生态为核心"的技术，以减少不必要的热能，这些热能主要来自太阳辐射，以及像人工照明、设备和人群的聚集、机械通风、电梯和现代空调系统这类的内部热源。对这一时期很多著名建筑师，特别是来自欧洲的建筑师（包括卡拉特拉瓦、诺曼·福斯特、尼古拉斯·格雷姆肖、雅克·赫尔佐格和皮埃尔·德梅隆、米拉勒斯、伦佐·皮亚诺、理查德·罗杰斯）来说，对建筑设计方案构造质量的关注，成为促进建筑学一体化的一个机遇，尤其成为表现可持续系统的机会。

托马斯·斯皮格哈尔特在德国布赖萨赫区设计的太阳能住宅就是典型案例（图 5.9），它对建筑本体进行了复杂的、雕塑化的规划，让可再生能源技术和外部空间的装饰性元素并列呈现。它表现出的复杂性，与当时结构主义的作品特征有密切关联。这个项目虽然是住宅形式的，但它表达的建筑语言和设计中的构造特征让它非常重要。这些方面大多是从那些大胆表现光伏能源、温室和被动式太阳能技术的形式原则中引申出来的。[24] 人们能从图中清晰地看到可持续系统的充满活力的几何形式和切分分层。

5.9   托马斯·斯皮格哈尔特，布赖萨赫住宅，德国布赖萨赫区1992

伦佐·皮亚诺设计的芝贝欧文化中心（1998）位于新喀里多尼亚的努美阿，将当地的卡纳克传统和民俗形式打包融入了一片有象征意义的贝壳状建筑群当中。十座展馆沿着一条屋脊布置，用开口的杯状外形应对当地的热带气候，在下风向位置充分利用潟湖的微风，并针对风暴吹来的方向进行加固。

5.10　福斯特及合伙人建筑事务所，伦敦市政厅，英国伦敦，2001

在密尔沃基美术博物馆，由圣地亚哥·卡拉特拉瓦设计的夸特希展厅是绿色技术的又一次精彩表现，其特点就是煞费苦心的翅膀元素，能通过开合操作更精确地控制太阳能。展厅建于一个有手工艺传统的城市中，并将水泥浇筑到独一无二的木质外形上，这些使这栋建筑具有了手工制造的特点。强大、和谐并能愉悦感官的形式，与遮阳设备混合起来，为绿色建筑创造出一个生机勃勃的例子。

福斯特及合伙人建筑事务所设计的伦敦市政厅（图 5.10）是这一时期公认的可持续性最佳的新建筑。球状的玻璃表皮口减少了外表面积，而大楼外形的向光面由于明显地向南倾斜，给整个大楼带来了阴凉。西班牙塞维利亚的世博会英国馆，由尼古拉斯·格雷姆肖和奥雅纳爵士为 1992 年的世博会设计，它也是一座能强有力应对气候变化的建筑。轻型预制结构与很多可适应性的环境控制因素和降温设施相结合，以应对当地极端干燥的气候，包括东立面上的巨大水墙、"S"形的太阳能收集板、屋顶遮阳设施、半透明膜的应用。格雷姆肖对绿色技术的另一次重要展示，是英国康沃尔的伊甸园方案，其特征是一个穹顶式的表皮，能充气或放气，以适应室外温度和调整隔热程度。其中的"热带群落"是世界上最大的一座封闭式温室，占地约1.6公顷，容纳了来自世界各地的5000种植物。

　　不以固定建筑部件来控制太阳光的新一代调节技术也已出现。宾夕法尼亚州新城广场的SAP公司总部采用了光传感系统；而纽约时代报业公司总部大楼则是一个可关闭的遮掩系统，能随着太阳的移动和天空状况的改变而调节。耶鲁大学的克鲁恩大楼（2009）由霍普金斯设计，被誉为"超绿色建筑"，与其他大小类似的现代建筑相比，它的能源使用量减少了50%。在设计中，它通过本身狭长的南翼来利用太阳能，低楼层则被用泥土保护起来。日光能为多数内部空间提供照明，屋顶上耸立的向光阵列为它提供了25%的电能需求。位于德国德绍的一片闲置开发区中的联邦环保局，被绍尔布鲁赫·赫顿设计成了一栋紧凑型建筑，融入了大型的屋顶太阳能板阵列，被动太阳能前庭、步行通道、起伏的外立面加强了合围结构的隔热效能。最重要的是，结构下方还有一个地热系统。

　　多数的当代可持续建筑作品，都被引导着利用了生态学领域的高技术，而字面意义上的"建筑绿化"却呈现了一个矛盾却有趣的观点。哈姆扎和杨经文的新加坡EDITT塔楼设计方案（图 5.11）是这种字面上的"绿化"的一个绝佳例子，它展现了一个可再生方案：垂直墙面上连续不断的生态系统围绕着塔楼四周，盘旋到顶，帮助自然降温。另外，这栋 26 层高的建筑还设计了雨水收集设施；一体化的向光板满足楼内 40% 的能源需求。[25] 埃米利奥·安柏兹及其建筑事务所设计了 ACROS 福冈大楼（1995）是一栋令人印象深刻的 14 层建筑，面朝南，立面和屋顶种植平台放置了 3.5 万株植物。这座多用途综合楼不仅保持了天神中央公园的风貌，还让它焕发出了新的活力。皮亚诺设计的位于旧金山的加利福尼亚科学院（2008），同样是以多种绿化设施为特征的建筑案例，包括一个种植 170 万株当地植物的利用了可再生的建筑材料的曲面屋顶，还有一座巨大的向光天棚。这些作品代表了一系列对建筑进行真正绿化的类似作品，它们使用的手段有绿化屋顶、绿化墙、温室和空中花园。这些应用被认为是一种"活的"构造，其中一些案例还将可食用的景观植物应用到了建筑物和都市环境中。

威廉·麦克唐纳和迈克尔·布朗嘉特合著的《从摇篮到摇篮》一书，展现了生态技术的另一面。[26] 他们的作品聚焦于生态主义技术的积极影响，以及如何使建筑材料、建筑产品和建筑设备对环境的伤害最小化。他们在与 GAP、赫曼·米勒、耐克、福特这类企业客户合作设计出的建筑设施中融入了可持续建筑产品、被动式太阳能取暖和降温技术，以及日照及其他能源的高效利用技术。他们对绿色建筑的主要贡献，不是对设计和绿色建筑技术的形式表达，而是关注了建材对健康的影响以及建材带来的能源利用效果。

建筑学与技术之间这种重要的互动关系，曾因为现代主

5.11　T.R.哈姆扎和杨经文，EDITT 塔楼概念图，新加坡，1998

义推崇大规模生产、功能主义和固定构造而染上了偏见，而如今正逐渐转向偏好灵活、高度互动、易于改动的技术，这一技术应对了多种工程领域的热点问题。凯瑟琳·斯莱瑟认为，"高技派建筑"的发展结合了结构工程学领域大胆的壮举，并扩展了建筑构造学词汇，涵盖了可持续性[27] 从这些新的关系到人的健康和健康建筑材料的内容，以及注重质量的绿色能源与环境设计标准评估证书的出现，都在新世纪里进一步推动建筑业向着绿色过程和绿色准入的方向转变，以探索出新的应用领域和应用深度。[28]

　　21 世纪初，人们对环境的关注越来越多，重新燃起了对绿色建筑的兴趣，这在很大程度上是由于日趋明显的全球变暖趋势以及高企的原油价格。但更重要的是，人们对这个问题的复杂性和普遍性也有了更明确的认识。在可持续技术那些固定的提法之外，在那种集中于单体建筑的绿化行为以外，又出现了连接、关系、界面和系统化进程等一系列概念。进入 21 世纪，可持续发展在单体建筑应对特定地区复杂的建筑语境和生态进程这方面，已经积累了一系列数量丰富的绿色技术。绿色建筑的体系逐渐完善，为"生态逻辑"范式绘出了一幅蓝图。建筑物开始反映这一趋势，特别是在绿色技术进行大规模、都市化应用的形势下。

绿色都市建筑

　　2000 年之后的绿色建筑开始在全球扩散，项目呈现出更复杂、更大，涉及面更深远的特点，就像詹姆斯·韦恩斯在

5.12　埃尔纳波堤、卡瓦蒂尼和海格，科隆斯堡街区，德国汉诺威，2000
（汉诺威档案馆提供）

《绿色建筑》（2000）一书中所论述的。[29] 可持续性包括对都
市主义和建筑社区的关注，而绿色建筑则发展到了下一阶段，
以可再生技术的一体化和复杂结合为标志。新千年伊始，在
德国汉诺威举办的 2000 年世博会上展出的作品在其设计中对
这两个方面都进行了探索。约瑟夫·冯德设计的德国馆，是
一栋轻型的自然采光建筑。托马斯·赫尔佐格设计了中心会
场，它的特征是四个由木材和钢材的混合结构支撑起来的扇
状外壳。由埃尔纳波堤、卡瓦蒂尼和海格三人规划设计的德
国科隆斯堡街区（图 5.12），是一个毗邻世博会的生态社区，
它作为这次展览会的姊妹项目，最令人印象深刻。它展现了
一个以交通为发展动力的，包含 6000 套房子的可持续住宅社
区。[30] 其中等密度的设计结合了可再生技术，在地区性采暖和
降温系统中实行热电一体化。在超大街区中，密集性的多用
途的建筑物样式多变，庭院设计多样。此外，还设计了一些
社区花园。

造型曲折的韩国仁川文鹤竞技场（2002），由坡普洛斯建筑师事务所设计。它是一个将基础设施、运动系统、城市绿化空间和都市建筑全部融入了一个复杂的可持续发展都市概念当中的绝佳的例子。大规模的增长作为一个动态的因素似乎将建筑学变成动态融合手段和表达方式。它让人想起了迈克尔·索尔金富有创意的城市设计，以及带有怀旧特色的扩建项目，如韩国忠清道（2005）的总体规划。另一个例子是詹姆斯·科纳的著名设计——纽约高线公园（2009），他沿着曼哈顿西区建造了一条长约 1.6 千米的空中绿色走廊。[31] 支撑后面这些绿色可持续项目的是城市设计师南·艾琳在《一体化都市》（2006）一书中表达的思想，其关注点从对奇特的聚焦和对技术的依赖转移到可持续式的城市设计，在混合形式、可连接性、吸纳能力和原创性中都有微妙的差别。[32]

这种非常规的空间设计，支撑起一种新的绿色建筑学，其特点是以系统化的构造为基础。基础设施构架的施工现场，往往处在城市密集中心的边缘、和明确的郊区和居民街区之间。这里的环境通常是线性的，地形复杂、环境嘈杂、土地用途的多样化导致空间碎片化，而且通常属于不同的功能分区，彼此隔绝。这些土地常被安排用于建设工厂、发电厂、污水净化厂，也可能是开发后的闲置建筑、体育和娱乐场所、工业园区、汽车拍卖场、购物中心、铁路线路、水域或零碎的住宅用地，其中占主导地位的是汽车路网。由于"零碎"是这种区域的一大特性，可持续策略倾向于增加这一地区与生态保护区和行人活动区的连接，以增加建筑物用途的混合和一体化，同时增大建筑密度，使形状更加迂回蜿蜒。在这种发展的语境下，新的城市扩建项目和改建项目通常沿着水岸、交通设施和其他基础设施呈线形，一字排开。捷得合伙人事务所（Jerde Partnership）设计的日本大阪难波公园于2003年完工。这座坐落在市中心的绿洲式多用途基础设施也是一个典型案例。泰迪·克鲁兹和阿尔弗雷德·布里伦伯格精彩的作品"都市思考箱"，为委内瑞拉圣奥古斯丁街垒的非正规居民区构建了一个空中的基础设施（2008）。卡特里娜·斯托尔和斯科特·劳埃德在《作为建筑的基础设施》一书中提到，对一体化解决方案的需求正在不断增加，这些方案必须呼应新的、复杂的、碎片化的都市景观。斯托尔和劳埃德还建议，基础设施建筑应该为文化空间创造出新的流动空间，使"空间顶点"与平铺的"居住区"相结合。[33]

生物计量学和仿生学通过模拟自然形态、自然过程，以及艺术对风景的阐释，在建筑领域和城市设计中同样获得发展。根据迈克尔·波伦的说法，仿生学包括可持续性原则和原创的灵感，如超高能效的结构、高强度可降解合成物、自清洁表面、低能耗和低废弃率系统、保水方法。从概念上看，这是一个有用的绿色规划设计模型，但如果按字面意思理解，照搬自然环境，特别是在复杂的当代空间方案中，在有历史性的密集城市社区中，这样就会显得过于天真。20世纪90年代末发展起来的景观都市主义的相关理论，在更大范围内研究了景观与建筑物合一的做法。"后都市"主题的重大任务是通过跨学科研究、系统化的生态学、地域的改造、流动性和形态学发展的自发式反馈来发挥效用，更重要的是，要通过都市主义的平行学科的发展来打造都市效果。[34]将都市环境作为生态环境模型的一种，这种做法对理解可持续性有特殊的意义，但景观都市主义对低密度和以汽车为动力的环境的包容，推动了郊区化，却不是有益于生态环境的。

农业都市主义，是一种实用主义的绿色技术手段，既可用于建筑，也可用于城市设计。根据简·德·拉·萨尔和马克·霍兰德的说法，这是一种新出现的设计框架，是为了将更多的可持续设计和农业体系融入社区当中。他们的原话是："这是一种围绕食物进行建造的方式。"[35] 农业城市主义的案例包括塞林波社区（2004，图 5.13）。该社区位于亚特兰大西南部，设计容量为 2500 名居民，是一座占地 1400 英亩的一体式有机农场，有 70% 的土地用作保护区。[36] 这座 "W" 形的小村庄，创造了一种和谐的社区形式，还 "囊括" 了自然景观——树木、湖泊、湿地、溪流，打造了富有特色的地方名片。这片开发区的建筑比例，采用了乡村到城市带状交叉、密度渐增的形式，在 "W" 的顶端，密度随着功能多样化而逐渐增大。同样，基特森公司开发的新项目——佛罗里达州西南部的巴布科克牧场，也宣称自己将会成为美国最大的 100% 太阳能城市。该社区网络由农庄、村落和集镇中心组成，可容纳 4.5 万名居民，并规划了独创的本地电力交通系统。设计中还包括一片大型自然保护区，其中有受保护的开阔地、可经营的养牛场，还有相应的配套农业。天空社区是位于佛罗里达州潘汉德尔的一个占地 23148 亩、可容纳 624 名居民的社区，由负责人布鲁斯·怀特、朱莉娅·斯塔尔·桑福德和佛罗里达州立大学联合设计。该社区在设计时考虑了多种用途的混合，也考虑了行人、社区农场和花园的需求，尽量彻底脱离电网，并且其所有建筑都通过了绿色能源与环境设计（LEED）认证。

由让·雷诺蒂设计的法国塞纳河畔伊夫里的空中常青藤

5.13　塞林波社区，美国佐治亚州帕尔梅托，2004

花园（1980），柔化了混凝土结构，还在建筑物外墙周围创造了额外的、绝缘的空气封闭空间。还有一些特点，比如藤蔓架、墙面植物架和其他一些结构形式，让攀爬植物应用于垂直表面。让·努维尔设计的位于纽约的23层"住宅塔楼"（2008），被他称为"视觉机器"，其内部设置了人造林。迪克森·德斯波米耶所做的一些研究，展示了1999年发展起来的"垂直农场"概念，它关注的是在高层建筑内部进行密集种植。有关垂直农场的讨论，被导向了为未来的人们提供食物的问题。因为，根据测算，未来人口的增长可能会超越地球现存农业土地的产出能力。将农场设置在距实际居住人口更近的地方，可以降低交通成本，是可持续发展的又一种措施。

　　福斯特及合伙人建筑事务所于2007年设计的两个项目——莫斯科的水晶岛和阿布扎比的马斯达尔城（图5.14）——展现出都市主义在积极应对生态环境的过程中两种

5.14　福斯特及合伙人建筑事务所，马斯达尔城，阿联酋阿布扎比，
2007—2008

截然不同的手段。水晶岛是一项为 3 万名居民所做的城市规
划——在高达 450 米的单片屋顶下，有一座螺旋上升的帐篷
式城市；屋顶上会呼吸的"智能皮肤"在冬季隔绝严寒，在
夏季则敞开进行自然通风。这一建筑设计包括各种太阳能的
热力系统、内部自然采光、风力涡轮和独创通风系统。几何
螺旋空间戏剧化地将横向（城市构造）和纵向（建筑形式）
空间融为一体，构成了塔状的超级建筑。由于使用了可持续
性技术和材料，它变成了低密度社区，雅致地融入城市构造
和这座河上半岛下方的新公园。这件作品富有创意，同时也
清晰展示出绿色建筑和可持续的城市设计的融合。

　　而马斯达尔城的设计目的是建造一个位于中东地区的新
兴再生能源和清洁技术全球中心，在这里将完全使用可再生资源供能。这一按地区的要求为当地 5 万名居民所做的城市设计，融入了多种因素：多功能与一体化的用途、传统的狭窄街道、百叶窗、庭院和风向塔。马斯达尔城没有采用更显气派的高层建筑，而是采用紧凑的横向中等密度、交织的街道和街区，以及"厚墙"建筑和采用"清洁技术"的无车环境。水晶岛显然利用的是建筑式的手法，而马斯达尔城则在规划中展现了可持续性。在某种程度上，绿色建筑发展已经日趋完善，从 20 世纪 60 年代有创意的作品雏形，到雄心勃勃的大规模规划，这些作品展示了在迥异的文化和气候背景下，可持续建筑更加宽泛、多样的表达形式。

2010 年，在相对、多样和显著的环境思想影响下，绿色建筑达到了新的理论高度。"生态足迹"的概念以及它包含的"碳足迹"概念在绿色建筑运动中引发轰动，因为它表现了对人类行为的衡量，也表现了对与地球生态系统再生能力密切相关的建筑行为的衡量。[37] 广泛的全球环境问题无法被忽略，也不允许人们仅关注单一类别的建筑，即使那些孤立、静态的建筑具有史诗般的可持续性。约翰·艾伦菲尔德郑重警告人们："不要仅满足于将批评放在非可持续性上，不要被误导了。"他还急切呼吁，要找到一个新的范式：

> 任何以可持续发展的名义做的事情，几乎都在针对并试图减少不可持续性。虽然减少不可持续性很重要，但该行为在现在和将来都不能创造可持续性。[38]

可持续性在建筑绿色化方面产生的影响，要继续从对建筑外壳与载荷主导的建筑措施进行简单弥补和形式融合，转向多样化的建筑手法、生态技术和综合性的城市设计。这包括了一些元现代主义概念，如汤姆·梅恩的"组合式都市主义"，南·艾琳的"一体化都市主义"，莫森·穆斯塔法维的"生态都市主义"，简妮·德·拉·萨尔和马克·霍兰德的"农业都市主义"，大卫·格雷厄姆·谢恩的"重组都市主义"和加布里埃尔·迪皮伊的"网络都市主义"。

这不再是简单的学科内部问题。克服反乌托邦的环境和不可持续的状况，已经变得太复杂、太有侵略性也太普遍了。建筑绿色化进程在当代建筑学中具有的学科价值高度，取决于它能否发展出多种包容性思维，统一化的进程和独创、高效、具体的建筑实例，以便及时达到未来需要的标准，满足需求，应对挑战。

注释

1 JDS Architects, "From 'Sustain' to 'Ability,'" in Mohsen Mostafavi and Gareth Doherty (eds), *Ecological Urbanism* (Zurich: Lars Muller Publishers, 2010), 122.

2 Rachel Carson, *Silent Spring* (Boston: Mariner Books, 1962), 6.

3 Donella H. Meadows, Jorgen Randers and William W. Behrens III, *The Limits to Growth* (New York: Universe Books, 1972).

4 Al Gore, *An Inconvenient Truth* (Emmaus, PA: Rodale Books, 2006).

5 Victor Olgyay, *Design with Climate: Bioclimatic Approach to Architectural Regionalism* (Princeton, NJ: Princeton University Press, 1963). 该书展现了美国四个大的气候区里对应的单体建筑和聚居地的形状、纵横比和相对的复杂程度。

6 从 20 世纪 50 年代起，美国家庭的平均居住面积增长了两倍。根据全美住房建筑商协会的说法，50 年代，新的单家独户式住宅的平均面积为 91 平方米；到 2009 年，这一面积达到 251 平方米。

7 E.F.Schumacher, *Small is Beautiful: Economics as if People Mattered* (London: Blond and Briggs Publishers, 1973), 67-82. "绿色建筑可持续的影响", 113.

8 R. Buckminster Fuller, *Operating Manual for Spaceship Earth* (New York: E. P. Dutton, 1978), 57-59.

9 Alastair Gordon, *True Green: Lessons from 1960s-70s' Counterculture Architecture* (Architectural Record, April 2008), 1-2.

10 Stewart Brand, *Whole Earth Catalog: Access to Tools* (Whole Earth Catalog Publisher, 1968).《全球概览》杂志是一种信息工具，提供了当时所有可以利用的绿色技术和绿色产品的相关信息。

11 Richard Crowther, *Sun Earth: How to Use Solar and Climatic Energies* (New York: Scribner Publishers, 1977).

12 Amory Lovins, *Soft Energy Paths: Towards a Durable Peace* (New York: Harper Collins Publishers, 1977).

13 "First Village, Santa Fe, NM: Living Proof," *Progressive Architecture* (April 1979), 2.

14 Edward Mazria, *The Passive Solar Energy Book* (Emmaus, PA: Rodale Press, 1979), 28-61.

15 James Lambeth, *Sundancing: The Art and Architecture of James Lambeth* (Louisville, KY: Miami Dog Press, 1993), 10-11.

16 Michael Reynolds, *Earthship, Volume 2: Systems and Components* (Taos, NM: Oxford University Press, 1991), 45-48.

17 Ralph Knowles, *Energy and Form: An Approach to Urban Growth* (Cambridge, MA: MIT Press, 1974), 8-9.

18 Steven Moore, "Environmental Issues," in Carl Mitcham (ed.), *The Encyclopaedia of Science, Technology, and Ethics* (New York: Macmillan, 2005), 262-66.

19 Charles Jencks, *The Story of Postmodernism* (New York: John Wiley and Sons, 2011), 26.

20 Malcolm Quantrill, *Plain Modern: The Architecture of Brian MacKayLyons* (Princeton: Princeton Architectural Press, 2006), 28.

21 Leon Krier, *Houses, Palaces, Cities*, Architectural Design Profile (London: Edited by Demetri Porphyrios, 1980), 30-33.

22 Ruth Durack, "Village Vices: The Contradiction of New Urbanism and Sustainability," *Places* vol. 14 (Fall 2001), 64.

23 Kenneth Frampton, "Toward a Critical Regionalism: Six Points for an Architecture of Resistance," in Hal Foster (ed.), *The Anti-Aesthetic: Essays on Postmodern Culture* (Port Townsend, Washington: Bay Press, 1983), 26-27.

24 Orthmar Humm and Peter Toggweiler, *Photovoltaics in Architecture* (Berlin: Birkhauser Verlag, 1993), 50-53.

25 Kenneth Yeang and Arthur Spector, *Green Design: From Theory to Practice* (London: Black Dog Publishing, 2011), 8-12.

26 William McDonough and Michael Braungart, *Cradle to Cradle: Remaking the Way We Make Things* (New York: North Point Press, 2002), 174-76.

27 Catherine Slessor, *Eco-Tech: Sustainable Architecture and High Technology*, (London: Thames and Hudson, 1997), 7-12. 生态技术包括逐渐提高的技术效率，减少负面环境影响，对现场可用资源的最大化利用，对无毒的、永久性的高效材料和产品的综合应用。

28 绿色能源与环境设计先锋奖 (LEED) 是一个获得国际认可的绿色建筑资格认证，由美国绿色建筑委员会于 1998 年发布。这是一个对各种绿色建筑景观的建筑价值和美学价值进行素质评议的奖项。例如，由"形态学建筑师事务所"设计的库珀联盟学院大楼 (2009) 糅合了生态造型的波状双层立面，宽阔的自然照明的全高度前庭，还有废热发电技术。它获得了 LEED 铂金证书。加拿大渥太华一座建在标准地块上的独户住宅，没有任何起眼的设计特征，也同样获得了铂金证书。

29 James Wines, *Green Architecture* (Cologne: Taschen Press, 2000), 11-15.

30 德国科隆斯堡街区是 1992 年举行的一次建筑比赛的获奖作品，埃尔纳波堤、卡瓦蒂尼、海格三人组成的"苏黎世小组"赢得了该项目。他们设计的是中高密度住宅，每公顷有 116 套。该计划的特点是其向交通线路逐渐靠拢的密度梯度，带有各自内部绿色空间的超级街区以及作为市民活动和商业活动焦点的中心广场。

31 高线公园是一个很好的例子，对纽约市中心铁路轨道周边的城市基础设施继续回收利用和再设计，变成有活力的社区便利设施。它与邻近地区的开发项目相协调。这样的概念让人想起了一本书：Christopher Swan and Chet Roaman. *YV 88: an Eco-Fiction of Tomorrow* (San Francisco: Sierra Club (1977).

32 Nan Ellin, *Integral Urbanism*, Routledge, (London: Taylor and Francis Group, 2006), 9.

33 对基础设施的兴趣体现了一种转变：建筑物从景观和结构组合中的单一物体，变成一种更复杂的新建筑，而不再仅仅是学科交叉的产物。Scott Lloyd and Katrina Stoll (Editors), *Infrastructure as Architecture* (Berlin: Jovis Berlag Publisher, 2010).

34 Charles Waldheim (Editor), *The Landscape Urbanism Reader* (Princeton: Princeton Architectural Press, 2006. 景观都市主义关注的是两个领域——横向的空间组织结构和用作当地文化发展的跨学科语境的景观。

35 Janine De la Salle and Mark Holland, *Agricultural Urbanism: Handbook for Building Sustainable Food and Agriculture Systems in twenty-first century Cities* (Winnipeg, Canada: Green Frigate Books, 2010), 13.

36 塞林波区位于亚特兰大杰克逊·哈茨菲尔德国际机场西南方 32 千米处，2001 年由菲利普·塔布博士发起和规划，其建设工作持续至今。它是一个占地 6070 亩的多用途开发项目，是一个开发空间占去 70%、建筑星罗棋布、接近"Ω"形或"U"形的小农庄。第一座这样的小农庄始建于 2004 年。塞林波社区于 2008 年获得了城市土地研究所颁发的首届可持续发展奖。

37 Mathis Wackernagel and William Rees, *Our Ecological Footprint: Reducing Human Impact on the Earth* (British Columbia: New Society Press, 1996). 生态足迹是一种衡量标准，是为了衡量提供人类必需资源而进行的必要生态生产所需的土地面积和再生产所需的水量。威廉·里斯于 1992 年最早提出了"碳足迹"概念，它是指人类为了维持活动而产生的温室气体排放总量。

38 John R.Ehrenfeld, *Sustainability by Design: A Subversive Strategy for Transforming Our Consumer Culture* (New Haven, CT: Yale University Press, 2008).

第6讲 建筑中的后殖民主义

埃斯拉·阿克詹[1]

全球化进程促使建筑师普遍开始关注整个世界。许多建筑师不在他们的祖国（或第二故乡）工作，建筑事务所的跨国合作已经极为普遍。这一现象得益于新的法律机制、国际贸易合同还有新通信技术的出现。如今，建筑设计服务已经被国际世界贸易组织认证为可以全球流通的商品。然而，对这样的工作建筑师常常显得准备不足。因为对于欧洲和北美以外的国家，他们既缺乏相关理论研究，也不了解当地的历史背景。另外，尽管全球化、跨国、跨文化等名词已经随处可见，但由于开放与锁国总是在历史推力的作用下交替上演，所以未来依然不甚明朗。后殖民主义理论呼吁建筑设计能为全球化的未来做好准备，避免全球化成为一种新的帝国企图。

本讲旨在对从20世纪80年代到21世纪初开展后殖民主义理论研究的学者进行批判性的综述。"后殖民主义"一词，可以指一段历史时期，即第二次世界大战后曾被殖民的国家接连独立并建国的时期；也可以指一系列特定的相关理论。本讲中的"后殖民主义"的含义是后者。虽然后殖民主义理论所包含的内容很多（涉及建筑实践、反殖民化和殖民统治被民族主义取代后所出现的问题），也涉及本讲将介绍的思潮对后殖民主义产生的直接、间接的影响，该问题将在本书第二部分解答。

有些人以"建筑中的后殖民主义理论"为开端，把它作为理解"非西方"语境的一种途径。刚开始似乎很讽刺，因为这些研究对地理范围的定义是自相矛盾的。"非西方"这个词语，不仅涉及而且继承了一种意识形态——它不但夸大了"西方"和"其他"国家的不同，还否认了"其他"国家之间的不同。所有为这些国家取的恶劣别称，如"第三世界""欠发达""边缘"化，表明了在现有的世界分级体系中，很多主流国家长期以来的不负责任。一部分后殖民主义理论的声明，注解了用来形容这些国家的语汇的匮乏。这种匮乏并非由于缺少准确的名字，而是因为"西方"语境下，将这些对国家的定义刻意渲染成"其他"国家所导致的。回避这些词，或者忽略"西方"和它地理上的"其他"国家之间早已存在的不同和阶层差异，并非一个好的选择。这样不过是在否认事实罢了。所以，我希望将后殖民主义理论视为一种探索，它剔除了"非西方"一词所反映的等级观念。我并不是回避这个词，而是将它从带有歧视意味的象征中剥离出来。

挑战欧洲中心论的必然性是后殖民主义理论对于建筑的直接影响之一。[2]欧洲中心论一词泛指欧洲以及北美建筑师（通常是白人男性）凭借在研究机构的权威地位来制订准则，这些准则涵盖了建筑实践、教育以及出版物。想了解更全面深入的分析，读者可以参考伊曼纽尔·沃勒斯坦的著作，他认为："社会科学作为一种准则，有五个主要原因使其以欧洲为中心。"[3]他的历史观是基于欧洲在过去两百多年处于世界领先位置，而且是值得"骄傲"的这一事实。持有这种观念的人认为，在欧洲发生的一切"是一种适用于全世界的范例，要么是因为这种范例代表了人类不可逆转的进步成果，要么是因为它满足了人类最基本的需求"。[4]有的人坚信现代欧洲文明改变了殖民地的利益诉求，拯救了欧洲以外的人民。东方学研究被歪曲，是受到政治影响的，目的是维护"欧洲在现代世界体系中霸主的地位"。[5]最终，"只有进步才是对世界历史的基本认识"深入人心，也成为在世界范围内施加欧洲中心论的理由。近年来，建筑学在世界范围内不断发展，建筑师正在他们所属国家以外的地方建造越来越多的房屋。于是在西方国家的建筑学院里，关注西方以外地区的设计课程和研讨会也日益增多。尽管近年来出版了大量关于"非西方"国家历史的著作，但由于跨国项目或对于"非西方"国家的兴趣都已经不再新鲜，所以欧洲中心论并没有被推翻。除非这些论述能明确提出和原先的东方主义以及殖民主义态度的不同，否则其本身的价值就会被低估。同样，在学院中重新制订建筑设计准则，并不比最初确立它更容易。这是因为从"非西方"语境中提出几个特定的例子，会有管中窥豹之嫌，所以很难使沃勒斯坦等人的言论失去影响力。根据文中所讨论的后现代主义理论，要挑战建筑中的欧洲中心论，就很有必要挑战这个理论形成的根本原因。于是在过去 20 年，以殖民主义、东方主义的意识形态所形成的视角来重读建筑史的学术兴趣日渐增多。

爱德华·萨义德于 1978 年出版的《东方学》一书，奠定了后殖民主义理论在人文学方面的基础。虽然对东方学原理的批判以及在战后其后续领域的研究早已有之，但是萨义德的这本书引起了观念上的转变。这种转变不仅发生在他所研究的文学领域，还发生在视觉艺术和建筑领域。萨义德在书中讨论了"西方"是如何在学术上或艺术上再现"东方"的。其方法就是在东方与西方间虚构了一面墙；被"东方化的"东方，使它显得有异国风情、奇特、缺乏理性、可怕而野蛮；而这些特点都与西方的理性、进步和文明完全不同。虽然东方学研究可追溯至14世纪，但是萨义德的研究针对的是19世纪的英语和法语资料，以及美国当代的文化诠释。这样，他就可以批判在东方学研究中对意识形态的长期扭曲。但是，东方学并不仅仅是一门没有被认真研究的学问。萨义德指出，等级制度的形成、帝国主义的态度是这门学科所带来的深刻的政治影响。东方学研究不仅创造了一种扭曲了的"东方"意识形态，它还在"东方"和"欧美"间分了等级高低。虽然他们并没有说明这么做的目的是"控制、摆布以及主宰"东方，但事实就是如此。这本书激励了一些建筑历史学者，同时提供了一种有用的归类系统，用来严格筛出新的建筑学理论以及历史中"非西方"的部分。

　　班尼斯特·弗莱彻爵士在他影响深远的著作《世界建筑史》中，将世界建筑分为"历史风格"和"非历史风格"。他将西方建筑形容为"历史风格"，因为它从古埃及演变至希腊直到当代建筑的过程，是一个连续进化的过程；他同时指出，印度、中国、日本、印第安以及撒拉逊建筑是"非历史风格"，因为没有演变和延续。弗莱彻将他的论点视觉化，形成了一幅"建筑学进化树"的图（图6.1），在图中，树的主干代表希腊、罗马和罗马式建筑，它们支撑着欧洲和美国建筑的发展。这些"历史风格"暗示了一种持续的进步和传承，然而东方的"非历史风格"被认为是旁枝，它们无法长得更

6.1 班尼斯特·弗莱彻爵士，建筑学进化树，《世界建筑史》（1901）中关于比较分析的插图

长，也无法为其他风格的形成提供养料。弗莱彻对于"非西方"的再现，仅仅是东方学研究中的一个例子，并不是因为他认为东方逊于西方，而是因为他认为东方是非历史的。而萨义德的一个基本观点是：东方学研究否认了"东方"的历史、演变和进化，好像这些特点只属于西方似的。尽管关于"东方"的知识在过去的几百年有了诸多变化，但是潜在的东方主义仍建立在一种被萨义德称为"东方的疏离、古怪、落后、沉寂、女性化、缺少可塑性"的假想中。于是发展、转变、人类活动等可能性，在东方是不可能产生的。[10]

　　从一些建筑历史和建筑学理论书籍中可以找到类似的东方主义。马克·克林森所著的《帝国建筑》一书是关于东方主义建筑和建筑学理论中最重要的、具有系统性且详细的批判著作。《东方主义和维多利亚式建筑》一文发表于1996年11月[11]，克林森在其中分析了种族论所扮演的角色以及在19世纪英国建筑理论中对于"西方"优越性的假设。他描述了罗伯特·爱德华·弗里曼、詹姆斯·弗格森、约翰·拉斯金和欧文·琼斯的著作中不同类型的东方主义和民族主义。例如，他分析了拉斯金和琼斯之间的一场颇具启蒙意义的辩论，这场辩论证明了东方主义存在各种不同的类型。在《威尼斯之石》（1851—1853）一书中，拉斯金表示他对威尼斯拱门的混合特征非常着迷（图6.2），并赞扬其融合了不同文化，其中包括开启了这种融合的"东方"文化。但在1989年的《两条道路》一书中，他全盘接受了占主导地位的种族政治说法，同时否认了"东方"对"西方"的一切潜在影响。那些曾激起丰富性的因素，如今却变成：遥远、陌生的"无情的人们"，创造了"低级的装饰趣味"，并使得"最劣等、冷酷的

6.2　约翰·拉斯金，威尼斯拱门的造型，《威尼斯之石》（1851—1853）中的插图

国家"也非常喜欢。[12]克林森谈到，欧文·琼斯的《装饰语法》（1856）一书（图6.3）指出，拉斯金所提出的那些"无情残酷的国家"的文化，"受到了最富同情心的对待"。琼斯的这本书中还提到了亨利·科尔爵士在1851年水晶宫展览之后最先提出的教育改革。琼斯从世界各地收集了装饰实例，并以一种不同寻常的态度强调了"非西方"装饰艺术。琼斯宣称，伊斯兰装饰也是一种"理性的、平面的几何排列"，其用色方式也是"科学的"，当时他觉得自己找到了一种以自然为法则的、普遍的装饰规律。琼斯不仅在他自己的理论框架下充分理解了伊斯兰装饰艺术，还将所谓"东方"学作为一种理性基础来证明其发现的普遍性。克林森在拉斯金、琼斯的著作中所读到的内容，提到了三条足以获得重视的研究"非西方"文化的途径。拉斯金是第一个将"东方"与"西方"区分开来的学者，但后来又认为东方是冷酷的；而琼斯通过将"东方"吸收至自己（西方）的理论框架中，从而为《西方》的普遍性辩护。

东方学知识及其表现的政治影响基于这样一种假设——"非西方"文化需要西方的帮助，而且要通过殖民的方式获得救赎。雷姆·库哈斯和AMO绘制了一幅世界各地的欧洲殖民地地图，描绘出19—20世纪由欧洲殖民地所构成的世界史。

但是，殖民主义对于世界建筑的影响，在很久之后才引起学者们注意。直到20世纪90年代早期，对于广泛地理范围内殖民建筑的分析才引起了关注。其中最早是布赖恩·布雷斯·泰勒（他1984年的早期文章揭示了殖民主义建筑在摩洛哥、突尼斯、埃及和印度尼西亚的意识形态史）和内扎尔·阿尔萨贾德（他在1992年编纂的文集《支配的形式》会

6.3　欧文·琼斯，阿拉伯装饰，《装饰语法》（1856）中的插图

6.4　亨利·普罗斯特，卡萨布兰卡扩建总体规划图，摩洛哥，载于《法国的摩洛哥》，1917

集了主要学者）等学者最先开始的。[13] 越来越多的著作开始关注非洲的法国和意大利以及亚洲的英国殖民地的殖民主义建筑史，这些挑战了英雄化的现代主义的言论。[14] 这些研究证明：资本主义在寻找原材料和新兴市场的崛起过程中，殖民地的扩张也伴随着不同程度的种族主义。由于殖民地需要建立新秩序，因此城市规划和建筑在一开始就成为塑造殖民社会的主要体制基础和要表现工具。几乎所有殖民城市的总体规划图都设想过人口隔离制度，即根据殖民和被殖民人口划分出不同的区域（图6.4）。

在被殖民的城市中，殖民主义建筑师除了针对民族、种族和性别进行隔离之外，最关心的就是如何处理与当地建筑传统和城市构造之间的关系。就这一点来看，他们对每一个地方都要依据其独特历史仔细审视。由于各个建筑师采用的方法不同（包括大规模地破坏现有城市构造，依据西方价值观对城市进行维护，以及以殖民地建筑为原型设计复制品，或模仿当地风格以获得当地人认同），所以这些建筑无法被明确归类。无论如何，要想让人们意识到建筑师在霸权主义意识形态下进行重要的建筑设计多么举步维艰，那么殖民地建筑本身也许就是最好的例证。格温多林·赖特在分析位于摩洛哥、印度尼西亚和马达加斯加的三座殖民城市时，特别强调了某些殖民地建筑师的"好心办坏事"。在摩洛哥，阿拉伯风格的支持者依据当地的建造传统，与当地的工匠进行合作，其最终成果却只是结合当地的历史风格所设计出的矫揉造作的拼凑之作。同样，北非遗迹风格的支持者引入了欧洲现代主义元素，觉得这些建筑形式可以给未开化的人带来国际标准的审美享受。但无论是哪一种建筑实践，都无法掩盖"殖民主义阻碍了建筑形式的平等性"这一残酷的事实。[15]

建筑大师也往往不能免俗。布雷斯·泰勒是最先提出这个论点的评论家之一，他认为"殖民地官方的建筑师、城市规划师、工程师的作品与当时所谓先锋的欧洲建筑师的作品之间毫无关联"的假设是一种"谬论"。勒·柯布西耶为重建阿尔及尔所设计的总体规划就是最著名的例子。这个富有雄心的项目已经被历史学者泽伊内普·切利克和米歇尔·兰普拉克斯批判和反思过了。[16]

与这些批判性观点相对的是，勒·柯布西耶本人却时常表达出对于法兰西帝国主义扩张的狂热。在他手绘的《从法国至非洲扩张示意图》中，将巴黎、阿尔及利亚和马里的加

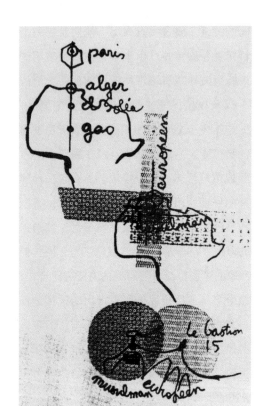

6.5 勒·柯布西耶，从法国至非洲扩张图

奥连起来，作为法国殖民扩张的主干线。这张地图形象地展示了他对殖民主义的支持（图6.5）。

　　勒·柯布西耶在为阿尔及尔所做的城市规划提案中同样延续着法国的殖民主义政策，使不同种族和阶级有隔离的生活空间。他将自己的激进想法应用在阿尔及利亚从山顶到海边的每一寸土地上。因此，卡斯巴市（Casbah），这座殖民者长期居住的城市，被柯布西耶变成了一个受欧洲城市全方面

"监禁"的微小模型。沿港口设置的大型办公街区阻断了殖民地人民通往海边的道路。勒·柯布西耶的规划图中有这样一幅场景：一座高达 100 米的高架桥，将被隔离的欧洲人居住区与底层带有非洲工人公寓的欧洲商业街区连接起来。兰普拉克斯认为，这是"一幅殖民地建筑支持压迫当地工人的鲜活画卷"[17]。勒·柯布西耶抑制不住他对于殖民主义的野心。无论如何，这些公开的信息可以帮人们更深入地了解建筑与意识形态之间的关系，以及建筑师超越自身时代的霸权结构的能力。除了对阿尔及尔抱有殖民主义野心外，勒·柯布西耶还由于他的东方主义倾向遭到诸多批判。由于勒·柯布西耶在阿尔及尔居住项目中使用了大量曲线元素，并且还将卡斯巴市描绘成一层"面纱"，因此切利克认为：勒·柯布西耶眼中的"非西方"是有异域感、透明、阴柔的，与充斥男子气概的"西方"形成对比。此外，勒·柯布西耶在《东方日记》中提到，他在伊斯坦布尔"充满异域感、陌生、奇特的"街上闲逛，周围满是"诱人的姑娘"。切利克也将这本日记视为勒·柯布西耶抱有的一种狂妄的东方主义的表现。[18]

虽然早期后殖民主义理论正确地质疑了殖民主义和东方主义意识形态，但近期的视觉艺术家们却提出了模棱两可的观点，将对东方主义的批判变得暧昧起来。在更深入地了解西方和"非西方"之后，艺术家们迈出一步，克服了同时代的固有观念。[19] 举个类似的例子，最近有很多学者重新评价了勒·柯布西耶的伊斯坦布尔之旅。[20] 早在抵达伊斯坦布尔之前，这位建筑师关于这座城市的观点就已深受法国东方主义学者的影响，尤其是皮埃尔·洛蒂、戈蒂埃和内瓦尔。尽管勒·柯布西耶可能从未抛弃过这种东方主义，但是在伊斯坦布尔住了七周以后，他对这些作家却似乎表现出了一些批判性："大官邸——土耳其式的木构建筑——是一件建筑杰作。戈蒂埃在他的整本书里都将其斥为鸡窝，这证明艺术的准则就像圣父的教导一样难以改变。"[21] 除了违背导师的意愿开始欣赏伊斯坦布尔的木构建筑外，勒·柯布西耶还养成了用全景图描摹伊斯坦布尔风貌的习惯。这种形式很可能受到了当地摄影师发起的某种运动的影响。这表明，他不仅已经受到当地建筑遗产的影响，还受到了"非西方"现代主义艺术家作品的影响。[22]

***

　　以殖民主义和东方主义的角度重新解读现代主义建筑，推动了建筑后殖民主义理论的建立，我想从两个方面来论述这个观点。第一方面（也可称为后殖民主义理论的后结构主义轨迹），后殖民主义很可能为"他者"带来问题。"庶民可以表达意见吗？"哲学家佳亚特里·斯皮瓦克认为，庶民——类似卡尔·马克思笔下的农民——很难在没有统一主体的前提下实现他们的阶级利益，无法在现有的"西方"社会中找到自己的位置。[23] 法国的知识精英很难想象那些"非欧洲"的无名之辈拥有怎样的"权利与欲望"。斯皮瓦克写道：他们所读到的一切，无论批判与否都关系到"非欧洲人"所做贡献的争论，无论是否支持将这些人视为欧洲的一部分。另外，人们有大量精力被用在清除"非欧洲"结构中的文字元素，那些人本可以通过这个元素专注地完成（或投入）它的旅程。[24] 任何用自己原有的坐标系统来诠释或代表"他者

（们）"的尝试，都会导致同化与它们截然不同的物质。为了"坚持并且批判通过'同化'来认知第三世界"的论点，斯皮瓦克认为，比起妄想"让'非欧洲'人民为自己说话"[25]，德里达的"连续延迟论"可能更加适用。[26] 他的这一理论要求承认再现"非西方"的必要性，但又怀疑能否找到这种代表的可能。就是说，与后殖民主义的冲突需要通过对其"自身"的更深刻的批判来解决。

　　古尔苏姆·纳尔班托鲁所写的《迈向后殖民主义的开端：解读班尼斯特·弗莱彻爵士〈世界建筑史〉》一文，是建筑学研究中对以上讨论最直接的写照。与早先通过东方主义的角度重新审视弗莱彻这本书不同，纳尔班托鲁的批判基于"认识"到"非欧洲"的不可代表性，斯皮瓦克详细阐述过这个观点；另外还基于区分差异和多样性，霍米·巴巴也详细阐述过这个观点。巴巴在《理论的承诺》一书中将文化多样性定性为一种比较研究，它的理论基础是"预先设定的文化内涵和风土人情……引起或正在引起关于多元文化、文化交流和人性文化的自由派观念"。[27] 文化差异则在另一方面"关注文化权威的矛盾性所带来的问题——尝试以文化霸权的名义去主宰，而这种霸权，不过是其自身分化过程中的产物罢了"[28]。由于在后结构主义背景下进行了后殖民主义的批判，因此文化多样性的概念让位于一种谬论：一切文化都可以用同一种参考体系来代表。然而，文化差异性的概念却暗示了这种比较和流畅地互译是不可能的。对于那些希望坚持仅仅通过同化"非西方"的方式将其融入主流参考体系的评论家来说，值得被强调的是差异性，而不是多元化。因此，在弗莱彻用"历史"和"非历史"来分别代表"西方"和"非西方"国家的行为中，他假设这些文化是多元的，并可以用"西方"的方式去比较。纳尔班托鲁认为："弗莱彻写作的基础是认为不同的文化可以放在同一层面上来研究，历史学家能用各种方式对其进行比较和对照。"[29] 这种关于文化多样性的假定"被普遍接受了，但在任何一种文化中都有着因再现而产生的不可调和的差异所导致的问题"[30]。尽管如此，纳尔班托鲁仍认为弗莱彻的著作是有价值的，因为它公开揭示出再现"他者"过程中的主要困难。读者早就意识到了此书无法转译"他者"的含义。"在分析非西方建筑时，弗莱彻向读者引入了诸如'非历史的''怪诞'一类的术语，而这些术语都有损于文章的理性。这也说明，他在自己的理论框架下已经无法解释这些问题了。"[31]

沿着后殖民主义理论中的后结构主义轨迹，我们可以更好地理解许多当代建筑。一种普遍存在的误解是，只有激进的地域主义（基于欧洲的发展，这个词已具有丰富的含义）才是抵制欧洲中心论的。通常，像哈桑·法帝（图6.6）和阿卜杜勒·瓦希德·阿尔·瓦基尔这一派建筑师的作品被归为"激进的地域主义"，这是因为他们的作品似乎只适用于一种属于本国的、封闭的、隔绝的环境。后殖民主义理论同时也在挑战这种成见，而这一点也让人联想到萨义德对以民族主义名义对他的书进行滥用的不满。尽管地域主义可能只是诸多回响中的一种，但是我想介绍两位作者，他们通过后殖民主义理论解读了让·努维尔和查尔斯·科雷亚设计的建筑。努维尔的巴黎阿拉伯世界中心（图6.7）的设计初衷是希望它能代表法国的"阿拉伯文化"，但此建筑恰恰说明了在东方主义意识不断觉醒的当下，这个任务是不可能完成的。约

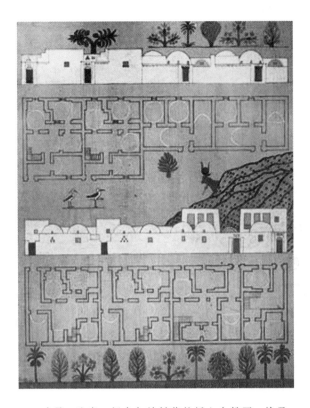

6.6 哈桑·法帝,新古尔纳村落的纸上水粉画,埃及,
1945—1948

6.7 让·努维尔,阿拉伯世界中心(外立面),法国巴黎,
1981—1987(弗雷德·罗默罗 摄 /flickr)

6.8　查尔斯·科雷亚，贾瓦哈·哈拉·肯德拉艺术中心，印度斋浦尔，
　　　1986—1991

翰·比恩认为，努维尔和那些更具针对性的展会设计师，成功
发展出具有争议性的策略，因为他们"似乎坚定地自我批判，
对再现抱怀疑态度，但又认为这是必要的，在故步自封的同时
又追求个性"。比恩认为，这些设计师之所以能做到这点，是因
为他们总是将"阿拉伯文化"看作"西方的倒影，而非真正的
东方"。那些展览作品"真实的面貌"，大概只是那些博物馆中被
蓄意扭曲的展品，混沌的反思，以及用"西方""东方"的参考
资料互相叠加的方式挑战传统的再现方式。[32]

　　维克拉姆蒂亚·普拉卡发现，查尔斯·科雷亚用类似的
带批判性的策略设计了印度斋浦尔的贾瓦哈·哈拉·肯德拉
艺术中心（图6.8），他提醒人们：有个问题对大多数"非
西方"建筑师造成了困扰——身份的负担。人们总是期待从

"非西方"建筑师的作品中看到他们的身份，但对于欧洲、北美的建筑师却没有这种要求。普拉卡什认为，科雷亚通过不同的方式来回应这种期待，却不假装说这种期待原本就不存在。"对'我们'中那些受制于双重束缚（一面主张不同的地域性身份，同时又抗拒它的合理性本质）的人来说，我建议暂且放下这种摆脱束缚的渴望。"普拉卡什认为：科雷亚的作品很重要，因为他既没有否认身份问题的价值，也没有尝试去再现所谓的"真实"和"未经改变"的印度身份。科雷亚没有"通过隐晦地引用去拙劣模仿属于'印度'的棘手原型"。[33]在努维尔和科雷亚的作品中，比恩和普拉卡什都发现：带批判性的策略就是不对一种特定身份下定义，尽管他们也知道抵制文化殖民的必要性。

　　尽管有以上这些例子，但后结构主义中的后殖民主义理论已经尽力揭示建筑中的"排外主义"，而非提供可以被轻易付诸实践的想法。1997年，纳尔班托鲁和C.T.Wong合著的文集《后殖民主义空间》从历史学和建筑专业的角度，在不同层面上质疑排外主义——这种排外主义基于地理、性别、民族和阶级。此文隐喻地使用了"殖民地"一词。同时，在"非西方"和被殖民者之外，"后殖民主义"的含义还拓展到女性、少数族裔或非建筑师的工匠们身上。引用纳尔班托鲁的话说：

　　论述建筑学中的后殖民主义，不仅要对先前的殖民地文化有深入了解……（但是）由于建筑学文化的和学科有被预设的边界；通过一些特定的排外性实践，一旦研究机构制订了准则，边界中那些并未遭破坏的部分就不会被质疑。论述关于建筑学的后殖民主义，挑战着建筑学对不同观念的、不成熟的外来事物的容忍度。[34]

在更广泛的范围（对建筑的基本准则和专业界限进行质疑）对后殖民主义的探索，是这一路径最大的贡献。

但是，这种路径仍有些不堪一击。事实上，论述排外主义（仅仅是排外主义）的历史是迈向正确理论的一步，这一理论植根于这一批评——排除在外的部分是不可言说的。引用纳尔班托鲁和 C.T.Wong 的话说："我们永远也无法用现有的符号系统完整囊括那些被压抑的人——（这些文章）强调了排外主义和关于压抑的特殊机制。"但是，声称"非西方"不可能用西方语言来再现的结论，却可能让人掉入一种陷阱。后殖民主义对其自身的探索，就是一项不可能的任务，必须说不可说之事、翻译不可译之文。作为为"非西方"代言的人（而无法等同于"非西方"自身，因为根据上述理论，这是不可能的），他们必须承认自己握有话语权，因为他们事实上也确实有。但是，只有他们反驳自己关于"他者"是无法言说的观点，他们才能做到为"他者"说话。他们将不断强调"他者"的不可言说和无法翻译的本质，除非他们自身的语言也被解构了。如果想让他们的方法不再自相矛盾，就必须承认（就像他们所做的）其理论在当下的局限性以及对未来充满野心的计划。现在，不断重复这种"他者"无法言说的论点，变成了唯一现实的策略。所有对让"他者"说话或是翻译"他者"语言的尝试，注定都会失败，因为这项任务是不可能完成的（或者说极其艰巨）。在这种不断重复过程中，这种理论可能会走向自我毁灭和自我边缘化的结局。

　　将斯皮瓦克的论点转化为建筑评论，也是有局限性的。由于斯皮瓦克文中关于"庶民"的内容是根据语境而变的，所以这是一个有多重含义的概念，而不仅仅是一个抽象的词。在文章的一开始，读者就已经了解到在西方意识形态下的具体框架内，是无法再现"非西方"的，也了解到无法用西方语言来诠释"非西方"的观点。斯皮瓦克在文章中提出了有关庶民的论点，她将这群人定义为：既不是占支配地位的外国人，也不是本土印度人中的精英。在文章结尾，她更是提出了一个具体的问题："女性庶民有话语权吗？"通过寡妇萨蒂的故事，斯皮瓦克描述了一个寡妇在印度面临的两难困境：一方面，民族主义者们要求她恪守传统，在丈夫死后殉葬；另一方面，殖民主义者主张"从棕色男性手里将棕色女性解救出来"。要么以殉葬来支持民族主义，要么艰难生存来支持殖民主义，这两难的选择，让寡妇无所适从。斯皮瓦克指出，由于受到占支配地位的外国人的殖民主义意识形态和本土精英的民族主义意识形态的双重压力，我们无法听到女性庶民的诉求。但是，在建筑评论的语境下，通过抛出阶级和性别的议题来重申这一观点，是会令人困惑的。至少在他们的国家，虽然"非西方"建筑师并不是像斯皮瓦克所提到的庶民一样，从本质上就无法自我辩护，但他们往往也不是掌权者。尽管"非西方"的无法再现性仍然与欧洲中心论的语境相关，因为它指出了真正的全球建筑面临的困境，但"非西方"建筑师在代表他们故国的问题上就没什么说服力了。

　　这产生了一种专注于不可译性的理论，它通过建筑一词的首字母大写"A"来替代大量的建筑衍生领域，而非提出可立即付诸实践的策略。纳尔班托鲁在评论中总结道：

我认为后殖民主义理论对建筑学领域的最大贡献在于用一种独特的西方历史轨迹来定义"建筑学"……目前面临的一个危机正是建筑学分类问题，以及在特定时间、特定地点下学科的边界划分问题。后殖民主义的观点揭示出：当他者建筑在融入建筑学基本语境（如准则）的时候，他们往往会发现在建筑学语境的前提中已经包含这些他者建筑了。用现有的殖民主义工具为他者建筑命名，意味着从不同角度思考这种学科已经不可能了。建筑的语言无疑是由准则组成的，例如它的象征性的身份。然而，正是准则则限制了建筑学的再现性。由于后殖民主义理论坚持激进的他性，所以它洞察到了能动摇原有理论中被视为习以为常的前提。[36]

第二种理论是人文主义轨迹中的后殖民主义理论。这一方法的出现，部分受到试图寻找取代后结构主义中一些无法调和的理论的影响。通过列举曾出现过的跨文化冲突和相互交织的历史，这一方法质疑了"他者"不可译性的前提，还有"彻底的他性"是否真的存在。由于我们有共同的历史观，并相信未来也会有一个统一的观念，所以当我们使用"非西方"这一术语时，不必将西方的符号系统强加于人。我们与其强调这两者间的区别以达到同化两者的目的，倒不如别再将世界绝大部分地区称为与"西方"对立的"他者"。萨义德认为，如果不再有欧洲中心论，那么人文主义将更有希望取而代之，并且他本人呼吁，后殖民主义的下一步，就是要建立世界性的人文主义。[37]历史学家沃勒斯坦曾写道：真正的客观是一种"重新结合的、非欧洲中心化的、知识结构……同时对人类的可能性有种更普遍的认识。"[38] 在建筑领域中，那些强调跨文化关系中的历史，并且支持在"西方"与"非西方"相互诠释的建筑师，都是这一理论的拥护者。[39]

当回到建筑学准则的问题时，西贝尔·博兹多甘通过对霍米·巴巴、纳尔班托鲁提到的多样性的区别提出了质疑：

> 如果说差异性是后殖民主义理论中撬动西方准则并指出其中错误的关键利器，那么下一步就只能废弃这一准则，或者尝试用更好的方法重组它。假设我们希望尝试用更好的方法重组这一准则，那么我认为同时强调差异性和多样性很有必要，即同时强调跨文化中的共同点和不同点。如果我们不希望文化差异被归纳为本质主义，并且永远陷入文化身份的争论，那么同时持有这两种看似矛盾的观点是我们唯一的出路……事实上，如果一件艺术品或建筑是由在西方准则之外的群体创造的，那它们很难受到不加批判的和西方自发的认可……只有当这些作品的价值达到西方标准，可以被衡量的时候，它们才真正开始改变这一准则。[40]

比起重视互相交织的历史，博兹多甘认为，只有当一个非西方建筑师"达到西方的技术标准和深度"，他才会受人尊敬，进而才能挑战准则的界限。这一主张之所以能支持后殖民主义理论，是基于一个前提——一个"非西方"建筑师确实能达到西方的标准（当然总在变化），因为他也是赞同这个标准的。人文主义的后殖民主义批判的一个主要前提是：无论是否存在一个世界公认的准则，它都不一定是以欧洲为中心的。换言之，基于这种假设，一种非欧洲中心论的普遍性，是有可能达到理论一致性的。然而，这个前提很有可能不堪一击。标准到底是什么？是谁、在什么时候、什么情况下定义了且仍在持续定义这些标准？它们难道不取决于已被广泛接受的职业等级吗？我们认可同一种喜好（尽管并不承认，但喜好却是能不能接受这些准则使其成为经典的重要准则）吗？博兹多甘也承认，这些问题仍等待一个更有说服力的理论去解决。[41]

　　无论如何，后殖民主义理论的人文主义轨迹，极有可能对正在经历全球化变革的世界产生一种实际的冲击力。因为全球化仍旧对建筑形态产生影响，我们必须观察当时在中国、海湾地区或苏联展开的大量跨国实践是否真的会带来改变。一个最有说服力的例子是雷姆·库哈斯，他一开始认同东方主义的理念，随后转变为更真诚地处理与"非西方"语境相关的问题，至少也承认了以调研为基础的建筑实践的必要性。也许在全球化的世界中，一种可行的选择是：在不忽略后殖民主义质疑的情况下，从底层开始改进"普遍性"概念，并构建新的非欧洲中心论的人文主义（因此，这是与上述两条后殖民主义理论不同的第三种理论）。无论如何，当一种人文主义复兴时，只有当它与后殖民主义理论达成充分协定的时候，才能舍弃先前关于普遍性的特定观点。

注 释

1　本讲是对我的文章《在全球时代下的重要实践：与"他者"地理相关的问题》更新提炼后的版本，请参见 Esra Akcan, "Critical Practice in the Global Era: Question Concerning 'Other' Geographies, " *Architectural Theory Review* 7, no. 1 (2002): 37–58。

2　以"重新思考准则"为主要议题的文章（发表于两个专业协会）为例。Art Bulletin, published by the College Art Association (CAA), reserved its June 1996 issue (vol. 78, no. 2), and The Journal of Architectural Education published by Association of Collegiate Schools of Architecture (ACSA) its May 1999 issue (vol. 52, no.4).

3　Immanuel Wallerstein, "Eurocentrism and its Avatars: The Dilemmas of Social Science, " *New Left Review* 226 (November/December 1997): 93-109.

4　同上 , 96-97。

5　同上 , 100。

6　同上。

7　Edward Said, *Orientalism* (New York, Vintage, 1978, 1994).

8　Zachary Lockman, *Contending Visions of the Middle East: The History and Politics of Orientalism*, 2nd ed. (Cambridge: Cambridge University Press, 2010).

9　Sir Banister Fletcher, *A History of Architecture: On the Comparative Method* (New York: Charles Scribner' s Sons, 1901, 1943).

10　*Said Orientalism*, 206, 208.

11　Mark Crinson, *Empire Building: Orientalism & Victorian Architecture* (London, New York: Routledge, 1996).

12　克林森引用拉斯金的话 , *Empire Building*, 60.

13　Brian Brace Taylor, "Rethinking Colonial Architecture, " *Mimar* 13 (1984): 16-25; Nezar Alsayyad (ed.), *Forms of Dominance: On the Architecture and Urbanism of the Colonial Enterprise* (Aldershot, Avebury, 1992).

14　Janet Abu-Lughod, *Rabat: Urban Apartheid in Morocco* (Princeton, Princeton University Press, 1980); Paul Rabinow, *French Modern* (Cambridge, MIT Press, 1980); Thomas R. Metcalf, *An Imperial*

Vision: Indian Architecture and Britain's Raj (Berkeley: University of California Press, 1989); David Prochaska, *Making Algeria French* (Paris, Editions de la Maison des Sciences de l'Homme and Cambridge University Press, 1990); Gwendolyn Wright, *The Politics of Design in French Colonial Urbanism* (Chicago, London, The University of Chicago Press, 1991); Zeynep Çelik, *Urban Forms and Colonial Confrontations* (Berkeley, University of California Press, 1997); Jean-Louis Cohen, Monique Eleb, *Casablanca: Colonial Myths and Architectural Ventures* (NY: Monacelli Press, 2002); Mark Crinson, *Modern Architecture and the End of Empire* (Burlington: Ashgate, 2003); Brian McLaren, *Architecture and Tourism in Colonial Libya* (Seattle: University of Washington Press, 2006); Mia Fuller, *Moderns Abroad: Architecture, Cities and Italian Imperialism* (NY: Routledge, 2007).

15 Wright, *The Politics of Design in French Colonial Urbanism*, 139.

16 Zeynep Çelik, "Le Corbusier, Orientalism, Colonialism, " *Assemblage* 17 (April 1992): 59-77; Michele Lamprakos, "Le Corbusier and Algiers: The Plan Obus as Colonial Urbanism, " in Nezar Alsayyad (ed.), *Forms of Dominance*, 183-210.

17 Lamprakos, "Le Corbusier and Algiers, " 183-210.

18 更多请参见 Çelik, "Le Corbusier, Orientalism, Colonialism, " 59–77.

19 如要了解东方主义的绘画，请参见 : Mary Roberts, *Intimate Outsiders: The Harem in Ottoman and Orientalist Art and Travel Literature* (Durham: Duke University Press, 2007). For Orientalist photography, see: Ali Behdad and Luke Gartlan (eds), *Photography's Orientalism: New Essays on Colonial Representation* (Los Angeles: Getty Publications, 2013).

20 *L'invention d'un architecte: Le voyage en Orient de Le Corbusier* (Paris: Fondation Le Corbusier, 2013).

21 Le Corbusier, *Journey to the East*, trans. Ivan Zaknic (Cambridge: MIT Press, 1987).

22 Esra Akcan, "L'héritage des photographies panoramiques d'Istanbul, " (Le Corbusier and the Legacy of Istanbul's Photographic Panoramas), in *L'invention d'un architecte: Le voyage en Orient de Le Corbusier*,

240-55.

23 Gayatri C. Spivak, "Can the Subaltern Speak?" in C. Nelson and L. Grossberg (eds), *Marxism and the Interpretation of Culture* (Urbana, Chicago: University of Illinois Press, 1988), 271-313.

24 Spivak, "Can the Subaltern Speak?" 280.

25 同上 , 294。

26 同上 , 292。

27 Homi K. Bhabha, "The Commitment to Theory, " in *The Location of Culture* (London, New York: Routledge, 1994), 34.

28 同上 , 34。

29 Gülsüm Nalbantoğlu, "Toward Postcolonial Openings: Rereading Sir Banister Fletcher's History of Architecture, " *Assemblage* 35 (April 1998): 13.

30 同上 , 13。

31 同上 , 15。

32 John Biln, "(De)forming Self and Other: Toward an Ethics of Distance, " in G.B. Nalbantoğlu and C.T. Wong (eds), *Postcolonial Space(s)* (New York: Princeton Architectural Press, 1997), 30-32.

33 Vikramaditya Prakash, "Identity Production in Postcolonial Indian Architecture: Re-Covering What We Never Had, " in G.B. Nalbantoğlu andd C.T. Wong (eds), Postcolonial Space(s), 51-52.

34 Nalbantoğlu, "Toward Postcolonial Openings, " 15.

35 G.B. Nalbantoğlu and C.T. Wong (eds), *Postcolonial Space(s)* (New York: Princeton Architectural Press, 1997), 9.

36 "Gülsüm Baydar Nalbantoğlu, " Text in "e-Forum. 'Other' Geographies Under Globalization, " ed. Esra Akcan, *Domus m* 9 (Feb-March 2001).

37 Edward Said, "The Relevance of Humanism to Contemporary America," Lecture at Columbia University, New York, February 16-18, 2000; Edward Said, *Humanism and Democratic Criticism* (NY: Columbia University Press, 2004).

38 Wallerstein, "Eurocentrism and its Avatars, " 106.

39 关于新的 "非西方" 建筑历史的学术研究正在日益增多。近期除了有关于单个国家 (包括土耳其、日本、中国、印度、伊朗、巴西和印度尼西亚) 现代建筑的研究以外，那些将不同地区放在一起研究的著作尤其值得参考。参见 Sandy Isenstadt and Kishwar Rizvi (eds), *Modern Architecture and the Middle East* (Seattle: University of Washington Press, 2008); Jilly Traganou and Miodrag Mitrasinovic (eds), *Travel Space and Architecture* (Burlington: Ashgate, 2009); Duanfang Lu (ed.), *Third World Modernism: Architecture, Development and Identity* (London and New York: Routledge, 2010); J.F. Lejeune and Michelangelo Sabatino (eds), *Modern Architecture and the Mediterranean* (New York: Routledge, 2010); Mark M. Jarzombek, Vikramaditya Prakash and Francis D.K. Ching, *A Global History of Architecture*, 2nd edn (New Jersey: John Wiley and Sons, 2011).

40 Sibel Bozdoğan, "Architectural History in Professional Education: Reflections on Postcolonial Challenges to the Modern Survey, " *JAE* 52, no. 4 (May 1999): 207-15. Quotation: 209, 212.

41 同上 , 212。

PART
II

Architectural
Developments
around the World

全球当代建筑发展

第 7 讲　北美建筑：全球建筑革命的前沿

布伦丹 · 莫兰

　　自 1960 年以来，北美建筑正处在（至少也是踏入了）建筑环境发生全球性大规模转变的前沿阵地。在这些转变中，最主要的挑战来自前所未有的人口增长，以及如何开发以服务这些人口为目标的土地面积的两难局面。与此同时，建筑设计迫使我们了解到与这些变化伴生的社会文化的动荡，同时也明白了一点：技术革新与现实经济是促使这些变化发生的原因。尽管建筑师在建造、维护和管理建筑环境方面的能力主要体现在他们的专业素养上，但有越来越多的人将建筑视为衡量地区活力和文化多元性的准则。建筑师和城市规划师在 20 世纪 60 年代逐渐获得认可；到 80 年代后现代主义的全盛时期，他们以打造公司业务专业性和时尚精英为旗号参与建筑设计；随后出现了越来越多标新立异的、概念性、跨学科的实践模式（这些大多数都是通过先进的数字技术来实现的），建筑学在保留了大多数原来就涉及的领域的基础上，渐渐涵盖了更广泛、更新颖的专业知识。然而，尽管和 20 世纪最初的几十年相比，这一学科已适应了宣传、品牌和创业精神等因素，但是，它在反馈、加强甚至影响社会进步方面的能力，却在过去 50 年丧失殆尽。

　　20 世纪末，批判在本讲中所涉及的建筑项目，主要依靠

7.1 贝聿铭，美国国家大气研究中心，美国圆石市，1967

的是景观学的三要素。第一，自"二战"结束起，北美地区就开始了一种蔓延、分散的网络式的土地开发模式，涵盖了大量的城市中心以及周边地区，而在这些城市中心之间则往往有着各种郊区开发项目。第二，此时跨国公司在规模，数量和重要性上都有所提升，从而改变了一些建筑的服务需求，包括工厂，大部分工人居住的中低层住宅区，以及供他们消费的零售区域。第三，随着电子和计算机技术的不断发展，媒体的数字化统一体和信息系统已经渗透、影响乃至构成了物理环境。以上三点就是建筑设计探索方向转变的依据。一系列重要的北美项目足以证明这一观点，包括：位于科罗拉多州圆石市的晚期现代风格的美国国家大气研究中心（贝聿铭，1967，图7.1）；位于加拿大安大略省密西沙加市的后现代派的密西沙加市政厅（琼斯与柯克兰，1987，图 7.2）；
位于纽约州纽约市的配有电子互动屏技术的白厅渡轮码头设
计方案（文丘里、斯科特·布朗及合伙人联合事务所，1993，
图 7.3），这个码头最终是由弗雷德里克·施瓦茨建筑事务所
设计建成的（2008，图 7.4）。贝聿铭设计的美国国家大气研
究中心是一座优雅、简约而具有雕刻感的研究院建筑，它与
周围粗犷的天然景色形成鲜明的对比。尽管如此，就像北美
大陆上的许多其他建筑一样，这栋建筑正在受到越来越多的
抨击。密西沙加市政厅为一项多伦多市外郊区拓展项目而建，
它坐落于一座"边缘城市"的景观中。这一景观是由公寓塔
楼、办公区公园以及郊区的死胡同组成的，对于漫步其中的
人来说有种极不友好的体验。这个项目是一种混沌的对历史
主义形式的生搬硬套，它的形式意义以及功能组织，都完全
依赖于连他们自己都不看重的多元文化构成。白厅渡轮码头
连接了下曼哈顿和斯坦顿岛上的纽约自治市，在建造的 15 年
间，它致力于体现这座繁忙港口应有的形象。这个项目曾提
议建造一堵最终并未建成的、朝向大海和匆匆旅客的 LED 幕
墙，这面幕墙可以循环播放一系列号称"实时"的动态影像
（其实是提前录制的）。白厅渡轮码头项目标志着先进的电子
技术在建筑中的延伸功能，这些技术可作为向公共建筑注入
重要文化影响的有力手段。以上这些项目相隔了整整 20 年，
它们也是将这一时间段划分三个主要时期——1978 年之前、
70 年代末到 90 年代中期、90 年代中期至今——的依据。本
讲将用史实论述过去的半个世纪中的这三个时期。

7.2 琼斯与柯克兰，密西沙加市政厅，加拿大密西沙加市，1987

7.3 文丘里、斯科特·布朗及合伙人联合事务所，白厅渡轮码头设计方案，
美国纽约，1993

7.4　弗雷德里克·施瓦茨建筑事务所，白厅渡轮码头，美国纽约，2008

延续和巨变（1960—1977）

　　和 20 世纪 50 年代的繁荣相比，建筑师不约而同地将 60 年代称为"叛逆而紧缩的时代"。对深受欧洲影响的、视觉化的、具有社会责任感的现代主义建筑热情的消退，是造成这一现象的原因之一。尽管本土意识已经挑战过这一强大的现代主义风潮，但是这种国际主义风格还是在这一时期大行其道。然而，大量的社会运动充斥于这一动荡年代，一开始是民权运动和反战游行，随后是环境保护和妇女运动。因为这些社会运动符合许多现代乌托邦式建筑的理想，所以建筑师提出了新术语以探索这些理想，其中绝大多数都在关注身份政治，以及通过思考社会和空间来达到多元文化的融合。

　　20 世纪 70 年代后期，由于战后的经济繁荣，提供全面服务的大建筑公司，已经牢牢确立了业界地位。这种高效的大公司模式，在北美的建筑实践中逐渐取代了单打独斗的个人从业者。[1] 可以说，在这些大公司中最有价值的公司之一是1936 年成立于芝加哥的 SOM 事务所。这家公司在强调高效地完成设计任务的同时，还产出具有探索风格和高度可操作性的设计。由 SOM 设计的约翰·汉考克中心大楼（伊利诺伊州芝加哥，SOM/ 布鲁斯·格雷厄姆，1967）通过实验性的结构设计将办公面积最大化。同时，这座大楼也是这家公司设计过的无数摩天楼中最早获得"最高"称号的建筑。建筑的结构骨架由 "X" 形的管状系统所组成，这一概念由公司的合伙人法兹勒·拉赫曼·汗（当时最优秀的工程师之一）设计，在与 SOM 合作近 30 年的生涯中，这栋大楼是他设计的许多具有创新性和里程碑意义的塔楼之一。

在这一时期，另一种建筑实践也得到了发展，即以设计师命名的小型事务所。这些设计师事务所认为，建筑始终是艺术的一种表现形式，设计师将它作为个人审美情趣的主要表现方式。这类公司中的设计师代表是受过哈佛大学设计训练的贝聿铭。他在 20 世纪 30 年代中期为了在艺术氛围中学习建筑设计而去宾夕法尼亚大学求学，但后来转学至麻省理工学院，并且通过该校所教授的"更注重技术的方式"来从事建筑设计。[2] 在获得哈佛大学的硕士学位之后，他开始承接纽约地产开发商威廉·杰肯多夫的设计委托。60 年代初，在做了近十年建筑设计之后，贝聿铭已经在业界确立了良好声誉。他设计的作品既有朴素的几何构图，又有很高的施工质量，同时还尝试了几乎所有的历史风格，包括现代主义风格。类似于前面提到的美国国家大气研究中心，他设计的美国国家美术馆东馆（华盛顿特区，1978）具有棱角分明的形式、带有张力的表面与极简主义式的细节，这些都清晰传出他

7.5　亚瑟·埃里克森，人类学博物馆，加拿大温哥华，1976

独特的风格。70 年代早期，贝聿铭和其他建筑师所设计的这种带有极强雕塑感的作品，成为一种新的设计典范，涵盖了粗野主义、表现主义和直线条式设计风潮。东岸建筑师中带有类似倾向的作品，还有位于密歇根州明尼亚波利斯市的沃克艺术中心（爱德华·拉腊比·巴恩斯，1971）以及位于纽约州纽约市的滨湖公寓（刘易斯·戴维斯与塞缪尔·布罗迪，1974）。同时，中西部地区的建筑师也有这一风格的作品，包括位于密歇根州明尼亚波利斯市的西雪松广场，现在也叫河边广场（拉尔夫·拉普森，1973）。在加拿大西部的温哥华，由亚瑟·艾里克森设计的人类学博物馆，也是这一风潮中尤其具有戏剧性和影响力的作品之一（图 7.5）。

　　这一时期，建筑学校的设计课程也同样在经历变化。在 20 世纪中叶流行的"工作量教学"这一模式也在逐渐被检验和修正。到60年代，出现了一群同时经营小型设计事务所的学术人物。受"二战"后婴儿潮的影响，他们的学生人数激增。和老一辈建筑师相比，这些人绝大多数不仅年轻，而且勇于探索新方向，在加强职业锻炼和专业素养间的联系上显得更加主动。[3] 在1965年，40岁的查尔斯·莫尔离开加利福尼亚湾区，来到耶鲁大学担任建筑学院院长；同时，他在康涅狄格州中部开设了建筑事务所，并将业务迅速拓展至整个北美大陆。他追随的是澳大利亚建筑师约翰·安德鲁斯的脚步（1962年，安德鲁斯年仅29岁就被聘为多伦多大学建筑系主任）。而生于意大利的建筑师罗马尔多·朱尔戈拉也追随莫尔的脚步，1966年，46岁的罗马尔多·朱尔戈拉成为哥伦比亚大学建筑学院院长，同时在费城拓展建筑设计事业。他设计了位于印第安纳州的哥伦布东部高中（哥伦布，1972），这所高中有一套开放的教室系统，反映出近代教育的发展，在当时是一件极富创意的作品。这座学校建筑由架空柱和立于其上方的光滑金属面的条形空间构成。下半部分的开放空间可作为非正式的聚会的场所。这一设计也体现出建筑师对于教育设施的传统空间组织方式的再思考。

　　这个项目是受康明斯发动机公司联合创始人约瑟夫·欧文·米勒委托的众多项目之一。其他大公司通常不会在像哥伦布这样的小镇进行投资建设，但哥伦布东部高中成为康明斯投资计划的一部分。这里的郊区城镇化进程受到了新兴细分市场和商业发展的刺激，但是它完全忽略了市政设施的建设，要么任由其零星地发展，要么干脆视而不见。所以米勒在印第安纳州所做的工作是很特别的，也是史无前例、成绩突出的。以一系列为欧文联合信托银行而设计的建筑作为高调的开端［其中一座是由埃罗·萨里宁设计的，紧接着是米勒委托设计建造的北基督教堂（1965）］，这座城市的公共设施在米勒的指导下获得了长足发展。这些项目包括：第一浸信会教堂（哈利·韦斯，1965）、第四消防局（罗伯特·文丘里，1967）以及克莱奥·罗杰斯纪念图书馆（贝聿铭，1969）。20 世纪 70 年代，这些新建项目中又加入了《共和报》办公室与印刷厂大楼（SOM/ 迈龙·戈德史密斯，1971）、由朱尔格拉设计的高中以及包括克利夫蒂·克里克小学（理查德·迈耶，1982）在内的其他后续项目。由于设计新思潮的不断涌现，最初被欧文联合信托银行看重的 20 世纪中叶现代主义，由此得到了扩充和增强。

　　参与哥伦布城市建设的两位建筑师 —— 迈耶和文丘里 —— 因为引领了新的建筑形式方向而在 20 世纪 70 年代成为举足轻重的人物。他们在那时声名鹊起，也都在经营受人瞩目的新兴设计事务所。和迈耶不同，文丘里与他的妻子兼合伙人斯科特·布朗（建筑师兼城市规划师）已经教了近 20 年书。迈耶设计的史密斯住宅（康涅狄格州达里恩，1966）外形是一个朴素的长方体，外立面用低调的雪松瓦覆盖，室内是空白的白色墙面。与这所住宅一样，迈耶用严整的几何形体再现了 20 世纪 30 年代由勒·柯布西耶等人设计的欧洲建筑。与迈耶不同，文丘里运用其审慎的思考和打破成规的理论视角（这在他 1966 年所写的《建筑的复杂性与矛盾性》一书中已有清晰体现），对许多现代主义设计中单调的极简风格进行了抨击，尤其是针对菲利普·约翰逊在美国的一些设计。文丘里所设计的布兰特住宅（康涅狄格州格林尼治，1972）包含了两种风格：一方面，绿色砖墙覆盖的外立面和人字形的就餐空间，展现了文丘里尝试设计出能媲美以严谨著称的迈耶作品的雄心；另一方面，他在其中注入了波普艺术和风格主义元素，而不仅仅是纯粹的极简主义。两种彼此对立的审美态度，凸显了迈耶和文丘里之间的区别，这些区别在各种学术出版物中都有提及。而紧随其后的争论，则更多来自他们的同僚，而不是两位设计师本人。迈耶与其合伙人彼得·艾森曼、迈克尔·格雷夫斯、查尔斯·格瓦斯迈以及约翰·海杜克一起被称为"白派"，而与之对立的小团体则是以罗伯特·斯特恩为领袖的"灰派"。[4] 当前者正在尝试不同程度的新现代主义的同时，后者则对各种出现过但已被遗忘的历史风格进行探索，包括美国本土主义风格、19世纪80年代的理查森罗马风格和其他地区更久远的风格。

但是经历了20世纪60年代的骚乱、抗议和苦难之后，各种被认定为影响公共空间的力量得到建筑师越来越多的关注。当"白派"和"灰派"之间展开辩论的同时，还有另一场关于美国城市重要的论战，这是由一些"灰派"人物主动挑起的笔战。1965年，摩尔在由耶鲁大学学生创办的建筑杂志《透视》上发表了一篇名为《我们必须为公共生活付钱》的重要文章。此文对美国最早的游乐园——位于加利福尼亚州阿纳海姆市的迪士尼乐园（"迪士尼幻想曲"工程，1955）——进行了矛盾的批判和富有远见的赏识。[5] 摩尔认为，迪士尼公司市场部用崭新的、广受欢迎的体验，取代了老城市中日益衰败的城市公共空间。于是，随着中产阶级纷纷搬迁至郊区，人们更深地体会到了这种去密集化的后果。随后，摩尔前瞻性地提出一个复杂的问题："建筑师要为谁的利益服务？"——他们自己的利益？客户的利益？抑或被主管部门管辖和这些客户要求的大众的利益？

文丘里、斯科特·布朗夫妇在之后几年里发表了一系列精彩的文章，他们以设计师的视角，通过深入研究美国城市边缘地带和郊区景观之间的交互性，扩展了由摩尔发起的讨论。1968年，文丘里夫妇带领一群建筑生在洛杉矶和拉斯维加斯进行"实地调研"，记录并研究了他们在这两座城市中发现的相对整洁的城市周边景观。他们凭直觉意识到，这些环境具有两个重要的共同点：一是传统东海岸郊区到城市的连续空间，二是这里正在发生且可被察觉的变化。他们的调研显示，随着新技术（电视和其他更普遍的电子媒体）和新社会关系的出现，城市中央广场已经无法满足人们的需要，尤其是对与外界隔离、能自我选择且有凝聚力的那些消费群体而言。通过一系列研究，他们战略性地表达出一种反对贝聿铭、保罗·鲁道夫等具有雕刻感作品（也包括不同的"白派"甚至一些"灰派"人物的风格）的设计态度。摩尔和文丘里夫妇从此开辟了一种新的设计方向，使学术的建筑文化开始走向碎片化。

当由私人出资建造的公共空间——现代环境中的"购物中心"——横空出世的时候，这些敏锐的尝试，终于在全国范围内的设计实践中得到了反映，并且，其反响远远超出了最初的作品。这一过程中伴随着后来的建筑实践尝试，产生了一种新的风格和领域，为建筑创作带来了创新、多变甚至繁荣。1965年，流亡于美国的奥地利建筑师维克多·格伦花了十多年来设计并建造了郊区的购物中心。购物中心的各种商店最早被安置在有顶篷遮盖的室外空间，之后被放置在全覆盖、可调节气温的室内围护结构之中。在福特基金会从密歇根搬到曼哈顿15年后，该基金会的关注点从个别城市转移至全美国甚至全世界范围，凯文·罗奇和约翰·丁克路为它设计了一栋新的总部大楼——福特基金会总部大楼（1968）。这项设计明显借鉴了格伦设计的原型——无数办公室围绕着一座10层高、植被繁茂的花园中庭，这标志着他们设计的优势是将公共空间私有化。不久后，高档、功能多样的休斯敦购物中心（HOK/小圃尧，1970）在得克萨斯州开业，它对那些在北美城市中处于文化和商业领先地位的传统城市中心构成了严重威胁。它最初是由当地的地产开发商杰拉德·汉斯提出的。这座商业综合体的拱形中庭让人联想到米兰埃马努埃莱二世长廊街，以及约瑟夫·帕克斯顿设计的水晶宫。同类项目还有随后也很快完工的加拿大多伦多伊顿购物中心（埃伯哈德·泽德勒/B+H，1977）。这座购物中心附带有多栋投资性办公塔楼，这些实体建筑随后也以"购物中心"来命名。

除了这种城市边缘的巨型商业购物中心外，这一时期的另外两种新的开发模式同样方兴未艾——第一种是企业办公园区，第二种是再利用废弃的建筑物，将其转变为合适的商业综合体。位于印第安纳州印第安纳波利斯市的美国人寿保险公司新总部（罗奇与丁克路，1971）体现了第一种模式；而位于马萨诸塞州波士顿的法尼尔厅市场（本雅明·汤普森与合伙人，1976）则是第二种模式的典型。法尼尔厅市场是为了纪念美国建国200周年，由一座19世纪的废弃集会大厅以及相邻的市场建筑物改造成的零售综合商业体。同一时期，为了效仿福特基金会总部大楼所带来的"城中城"的影响力，许多综合开发的项目也在进行；来自亚特兰大的建筑师兼开发商约翰·波特曼是这一项目领域中无可争议的大师，他擅

7.6　约翰·波特曼，文艺复兴中心，美国底特律，1977

长设计富有戏剧性且华丽的室内空间，这样一来，其与建筑外部的城市环境关系的平衡这一难题就迎刃而解了。亚特兰大凯悦饭店（1967）坐落于范围更大的桃树中心内部，并且由玻璃空中廊桥与同样由波特曼设计的办公塔楼相连。这座酒店建筑有着多样的开放空间、双轴对称的结构以及挑空种植槽里茂密的植物，这些都是此类项目特点的具体体现。很快，位于密歇根州底特律市的文艺复兴中心（1977）也落成了（图 7.6 和 7.7）。在大楼落成的时候，正值第二次石油危机（1979）的初期，也是美国汽车制造业产量受到国外竞争者的冲击而下降的开始。

7.7 约翰·波特曼，文艺复兴中心，美国底特律，1977

振兴的预兆与城市复兴（1978—1995）

　　1976年，有越来越多的文化批评人士认为大多数的主流现代建筑将审美和社会价值强加于建筑环境，而不是成为与现代化进程步调一致的谨慎的民众运动。[7]同时，大部分的企业、教育机构以及本土项目对于建筑风格都公然地表示不屑，这一现象被乔治·贝尔德称为一种"建筑实践与教育的道德沦丧"[8]。为了回应这一现象，有两种尝试来提升建筑的权威性：一是通过探索更加直接且有效的建筑风格（历史后现代主义）；二是在学术领域着手展开新的建筑学科教材的研究（见本书第2讲）。同样重要的是，早在80年代早期的"里根革命"就已经预示着美国主流政治意识形态的转变：一种新的自由主义取代了原有的自由主义。同时，由于国家对建筑的资助日渐减少，为了迎合某些私人趣味，这些建筑的发展影响了几乎所有领域，却唯独抛弃了社会责任。

　　有三个设计作品值得一提——1978年以后兴建的两栋办公楼和一个住宅区开发项目，它们涵盖了将会对之后15年的建筑学领域产生深远影响的绝大多数议题。在纽约，菲利普·约翰逊展示了由他设计的AT&T大楼，这座建筑的叛逆之处在于它顽皮地引用了齐宾代尔式橱柜顶的设计元素，而这与约翰逊之前的国际主义风格的极简主义理念是背道而驰的。事实上，这一设计挑战了跨国公司的标准配备——精致的现代主义玻璃和巨大的钢架结构。在美国西岸南加州的圣莫尼卡，来自加拿大的弗兰克·盖里在郊区为自己翻建了一所住宅，它是用铁丝网包裹着暴露在外的轻捷木构架。这一项目引入了一种对建筑表皮进行粗犷处理的方式。设计师用这种方式去重构了这座典型住宅的内部空间，使之成为赤裸的、光线充足的不规则空间，带有一种棱角分明的、不调和的审美情趣。在一本正经地设计富有创造性但略显低调的当代主义（不是现代主义）风格的过程中，盖里的住宅设计实践就像约翰逊设计的总部大楼一样，为后现代设计的百家争鸣扫清了障碍。当这些建筑实践在美国东西岸如火如荼时，伊丽莎白·普莱特-伊贝克和安德雷斯·杜安尼夫妇共同主持设计了一处位于佛罗里达狭长地带的、名为"海边小镇"的高档的历史主义风格住宅项目。这只是墨西哥湾边上的一个小小的度假区（其中绝大多数是别墅），但这种"新都市主义"的飞地，开启了新的城市规划理念，这一理念通过怀念传统小镇中和谐亲密的、社区式的生活方式而受到广泛欢迎（图 7.8 和 7.9）。

　　《拼贴城市》《癫狂的纽约》两本书是在同年出版的，它们在追求建筑形式的时代，提出了城市动态理论的重要性。这两本书指出了约翰逊和盖里两人截然不同的理念是不可能凭空出现的。这两位建筑师（科林·罗和雷姆·库哈斯）的理念都已超越了最初由北美高校任教的欧洲学者们开创的城市规划理论；同时他们还共同指出了欧洲早期现代主义建筑发展和之后在向西进行项目实践过程中错综复杂又相互矛盾的地方。[9] 罗的《拼贴城市》揭示了一种理解城市构造的新策略，即城市构造是一系列元素经过慎重或冲突的安排后拼贴的结果，这一策略与二十世纪五六十年代提倡整合的城市构造策略本质上是不同的。库哈斯的《癫狂的纽约》则指出了另一个方向，他重新考量了建筑实践中常见的不切实际的豪言壮语以及前卫者们地位带来的影响。这本书重点关注

7.8 弗兰克·盖里，盖里住宅，美国圣莫尼卡，1978

7.9 伊丽莎白·普莱特-伊贝克、安德雷斯·杜安尼夫妇，海边小镇，美国佛罗里达州沿岸，1981

两次世界大战中纽约的建筑师曾提倡的一种未被实现的城市"拥挤文化",书中认为,这解决了主流现代主义建筑中的一些弱点,尤其是对"虚无之美"近乎病态的痴迷。罗的观点被认为是后现代主义历史研究中较为中肯的,但库哈斯的"追溯式的宣言"则暗示了一种充满活力的新现代主义可以有选择地再审视那些曾经名不见经传的项目,也可以在被忽视、未被实现的理念中生根发芽。

这些书中的城市振兴观点,吸引了建筑师的到来,但市中心住宅区在经济低谷的时候缺少资金这一现象早在20世纪30年代就出现了,市中心住宅区成为那些由于贫困而无力安家的人们的流放地,而这些人往往是弱势的少数族裔。罗认为,大多数的北美建筑师选择回避这些变化所带来的深刻影响。相较于深层次的思考,他们受文丘里的影响更多,越来越关注建筑形式所带来的传达设计思想的潜能。[10] 这样的关注最终导致了一种"倒退",建筑设计采用了那些曾出现过的形式语汇——不用钢筋玻璃幕墙,而是在厚重的石头或混凝土外墙上分散地布置窗;采用古典的柱廊形式(有时造型近乎夸张),再设置几排抽象的立柱;采用三角楣或庑殿顶,而不是采用平屋顶来为后现代历史主义风格增加新的形式语汇。这一潮流最先出现在一些较小的设计公司,例如,约翰逊、斯特恩和格雷夫斯的事务所(此时终于开业了)。随后,一些更大的公司也紧跟潮流,尤其是在企业总部的设计中越来越多地采用这一"倒退"的语汇。KPF建筑事务所是这一设计形式最主要的实践者,它设计了位于俄亥俄州辛辛那提市的宝洁公司全球总部大楼(1986)。这栋大楼采用了薄薄的石灰石装饰板外墙,这是随处可见的玻璃幕墙的更朴素、恰当的替代品。我们还可在 KPF 为自己设计的总部大楼中看到相同的设计语汇（威克大街 333 号，1983）。

在新一代富有冒险精神的客户和标新立异的建筑师带领下，紧随盖里住宅项目而来的是私人住宅设计领域，它也成为建筑实验和表现的全新竞技场。[11] 伴随二十世纪 80 年代经济快速增长的是高收入人群赋税的降低，同时提倡以涓滴式慈善来支持原先公共利益中的文化产业来作为补偿。就像镀金时代的强盗大亨一般，豪华私人住宅项目再一次成为报酬丰厚的设计委托项目。与此同时，项目制的社会公共住宅，在北美差不多走向了停滞（在加拿大，虽然社会公共住宅建设的总量在减少，但不是特别严重）。[12] 本土建筑设计纷纷在这一过程中采用了新思路，探索富有争议的设计策略，以及沉迷于奢华（还有各种关于奢华的想象）而不可自拔。前者的先驱是由卡斯特里画廊举办的"住宅出售"展览（纽约，1980）。有许多建筑师（包括艾森曼和摩尔）在这次展览中展示了以取悦大众为目的的非委托的设计项目，他们在此过程中将后现代主义建筑视为一种独立的艺术产品，可以像绘画或雕塑作品那样被消费。后者的代表是格瓦德梅·希格尔设计的、位于纽约东汉普顿市的斯皮尔伯格住宅（1988）。这位设计师拆解了一座新泽西州的 18 世纪乡村谷仓，将其移植到 310 千米外的海边——长岛的尖端，并使这个建筑最终成为这位好莱坞大导演的华丽豪宅。

由于对本土条件和文化的关注，再加上在过去几十年里多元主义的萌芽及发展，20 世纪 80 年代整个北美的本土建筑并没有形成任何统一的形式，于是，建筑师得以进行一些史无前例的探索。气候宜人的地区（南至美国南部和西南部，北至温哥华西岸）是实验的主要战场，它的建筑中奇特的雕塑形态模糊了室内外空间的界限；在温度更宜人的地区（东北部和中西部）则鼓励将设计融入当地建筑传统。在太平洋沿岸西北部，位于加拿大英属哥伦比亚省维多利亚市的皮椅住宅和阿普尔顿住宅（the Pyrchand Appleton Residences），分别是由帕特考建筑事务所在 1984 年和 1986 年设计的。这两栋住宅掩映在粗犷的、杉林连绵的景色中，整体设计坦率而不失优雅，外墙则采用了深色石灰抹面和其他粗凿过的材料。在南部沿岸，由 ARQ 建筑设计事务所设计的位于佛罗里达迈阿密海滩上的斯比住宅（1978），并未沿用附近南方海滩地区流行的装饰艺术形式，而是采用了现代主义建筑中的至上主义风格，将人们带回了 20 世纪 20 年代。正如前文所说，虽然公共住宅并没有被彻底抛弃，但是为低收入人群修建的项目已经少之又少。由布拉德菲尔德事务所设计的一项提高分散式公共住宅容积率的项目（南卡罗来纳州查尔斯顿市，1986）改造了查尔斯顿市当地的一种一间宽、长方形格局的独立住宅样式，更改后的方案，使得这些住宅可以成为塔楼或院落式住宅区。

另一种新的建筑设计风格被称为"高技派"或"结构表现主义"，出现在 20 世纪 80 年代初（见本书第 3 讲）。随着富有创新性的巴黎蓬皮杜艺术中心竣工，基于结构和象征目的的先进技术的运用在世界范围内日渐受到关注。这一风格最初是由欧洲设计师提出的，是一种现代主义风格的拓展，不同于 SOM（以及其他北美"后现代主义"风格的设计公司，例如，萨里宁的追随者罗奇与丁克鲁的联合事务所）的设计风格。这种不同，不仅体现在空间技巧上，也体现在对于颜色的变化使用上。早期案例有罗杰斯设计的 PA 科学技术中心（新泽西州普林斯顿市，1982），他的老合伙人伦佐·皮亚诺也在不久后设计了梅尼尔收藏品博物馆（得克萨斯州休斯敦），一排排的扇形百叶窗，将光线轻柔地引入下方宽敞的走廊（图 7.10 和 7.11）。这些思考在一项稍后的设计项目中获得了延伸——由圣地亚哥·卡拉特拉瓦设计的瓦艾伦兰伯特广场（加拿大安大略省多伦多市，1922）。在这个项目中，卡拉特拉瓦设计了优雅的、令人惊叹的竖向桁架结构，围出了一条通往地下商业大厅的步道。

80 年代末，许多对后现代主义建筑的无效沟通的批判，开始让这一风格备受质疑，就像 20 多年前现代主义曾遭遇过的那样。密西沙加市政厅、海边小镇、美国电话电报公司大楼这类项目，精准展现了后现代主义城市规划和建筑设计渴望传达的形象。尽管加拿大政府办公大楼的设计初衷是通过塔楼、鼓形平面、山墙横楣的设计让人联想到北部的农场建筑，但由于其尺度过于巨大且被周遭平庸的商业建筑所围绕，这一项目最终形成了一种随意、造作、封闭的设计语言。海边小镇所采用的传统轻捷木构架虽然适用于各种当地小尺度的商业建筑，但在较大尺度的城市项目上并不可行。除此之外，由于这座小镇的场地特色是由受到新都市主义者热爱的、基于形态的建筑规范（不是基于分区，而是基于风格特征，对于项目建成时的外观有着严格限制）而形成的，因而非常适用于城市边缘区的建设，而不适用于罗在《拼贴城市》一书中所关注的城市的开发。更值得一提的是，越来越多的人意识到约翰逊所设计的塔楼，并不像他们曾以为的那样与钢筋玻璃建筑有很大不同。与其说这是设计师用"如画

7.10 伦佐·皮亚诺建筑工作室，梅尼尔收藏品博物馆，美国休斯敦，
1988

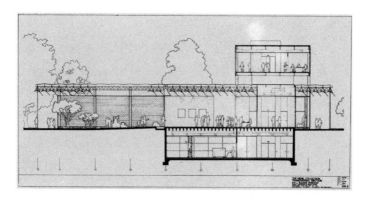

7.11 伦佐·皮亚诺建筑工作室，梅尼尔收藏品博物馆剖面图，美国休斯敦，
    1988

的（picturesque）"奇思妙想来取代现代主义建筑中的条条框
框，倒不如说他开了"明星建筑师"的先河——在不断膨胀
的媒体和公众领域中，一位设计师通过带有标志性的视觉符
号，成就了他们的客户和自己。[13] 最关键的是，尽管海边小镇
的设计借了怀旧之名，但美国电话电报公司大楼却重开了装
饰艺术的风气，而使现代主义建筑中令人头痛的一脉——反
偶像例外论——重获关注。

迈向数字化的千禧年（1996—2002）

随着20世纪90年代的到来，早期的经济繁荣走向衰退，
建筑学科与行业再次进入重新调整的时代。尽管许多建筑的
设计仍然遵循两条准则——怀旧复古和反偶像先锋派，但后
现代主义设计的"第二次浪潮"在90年代中期还是出现了，

并引发了多种新千年的设计风格。

　　在 20 世纪行将结束时，在一批于 1988 年在纽约现代艺术博物馆（MoMA）召开的解构主义建筑展览（参见本书第 4讲）中一举成名的建筑师的推动下，越来越多经验丰富的新现代主义者开始崭露头角。他们的设计作品深受环境议题的影响，并且在年轻一代建筑师注入了生机活力后得到强化。这些年轻建筑师中的许多人都接受过他们的教导，并引领了因即将到来的新千年的不确定性而产生的新兴数字文化。

　　在推广这种新的建筑风格的同时，1988 年举办的这场展览，也在学术领域开启了一种新的思潮，用新的建筑理论来论证设计实验，但这一思潮产生的影响只持续了 10 年。这一时期对建筑设计准则的思考主要表现在三个方面：作为理解当代霸权主义社会文化设计实践及其局限性的主要领域；作为新派且通常是非正统的各种大众传媒载体；汇总借"本土项目"之名所进行的、与过去截然不同且随性的建设实践。长久以来"本土项目"的定位，就是满足人类对驯服自然、地球、人民、空间本身乃至思想的渴望。[14] 尽管这三个方面在推进实现（或者说可以被实现的）设计项目方面的作用很小，但是它的理论框架却渐渐与设计理论指导结合，并且在近十年被一批初出茅庐的青年理论家和教育家推崇备至，但是他们的态度是投机的，且常常与原先教学传统相矛盾而经常模棱两可。其中值得一提的早期案例包括丹尼尔·里伯斯金在1983 年设计的一座实验性的议事厅，这个项目突破了在专业实践中建筑画稿和具象规则的局限。随后，由伊丽莎白·迪勒和里卡多·斯科菲迪奥设计的"慢屋"项目（纽约州诺斯黑文，1991）对这一新的设计风潮产生了积极作用（尽管很遗憾这一项目最终没有建成）。该项目将一系列不同尺度的度假屋沿着弧形步道排列（这条步道连接了主入口和眺望大海的一座大型落地窗），同时，通过运用电子技术监测外部情况，随时进行自我调节。

在伊利诺理工学院的校园中，由 OMA 事务所的雷姆·库哈斯主持设计的麦考密克学生活动中心，将这样的思考延拓展至教育建筑。可贵的是，这座建筑在某种程度上与密斯·凡·德·罗设计的著名战后综合体遥相辉映。由于学生在穿越这片空地时，已经将草皮踩出了几条光秃秃的步道，建筑师便直接利用这些步道作为交通流线系统。另外，这座建筑还戏仿了在迈耶早期设计的公共建筑中所运用的建筑语言。这体现在一点上：虽然建筑外形看上去完全秉承了迈耶的这种风格，但库哈斯也将其恶作剧般的形态设计偏好故意展示在设计当中。

然而，除了这些关注建筑设计以及各种不同设计实践的思考以外，一种由于"里根革命"带来的影响也正在起着作用——城市中产阶级化。在过去半个多世纪中经历过极度资金匮乏的城市住宅区中，越多来越多社区获得了更新的机会，因而产生了这一现象。城市中产阶级化，主要针对那些被认为有能力吸引高收入居民和游客居住的地区，它们通过在区域范围内获得更多经济增长来平衡社区更新的支出，并允许地产开发商参与其中，从而获得可观的资金回报。位于俄亥俄州阿克伦市的美国发明家名人堂（詹姆斯·斯图尔特·波尔谢克，1955）就是一个案例。为了给一度繁荣的市中心注入生机，这座建筑的选址毗邻阿克伦市中心的会议中心。位于华盛顿州的西雅图艺术博物馆（外斯、曼菲迪建筑师事务所，2008）在西雅图市时髦的贝尔镇居住区的边缘建设了奥林匹克雕塑公园，从博物馆主展馆向西北方走13个街区就能到达这一公园。[15] 作为这一现象的一部分，文化设施建设于20世纪90年代开始得到了史无前例的发展，但由于受到新型投资方式的影响，通过开设大量的咖啡馆、住宅区以及对名噪一时的展览单独收费等手段，这些文化设施中被注入了越来越多的商业元素。一栋位于宾夕法尼亚州匹兹堡市的高耸仓库建筑，经过改造变成安迪·沃霍尔博物馆（理查德·格鲁克曼，1995）。其中的走廊，流通和服务空间都有一种极简主义的审美趣味，形成了一系列堆叠而疏阔的画廊空间。

渐渐地，有越来越多的外国建筑师（他们中的大多数人的名字都家喻户晓）在北美设计了新的文化设施或现有设施的加建部分。纽约现代艺术博物馆（新馆）是这一潮流中颇为引人注目的案例。1997年，10位入选这一项目的建筑师中有一多半是外国人。由日本建筑师谷口吉生主持设计的这一项目在2004年完工，他的方案秉持着态度鲜明的新现代主义设计风格，击败了分别由3位瑞士建筑师（包括伯纳德·屈米、赫尔佐格与德梅隆事务所）的两项方案脱颖而出。而后者终于在北美获得了类似的建造机会，完成了笛洋美术馆（加利福尼亚州旧金山市，2005）的设计建造。在中西部，妹岛和世与西泽立卫（SANAA建筑事务所）共同设计了托莱多艺术博物馆的玻璃展馆（俄亥俄州托莱多市，2007）。与此同时，弗兰克·盖里为故乡多伦多设计了安大略美术馆扩建项目（2008），在这一项目中，建筑师用其标志性的曲线形式包裹住原有的画廊空间，并将它引入一处精妙的、充满活力的新空间。然而，在这些项目中最吸引人的要数理查德·迈耶设计的雄伟的吉·保罗·盖提艺术中心（加利福尼亚州洛杉矶市，1997）。这组建筑物的建造耗时 15 年，坐落在布伦特伍德的一座山坡上，可以俯瞰整个洛杉矶。整组建筑的外立面使用了石灰墙石和金属板材料，另外，每一栋建筑都是彼此独立的。

影响城市、制度和家庭规模的"数字革命"在 20 世纪 90 年代开始冲击建筑领域。这时，英特尔公司的主席兼执行总裁安迪·葛洛夫被《时代》杂志评选为 1997 年度风云人物（早在 1982 年，个人计算机就已当选了"年度风云机器"）。这一事件表明，这些令人爱不释手的机器所具备的处理能力，已经让它们在工作和教育领域具有无可比拟的重要性。在建筑学校里，"无纸化工作室"的数量激增。这一现象所营造出的虚幻教学环境，使得建筑设计被贬低为仅仅是无休止的试验形式的过程。和早期纯理论思辨一样，这些无纸化设计在设计实体建筑中的创新价值，是微乎其微的。然而，当软件可以处理施工细节之后，计算机几乎已经成为北美所有设计公司的必需设备，人们用它来处理沟通、管理、绘制草图和设计等工作。

新千年来临，曾风靡一时的手持设备，开始让位于无处不在的计算机。几乎所有的制造品中都包含有数字元件，包括名为"智能建筑"的技术，它使得建筑中也出现了这样的元件。尽管在 20 世纪 90 年代之前计算机在建筑上的运用主要是在辅助制图上（除了像在麻省理工学院和加利福尼亚大学洛杉矶分校的研究实验室以外），但随着三维渲染尤其是涉及计算机辅助设计（CAD）及辅助制造（CAM）等软件的不断进步，计算机在设计和制造方面的潜能有了巨大提升。由

7.12　渐近线建筑事务所 / 哈尼·拉希德、利斯·安妮设计工坊，纽约证券
　　　交易所虚拟交易大厅，美国纽约，1999

渐近线建筑事务所设计的纽约股票交易所虚拟交易大厅，正
是这一技术富有创意和远见的应用（纽约市，渐近线建筑事
务所，2001）。在这一项目中，物理环境和一块计算机交互屏
糅合成了交易员每天工作所需要的虚拟环境。当配有 LED 屏
幕的真实曲面物理空间循环播放市场信息的同时，这块计算
机交互屏也展示出一个类似的"空间"。在这个空间里，无数
的市场信息以类似的形式被详细查阅（图 7.12）。

　　20 世纪 90 年代末，被称为"盒式"与"流线"的两种设
计风格呈现紧张对立的局势。同时，计算机辅助下的建筑形
式实验，更加强化了人们一直以来对立方体、新现代主义形
式的偏好，而使得这样的形式成为"当代"建筑的楷模和具
有前瞻性的探索。[16] 由赫尔佐格与德梅隆建筑事务所设计的多
纳米斯葡萄酒厂（加利福尼亚州纳帕谷，图 7.13）证明了盒

7.13　赫尔佐格与德梅隆建筑事务所，多纳米斯葡萄酒厂，美国纳帕谷，1999

式建筑依然富有活力。设计师在不锈钢石笼里反常理地将较大、较重的石头放在上半部分，将下方简单优雅的立方体形式展现出来。位于纽约市皇后区的一座 20 世纪 30 年代艺术装饰风格的工厂，经过改造成为韩国长老教会（加罗法洛、林恩与麦金塔夫建筑事务所，1998）。由计算机生成的折叠面板为建筑内部提供了漫反射的照明，同时将曼哈顿街景引入建筑的圣堂。它是被称为"流线型建筑"的早期建筑实例。另外，设计界在这一时期出现了一种新的对"参数化"的理解，它与流线型建筑、BIM 软件一起使得综合的数字化模型可以涵盖一栋建筑全方面和系统的信息。[17]

　　当纽约世贸中心在 2001 年 9 月 11 日经历了灾难性的毁灭之后的 10 年里，人们展现出了对公共建筑的强烈兴趣。这一现象的起因无疑是这一事件所带来的关于重建的情感诉求和热情。因为在那场悲剧中，代表现实和情感寄托的建筑遭受了重创。为了修复下曼哈顿地区破碎的城市构造，一系列受人瞩目的设计竞标便显得十分必要。2003年，丹尼尔·里伯斯金所做的总体规划，在7个入选方案中脱颖而出，而在那场灾难10年后，"9·11"国家纪念博物馆也初步竣工（纪念馆由迈克尔·阿拉德和彼得·沃克共同完成，2011；博物馆由斯诺赫塔建筑事务所和艾迪石建筑与规划设计公司共同完成，2014）。在十多年不安的岁月里，北美人民逐渐赶上了世界的潮流，其中，大量广为人知的设计项目以一种乐观精神来直面冲突和抗争。

如果说建筑项目走上了一个新的认知高度，那么广受欢迎且成功的公共空间建造则稍显落后，但还是有一些值得肯定的个案。2014年初，当位于纽约世贸中心原址的"归零地"项目尚未完工的时候，为非营利组织剧院发展基金所设计的新TKTS售票厅（崔·罗皮哈、珀金斯伊士曼建筑设计公司，2008）就已在刚刚经历步行化改造的时代广场落成。为了营造出全年无休、夜如白昼的漫步体验，时代广场采用了大量的动态电子广告屏进行装饰。售票厅与由红色灯光照明的楼梯相结合，形成了一种保守的、有棱角的形态。同时，当新的TKTS售票厅取代了有40年历史的脚手架之后，一种开放空间得以在不断扩张的城市构造中拓展到近10个街区外，并成为户外舞台和音乐厅。在得克萨斯州休斯敦市的莱斯大学校园内，布洛斯坦馆（托马斯·菲佛建筑事务所/詹姆斯·伯内特，2010）延续了这种高技派风格，这是一个用玻璃围起来并且事先无预设功能的公共空间。在校园内一座利用率很低的不规则庭院里，带有白色钢筋和铝架屋顶的布洛斯坦馆，

7.14　托马斯·菲佛建筑事务所 / 詹姆斯·伯内特，莱斯大学的布洛斯坦馆，
　　　美国休斯敦，2010

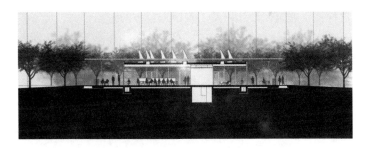

7.15　托马斯·菲佛建筑事务所 / 詹姆斯·伯内特，莱斯大学的布洛斯坦馆，
　　　美国休斯敦，2010

为一座室内咖啡厅提供了荫蔽的平台（图 7.14 和 7.15）。

2008 年秋，由次贷危机引起的北美房地产泡沫破灭，引发全球金融海啸。这是自 1965 年以来北美第三严重的经济事件，大量的北美建筑师在这场危机中失业。建筑行业能否在此后通过强势的复苏来容纳不断增多的毕业生，这一点还有待观察，但人口的增长以及持续的土地开发，都预示着对建筑设计全套服务的需求的日益攀升，包括新的可预料的挑战。尽管建筑建造依旧是建筑业最核心的内容，但是诸如参与公司、产品定位（尤其通过空间营造来打造品牌形象的项目）、大型活动建筑设计（为新品发布会等场合建造设计的临时场所）等不同的内容，使得建筑设计以不同的方式融入了当代生活。随着计算机技术的成熟，有关建筑的想象出现了无限的可能，并为将来的设计创新提供了专业支持。建筑领域的这些发展，也许正预示着一种独特、崭新的实践方式，以及建筑学科的新领域的出现。

尽管有像 SOM 这样大型的建筑设计事务所（它目前在全球有 13 个办事处），以及像晋思建筑设计事务所（Gensler）这样提供建筑、设计以及工程建造服务的跨国公司，但许多建筑从业者依然放弃提供全方位建筑设计的服务。由于建造实验的数字化以及在设计成果提交中越来越重视软件应用，这些从业者开始转向绘制建筑设计过程模型这一全新的实践领域。[18] 在土地被疯狂开发和计算机无处不在的当下，公共空间却在持续减少。这一现象表明：寻找新的重塑人与人之间互动、交流的方式仍是很有必要的，而建筑师则有义务去思考并找到这些方式。近期的一些作品，如华盛顿州的西雅图公共图书馆（OMA/雷姆·库哈斯，2005）就体现了建筑师对这一课题的思考。这座图书馆具有看似专断的制式形态，直白却又充满关怀地将大量不同的公共设施容纳其中。图书馆内安排了阅读、检索、DVD 和书籍借阅、上网、小型商铺等

7.16　OMA/ 雷姆·库哈斯，西雅图公共图书馆，美国西雅图，2005

功能，人们甚至还可以通过观察别人来打发时间（多少有些老派）。这个项目说明，建筑在当代生活中仍扮演着重要角色（图 7.16）。

　　近年来，许多建筑学院对建筑拥有了一种名为"景观城市学"的全新跨学科理念。这种理念将建筑与大尺度的、有创新精神的户外公共空间相结合，暗示着建筑与那些平行学科间联系的增强为这一学科带来了新的生命力。另外，以往的经验告诉我们，行业在经济不景气的时候对那些亟待解决的问题总会给予特别关注；而许多处于创业阶段的公司，在经历了最初的投机之后，往往不能达成最终目的。由于当务之急是如何在不破坏地球生态的同时改善人居环境，因此环境议题无疑是这次探索中最重要的内容，同时也带来了许多新的挑战。然而，就像过去50年的经历所体现的：关于建筑在社会上所起到的重要作用，公众的理解或许仍停留在传统的建筑创新和实践层面。

注　释

1　1972年，有90%的美国建筑师服务于不到20人的小型事务所，而美国将近25%的建筑设计项目是由占事务所总数不到2%的大型公司承接的。Robert Gutman, *Architectural Practice: A Critical View* (Princeton: Princeton Architectural Press, 1986), 5.

2　比贝聿铭年长7岁的埃罗·沙里宁是众多小型事务所主任中可与前者齐名的杰出建筑师。1961年，正处在事业黄金期的沙里宁因脑瘤突然离世。沙里宁的事务所在他英年早逝之前承接了大量的项目，而这些项目在之后50年里，陆续由他以前的合伙人凯文·罗奇、西萨·佩里、约翰·丁克路主持完成。尽管这些项目表明了沙里宁对20世纪80年代的建筑有着直接的影响，但在本文所讨论的历史阶段中，沙里宁事务所并没有在他的主持下产生新的设计。

3　在20世纪70年代，在加强这种联系上最为积极的学校包括哈佛大学的设计研究生院、耶鲁大学的建筑学院、宾夕法尼亚大学艺术研究生院以及加州大学伯克利分校环境设计学院等。

4　这一小组的组织和与之对应的"白派"相比要宽松得多，前者的成员包括久尔格拉、摩尔以及时常处在外围的文丘里等。斯坦恩是这一小组中值得一提的重要人物。虽然在耶鲁大学期间受教于约翰逊，斯坦恩却远比文丘里在捍卫"灰派"立场的辩论中要直言不讳得多。

5　Charles W. Moore, "You Have Got to Pay for the Public Life," *Perspecta* 9/10 (1965): 57-87.

6　关于这方面最值得参考的文章有："A Significance for A&P Parking Lots, or Learning from Las Vegas," *Architectural Forum* 128(March 1968): 37-43; "Mass Communications on the People Freeway, or Piranesi is Too Easy," *Perspecta* 12 (1969): 49-56; "Co-op City: Learning to Like it," *Progressive Architecture* 51/2 (Feb. 1971): 64-73; "Ugly and Ordinary

Architecture, or the Decorated Shed," Parts 1&2, *Architectural Forum* (November 1971): 64-7 & (December 1971): 48-53.

7　在 1968 年之前，文丘里的《建筑的复杂性和矛盾性》和简·雅各布斯的《美国大城市的死与生》(1961) 两本书被视为最主要的英文建筑著作，它们分别挑战了那些虽未被写明却奠定了现代建筑与现代城市规划的理论基础。在此之后，陆续出现的重要理论著作包括：奥斯卡·纽曼的《防御空间理论》(1972)，罗伯特·索姆的《紧密空间：冷漠的建筑及如何使之人性化》(1974)，布伦特·C. 布洛林的《现代建筑的失败》(1976) 等。查尔斯·詹克斯是一位美国评论家，他在 20 世纪 70 年代中期移居英国。他在经营一间家庭手工作坊的同时，写下了许多关于现代主义消亡的文章，包括：《现代主义建筑运动》(1973)、《后现代建筑语言》(1977)、《晚期现代建筑及其他》(1980)。

8　George Baird, "1968 and its Aftermath: The Loss of Moral Confidence in Architectural Practice and Education," *Reections on Architectural Practice in the Nineties*, William Saunders, ed. (New York: Princeton Architectural Press, 1996), 64-70.

9　这两本书简要概括了当代建筑师面临的困境，因而很快就成为建筑师和城市设计师的必读经典。Colin Rowe, with Fred Koetter, *Collage City* (Cambridge: MIT Press, 1978); Rem Koolhaas, *Delirious New York* (Oxford: Oxford University Press, 1978).

10　在这方面另一部有影响力的著作是阿尔多·罗西的《城市建筑》。尽管这本以意大利文出版的书和文丘里的《建筑的复杂性和矛盾性》在同一年面市，但是它的英文版在 15 年后才翻译完成。

11　虽然大量具有标志性意义的住宅已经在之前 30 年建成，但北美建筑市场中的研究机构和大型公司是除了公共建筑、集合住宅之外最欢迎现代主义建筑的领域，因而，随着被政府放弃的普鲁伊特–伊戈公寓项目 (圣路易斯，1956) 在 1972 年被拆除，"后现代主义的布道者" 詹克斯认为现代主义建筑在这一年寿终正寝。详见詹克斯《后现代建筑语言》一书。

12　除了以项目为基础的公共住房以外 (从中产生了复合住宅综合体)，美国前总统理查德·尼克松在 1974 年推动了一种新的开发模式：住宅援助计划。这项计划是以租房补贴 (通过领取租屋券) 的形式进行的，并且延续至今。详见 Hackworth, *The Neoliberal City: Governance, Ideology, and Development in American Urbanism* (Ithaca: Cornell

University Press, 2006).

13 尽管在2000年以前，谷歌的书籍词频统计对"明星建筑师"一词的引用不超过20次，但是它已经被弗兰克·盖里、迈克尔·格雷夫斯和其他建筑师引用过了。

14 这一现象的出现深受关于知识生产和管理的新一轮研究的影响，并且这一轮新研究在大学内得到进一步发展。人们开始关心建筑领域是否仅限于建筑的建造以及不能被实现的设计，而这一点与涉及范围宽广得多的整个社会组织是背道而驰的。20世纪70年代晚期的大学学潮以及随之而来的关于种族、阶级、性别的讨论，主要是在学术刊物而并不是在主流专业杂志上展开的。这些学术期刊包括《对立》(1973—1984)、《组合》(1985—2001) 和《纽约建筑》(1993—2000)。

15 在美国，这些通过大量社会补贴来实现的项目，在促进经济增长方面（就增加就业岗位和商业机会而言）往往是失败的，但是促进经济增长却是项目倡导者原本的目标。

16 1999年，在现代艺术博物馆举办的一场名为"非私密性公寓"的展览中，使用了"盒子"和"流线"等术语来形容展会中的多件作品，详见 Nina Rappaport, "Box and Blob: The Un-Private House," *MoMA* 2:7 (Sept., 1999): 2-5, 也可见 Anthony Vidler, "Diagrams of Diagrams," *Representations* 72 (Autumn, 2000): 1-20.

17 正如安托万·皮肯所说：试图操控复杂参数的想法，其本质上是违反构造原理的。由于不需要将建筑结构（或者表皮）做一个整体的思考，那些使用计算机软件来进行开发的结构系统，往往在设计上缺少空间趣味。详见 Antoine Picon, *Digital Culture in Architecture: An Introduction for the Design Professions* (Boston: Birkhauser, 2010), 136-38.

18 小型设计公司通过新型技术体系可以不断提升其员工效率，并且通过计算机辅助设计和制造以及其他相关电脑技术来掌控设计流程。关于这方面的论述详见：Elite Kedan, Jon Dreyfous and Craig Mutter, eds., *Emerging Modes of Architectural Practice* (New York: Princeton Architectural Press, 2010).

第 8 讲　拉美建筑：难以定义与兼收并蓄

泽鲁·R.M. 德·A. 利马

难以捉摸的"拉美"概念

当第一届布宜诺斯艾利斯建筑双年展于 1985 年开幕时，一群来自世界各地的建筑师发起了旨在促进墨西哥和美国边境以南地区建筑实践探讨的学术会议，并将其发展成一系列定期举办的研讨会。而在此之前，这些建筑师之间大多是非正式、偶尔的接触。1925—1950 年，受益于现代主义解放运动、国家建筑的建造，以及政治和文化上的声望，拉丁美洲的建筑师在国际舞台上大放异彩。但这一时代早已远去，那些美国和欧洲的建筑评论家、主要文化机构也不再关注这一区域。与"二战"前后的时代不同，他们再也没有在书、杂志和展览中支持这一地区的建筑实践并加以分析。1960—1980 年，拉丁美洲的建筑建造及实验仍然是缓慢且自我封闭的，但在此之后，关于建筑实践的活动和探讨却日渐频繁。建筑设计的工作环境，已经与早期现代主义建筑师所熟悉的情况大相径庭了。在经济、社会和政治上面临的窘境，要求人们再次审视早期的建筑实践，并创造新的设计。在这个时刻，拉丁美洲的建筑师需要集思广益，找到不再故步自封、不再隐匿于公众视野之外的途径。

　　从20世纪80年代中期起，围绕拉丁美洲建筑的研讨会、出版物、竞赛、展览的大量涌现，被视为建筑业应对全新挑战的重要尝试。建筑师要应对的议题包括现代文化遗产、公民权益和气候变化。他们尝试在国际建筑学语境下重新定义拉丁美洲。然而，这项基于地理框架的工作必须先解决一个复杂和充满矛盾的问题——如何展现这片大陆所共享的文化特质，同时又能在这片覆盖整个南美、中美、部分北美及加勒比地区的广袤大地上体现现实的多重性，以及历史、物理、人口和文化方面的深刻差异。作为外来者，来自世界各地的建筑师，史上第一次在这片充满矛盾的土地上携手合作。

　　用"拉丁美洲"来定义这一区域的谱系，表明了一种多变、复杂、富有争议的结构。这一法语中的术语最早正是在19世纪中期为服务殖民主义利益而出现的。在法国自由主义思想的影响下，大西洋两岸的作家和政治家相信，在新大陆引入天主教和拉丁美洲的概念，可以抑制新教和盎格鲁-撒克逊裔美国人的思想在这片土地上传播的势头。在法国人的干预失败后，地缘政治的划分，将"拉丁美洲"一词作为区分美国及其以南地区的术语。整个20世纪，这一模糊不清的概念一再被区别对待和使用——人们在谈到复杂的区域冲突时，总会提到拉丁美洲；而在描述个体民族身份的认同时，却又对它绝口不提。尽管一些当代学者提出了"伊比利亚美洲"的称呼，但是"拉丁美洲"一词，在关于次大陆的争论上仍是主流用语。不同的人出于其自身目的而选择接受、借鉴或抵制这一术语，这些人中也包括建筑从业者和评论家。

　　在这一背景下，尝试寻找存在于（或源于）拉丁美洲，且共享、统一的建筑语言，比定义这一区域的地理和政治更加艰难。这也是本讲之所以没有论述"拉丁美洲人的建筑"，而是介绍在拉丁美洲所开展的不同建筑实践的重要原因。虽然将拉丁美洲视为独立区域有助于使得地区近期绝大多数的项目被认可，但由于这片大陆在多样性、文化生产规模以及多变的当代地缘政治方面存在诸多冲突，因此需要谨慎对待。

为了行文简洁，本讲会引进各种案例以涵盖这种充满异构性的建筑实践和地域。同时，这些案例，既不能完全代表典型建筑的样貌或原型，也不能代表设计师们自觉的共同的文化身份。本讲中提到的案例，均建造于 20 世纪 60 年代及以后，它们可被视为美国以南地区和国家的建筑实践作品的临时合集；它们也阐明了不同建筑师对各种议题的回应，这些议题包括：深受近代错综复杂的历史影响的现实社会，社会高速发展和城市化，以及不均的资源分配。

学者们大致上认同这片广袤土地上的建筑形式是多样的，不该牺牲这种多样性去成就单一的地区表现形式，或者成为基于欧洲、美国的规范的衍生物。[1]他们建议将建筑视为一种回应特定条件和现实情况的、带有分歧的存在。[2]同时，这种做法也将建筑视为复杂的历史和国际文化脉络中的一种文化交流主体。它既提供了模糊的说明体系，解释了当今世界的不确定性，又避免了在不断变化的、更广泛的全球背景中为拉丁美洲不同国家和城市中心进行僵化的分级。

现代主义的传承

在 1959 年古巴革命胜利、1960 年巴西利亚落成后的一段时间里，希望与危机这两种彼此矛盾的因素，深刻影响着拉丁美洲关于现代建筑的实践和探讨。这两个事件标志着这一地区进入了长达20年的政治、经济和社会的不稳定时期，从进步的民族国家组织，转变为由冷战时期的超级大国支持的政权。尽管困难重重，但在拉丁美洲成长起来的第二代现代主义建筑师，仍旧在20世纪50年代创造了植根于功能主义国际范本的作品，这些作品占有举足轻重的地位。[3] 这些建筑师在蓬勃发展的城市里工作，这些地区的经济在高速发展的同时，也聚集了主要的建筑设计院校和著名文化研究机构。这些建筑师虽然不能走出国门，但仍能吸收消化来自世界各地的设计理念。同时，他们也探索了如何运用本地传统的建造材料，使用外露的钢筋混凝土结构，并在高速城市化进程中思考空间营造问题。一方面，他们改进了拉丁美洲前辈建筑师的一些经典的技术或理论；另一方面，他们也面临着建筑学领域中日益减少甚至消失的关于现代社会问题的探讨。由于政治、经济方面的原因，他们的职业生涯会不时地被打断或耽搁。尽管这些建筑师在很长的一段时间里都没有在国际上或地区内获得关注，但当地人不会忘记他们。

　　20世纪60—80年代，墨西哥的建筑发展在尺度、材料运用、建筑形式多个不同领域都备受瞩目。[4] 路易斯·巴拉干设计了富有私密性、诗意且杂糅的作品。生于西班牙的菲利克斯·坎德拉设计了大跨度薄壳结构的教堂、百加得酒厂（1960）、奥林匹克体操馆（1968）以及钢筋混凝土结构的纪念性建筑，如医院、公共运动设施。佩德罗·拉米雷斯·巴斯克斯和他的同事设计了富有纪念性和仪式感的国家人类学博物馆（图8.1）。巴拉干的非理性主义作品包括墨西哥城里的

8.1　佩德罗·拉米雷斯·巴斯克斯，国家人类学博物馆，墨西哥墨西哥城，
　　　1963—1965

一座回廊式住宅——圣克里斯托巴尔的马术俱乐部（1968），
以及展现有机主义思想的佩吉格尔居住区总体规划（20 世
纪 40—60 年代）。佩吉格尔居住区的样板房设计，还为马克
斯·塞托和恩里克·亚内斯等建筑师的建筑实验提供了机会。
同拉丁美洲其他国家一样，墨西哥因其保持着现代与传统的
延续性而闻名。在墨西哥城中绿树成荫的查普特佩克森林公
园内，矗立着由巴斯克斯设计的国家人类学博物馆。这座建
筑采用了简洁的长方形布局，入口铺设了装饰釉面砖，富有
仪式感地将游客引入一处广阔的中庭。它的设计借鉴了乌斯
马尔玛雅古城中的女祭司庭院。它的中庭安排了一座规模宏
大的倒影池，以及一片由单柱支撑的巨大长方形顶篷，这根
单柱由一圈有水花飞溅的人工瀑布穿越而出的环形天窗围绕，

以欢迎游客的到来。

　　和加勒比海沿岸其他地区一样，直到 20 世纪 50 年代末，古巴及其首都哈瓦那才在受雇于美国旅游业的一批国际建筑师的努力下，开始建造奢华的高层建筑。这改变了该地区原有的水平向景观风貌。但是，在 1959 年后，这片岛屿的建筑文化发生了戏剧性的转变。在菲德尔·卡斯特罗执政的前几年中，古巴的建筑师相信，建筑要以满足大众需求为目标，这样才能克服落后的现状。以费尔南多·萨利纳斯为首的建筑师，通过组织公共建筑项目以及推广其他古巴建筑师的作品来实现这一目标。他们致力于改善社会基础设施并使百姓的住房能适应当地环境和气候。这一时期的建筑包括：安东尼奥·昆塔纳与何塞菲娜·雷贝利昂所设计的一些实验性的预制公寓，以及在一处原本为乡村俱乐部的地皮上建造的哈瓦那高等艺术学院（图 8.2）。这是一组结合现代与传统技艺的有机建筑，既有封闭感，也具有开放的空间。

　　这所艺术学院反映了古巴革命胜利后乌托邦式的乐观主义精神，古巴新一代的艺术家、设计师、表演艺术家都是从这所学校走出来的。但是，在政府强行制订了教育体系的准则后，这所学校就不再那么受欢迎了。[5] 在哈瓦那高等艺术学院中，里卡多·波罗设计的现代舞学院和艺术学院，罗伯托·戈塔尔迪设计的戏剧学院，以及维托里奥·加拉蒂设计的音乐学院和芭蕾舞学院，都创意地使用了加泰罗尼亚拱形砖和赤陶土组成的结构。[6] 尽管这些建筑为了能在不同场地上适用于不同功能而建得造型各异，但这所艺术学院中的每栋建筑，都在努力营造和谐一致的公共空间。尽管每栋建筑是相互独立的，但整座艺术学院都保持共同的建筑理念——通

8.2　里卡多·波罗、维托里奥·加拉蒂、罗伯托·戈塔尔迪，哈瓦那高等
艺术学院，古巴哈瓦那，1960—1965

过建筑回廊创造间隙和内向型空间，从而营造出街道、广场以及小尺度的开放空间。

　　这一时期，安第斯山脉周围其他的国家也都建造了优秀的建筑，其中一些国家尤其重视城市构造、材料的使用以及社会问题。以哥伦比亚的波哥大为例，建筑师赫尔曼·桑佩尔·尼科和同事一起为这座城市设计了大型、洗练的钢筋混凝土建筑，例如，路易斯·阿朗戈图书馆音乐厅（1962）、哥伦比亚国家航空公司总部（1968）和黄金博物馆（1968）。另外，他们还设计了一些结合本地传统的经济型住宅。同时，曾在勒·柯布西耶工作室工作的建筑师罗赫利奥·萨尔莫纳，用砖石结构诠释了现代主义，建造了住宅、公共建筑、低收入人群公寓以及高级公寓住区。他的这些建筑都精心地与首都及其他哥伦比亚城市的复杂地形相融。由萨尔莫纳设计的

8.3　埃米利奥·杜哈特及合伙人，联合国拉丁美洲和加勒比经济委员会大
　　楼，智利圣地亚哥，1966

精致砖石结构以及与场地有机结合的作品中，以圣克里斯托
瓦尔住宅项目（1962）和卡佩尔塔楼综合体项目（1968—
1971）最为典型，这两项设计也建立了他早期信奉的理性主
义与本地特有建造技术之间的联系。

　　在智利，从住宅到公共建筑的清水混凝土结构的几个不
同建筑项目，都表明了这个国家的建筑景观主要是围绕着不
断扩张的首都圣地亚哥所展开的。这些项目包括：BVCH 合
伙人事务所共同设计的尺度各异、水平向的波塔利斯综合住
宅项目（1963）；由塞尔吉奥·拉腊因·加西亚·莫雷诺及
其合伙人设计的弗雷总统综合住宅项目和瓦尔帕莱索海军学
校（1960—1975）。埃米利奥·杜哈特是智利最杰出的建筑师
之一，位于马波乔河畔的联合国拉丁美洲和加勒比经济委员
会大楼（图 8.3）就是由他和合伙人共同设计的。这栋建筑始
终是建筑师当时深受勒·柯布西耶设计理念影响的杰出范例，
同时极好地展现了不断变化的国际政治和经济利益对拉丁美

8.4　埃拉迪沃·迪斯特，阿特兰蒂达教堂，乌拉圭蒙得维的亚，1958

洲的影响。这栋巨大的水平长方形建筑，借鉴了西班牙殖民主义风格住宅，平面布置围绕着一处中庭展开，它们之间通过坡道和楼梯相连接。

　　埃拉蒂奥·迪埃斯特在技术和建筑形态方面的试验非常成功。他的作品之所以能在乌拉圭国内脱颖而出，既得益于其在钢筋混凝土和配筋砖砌体技术方面严谨的知识构架与创新运用，又得益于他对细节的关注、对空间品质的独到见解。从乌拉圭沿海到巴西南部，他设计了诸如阿特兰蒂达教堂（图 8.4）和圣彼得教堂（1967—1971）此类宗教建筑，以及住宅、仓库、公共市场甚至坐落于几个城镇中的乡村建筑。迪埃斯特将建筑美学和机器工程逻辑相结合，并且通过几座仓库建筑的设计来展现。迪埃斯特所主持的这些项目体现出清晰的功能性、创新性以及对现象本质的专注。通过使用这些不同形态、结构以及空间品质的薄曲面，他完全掌握了如何合理、经济地运用主流建筑材料进行建筑创作。迪埃斯特认为，建筑应当是为人所用的工具。

除迪埃斯特以外，几位同样毕业于蒙得维的亚建筑学院的建筑师，继续用清水混凝土作为主要创作材料。其中胡里奥·维拉马约是最早使用这一材料的建筑师。在这些建筑师中，纳尔逊·巴亚尔多在蒙得维的亚设计的骨灰安置所（1961），再现了勒·柯布西耶对混凝土的使用和底层架空的建筑结构，以及类似埃米利奥·杜哈特设计的联合国拉丁美洲和加勒比经济委员会大楼所用的步廊，这一步廊能通往半公共中庭。这栋灰色建筑的坚实外墙与蒙得维的亚城北的苍翠景色相映成趣，同时，建筑内部却因有着朝向中庭花园水池的巨大开窗以及墙和天花板上的细小缝隙而被日光照亮。访客穿过建筑底部缓缓拾级而上，进入建筑上层，并沿着雕刻在混凝土墙面中的壁画而建造的步行坡道，持续获得建筑、艺术和景观设计三者紧密结合的步行体验。这种综合的设计方法在巴拉圭也能见到，贝特丽丝·蔡斯和卡洛斯·科隆比诺在建筑、艺术和文学领域都有所涉猎，同时他们还与詹纳罗·平度等艺术家和社区居民合作，为城市空间设计公共艺术作品。他们将在这一过程中获得的经验运用在建筑设计上——主要是将混凝土、砖块以及白色石灰材料进行抽象组合。其中，穆德住宅（1966—1968）这座与首都亚松森连绵起伏的景色融为一体的建筑作品，完美诠释了他们的设计理念。

在阿根廷，生于意大利的建筑师克洛林多·特斯塔及其同事，开启了粗野主义式的钢筋混凝土建筑设计试验。[7] 特斯塔早期最著名的作品是位于布宜诺斯艾利斯金融中心区的南美洲伦敦联合银行总部大楼（1959—1966）。它位于一处狭小街道的转角，其独特的多孔混凝土框架构成了空心砌块结构，并延续了原有的城市构造。1961 年，建造银行总部大楼的同时，特斯塔与弗朗西斯科·利布里奇、艾丽西亚·卡扎尼察合作设计了新的国家图书馆（图 8.5）。在克服了错综复杂的官僚主义和政治上的障碍后，这栋建筑终于在 1992 年竣工。接着，关于这栋建筑的赞美和争议也随之而来。就像雅典卫城矗立于卫城山丘上一样，它以一个含有全景阅览室和主要办公室的悬臂式建筑结构，营造了一座带有遮蔽的广场。广场不论是在空间还是在视觉上，都面向环绕四周的公园坡地展开，而坡地又朝着城市与河口的方向逐渐下降。许多细部设计和小型雕塑元素，对这栋有着明显对称性和纪念意义的建筑进行了补充，使得该建筑能适应不同尺度和功能的需求。

　　位于拉潘帕省中心的圣罗萨市政中心，是特斯塔团队设计的另一座大跨度混凝土结构的作品。建筑的第一阶段于 1963 年完工，此后还有加建。建筑师重新诠释了勒·柯布西耶设计的昌迪加尔秘书处大楼，并调整了设计策略，使之与已有的体量和周围环境相融合。在莱昂德罗阿莱姆市，马里奥·索托和劳尔·瑞瓦罗拉设计的师范学校（1961—1968）也采用了相似的设计策略。除了以上几种表现形式，克劳迪奥·卡韦里的建筑试验通过使用当地的建造材料，从不同的角度对理性主义进行批判。20 世纪 50 年代末，他在布宜诺斯艾利斯城外的莫雷诺建造了"大地社区"，这个住宅项目融合了乌托邦式社会主义和自由派教会思想。社区住宅和教堂帐篷式的混凝土屋顶，体现了卡韦里对于集体生活的关注；尊

8.5 克洛林多·特斯塔、弗朗西斯科·利布里奇、艾丽西亚·卡扎尼察，
阿根廷国家图书馆，阿根廷布宜诺斯艾利斯，1961—1992

重自然资源以及为了回应工业生产体系而聘用未受过严格训练的工人。

巴西和拉丁美洲其他地区一样，不同的城市和年代拥有截然不同的样貌。由于奥斯卡·尼迈耶主持了首都巴西利亚的建造，整个国家对他怀有无比的崇敬。相对于他的情况，其他建筑师则面临着十分严苛的职业环境。圣保罗成为新的建筑创意设计的中心，当地的专业教育与技术工程的结合较为紧密，而里约热内卢的建筑师则更侧重于学院派艺术的熏陶。由于受到同时期欧洲建筑设计的影响，粗野主义风格在圣保罗受到欢迎，尤其是富有魅力和政治影响力的建筑师若昂·维拉诺瓦·阿蒂加斯对此更是推崇。阿蒂加斯曾浅尝即止地用勒·柯布西耶早期的建筑语汇以及赖特的有机建筑风格进行设计。但是在 20 世纪 50 年代末 60 年代初，他与许多其他拉丁美洲建筑师一样，开始将混凝土作为正式的设计语言。另外，阿蒂加斯在担任圣保罗建筑与城市规划学院（图8.6）院长期间，主持了专业课程的改革。同时，他还为这所建筑与城市规划学院设计了大跨度多孔的混凝土教学楼，这与纳尔逊·巴亚尔多设计的骨灰安置所类似。教学楼用富有雕塑感的柱子支撑起巨大的混凝土结构，建筑内部设计有大量的人行坡道、公共空间和自然采光天窗。维拉诺瓦·阿蒂加斯还设计了许多公共设施，例如学校，还有一座公交车站；而建筑与城市规划学院大楼，则代表了他想将新兴技术与复合功能结合起来的雄心壮志。

在维拉诺瓦·阿蒂加斯的强力感召下，许多年轻建筑师将他的建筑语汇和理念应用于大城市周边不断增长的高收入阶层住宅项目中。一些追随者尽管深受阿蒂加斯的影响，但

8.6　若昂·维拉诺瓦·阿蒂加斯，圣保罗大学建筑与城市规划学院，巴西
　　　圣保罗，1961—1968

仍选择审视并重振现代乌托邦社会这条更具批判性的道路。
在这些晚辈中，罗德里戈·莱菲雷、塞尔吉奥·费罗、弗拉
维奥·因佩里奥三人认识到传统的建筑实践缺少对当下政治
思潮的回应，因而提出质疑，并志在寻找一些不同的建造方
法。这三个年轻人选择在施工现场直接制作拱形混凝土和薄
壳砖这类实验性质的项目。同时，他们格外重视技术及施工
条件。在大多数情况下，他们聘用没有经验的工人，采用简
单的建造材料和技术。由于社会住宅建设是诸如圣保罗这类
大城市的顽疾，他们渴望通过让人们参与建设社会住宅来改
变这类项目的建造问题。虽然他们抱有社会主义理想，也渴
望通过技术来建造公共建筑，但他们绝大多数的建筑实践却
仅仅局限于为开明精英及上层中产阶级建造实验性住宅。总

之，他们的建筑研究，并没有实现作为他们期望的社会结构和经济的转型。

与欧洲和美国的同行一样，拉丁美洲的建筑师对现代建筑和功能主义前提的重要修正是很熟悉的，[8] 但不论是哪里的建筑师，都无法挽回 20 世纪早期先锋派所面临的社会话语逐渐消失的颓势。这种状况在经济和政治环境不稳定的 20 世纪 60—80 年代尤为突出。拉丁美洲在这一时期经历了民粹主义发展政策；另外，建筑在国家建设中的标志意义被过分夸大了。一些拉丁美洲的国家在冷战背景下所建立的军事政权和出口型经济，彻底改变了公共投资和计划的方向，这对建筑的材料和象征意义产生了重大的影响。

在这一时期，绝大多数拉美国家选择了保守的、依赖经济建设的现代化道路。这一现象带动了城市化的飞速发展，并掀起了一股更关注开发商盈利而非社会变革的建房热潮。在接受了苏联意识形态之后，古巴国内禁止了私人地产开发，而由政府主导的建设项目却没能持续太久，并受限于严格的建造规范。与之相反，国际资本参与到其他拉丁美洲国家的高强度建筑开发中。同时，由于受到技术水平以及无效的城市规划的影响，这些国家的地产市场只顾追求眼前的利益，建筑工业则日渐平庸化。许多索然无味的高层建筑和新兴的中产阶级住宅区开始在这一地区的许多城市中持续扩张，而那些在 20 世纪 90 年代后才被大力保护的殖民主义和早期现代主义建筑遗产，却在快速地消失。

在 20 世纪 60 年代，一部分拉丁美洲建筑师怀有革命的思想，他们不再参与建筑实践活动或者改行从事公共和学术研究，甚至离开自己的国家，而其他的建筑师则继续承接私

人或由政府资助的设计委托项目。⁹ 20 世纪 70 年代中期到 80
年代，这一区域在国际金融危机影响下遭遇不断升级的外债
危机，同时被内部不断恶化的社会政治问题和动荡的政权更
替所拖累，建筑师的从业环境因而在这段时间变得更加严峻。
但经济困难仅仅限制了建筑建造的数量，却并没有降低其质
量。随着这一区域对外开放程度的不断提高，一些拉丁美洲
的第二代现代主义建筑师继路易斯·巴拉干之后在国际舞台
上开始崭露头角。

从独白到对话

　　20 世纪 60 年代中期，自从巴拉干建议路易斯·康在加利
福尼亚州萨克生物研究学院的景观设计中将硬质广场与向天
空、海洋延伸的水体相结合之后，他就获得了这位费城建筑
师及其同伴由衷的尊敬。在阿根廷出生的设计策展人埃米利
奥·安柏兹的倡议下，纽约现代艺术博物馆在 1976 年举办了
巴拉干在墨西哥设计作品的回顾展。一年后，联合国教科文
组织挑选了一些拉丁美洲建筑师，出版了一系列早就应该出
版的访谈录。¹⁰ 继这些事件之后，巴拉干于 1980 年获得了普
利兹克建筑设计奖，巴黎的蓬皮杜艺术中心也举办了旨在宣
传罗赫略·萨尔莫纳在哥伦比亚主持设计的建筑作品展。但
是，这些孤立的事件，更多是为了附和欧洲和美国出现的后
现代主义，而不是为向人们全面介绍拉丁美洲建筑和城市正
在遭遇的复杂状况。

　　但是，由于拉丁美洲获得了世人关注并建立了新的国际

关系，这些事件都为交流提供了条件。美国建筑师对拉丁美洲的影响在 20 世纪 70—90 年代持续增长，尤其是在那些说西班牙语且从未出现过民族主义政权的国家。随着来自南美的建筑师加强了与北美建筑师的联系，他们纷纷开始关注路易斯·康的纪念性建筑以及柯林·罗的城市规划理论。巴拉干的一些同辈建筑师接受了这些观点，并向老一辈和年轻建筑师传播。

各种项目均展现出南美洲的建筑师对简洁、长方形、尺度宏伟的建筑形式及图案的偏爱，这些项目包括：奥斯卡·滕雷罗·德格维茨设计周年纪念广场（委内瑞拉加拉加斯，1981—1983）；萨尔莫纳设计的复古主义的国家历史档案馆（哥伦比亚波哥大，1989—1997）；亚伯拉罕·扎布卢多夫斯基设计的国家大剧院（墨西哥城，1991）。而路易斯·康的御用结构工程师奥古斯特·科蒙丹特与拉丁美洲建筑师在不同项目上的合作，再次加深了这些理论的影响。赫苏斯·特雷罗·德格维茨就是受其影响的建筑师之一。他设计的圣约瑟夫本笃会修道院（图 8.7a 和 8.7b）位于委内瑞拉吉格市的一座小镇。这座建筑所采用的典型几何形式以及向心式中庭布局，都反映出那些理论最原初的样子。这座建筑综合体坐落在瓦伦西亚湖以南几千米的一座小山丘上。这座用钢筋混凝土作为结构再以红砖覆面的建筑位于一座小型庭院的中心，俯瞰着周围郁郁葱葱的乡村景观。正方形的庭院定下了建筑总体的几何基调，同时也在空间上通过水平向建筑将四座向心式翼楼联系起来，这四座翼楼的实用功能包括宿舍、日常活动和教堂。公用的翼楼和硬质平台沿着山的顶部南北向延伸，巨大的柱子支撑着包含宿舍单元的建筑结构，让它看上

8.7a 赫苏斯·特雷罗·德格维茨，圣约瑟夫本笃会修道院（礼拜堂和主入口全景），委内瑞拉吉格，1984—1989

8.7b 赫苏斯·特雷罗·德格维茨，圣约瑟夫本笃会修道院（含居住功能的翼楼），委内瑞拉吉格，1984—1989

去仿佛是从雕塑般的斜坡上挑出的，在自然与人工形态中营造出了一种强烈的反差。

另一种建筑设计方法基于清晰明确的柏拉图式的简洁形体，这可以在新一代建筑师的作品中找到，例如，对巴拉冈推崇备至的墨西哥建筑师里卡多·列戈莱塔，以及曾在费城师从于康并与之共事的阿根廷设计师米格尔·安吉尔·罗卡。列戈莱塔在早期使用更强烈的色调和宏大尺度，来尝试不同的几何形态对光影及色彩的展现。另外，由他设计的尼加拉瓜首都马拉瓜的新天主教教堂，是延续其墨西哥前辈设计理念的典型作品。由于老天主教教堂毁于一场地震，而且恰逢20世纪80年代内战结束，这座建于1990年的新教堂，得以在这座城市中重建一处新的公共空间。列戈莱塔设计的天主教教堂新址选在一座山的山顶上，成为这座城市新的地标，并能容纳更多参与性的宗教仪式。教堂的穹顶高悬在会众站立处的正上方，打破了牧师与会众长久以来存在的等级差别。这座教堂看似宏伟却不浮夸，主穹顶结构是由几个稍小的扶壁式穹顶组成的，这些穹顶既可用于自然采光和通风，又可为不同规模的宗教活动提供场地。

与此同时，罗查在阿根廷探索了大型公共空间、城市设计和规划领域中复杂的直角和圆形的构成。从20世纪70年代末开始，他在科尔多瓦的奇卡斯山脚下做了大量项目设计，这使他在国内外都获得了广泛的关注。[11] 一些由他设计的公园及广场含有马赛克图案，例如，1979年的科尔多瓦军备广场和1998年布宜诺斯艾利斯科连特斯大道的再设计。此外，他的一些作品也被视为分散公共设施建设投资的榜样，例如一些社会和私人住宅项目，还包括科尔多瓦省银行几家分行在内的公共建筑。另外，像一些城市周边的社区中心的设计，例如圆柱式结构的保罗·卡夫雷拉主教社区中心（1991），也是他努力的证明。巴西建筑师雅梅·勒纳尔采用了一种类似的方法，但是他用的设计语言和材料则不太一样。业余建筑师勒纳尔的主业是库里提巴市长，他组织的设计团队所提交的议案标志着一点——原本抽象的对于城市规划的功能主义模型转变为一种旨在改善城市生活的综合项目。他的设计团队工作了近 20 年，涉及领域包括城市历史中心复兴、威尔歌剧院等新建筑，还构建了公园网络和综合公交系统。这一公交系统包括标志性的管状公共汽车候车亭，以及与社交、商业、交通设施相连的多功能社区站点。这种俗称"快捷 1 分钟"的系统，受到了市民的推崇。这不仅因为他创意地根据公交专用道重新设计了城市主干道，还因为他设计了紧凑的、模块化的站点，以及设计了通过预制钢结构与商业和社会服务设施相连的综合换乘枢纽。

　　尽管拉丁美洲建筑实践的模板，在 20 世纪七八十年代经历了"从欧洲到美国"的转变，但事实上，这里的建筑实践远比国际评论家所推崇的案例要丰富得多。[12] 在拉丁美洲经济、政治、动荡的社会局势，以及不平衡的现代化发展的大背景下，人们对形式的狂热追求进一步加深了功能主义思潮的危机。这一现象虽获得了关注，但是在拉丁美洲建筑师及评论家之间反响不大。很多人将对于极简历史主义和趣味形式主义的追求视为区别对待文化和政治的手段。然而，在 20 世纪 80 年代和 90 年代初，包括墨西哥建筑师德奥多罗·冈萨雷兹·德里昂、亚伯拉罕·扎布鲁多夫斯基和巴西建筑师埃奥洛·玛雅、若奥·瓦斯康塞洛斯等人，也把理念融入作品当中。米格尔·安吉尔·罗卡和克洛林多·特斯塔也采用了类似的方法，尤其是他们在阿根廷境内设计的项目。这些建筑实验包括了罗查设计的公共建筑，他运用最简洁的几何形态进行设计，有时甚至跃入抽象的历史隐喻之中。特斯塔的团队在布宜诺斯艾利斯设计的雷科莱塔文化和商业中心（1979—1984）也属于这类建筑实验。设计团队建议将建于 17 世纪早期的雷科莱塔圣方济修道院（后来又曾被用作学校和避难所的建筑）进行创造性再利用。这一设计结合了殖民主义的碎片和小型新建筑以及建筑元素，包括除了在外立面上大胆运用全新的赭石与红褐色外，还有钢结构楼梯、灯饰以及马赛克铺面。

拉丁美洲的解构主义内部也存在类似的概念冲突，这在少数项目中有所体现，例如：巴勃罗·托马斯·贝蒂亚设计的叙尔·索拉尔美术馆（布宜诺斯艾利斯，图 8.8）。这座美术馆建筑是改造利用了艺术家故居，使之成为一座展现艺术家海报的文化中心。贝蒂亚虽然保留了原有的立面，但将内部改成了一系列多功能房间。这些房间在不同的楼层彼此分开，但一些与燕麦色的室内空间相融的、固定或可移动的隔断，又将这些房间整合起来。老式的承重墙、新建混凝土结构、光栅营造出了不同的空间、光线和尺度的组合。

除了关注这些常规建筑实践外，1985 年，在布宜诺斯艾利斯召开的第一届拉丁美洲建筑研讨会（SAL）提出：要通过研究身份和现代性概念的方法来分析次大陆上的功能主义危机。大会不仅希望通过这一概念来抵抗国际潮流和消解文化依赖性的负面情绪，还希望借此开启南美大陆上有关建筑的探讨。通过第一次大会及随后的几次会议，他们达成了许

8.8 巴勃罗·托马斯·贝蒂亚，叙尔·索拉尔美术馆，阿根廷布宜诺斯艾利斯，1987—1993

多有意义的共识，其中一个是对那些仍处于现有国际热点边缘的议题产生日益浓厚的兴趣。虽然不是出于历史教条主义、经典主义或反现代主义的立场，但这些不同的声音，标志着后现代主义对文化多样性的关注。当西方建筑师对现代主义的支脉（在欧洲被称为功能主义，在美国则被称为国际主义）提出质疑的时候，仍有许多建筑师在追随早期现代主义建筑的同时采用新方法来解决具体问题。[13] 尽管现代主义存在诸多问题，但它仍是拉丁美洲关于建筑争论的核心议题。这一议题对文化社会化、抗击落后以及对环境问题的日益重视起到的作用有些暧昧。

拉美建筑师仍然在历史变革的环境下坚持现代主义的思维方式，第一个例子是在 20 世纪 80 年代中期再度开展的理想主义式项目：开放城市。这一项目主要是由位于智利的瓦尔帕莱索天主教大学建筑学院负责完成的。20 世纪 60 年代，建筑师阿尔贝托·克鲁兹·科瓦鲁比亚斯最先提出这个综合了教学、生态、文化意义的项目，同时将勒·柯布西耶的设计理念优雅地融入其中，并且表达出对拉丁美洲一体化的渴望。这所学校主要关注了那些设计施工一体化的项目，其中一些经过了正式细化设计，另一些则是大城市外围地区自发性的项目。20 世纪 70—90 年代，由塞韦里亚诺·马里奥·波尔托、马里奥·埃米利奥·里韦罗等建筑师在亚马孙河流域展开的建筑实践，是这一新设计思维的第二个例子。基于对乡土建筑的理解，这些建筑师设计了针对气候环境、融合现代与传统建筑技术的旅馆、住宅、俱乐部和大学设施。这些设计最大化地利用了自然采光和通风，并尝试将建筑小心地植入当地脆弱的生态系统。

第三个例子是丽娜·博·巴迪的作品，她创造性地挑战了功能主义。在拉丁美洲乃至全世界范围内，巴迪是极少数能脱颖而出的女性建筑师。她和阿根廷的克洛林多·特斯塔一样，作为意大利的移民来到了巴西。她的作品涵盖了建筑理论、展会设计、家具以及建筑设计。她的早期作品除了圣保罗艺术博物馆（1957—1968）以外，还有同样位于圣保罗的 SESC 庞培亚艺术中心（图 8.9），以及位于巴伊亚萨尔瓦多市中心的历史建筑修复项目（1986—1989）。这三个项目都展现了设计师倾其一生寻求的目标——将理性主义、粗野主义和日常大众文化融入自己的设计当中。雄伟的 SESC 庞培亚艺术中心，首先修复了围绕中央走廊排列的、由混凝土和砖搭建的模块化工业用房；而后通过一些以原始混凝土搭建的新建筑元素，让原本无特定用途的空间灵活适应了文化教育活动。与这座老厂房相邻的是三座窗户及细节形状奇特的原始混凝土塔楼，楼内部有体育设施。这些建筑在地上一层被一条蜿蜒狭窄的步道贯穿而过，同时又通过四组极具戏剧性的空中步道彼此相连。在萨尔瓦多的项目中，巴迪的团队与建筑师若昂·菲尔盖拉斯·利马、工程师弗雷德里科·谢尔一起提出了一种预制复合砂浆钢筋网的建造方式，可以修复损毁严重的历史建筑。这些被设计师称为"工业考古学"的项目经验，为老建筑再利用提供了新的设计参考。同时，自 20 世纪 80 年代末开始，这些经验在帮助振兴历史悠久的老城中心的同时，也使得人们对文化记忆的关注与日俱增。

8.9 丽娜·博·巴迪，SESC庞培亚艺术中心，巴西圣保罗，1977—1986

距离在缩小，内容在充实

20世纪90年代以来，无论是建筑的概念性设计，还是实际的建筑实践，都变得更加宽泛，并且开创了不同的方向。同时，世界范围内的资本重组给拉丁美洲的文化交流、建筑实践及讨论带来了影响深远却又充满矛盾的后果。[14]在此之前，长达几十年的经济衰退摇了当地政府的统治，而国际货币体系对于拉丁美洲的干预也在逐渐加强。这种日益占据主导地位的世界秩序，为一些拉丁美洲国家带来了新的结构改革。富有竞争力的自由市场模式为经济活动注入了新的活力。建筑实践在这一过程（尤其是21世纪初）中也分得一杯羹。尽管面临着日益增多的地产投机项目，而这些地产项目又往往无视先进的城市和建筑设计标准，但这样的经济模式，依然为拉丁美洲的建筑精英提供了建筑实践和交流的机会，也让他们受到了国际专业建筑设计和教育领域的关注。

在这一时期，国际建筑师及学者，尤其是来自曾是西班牙和葡萄牙殖民地大都市的那批人，开始成为推介拉丁美洲建筑师的中坚力量。他们的方法主要是颁发奖项和举办展览，例如，伊比利亚美洲建筑展，以及在大西洋南北部各大城市举办的城市规划双年展。在世界范围内展开活动的"现代主义运动记录与保护国际组织"（DOCOMOMO）也扎根于拉美，促进了这些国家对于现代建筑遗产的学习、保护和推广。

市场经济促进了拉丁美洲商品、信息和文化活动的交流，但也导致了对社会公共服务设施投资的大幅缩水，并且无法遏止财富分配不均的现象。在这种情况下，拉丁美洲国家建设项目之间的关联，也顺从了市场运动的波动，这往往使得建筑实践沦落为仅提供设计服务，从而进一步削弱了现代主义原则中所具有的社会责任和为大众服务的宗旨。无论如何，我们还是能看到那些承接普通设计任务的建筑师已经可以拓展、修改和完善他们的设计作品了。他们中的一些人设计出了符合主流审美趣味的作品，因而比前辈获得了更多的国际关注度。这种情况在 20 世纪 60—80 年代尤为常见，但是这样的关注主要集中在当地的现实环境和文化话语上。

那些国际奖项获得者以及在全世界享有知名度的拉丁美洲建筑师的作品，也许可以描绘这一不断变化的过程。这些人包括：墨西哥建筑师恩里克·诺滕、巴西建筑师保罗·门德斯·达·罗查、巴拉圭建筑师索拉诺·贝尼特斯。诺滕作为 TEN 建筑事务所的主任，自 20 世纪 80 年代起开始从事建筑设计。他在墨西哥城和纽约都开设了事务所，进行业务拓展。他为墨西哥特莱维萨多媒体集团公司设计的大楼，令他跻身于欧洲高技派建筑师行列。这种似曾相识的设计语言，不仅帮助他在 1998 年成为第一位荣获密斯·凡·德·罗奖的拉美建筑师（虽然当时颇具争议），而且促进这一区域的其他设计师的作品获得了认可。例如，智利建筑师恩里克·布朗恩在圣地亚哥和康塞普西翁设计的财团大楼（1990—2004）项目中采用了将高科技钢结构技术与自然气候控制系统相结合的设计方式。

在另一些作品，如老一辈建筑师门德斯·达·罗查和年轻一辈的贝尼特斯的作品中，可以看到在国际建筑学语境下重新定义拉丁美洲的建筑作品。虽然他们的设计手法、材料运用极具创新性，但仍清晰地保留着拉美建筑师前辈的影子。有些讽刺的是，这些前辈还不为国际建筑学界所认识。由贝尼特斯领衔的办公楼建筑设计事务所，在2008年首次荣获由瑞士银行授予的BSI瑞士建筑奖，他自己也曾获得2001年密斯·凡·德·罗奖的提名。贝尼特斯将技术发展视为社会进步的象征，并为之深深着迷，因此他以拉丁美洲不同建筑设计师为鉴，比如，罗查朴素而富有诗意的结构形式，以及迪斯特对简单材料和建造技术的运用。其中很多建筑作品都展现了建筑师对研究建筑系统的兴趣，例如他自己的水平线工作室，就是用外露的煤渣空心砖和木板搭成的。一些以手工砖搭建的私人住宅项目也展现了这样的偏好，例如，体现建筑逻辑性及创新性的阿布方特住宅（2005—2006）。同时，建筑师为联合利华公司设计的办公大楼（2000—2001）以横向多孔混凝土为骨架，展现出结构的清晰性、外观的艺术性以及出色的气候适应性。

门德斯·达·罗查自20世纪50年代末走上了漫长且独立的职业生涯，他设计了出色的钢筋混凝土结构的建筑。罗查在2000年获得密斯·凡·德·罗奖，在2006年获得普利兹克奖。他总是谨慎地推进项目，并在某种程度上对阿蒂加斯所采用的正交结构设计理念进行了去物质化，去掉了其中的政治色彩，赢得了比他的导师更多的国际知名度。阿蒂加斯通过宏伟的钢筋混凝土项目，向世人证明了他对建筑结构高超的掌控能力，而这些项目大多是综合的社会服务设施；但他的学生罗查则更关注大跨度结构美学及场地适应性的研究。罗查早期的设计作品中有几座私人住宅项目，他还设计了一些文化设施，例如：圣保罗的巴西雕塑博物馆（图8.10），它带有用预应力混凝土建造的广阔门廊；圣保罗州立艺廊改造项目（1993—1998），在传统的砖墙上并列设置了巨型钢

8.10 门德斯·达·罗查，巴西雕塑博物馆，巴西圣保罗，1986—1995（安德烈·迪克 摄 /flickr）

架结构；里斯本的国家马车博物馆（2009 年开始建造），这座大跨度的钢筋混凝土建筑取代了原先的老仓库，面向阿方索·德·阿尔布克尔克广场，并进一步丰富了贝伦区的博物馆建筑群。对成长中的新一代建筑师（如圣保罗的 MMBB 和 SPBR 建筑事务所，以及巴拉圭的贝尼特斯事务所）而言，他的作品具有重要参考价值，同时，这些年轻建筑师还将罗查和阿蒂加斯对建筑结构性能的研究发扬光大。

在一些拉丁美洲当代建筑师致力于研究技术革新及实验的同时，另一些人正在将精力投入关于文化和功能使用的议题。在那些关注文化项目的建筑师中，巴西的"建筑工作室"是其中的佼佼者。这个设计团队之所以能设计出多元化的作品，得益于早期与丽娜·博·巴迪的合作。他们吸取了当地和国际的优秀案例，进行调整再利用，并且在关注每一项设

计特有的环境条件的基础上，合理利用了传统和现代的建造
技术。在各种作品中，亚马孙地区的社会环境研究所研究中
心和宿舍（1994—1995）是以钢筋混凝土砌体为材料建造
的简洁几何体，并结合了用当地建造技术所搭建的巨大茅草
棚。另一个案例是位于伊洛波利斯南部小镇中的面包博物馆
（2004—2005）。这项设计保留了一座小型历史建筑，并将其
改造成餐厅，以及与餐厅相连的两栋新建筑。设计者在以粗
混凝土和玻璃为材料的新建筑中，设置了一座教育博物馆和
一所烘焙学校。这个项目起初是为了保护巴西南部一系列由
意大利移民所建造的历史工坊。

将建筑实践作为一种社会实践

　　在工作之余，许多为私人设计公司、非营利机构和政府
部门工作的建筑师还致力于解决大城市所存在的问题，包括
为低收入家庭提供住房，在城乡接合部建造公共基础设施。
巴西的建筑师兼人类学家卡洛斯·纳尔逊·费雷拉·多斯桑
托斯在拉丁美洲所展开的先锋草根变革运动，兴盛于 20 世
纪 70 年代末，并从 90 年代起随着政权更替而日益获得关注。
虽然这样的行动是在资本主义全球扩张的阴影下展开的，但
其仍通过展览、奖项和出版物的发行而备受瞩目。有一些此
类项目是交由既能处理城市尺度，也能处理建筑尺度的跨专
业设计团队负责的，他们在考虑技术问题的同时，也关注社
会问题，例如由元素 S.A. 事务所设计的一些住宅项目（图
8.11）。这家位于圣地亚哥的事务所，是由亚历杭德罗·阿拉

8.11　元素 S.A. 事务所，蒙罗伊农场可扩建住宅项目，智利伊基克，2003

维纳率领的一个设计施工团队，而这些住宅项目的出资者是智利天主教大学和智利国家石油公司。他们负责的这些小尺度的、富有参与性的设计项目，目的是平衡拉丁美洲在20世纪六七十年代发展起来的官方项目。带有先锋性质的蒙罗伊农场位于伊基克的港口镇外围，这一项目使得90多个家庭免于流浪，还为他们提供了可进一步扩建的居住单元和基本生活设施。

在巴西，由阿根廷建筑师豪尔赫·马里奥·豪雷吉组建的"大都会建筑事务所"，是在世纪之交获得大量关注的另一个设计团队。他们最著名的成果是"邻里"项目，这个项目改造了里约热内卢市内的几座贫民窟（图8.12a和8.12b）。与巴西其他设计团队所做的项目类似，他们呼吁不要将这些贫民窟从城市中消除。这些项目是跨学科的，其工作内容不仅包括深入的调查和研究、社区参与、将贫民窟土地权合法化，还包括城市基础设施和社会服务设施的设计与建设。这些工作的目的是将这些地方改造成安全、繁荣的生活区，使之能与周边的普通住宅区融为一体。

在拉丁美洲，城市与建筑之间的关系一直都是建筑讨论和实践的主要议题。无论是不是贫民窟，也无论项目的大小，这个议题总会浮现。以哥伦比亚的麦德林市为例，这座城市在经历了多年人类发展指数偏低之后，在21世纪初通过立法推动了城市综合开发项目（UPI）。这一项目旨在改善城市贫民窟地区的生活条件及社会环境。许多拉丁美洲城市在进行类似的项目实验时，都会引入公共交通系统，例如，库里蒂巴市的"光照"系统以及波哥大市的"跨世纪"系统。而UPI项目在进一步开展这类实验的同时，麦德林市的干预计

8.12a 豪尔赫·马里奥·豪雷吉及其团队，法维拉居民区、阿莱芒山庄缆车及公共设施，巴西里约热内卢，2009

8.12b 豪尔赫·马里奥·豪雷吉及其团队，法维拉居民区、阿莱芒山庄住宅项目，巴西里约热内卢，2009

划还着重强调公众服务机构和城市公共空间。[15] 此类项目内容包括：改善贫民窟内人行道和步行桥在内的行人交通体系，社区图书馆以及邻近的公共广场，这些内容给设计师提供了突出建筑与公共空间的社会维度的机会。这些内容在卡洛斯·帕尔多、费利佩·乌里韦·德贝多、吉安卡洛·马赞蒂的设计中都可看到，他们在麦德林市郊的社区中设计了极具参考性的学校、图书馆以及公共广场，这些作品在平衡建筑和景观间关系的同时，还提供了开放、安全的公共空间。

在巴西圣保罗，在亚历山大·德利雅科夫和城市公共事业与教育部门的合作中，也可以看到类似的举措。2001年，他的团队启动了统一教育中心（CEU）项目，这一项目包括在配套设施匮乏的社区建设学校、体育和小区服务设施，使用预制混凝土结构元件，并在公开竞标中欢迎本土建筑师参与。这些花园学校因为它们的规模、规则的形状、强烈的颜色对比及建筑高度在城市景观中脱颖而出。它们被精心安置在每一处场地之上，建筑底楼不但提供了不同的功能，而且成为向贫民窟和物质条件稀缺地区提供社交和体育活动的场所的模板。建筑师若昂·菲尔盖拉斯·利马在巴西的许多城市都实施了类似的设计方案。利马与奥斯卡·尼迈耶合作，在巴西利亚建造了几座建筑，之后又开始投身于低成本预制技术的应用。他做出的巨大贡献包括设计基础设施的元件、对贫民窟地区进行重新规划以及为联邦萨拉医院网络设计医疗建筑。在这些项目中，建筑师和他的设计团队结合了形式和技术实验、在医疗过程中引入程序创新，以及自然气候控制系统。

除了由建筑师参与公共计划和政策的制订，以及成立非政府组织以外，一些致力于研究拉丁美洲城市问题区域的学术课题，在 21 世纪初也相继出现。这些课题包含了在拉丁美洲以外尤其是在美国展开的设计和研究计划。其中最著名的案例是以纽约哥伦比亚大学为中心的"城市智库"与"可持续生活城市模型实验室"，阿尔弗雷多·布里伦伯格和休伯特·克伦普纳是这两个机构的负责人。这种跨学科的设计实践，在学术、专业以及政府机构层面建立了国际合作，旨在建造像缆车轨道（2009）这样的项目。这一项目为加拉加斯的贫民窟提供了缆车以及社会服务设施。此外，我们还可以在泰迪·克鲁兹的设计实践中看到工作内容的扩展。这位生于危地马拉、住在加州圣迭戈的建筑师，带领其团队在美墨边境的几个小镇上工作。他们和当地移民社区合作，在研究边境以南地区自主建造的建筑及城市构造的基础上，修建了沿边境线北侧的远郊社区。

开启对话，建立联系

尽管近期的国际潮流对于复杂的当地问题和主流建筑讨论中逐渐式微的社会和政治议题的影响十分有限，但也加强了不同设计专业领域之间的交流。建筑师在将设计业务拓展到世界各地的同时，也揭示了这种将大陆区域进行人为划分的局限性。经济的交流和人口的流动，使得不同文化之间的联系日趋复杂，而这个大陆以及大都市区域都在其影响下进行了重构。整个美洲版图由各种符号的拼贴叠加、不同的民族群体以及各种社会阶层所形成的飞地拼成，因此，这种人为的划分方式便显得尤其不合理。这些变化也推动着现有的建筑讨论及其地理、政治和符号准则的重新修订。这一现象也表明：建筑实践实际上就是这种文化交流过程中的一部分，它所引起的转变是相互的，并不存在核心区与衍生区之间的阶层差异。

　　如果我们继续将拉丁美洲看成一块孤立的地区，并用一种同质化的身份来概括这片土地上的建筑实践，就无法体现出其所具有的动态性、多样性和渗透性。这会导致富有的工业化国家，尤其是那些沿着北大西洋两岸的国家，持续霸占着有关经验以及信息交流的话语权。既然国际格局已不复从前，那么有关建筑的讨论就可以（也应该）跳出原先的文化和地理划分，也不应再受制于由负责科技和政治事务的官僚机构在20世纪下半叶所划定的等级结构，而现代建筑正是以这种等级结构为基础构建而成的。在世纪之交的大背景下，研究建筑发展就必须理解拉丁美洲的建筑理念一直都是不断变化且兼收并蓄的，因而，它永远都会源源不断地拓展出新联系与新内容。这一观点同样适用于拉丁美洲有形和无形的边界之内的建筑。这种令人头疼的困境也令人着迷。

注 释

1 Hugo Segawa, *Arquitectura Latinoamericana Contemporánea*, Barcelona: GG, 2005.

2 Marina Waisman, "Introduction," in Malcolm Quantrill (ed.), *Latin American Architecture: Six Voices*, College Station: Texas A&M University Press, 2000, 17-19.

3 Roberto Segre (ed.), *Latin America in Its Architecture*, New York, London: Holmes & Meier, 1981.

4 Enrique X. Anda, *Historia de la Arquitectura Mexicana*, Barcelona: GG, 2008.

5 Roberto Segre, *Arquitetura da Revolução Cubana*, São Paulo: Nobel, 1987.

6 John Loomis, *Revolution of Forms, Cuba's Forgotten Art Schools*, New York: Princeton Architectural Press, 1999.

7 Francisco Bullrich, *Arquitectura Latinoamericana 1930/1970*, Buenos Aires: Editorial Sudamericana, 1969.

8 Francisco Bullrich, *New Directions in Latin American Architecture*, New York: Braziller, 1969.

9 Michael Quantrill (ed.), *Latin American Architecture: Six Voices*, College Station: Texas A&M University Press, 2000.

10 Damián Bayón and Paolo Gasparini (eds), *The changing shape of Latin American Architecture: Conversations with Ten Leading Architects*, New York: UNESCO/ John Wiley & Sons, 1977.

11 Miguel Angel Roca (ed.), *The Architecture of Latin America*, London: Academy Editions, 1995.

12 Jorge Liernur, *Amérique Latine: 1965-1990*, Paris: Moniteur, 1991.

13 Roberto Segre, *América Latina: Fim de Milênio*, São Paulo: Nobel, 1991.

14 Felipe Hernández, *Beyond Modernist Masters: Contemporary Architecture in Latin America*, Basel: Birkhäuser, 2010.

15 Medellín, 2015, "Enduring Development through Culture and Education," in Marco Brizzi and Paola Giaconia, *Visions*, Florence: Image Publishing, 2009, 194-97.

第9讲 西欧建筑：折射平凡之地

汤姆·阿维马特

　　在西欧，建筑没有出现地区性和全球性的对立。全球性似乎是通过地区性来实现的，而地区性体现在其与全球化的密切联系中。从这个角度看，荷兰建筑师从20世纪80年代起就起了模范带头作用。荷兰作为一个"小国"（与该国现代主义建筑的良好声誉以及强大的国家赞助相较而言），一大群建筑事务所在全球地图上成功开疆拓土。更重要的是，在全球建筑背景下，他们成了值得被认可的地区主体。到目前为止，在这样的逻辑下繁荣起来的荷兰建筑业着实享誉全球。

　　本讲关注了西欧建筑中地区性和全球性产生交汇的不同时间。鉴于本书的整体结构，我在此讲的是西欧的大致情况，而西班牙、葡萄牙、瑞士和荷兰的建筑发展会在其他章节专门讲述。我的主要观点是：尽管欧洲建筑文化具有日趋典型的统一性和同一性——这反映了房地产投资、生产发展和分区建筑的跨国特点，但同时欧洲建筑也具有浓厚的地区环境特点——这取决于特定建筑和居住实践，当地的态度和建筑文化，以及建筑材料的特定适用性。在很多案例中，这些地区特点并未能得到重视。在"全球化"和"品牌"两面旗帜下，地区环境特色被跨国形式和跨国风格所取代。同时，一些建筑实践已按照当地普遍环境的特色来制订开发策略，一般而言，也提供了这样的一个新视角来看待当代建筑。我将在本讲谈到后一种建筑实践。

英国的现实主义和日常

20世纪80年代中期，托尼·弗莱顿为英国建筑引入了新思维，并设计了伦敦的里森画廊（图9.1）。[1] 当时，诺曼·福斯特和理查德·罗杰斯引领的国际主义高技派占统治地位，菲利普亲王提倡新传统主义建筑政策，克里尔兄弟领导新古典主义复兴，在此背景下，弗莱顿提出了"回归日常的现实主义"：

> 英国城市建筑大部分都不是由设计师，而是由建造商和官员来修建的……因为他们修建人们喜欢的建筑，加入了平民元素和平均的风格，因此他们在这方面也是交流艺术的大师。有时，建筑技术的发展融入了他们的语言；钢结构、覆面……艺术建筑和当地的建筑物有关，是因为它被复制转变成了普遍风格，它的观念被清空，形式被用作其他目的。[2]

弗莱顿沿袭了英国前辈史密森夫妇的观点，将"日常"作为成熟的建筑主题。因此，里森画廊的素材不是经建筑师转译后的纯粹形式，而是伦敦郊区的不知名日常建筑——排屋、商店和饭店。在画廊的有限项目里，弗莱顿阐释了如何把伦敦郊区的日常现实转化成艺术的诗意空间。画廊入口外

9.1　托尼·弗莱顿，里森画廊，英国伦敦，1986、1990

墙非常简单，不同比例的建筑材料天衣无缝地融入彼此连接
的排屋中；严格遵循设计方案尺寸的内容空间，与只用于透
光和观景的开口，构成了 1986 年里森画廊第一部分建筑的基
本印象。第二部分（1990 年）也主要是以同样风格构思的。
虽然外墙有些抽象和坦率，但其目的主要是提供一个空间，
它不仅可以适应不同文化的城市环境，而且可以容纳来自不

同文化的艺术品。弗莱顿在画廊中加入了城市的日常元素，反之也将画廊的特征再次融入城市街道的空间。"材料性"在这种反转中起到了主要作用：缺乏细节的外墙，反而形成了公共领域和半公共领域的交流。商店橱窗材料的日常性是为了实现一种交流："材料对人来说是很常见的，所以在对待一个项目时，材料的进步应当源自对项目的构想。这是我思考许久的问题，在里森画廊中，我成功做到了这一点，即它是非实体的，是一种刻意的非实体建筑。"3

在20世纪80年代的英国，对当代建筑的轻蔑以及福斯特和罗杰斯的伪确定法，同样影响了大卫·奇普菲尔德去采用日常化的细节处理。他在早期作品中对日常事务的复杂处理尤其感兴趣，而这通常以关注在设计过程和美学上的清晰之名被禁止。奇普菲尔德说："我不会被图纸的清洁问题所困扰。我认为，我们是一种连续体，我们的责任是找到记忆和环境中的线索。这些才是我在崇拜的欧洲建筑师身上所看重的，比如西扎。它们既熟悉又让人震惊，我认为这种惊喜感非常有趣。"4

在奇普菲尔德的早期项目，如伦敦缪斯旅舍（1987）和骑士住宅（1987）当中，他扮演了介入历史预设和紧张语境的设计者。尽管有强大的现代主义风格的灌输，他的建筑作品却从不枯燥乏味。他反而把一些材料通过组装形式利用起来。这种方法构成的动态结构，使不同材料呼应了工业建筑（缪斯旅舍）或排屋（骑士住宅）的现有环境，并且相互作用。这种结构的关键是考虑到了日常空间的多样性。奇普菲尔德的早期作品既清醒又层次分明，是空间、形式、光线和材料的抽象和多面结构，与日常生活的复杂性形成的共鸣。

托尼·弗莱顿和大卫·奇普菲尔德为他们的年轻同行亚当·卡鲁索和彼得·圣约翰提供了重要的创作灵感，后者也因此发展出了新方法，即"把事物看成它们本来的样子"。[5]按照这个方法，建筑的选址并没有好坏之分："无论情况多么不乐观，都没有所谓无趣的选址：你只需增加……我认为很难为现在的拆除辩护。"[6]现实主义是卡鲁索-圣约翰方法的重要特征，尤其是以下这种理念——建筑就是为现有建筑增补某些元素，使之具有意义，并将成为一种主流观点。在他们的作品中，建筑地址被视为建造建筑物的"地面"（在外形上和美学价值上都是如此）。

他们设计的位于林肯郡的独栋住宅（图 9.2a 和 9.2b）就是这种态度的典型例证。这栋小房子建在村庄边缘的小块地皮上，由红砖、青瓦屋顶和木质嵌板建造而成。房屋类型和外观设计都凸显了英国乡村特色，位置是精心挑选的，红砖旧谷仓与果树相映成趣。但是，不仅房子形式和材料的结合创造了与周围农业景观的有趣联系，其内部装修也使得房子和典型的英式环境融为一体。

"房屋的内部构成"是指在传统英式庄园中各种生活空间是以中央大厅为中心来布置的。这种超高空间可以让人看到内部的不同生活空间和外部的景观。看似随意的不同窗户尺寸，让房子产生了新奇的体量和感觉。窗户周围裸露的砖墙以电镀钢架的覆盖，消除了墙体的厚重感，把人的注意力吸引到了砖砌外墙的材料和纹理上。

9.2a 卡鲁索–圣约翰建筑事务所，独栋住宅，英国林肯郡，1993

9.2b 卡鲁索–圣约翰建筑事务所，独栋住宅（内院），英国林肯郡，1993

比利时的温和现代主义

在比利时，"温和"不是对历史风格和高技派统治地位的形容，而是指当地缺少大型项目，这是当地人安于现状的反映。比利时和周围的法国、荷兰等国形成了鲜明的对比，这里的政治家从不干涉现代建筑（就大型住宅项目和革新机构大楼的形式而言），不把它当成提高战后居民福利的手段。[8] 相反，他们鼓励个人的主动性，结果导致比利时 20 世纪七八十年代的建筑文化特点出现了两种趋势：少有创新意识的、由商业部设计的大型项目；由房地产开发商建造的小型项目（私人住宅），这些小型项目采用新传统主义风格，同时又很有创新。

在这种情况下，先锋派建筑师倾向于设计小型项目，如独栋房屋，甚至是住宅内的小范围修缮和改造。这种情况导致了一种对日常生活的独特的敏感。在弗兰德斯地区，几位建筑师开始研究这种敏感性。他们参考了现代主义的基本构成和形式运动，但同时通过对日常生活细节的偏好，减少了现代形式的某些抽象特点。更激进的说法是，朱利安·兰彭斯的作品为一系列住所日常范围的小型实验定下了基调。[9] 在根特的范登豪特-基布姆斯住宅（图 9.3a）设计中，兰彭斯仔细研究了私人住宅的组织元素，还探索了居住体验式建筑，考察了建筑的基本元素。他追随现代主义大师密斯·凡·德·罗的脚步，把房子定义为"被墙面和绵延屋顶围成的物体"，但又用粗灰泥涂混凝土代替了密斯材料的丰富色彩。其成果就是为日常居住提供了大概框架，结合了自然和文化元素，创造出令人难忘的景观。

9.3a 朱利安·兰彭斯，范登豪特-基布姆斯住宅，比利时根特，1967

对建筑基本元素的重新审视似乎也为克里斯汀·基肯斯的作品提供了资料。[10] 基肯斯的一篇评论《超越概念和认知的永恒空间》反映了 20 世纪 70 年代的建筑文化："诸如参与、纪念保护、符号学、生态学……此类概念是对建筑贫瘠的粉饰和借口。"他提倡重回建筑的本质：

> 像神话一样，剥去所有的技术，回归基础，甚至追溯到几何纯粹性，建筑总会归于相同的基本原则。历史亲自向我们展示了各种永垂不朽的建筑，如金字塔、帕拉第奥设计的别墅、布雷设计的纪念碑等。历史分析证明"永恒"和"几何"这样的价值作为整体，能被过去的先锋派和未来现代派（maniera moderna）所理解。[11]

基肯斯的建筑设计，实际上是在永恒和时代精神的结合上的刻意造作的一种病态。位于巴德格的范霍弗-德普斯住宅（图 9.3b）就运用了现代美学的参考材料，但这是为了平衡对精确度的关注。人们关注的是更常见的建筑特征，如比例、节奏、光线、景色等。基于对细节和高度掌控感的关注，基肯斯创作了看似接近日常生活的房屋（关注细节），同时远离一切日常（纯粹的精密度和精巧的特点）。对基肯斯来说，这所房子事实上超越了概念和认知，也超越了建筑师和居住者的临时著作权。它是对长期建筑原则的贡献与铭记。

玛丽 – 荷西·凡·海伊的作品（图 9.4a—9.4c）也是建筑基本元素的再组合，它们阐释了阿道夫·鲁斯方法中不同要素之间的联系——对转换空间特点和规模都小心翼翼，并且关注了房间的连锁装置，关心内与外、私密与公开、日间区

9.3b 克里斯汀·基肯斯，范霍弗-德普斯住宅，比利时巴德格，1991

和夜间区的界限。[12] 但是，凡·海伊不会用这种小心翼翼来设计大块地皮上的大楼和别墅，而仅仅是用来设计城市环境下的独栋房屋，用鲁斯的原则来为比利时普通的环境增添文化色彩。这位建筑师像鲁斯一样关心房屋的功能，设计要兼顾房屋的外在和内在特性，从而避免激进地采用基础的、古风式的表达。

她的这种方法还有一个案例，是她在根特市旧区的一座庭院式住宅，这是她自住的。房子围绕一座"L"形的美术馆建造，并带有一座露台。在起居空间和外面的城市花园之间是多块大大小小的缓冲地带。在街道的公共区和家居私人区之间是建筑元素的微妙搭配——前墙上高高的窗户阻挡了看向街道的视线，但也让对面房屋的屋顶显得更近。住宅中不同位置的楼梯形成了无限的循环。凡·海伊的建筑作品包含了一种层次感，连接了大型构件和基本构件，让人惊喜连连。

9.4a、9.4b、9.4c 玛丽–荷西·凡·海伊，普林森霍夫住宅，比利时根特，
1990—1998

9.5 保罗·罗伯雷克特、希尔德·丹姆，布鲁日音乐厅，比利时布鲁日，
1999

保罗·罗伯雷克特和希尔德·丹姆是凡·海伊和基肯斯的学生。[13] 他们都对建筑的自主性感兴趣，关注材质、细节这些基本元素，立足于现代传统并传承了前辈的历史性。他们二人在针对现存中世纪建筑"我的房子"（1983，与基肯斯合作）进行"创意–创意集"项目时，将建筑师视为上百年工程的后继者（这是重要的一课），这里增加一点，那里删减一些。通过这些增减，他们创造出了彼此矛盾的景观，鲜明的交流和光线的倾泻。他们二人对空间的干预，不仅是长期改造的最后一步，而且为胡安·穆尼奥斯和蒂埃里·德·科迪尔创作的艺术品留出了最显著的位置。

在设计新作品时要不断和现存建筑联系起来，这种态度在保罗·罗伯雷克特和希尔德·丹姆的作品中起到了重要作用。在布鲁日音乐厅（图9.5）中，他们对这种态度进行了令人信服的演绎。布鲁日是比利时保存最完好的中世纪重镇。音乐厅的设计标准就是要形象开放、有革新和现代感，同时还要与现存建筑搭配得当。最后完成的建筑成功融入了周围的汉斯·夏隆和雨果·哈林的作品中，体现出一种怀旧之感。

在荷兰乌得勒支的玛利亚普拉特社区（1994），比利时建筑师鲍勃·凡·里斯根据普通城市类型学，调和了现代化城市的开放性和欧洲历史名城的封闭性。[14] 在这个项目中，凡·里斯想象了新的城市结构，让公寓大楼位于城市中间，让独栋排屋围在周边。排屋的低处向周围城市开放作为综合体建筑。

建筑师利用不同建筑类型的结合塑造了繁忙而多变的城市体验。多变的空间通过城市结构和材质的多元化实现了连续性。不同大楼的地面走廊间形成漂亮的居民公共领域，而其他城市的居民也可以进入。如此一来，玛利亚普拉特社区既是普通城市模式的组成部分，又是次要公共空间的网络。

斯堪的纳维亚的景观和触觉

斯堪的纳维亚半岛重新倡导平凡的日常设计，这既反映了战后对预制结构的极大兴趣，又反映了日常设计的现有传承。不同的是，丹麦、瑞典、芬兰三国的政府一直以《预制建筑法》来实现福利国家的宗旨，尽最大努力为居民提供住房。结果，大房产公司大都出现在了城市郊区。令人意外的是，私人承包商和开发商也对预制建筑感兴趣，并且开始在各个国家开发预制独栋住宅（parcelhus）。这很快招致广大建筑师和城市规划者的批评，他们鄙视高层建筑和单调的独栋住宅区，认为这些建筑是孤立而且缺乏个性的。[15]

作为对这种批评的回应，几位建筑师开始重新关注普通材料和日常景观的特性。这种方法的早期支持者有丹麦建筑师约翰·伍重。他的"梯田住宅"（1963）位于弗雷登斯堡小镇郊区的一小块地皮上，作为旧式郊区住宅的替代品。[16] 他的设计原则很简单：结构特别紧凑的私人住宅的室外空间有限，而伍重用集体设施和公共景观弥补了这一点。弗雷登斯堡住宅和建筑用地是在一片黄色砖墙围出的165平方米的区域，包括居住区、车库、储藏室和一个小露台。这些带露台的房子一栋挨着一栋，就像地上的一条宝石项链。

伍重利用节省的预算和空间建造了社区中心，其特点是拥有所有住宅本身缺少的功能：客房、工作室、开派对的专业厨房。小露台省下的空间可以作为大型的绿化空间，与社区中心相连，只允许行人通过。它不仅方便了居民的社区活动，通过住宅墙面上的开口，还能作为延伸的私人花园。1965年，著名评论家西格弗里德·吉迪恩这样描述梯田住宅的特点："个人与集体领域的矛盾已经困扰了几代人，因此解决这个难题变得日益迫切，很多人都无法在建筑形式上成功做到。在伍重的项目里……这个地方展示了空间的广大包容性，而不是小花园的一点点风景。"[17]

同一时期，芬兰建筑师雷伊马·皮耶蒂莱也在探索景观和材质作为替代元素的可能性，用以改变大片住宅的单调和缺乏个性的特点。[18] 在皮耶蒂莱设计的夏季别墅项目（图9.6）中，他试图把模块性和多变性相结合，用交错的长线连接起分散的典型公寓单元，形成横穿林地的不同高度的阶梯。单

9.6　雷伊马·皮耶蒂莱，夏季别墅，芬兰塔皮奥拉，1967

个建筑的高度彼此连接成了材料表面的点缀，打破了建筑的外表，形成和林地明暗相呼应的整体。

　　西格德·劳伦兹设计的克利潘市圣彼得教堂（图 9.7）阐释了利用普通材料来建成新的建筑的可能性。劳伦兹的设计也有一种印记，将对潜在意义的不断探索留在建筑本质里。为了激发这种意义，劳伦兹把材料和技术分离开，

9.7 西格德·劳伦兹，圣彼得教堂，瑞典克利潘，1966

主张根据材料基础来直接构思建筑形式。在克利潘市，所有的设计都直接关注墙面的材质，砖墙的采用频率超过其他的材料。

实现这种外观需要特定的细节处理：砖由特定的黏合剂组建，连接处用粗略的方式处理为红色，来强调表面的材质特点。结果，砖墙表面就像信封一样，连接起墙面、天花板和地面。它形成了一种有质感的环境，将住户围绕起来，带给他们一种材质、图案和材料相结合的氛围。

伍重、皮耶蒂莱和劳伦兹都关注了日常景观、触感和材料，他们为20世纪后期的新一代北欧建筑师作品划定了主题范围。一个典型案例就是丹麦的凡·德·昆斯滕建筑事务所，他们把视野转向普通的材料和风景，使之成为建筑设计的沃土。他们在哥本哈根设计的蓝角住宅项目（图9.8）展示了现

9.8　凡·德·昆斯滕建筑事务所，蓝角住宅，丹麦哥本哈根，1989

代建筑融入旧建筑群后的惊人效果，设计师通过选择特别的材料，塑造出具有历史感的特色。

　　凡·德·昆斯滕选择的建筑材料（如波纹钢）使其设计建筑物的墙面不同于其四周的 19 世纪建筑物的粉刷墙面，同时，他还参考了 20 世纪日常建筑手法。类似的两面性，也能在他的建筑样式上看到：建筑和邻近建筑的屋面形成了一个直角。蓝角住宅项目表明：只要谨慎对待容积和形式，再结合对材质的意识，就能使当前环境下的现代建筑具有一种微妙和精致感。

法国的日常材料和建筑原则

自 20 世纪 70 年代起，法国的建筑文化就呈现出对新欧洲和美国经验的开放性。[19] 卡洛·艾莫尼诺和阿尔多·罗西关于城市维度的观点，以及路易斯·康和罗伯特·文丘里对建筑史的反思，皆深刻影响了法国建筑文化。这一点在主流建筑期刊《当代建筑》中得以证明，在法国美术学院变革后的新建筑学校的课程表中也能证明。结果正如让–路易·科恩所说："法国建筑开始了在概念和形式上的多样化发展。"[20]

法国一直信仰柯布西耶现代主义，从而反对建筑强烈回归历史形式和叙事性。在法国建筑文化发展期很难看到对日常建筑的兴趣。20 世纪 80 年代，几位法国建筑师开始研究日常形式，尤其是相关材料和建筑原则。这些实践从不同角度看待可从日常建筑环境中提炼的类型学和建筑方法，从而来设计创新的建筑方法。

这股潮流中的一个重要代表就是社会住宅综合楼的设计——"泉水精灵"住宅（图 9.9），由法国建筑师让·努维尔操刀。他采用了一般用于工业厂房的材料和技术。[21] 这一项目尝试利用工业建筑方法的优点（如标准化、批量生产）来提供更经济的住宅。"泉水精灵"住宅位于尼姆市西南部，是 20 世纪 60 年代修建的公共住宅区的大型修复项目的一部分。让·努维尔修建了两栋底层用桩柱架空的 7 层大楼，楼下带有停车场，有两排树把公共区围了起来；由悬臂板支撑的阳台顺势沿着两边倾斜，在北边形成公寓的连廊，南边则有宽阔的露台。

就住宅建筑来说，"泉水精灵"在材料上十分出彩。阳台扶手的斜板是用电镀工业栅栏塑造的，其特殊的开孔形式使得建筑的外观非常引人注目。屋顶两端是由 PVC 天窗构成的，这种结构通常用在农业建筑中。材料和高度的不断重复组合，营造出了各种各样的公寓、两层楼房和三层楼房。为了用混凝土框架隔断不同公寓，努维尔采用简单的波纹铝合金板、铝合金窗户和漆成白色的双折叠门，这些不仅使得住宅类型更多变，也让大批的住宅面貌焕然一新。

多米尼克·佩罗是法国美术学院的毕业生，也是法国后现代主义崛起的亲历者。他也承认建筑不应该夸张，不需要具有明确意义。佩罗的方法包括对纯几何的依赖，尤其是在日常工业类型中的几何结构，这种类型是城镇景观的最普遍的共性。[22] 在设计贝利埃酒店（还包括工厂和办公区，图 9.10）时，他将几何原理应用于日常工业建筑，并结合美学原理，营造出时髦、复杂、精致但又不乏粗犷的外观。在巴黎大道环城公路的交通道路、铁轨与河道之间，佩罗建造了一栋防水釉砖铺面的矩形大楼，其特点是几何结构简单、严谨而细致。

佩罗的建筑没有明显的细节和元素，他为建筑仓库赋予了一种中性特征，把预制工业金属栅栏放在了玻璃墙的里侧。它们像书架一样，可以用来展示工业区和办公区内的加工品。结果，朴素的玻璃箱产生了一种纹理感。这种外墙处理方法在规划阶段就得到了认可，但当时只确定了极少的元素，其

9.9　让·努维尔，"泉水精灵"住宅项目，法国尼姆，1986

9.10　多米尼克·佩罗，贝利埃酒店，法国巴黎，1986—1990

他的可以由客户来定夺。佩罗和他设计的贝利埃酒店掀起了开放建筑的潮流，空间在临时定义和场所中被放大了；在定义空间时，建筑的流动性和互动性享有特权。

　　其他法国建筑师则把日常材料和建筑方法视为出发点，其中包括安妮·拉卡顿和让–菲利普·瓦萨尔。他们在作品中大力推崇对建筑经济的反思和探索：

　　　对我们而言，经济问题似乎尤其重要。在建筑和材料的关系中，如今的经济水平决定了材料不再是常用的混凝土、钢材或石材。在这种意义上，控制和组织预算变得非常有趣，它可以把可能性最大化……用积极的方法考虑真实的日常需要，才能转变形式，以及创

9.11 安妮·拉卡顿、让-菲利普·瓦萨尔，拉塔皮住宅，法国弗洛里克，
1993

造出适合居住者的多种设计。奢侈的效果不是要花大
钱才能实现的。[23]

弗洛里克的拉塔皮住宅（图9.11）就是这种经济方法的典
范。这件作品位于波尔多的近郊，其简洁的正方形结构和街
道的轮廓融为一体。房子被金属框架上方的对立覆面（由玻
璃纤维和 PVC 构成）分为两半，一半透明，另一半不透明；
在房子玻璃纤维的那部分用木板拼出了冬季加热区，一头是
温室，另一头通向外面的街道，因此，房子可以根据家庭对
光线、隐私、保护与通风的需要和主人的喜好，从封闭状态
变成开放状态。房子的生活区面积根据季节而变，夏天可以

延伸到花园，而寒冷的冬天又可以缩成小房间。这所房子不仅可以为日常生活所用，而且还可以不断地被重新布局。

平凡生活建筑

在20世纪的最后几十年，欧洲的几大建筑事务所都把用特殊方法处理日常材料、方法、类型和景观作为普遍手段。这种情况和由此产生的动力，引发了建筑界对日常性的兴趣，其研究方法也各不相同。无论如何，这样的做法最早勾勒出了地区的内在敏感性，并且更频繁地关注日常。它阐释了共鸣、近似性、亲和力在建筑实践中的定义，这些实践积极融入了这些日常情境——日常性总是作为建筑、居住和思考文化的功能，其中亲和力尤为重要。选择不同的建筑师，并把建筑视为一种专业领域，这种视角不仅涉及专业标准和形式以外的领域，也与平凡生活的意义有关。在专门化和大众化建筑知识之间要取得一种平衡，所评论的建筑也要远离日益全球化的建筑趋势，无论是排他性，还是日常性，概莫能外。这就是把不同评论方法相融合的方法——在全球化过程中，重新定义建筑和日常的关系，并且以批判的态度看待这种关系。

注 释

1 关于托尼·弗莱顿作品的概述，参见 Tony Fretton and KunstcentrumdeSingel (Antwerp Belgium), *Op Zoek Naar Openbare Ruimte: Vier Architecten Uit Londen = in Search of Public Space: Four Architects from London* (Antwerp: deSingel, 1997), Sophie Parry et al., *Home/Away: 5 British Architects Build Housing in Europe: British Pavilion: De Rijke Marsh Morgan, Maccreanor Lavington, Sergison Bates Architects, Tony Fretton Architects, Witherford Watson Mann* (London: British Council, 2008).

2 Fretton and deSingel (Antwerp Belgium), *Op Zoek Naar Openbare Ruimte*, 78.

3 关于托尼·弗莱顿的采访，参见：http://www.floornature.com/architetto_intervista. php?id=5159&sez=5. Consulted on 25 July 2011.

4 卡鲁索和圣约翰对大卫·奇普菲尔德的采访，参见 "David Chipperfield 1991-1997", *El Croquis*, no. 87 (1998), 8.

5 卡鲁索-圣约翰事务所的作品介绍参见：Philip Ursprung (ed.), *Caruso St John: Almost Everything* (Barcelona: Ediciones Poligrafa, 2008), and Adam Caruso, "You Choose the Language in Accordance with the Context", *ORIS Year*, no. 51 (January 2008), 34-53.

6 Irenee Scalbert, "On the Edge of Ordinary: Two Houses by Caruso St John", *Archis* (March 1995), 50-61.

7 参见 "Sergison Bates", 2G: *International Architecture Review*, no. 34 (2005) and Sophie Parry et al., *Home/Away*.

8 Bruno De Meulder, Jan Schreurs and Bruno Notteboom, "Patching up the Belgian Urban Landscape", *OASE Architectural Journal*, no. 52 (1999), 78-113.

9 兰彭斯的作品介绍可见 Angelique Campens (ed.), *Juliaan Lampens* (Brussels: ASA Publishers, 2010) and Paul Vermeulen et al., *Juliaan Lampens* (Antwerp: DeSingel, 1991).

10 基肯斯的作品介绍可见 Christian Kieckens et al., *Searching, Thinking, Building* (Ghent-Amsterdam: Ludion, 2001) and William Mann, "Between Memling and Descartes: Two Buildings by Christian Kieckens", *Archis*, no. 1 (1997), 8-15.

11 Christian Kieckens, "Timeless Space Beyond Conception and

Perception", *GA Houses*, no. 14 (Tokyo, 1984), 45-47.

12 关于凡·海伊作品的讨论参见 André Loeckx, Marie-José van Hee, William Mann, *Marie-José Van Hee Architect* (Ludion, 2002).

13 讨论保罗·罗伯雷克特和希尔德·丹姆设计项目的内容参见 Steven Jacobs, Paul Robbrecht and Hilde Daem, *Works in Architecture: Paul Robbrecht and Hilde Daem* (Ghent: Ludion, 1998) and Maarten Delbeke, Paul Robbrecht and Stefan Devoldere, *Robbrecht en Daem: Pacing through Architecture* (Cologne: Walther König, 2009).

14 Geert Bekaert, *A.W.G. bOb Van Reeth Architects* (Antwerp: Ludion, 2000).

15 批判言论的总结参见 Ingrid Gehl, *Bo-miljø* (Dwelling Environment) (Copenhagen: Teknisk Forlag, 1971) and Jan Gehl, *Life between Buildings: Using Public Space* (New York: Van Nostrand Reinhold Publishers, 1995) original title: *Livet mellem husene* (Copenhagen: Arkitektens Forlag, 1971).

16 梯田住宅项目的介绍参见 Henrik Sten Moller, Vibe Udsen and Per Nagel (eds), *Jørn Utzon: Houses* (Copenhagen: Living Architecture, 2006) and in Michael Juul Holm, Kjeld Kjeldsen and Mette Marcus (eds), *Jørn Utzon: The Architect's Universe* (Copenhagen: Louisiana Museum of Modern Art, 2008).

17 Siegfried Giedion, "Jørn Utzon and the Third Generation: A New Chapter of Space, Time and Architecture", in *Zodiac: A Review for Contemporary Architecture*, no. 14 (1965), 46-47.

18 关于多米尼克·佩罗的工作的讨论，参见 Malcolm Quantrill, *Reima Pietilä: Architecture, Context and Modernism* (New York: Rizzoli, 1985).

19 参见 Jean-Louis Cohen, "New Directions in French Architecture and the Showcase of the Paris City Edge (1965-90)", in Alexander Tzonis and Liane Lefaivre, *Architecture in Europe since 1968: Memory and Invention* (New York: Rizzoli, 1992), 32-33.

20 参见 Jean-Louis Cohen, "New Directions in French Architecture and the Showcase of the Paris City Edge (1965-90)", 同上, 33.

21 Philip Jodido and Jean Nouvel, *Jean Nouvel: Complete Works 1970-2008* (Stuttgart: Taschen, 2009) and Olivier Boissiere, Jean Nouvel

(Basel : Birkhauser, 1996).

22 关于此工作的详细介绍，参见 Dominique Perrault, *Dominique Perrault Architecture* (Basel: Birkhauser, 1999).

23 Tom Avermaete, "The Spaces of the Everyday: A Dialogue between Monique Eleb en Jean-Philippe Vassal", *OASE Architectural Journal* (81), 79.

第 10 讲 荷兰建筑：从大众建筑到拥塞文化

弗兰西斯·徐

本讲会将阿尔多·凡·艾克倡导的荷兰结构主义对社会问题的关注，与雷姆·库哈斯和 OMA 提出的"大都市多样性"的理念相结合。本讲主要审视了结构主义是如何从对现代主义运动的批判演变为以关注社会问题为设计理念的；并讲述了由库哈斯和 OMA 所引领的"超级荷兰"风潮的兴起，这一新的国际建筑浪潮旨在探索建筑环境与社会交往之间的联系。

荷兰结构主义

荷兰建筑的结构主义运动，是因对 CIAM 的不满而兴起的。1955 年，在筹备于杜布罗夫尼克举行的第十届会议期间，阿尔多·凡·艾克、艾莉森·史密森和彼得·史密森、雅各布斯·巴克马、沙德拉赫·伍兹、威廉·豪威尔等人组成了"十人组"。这个小组的成员质疑老一辈主流现代主义建筑师（包括何塞普·路易·塞特、瓦尔特·格罗皮乌斯、西格弗里德·吉迪恩）片面追求技术，缺乏社会责任的做法。总体上说，年轻建筑师所秉持的实用主义，使他们与老一辈的理想主义观点渐行渐远。"十人组"在"深层结构"理念的基础上，发展出了城市扩张架构的原理。"深层结构"一词，是从法国人类学家克洛德·列维–斯特劳斯的一本探讨亲属称谓及语言的系统著作中借用来的。[1]凡·艾克抨击了史密森夫妇和巴克马用巨型居住街区和空中步道展现私人空间和特质的做法，他认为，这些不过是对现代主义建筑的提炼罢了。然而，即使是在"十人组"内部，也有因不同意识形态而产生的分歧。比如，凡·艾克反对功能主义，用"场所"和"事件"，取代了"空间"和"时间"。他主编了《论坛》（*Forum*）杂志，并在1959年于奥特洛召开的CIAM大会上公开展示，作为搭载他理念的平台，即他将"人的感受"视为设计过程的核心，旨在创造一种充满场所记忆和活动的建筑。[2]

在研究了非洲多贡部落的社会结构与建筑形式之间关系后，凡·艾克坚定地认为，传统价值观和建筑形式对人的心理健康至关重要。这种土著部落的建造文化极度崇拜自然，同时能运用有限的建造构件，而且能根据居民社会形态而形成一系列特定规范，并稍加变化组合。凡·艾克将其所做的实证研究，通过建筑进行了粗略的诠释。他反对建筑设计中的拼凑感和纪念式样，推崇具有一定可调节性、但总体上被清晰定义过的空间元件，将它们分类后进行系统的组装，从而反映出社会结构。他将住宅视为城市的缩影，用城市比喻住宅，把廊道比作街道，把城市广场比作客厅。阿姆斯特丹"儿童住宅"（1957—1960）是他这一时期最具代表性的作品。凡·艾克将建筑形式与社会结构相互关联。他用"树形分析图"解释了局部与整体之间相互作用的原理，从而为建筑的结构主义理论提供了另一种与其他团体（例如"纽约五人组"

提出的结构主义语言学，其将"建筑表皮"作为一种形式语言）截然不同的思路。

结构主义建筑师强调用户体验和自下而上的设计方式。这种理念促成了两种新的建筑类型的演变：一种是多簇式建筑，又称为"毯式建筑"，往往以被称为"卡斯巴"的北非旧城区为蓝本；另一种是由建筑师制订建造框架的构筑物，其他人则以一定的自由度将这一建造框架发展成客需订制的形式。在凡·艾克设计的松斯贝克临时雕塑展厅（图 10.1），以及皮埃特·布洛姆为罗马大奖设计的 SOS 村落（1962）中，都可以看到建筑师对结构和功能需求所进行的系统性处理，其都留有进一步扩建的余地。赫曼·赫茨伯格设计的比希尔中心办公大楼（阿培尔顿，1968—1972）是由一系列相同的空间单元、建筑组团所构成的。这些建筑的尺寸合宜，通过不同的组合方式，它们可以适应不同的功能需求。这项作品是"毯式建筑"的一种诗意表达，建筑师放弃了"创作"念头，却让人们能够自行决定场所的塑造。[3]

有人认为，民粹主义是推动战后德国建筑发展的社会动因，并且，当时国际舆论普遍认为建筑师应该扮演调停者，而非主动的设计者。[4]持此类观点的建筑师有拉尔夫·厄斯金和吕西安·克罗尔，他们所设计的建筑，都是参与式设计过程的产物。此外，为城市构造以及建筑形式发展出一套形式体系（或者说语法）的建筑理论家克里斯托弗·亚历山大也是这种观点的拥护者。伯纳德·鲁道夫斯基在《没有建筑师的建筑》一书中审视了全球乡土建筑的建造方式。[5]民粹主义建筑师所持有的政治立场，使得他们重新定义了建筑师和建筑项目。他们没有选择精英式的建筑传统，而是专心制订设

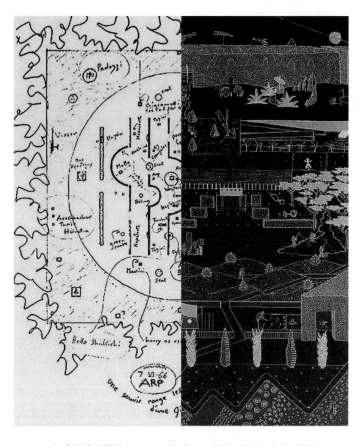

10.1 一幅建筑草图拼贴画。左：阿尔多·凡·艾克，松斯贝克临时雕塑展厅，
法国阿纳姆，1966；右：OMA（成员包括雷姆·库哈斯、埃利亚·曾
西利斯、凯斯·克里斯蒂安斯、斯特凡诺·德·马蒂诺、鲁德·罗达、
罗恩·斯坦纳、艾利克斯·沃尔、简·乌伯格），拉维莱特公园，法
国巴黎，1982—1983

计的框架、参与式设计的需求，以及诸如设计灵活性之类的课题。在建筑领域中，他们是反智主义的公开支持者。

参与式设计

在 20 世纪 10—30 年代，西欧建筑发展带有强烈的社会导向。由于荷兰在"一战"中是中立国，没经历过其他欧洲国家那样的困境，因此这一风潮得以在该国发扬光大。"二战"结束后的 20 世纪 50—60 年代，德国的政府机构将参与式设计引入了战后重建项目，例如，雅各布斯·巴克马设计的亚历山大·波尔德项目（鹿特丹，1956）就是根据"邻里"概念设计而成的。"邻里"概念包括：社区内有绿地，按层级结构组织绿地空间，小型的私人花园，稍大的社区公园，以及为运动和游憩提供场所的公园。这些绿地的养护则由整个社区居民共同承担——居民将绿地视为社区的资产，进行悉心维护。[6]政府倡议建造"为社区服务的建筑"，使得居民委员会在挑选待建项目上拥有发言权。鹿特丹政府在一座名叫茨韦塔纳的废弃港口开展了大规模城市更新项目。茨韦塔纳港位于马斯河的南岸，毗邻鹿特丹市中心。20 世纪 70 年代末，城市更新项目在这里建造了交通基础设施以及安置低收入家庭的保障性住宅。今天，这一项目主要以由政府和私人企业共同开发的公共空间和建筑为主。

荷兰在议会制政治制度下，为了争取到整体上的广泛共识，促使公共参与的活动越来越多。战后公开呼吁建设或是更新住宅的倡议导致生活成本不断提高。社会的变革促使建筑师开始思考除核心家庭结构以外的生活模式，例如单身公寓、老年公寓以及丁克家庭。通过预制以及复制来达到高经济效益的建造方法得到了发展，并且被广泛应用于住宅和其他公共建筑类型中，包括学校、图书馆和社区中心。[7]总体而言，公民们被当作独立的个体来对待，而不是芸芸众生中的分子。建筑项目也因为这种"人性化"的尺度而各不相同，由凡·艾克和T. J. J. 博斯共同设计的阿姆斯特丹新市场住宅综合体（1970—1975）就是一例。它与周边标志着现代主义运动失败的单一高层项目形成了鲜明对比。最终，社会科学中的焦点问题（如感官丧失和神经衰弱）取代了由《论坛》杂志编委会所提出的观点，包括凡·艾克提出的"村庄般的城市"。建筑师将整个20世纪70年代视为"民意主义"时期。在这段时间里，建筑实践的目的是"让建筑和城市设计清晰地消失，强烈克制做建筑设计的欲望……同时，建筑无论是从政治还是社会的角度，都经过精心设计，融入了已有的邻里环境之中"。[8]

后现代主义

在之后的一个阶段，CIAM德国分支机构的部分成员在建筑实践中放弃了早前关于空间结构的想法，但仍然批判后现代主义建筑缺乏逻辑性。凡·艾克竭力宣扬他的人文主义式的现代主义传统。同时，尽管他在于英国桥水艺术中心召开的第6届CIAM大会（1947）上对现代主义运动中的理性主义做了批判，但在1981年英国皇家建筑师学会讲座上，他又以题为"老鼠、招贴画及其他害虫"的年度演讲来支持功能主义。[9]有一批建筑师生于 20 世纪 30 年代，并且在 CIAM 热火朝天时开了事务所，他们在后现代主义时期发展出多元化的设计理念。他们设计了一系列基于现代主义构成、几何学与构造学的文化、教育及公共建筑。这些建筑包括：维姆·奎斯特设计的位于奥特洛的科勒·穆勒博物馆（1969—1977）以及鹿特丹的市政剧院（1988），卡雷尔·韦伯设计的、位于海牙的佩佩克里普住宅（1982），以及由塞斯·达姆与威廉·霍尔茨鲍尔共同设计的阿姆斯特丹市政厅与歌剧院（1979—1987）。

大都会建筑事务所和城市动态学的崛起

在荷兰，由大都会建筑事务所（OMA）最初的合伙人——库哈斯、马德隆·弗里森多普、埃利亚·曾西利斯、佐伊·曾西利斯——设计的早期项目，是以《癫狂的纽约》（1978）为灵感的。因此，他们在库哈斯的处女作中阐明了"大都会拥挤文化"和"功能的不稳定性"等概念，同时，他们也提到了勒·柯布西耶、桑特埃利亚的理念，以及曼哈顿等多个城市。1979 年的荷兰海牙增建案竞赛中，比赛要求是以现有的中世纪建筑为背景展现纪念性的至上主义和结构主义形式的极端对比。荷兰舞蹈剧院（图 10.2）是用日常的材料和主题组合而成的。[10]建筑师对这一建筑的三个功能区进行了独立且并列的表达：舞台及观众席的建筑体、排练厅、办公室和更衣室的综合体。他用灵巧的手法将这三个区域松散

10.2　OMA/雷姆·库哈斯，荷兰舞蹈剧院，荷兰海牙，1980—1987

地组合在了一起，并展现出一种非平衡的、非柏拉图式的拼贴美学。演剧厅中陈列着一幅马德隆·弗里森多普创作的壁画。在室内，观众席分列于斜坡之上并且呈对角分布，向深邃的入口大厅背面沉降，创造出一种极为夸张的透视视角。

　　OMA 事务所在鹿特丹逐渐打开国际声誉，与 20 世纪 80 年代出现的一系列事件几乎同时发生。在这 10 年里，随着阿姆斯特丹在建筑实践领域影响力的逐渐减弱，鹿特丹成为结构主义运动的中心，这使得这座城市逐渐发展成学术与专业实践紧密结合的孵化器。这座以现代建筑闻名的城市提供了比阿姆斯特丹（历史名城）、海牙（政府所在地）更便宜的办公场所。鹿特丹建筑事务所的密度非常高，导致建筑师不但要共享办公楼，而且偶尔要共享办公室。许多新的研究机构都选择了鹿特丹，例如荷兰建筑基金会、荷兰建筑学会（该学会的大楼是由乔·科宁设计的，并于 1988 年学会成立 5 年后对外开放）以及 010 出版社。010 出版社是由汉斯·奥德瓦利斯和彼得·德·温特尔在 1983 年创办的独立出版社，两人都是毕业于代尔夫特大学的建筑师和城市设计师。[11]

　　另一套完善的体系也在这 10 年中得到了长足发展。政府拨款和设计竞标为年轻建筑师和国外建筑师提供了建造实践的机会，让这些人都学会以新的方式呈现现代主义。代尔夫特建筑系的学生芙兰辛·侯班、亨克·德尔和罗尔夫·斯廷胡斯，最终赢得了鹿特丹克鲁兹普林地区的青年社会住宅竞赛（1981—1985）。这项竞赛缘于政府的倡议计划，目的是建造一处社区住宅；还要求设计一种可灵活组合的公寓，能通过不同的拼装模式以满足住户多样的使用需求。葡萄牙建筑师阿尔瓦罗·西扎设计了海牙市施德伟基西侧的两个低保家庭居住社区（1986—1995）。西扎向周围街道借鉴了材料、建筑高度和典型的入口设计，同时，通过调整平面布局来适应穆斯林居民的生活习惯。理查德·迈耶通过赢得一场国际竞赛，获得了设计建造海牙市政厅和图书馆（1986—1995）的机会（尽管 OMA 的方案曾一度领先）。迈耶的这栋形式主义建筑经过精心设计，用闪闪发光的白瓷面板覆层的元素组合而成；同时，建筑中还设有一座多层的中庭。OMA 的方案则大不相同，他们设置了一组随机组合的塔楼群，以象征海牙的城市天际线。这一方案的理念源于一种通用办公楼，其中的办公空间可以根据用户的经济预算进行灵活调整。这一项目实践了由史密森夫妇提出的"开放城市"和"有用的不确定性"这两条原则。

　　由 OMA 事务所设计的办公大楼，从小体量到超大尺度，几乎都以对交通流线的关注作为主要特点。建筑师通常用坡道和电梯来创造多功能的，公共与私人空间交织的空间体验，这种手法被用于建筑内部和室内外联系之中。OMA设计的海牙电车隧道（1990—2004）是一座通过地下通道和坡道来连接地铁站点的多层建筑综合体。OMA为阿姆斯特丹北区的公寓楼（IJ广场区，1981—1988）设计了"之"字形楼梯，这座楼梯沿着公寓纵向的中心而建，并且在横向上与外部可作为画廊的步行动线区域相连。而这两点正是这两座社会住宅的主要特点。公寓楼的屋顶、室外风力墙以及在室内用于分隔厨房和起居室的隔墙，都采用了玻璃材料。有一条公共道路从由立柱支撑公寓下穿过。另外，在地面层设有集市和零售店。

　　IJ广场区的城市设计项目（1981—1988）是位于阿姆斯特丹市中心对面的卑尔梅尔围堤上的一个住宅综合体，它的设计策略是将一系列形式和功能层相叠加。项目中的每一层都具有可进行自适应调节的几何形态和功能逻辑，这种设计方式可以满足用户的特殊需求。这一项目与20世纪60年代末根据CIAM制订的"严格分区"和"人车分流"原则所设计的单一功能居住小区形成鲜明对比。它通过第一层的停车层将车辆导入建筑内部；第二层是沿着步行大道线性排列的市场、斑块状的绿地以及一系列随意设置的各式建筑。这些建筑包括一座学校、一座社区中心和两个居住单元，它们彼此通过步道相连接。最后一层是用于多种体育和休闲活动的开放空间。这种按功能分层的设计策略，整合了纽约摩天大楼的设计理念以及结构主义者对社会需求的思考。OMA设计的拉·维莱特公园是这一理念最精准的案例。这座占地广阔的文化公园位于巴黎，原址在19世纪到20世纪60年代曾是一座屠宰场（图10.1右半部分）。对这一公共活动区的重新规划有两个基础目标，一是整合原场地，二是将市民不断引入其中的功能性活动带。[12]

超级荷兰：新现代主义的兴起

基于对现代主义中有关社会问题的关注，库哈斯于1990年在代尔夫特大学主持了一场研讨会，主题为"荷兰建筑到底有多么现代"。他认为，与生于俄国的曼哈顿结构主义建筑师路得维希·希贝尔塞默相比，当代荷兰建筑师以后越来越难以影响社会的发展。希贝尔塞默的作品提供了另一种生活方式的解读，并且鼓励"已发生和未发生的事件不应仅停留在视觉层面"。一年后，1991年，荷兰在威尼斯建筑双年展上的作品将其当代建筑总结为"不教条的现代主义"。纽特灵-维迪基克建筑事务所（由OMA前合伙人简·纽特灵和威廉·纽特灵创立）向全世界介绍了荷兰的现代主义建筑理念——有形状，但无内容；有风格，但无实体。

库哈斯对荷兰新一代建筑师的影响，可以从一次展览——"以OMA事务所为鉴：新一代建筑师令人崇敬的开始"（荷兰建筑学会，1996）——中看出来。此次展览将一种全新的建筑设计面貌归功于OMA事务所的早期成员。策展人伯纳德·科伦布兰德在与历史学者乔斯·博斯曼合撰的文章中将OMA、MVRDV及纽特灵设计的作品视为对"毯式建筑"和"空中街道"建筑类型创造性的改良；这一做法既响应了"十人组"的理念，也是对凡·艾克设计作品思想的拓展。在20世纪80年代末到90年代初，诸如《建筑学》《建筑学刊》

《从今日起》等具有国际影响力的建筑期刊，纷纷出于"礼节需要"发行特别版介绍荷兰建筑和 OMA 事务所。这些刊物创造了很多"新保守主义"类的词汇，它们被认为"理解了当前的'先锋'设计潮流……而且不限于荷兰"。[13] 人们认为，超级现代主义是"肤浅""中立"的，这些特点在雷姆·库哈斯、伊东丰雄、让·努维尔、多米尼克·佩罗等人的作品中都能看到。[14] 借用荷兰建筑历史学家、评论家、策展人、建筑师巴特·卢兹马的话来说，"超级荷兰"标志着一种被国际化、全球经济一体化以及高速发展的信息科技三者重新定义过的"第二现代主义"。[15] 在荷兰，这些术语与建筑相结合，成为继承自后现代主义的"某种新主义"。

《超级荷兰》(*Super Dutch: New Architeclure The the Netherland*)（图 10.3）一书的主要写作理念是基于一种民族认同感的、新的国际性建筑思潮。作者将 20 世纪 90 年代的新建筑视为荷兰的第二个"黄金时期"。这一时期的建筑实践不仅超越了 70 年代中怀抱着强烈的国家社会责任意识所进行的社区建设，也超越了 80 年代中关于形式特征方面的建筑试验。卢兹马认为，荷兰建筑师要从旧的现代主义概念中解放出来，通过大尺度建筑去响应"经济全球化和信息技术"。这些私人投资的项目填补了政府开支缩减后的空白，并与过去几十年中政府主导的碎片化城市更新项目形成鲜明对比。由于建筑师和城市设计师之间并没有明确的分工，因此建筑师对设计有着充分的自由。这一特点体现在十二家建筑事务所的作品中。这些事务所包括：威尔·艾瑞泽建筑事务所、联合工作室（UN Studio）、诺克斯 / 拉尔斯·斯普伊布罗克工作室、OMA、MVRDV、纽特灵－维迪基克建筑事务所、

10.3 巴特·卢兹马，《超级荷兰》，普林斯顿建筑出版社。封面照片为 MVRDV 设计的伍佐客老年公寓，荷兰阿姆斯特丹，1994—1997

卡斯·奥特修斯事务所、凯斯·克里斯蒂安斯事务所、寇恩·凡·威尔森事务所、埃里克·凡·伊格莱特事务所、阿特利尔·凡·雷斯豪特事务所以及梅卡诺建筑事务所。

"超级荷兰"运动中的建筑师的一大特征就是对设计流程的探索——挑战传统思维，寻找审视场所环境的新手段，以及为分析功能性的需求提供新方法。另外，他们还开拓了形式主义设计的具体手法。在荷兰中部的阿默斯福特市，本·凡·博克和卡洛琳·博斯为建筑承包商卡波夫公司设计了总部大楼（1990—1992）。作为在阿姆斯特丹从事建筑、城市与设施设计的跨学科设计事务所——联合工作室——的创始人，该大楼也是两人最早完成的作品。这栋大楼是由混凝土和金属板构成的一座水平向建筑。建筑师通过在水平和垂直方向上将建筑体块进行少量非正交方式的平移，实现一种活泼的，富有雕塑感的形态。"莫比乌斯住宅"（1993—1998）的混凝土和玻璃板，是沿着客户24小时的生活和工作轨迹的循环而布置的。这种建筑表面的设计方式，也被他们应用在乌德勒支大学（图10.4）的核磁共振设备楼上。马斯特里赫特艺术与建筑研究院（1989—1993）是威尔·艾瑞泽建筑事务所的第一批作品，他们以混凝土为框架改造了建筑，并嵌入了半透明玻璃块。

纽特灵-维迪基克建筑事务所为乌德勒支大学数学、信息技术及地球物理系建造的敏纳尔特大楼（1994—1997）包括教室、实验室和校园餐厅（图10.5）。其中的巨大室内纪念厅是高效利用空间的成果——它带有一座水池，可收集从天花板开口处流下的雨水。这些水在白天被抽入建筑底层的散热架，帮助冷却计算机实验室设备；晚上又流回水池并自动冷却。水池的水位可以根据季节变化而升高或者降低，水在冬天也可能会结冰。会议厅边缘的一系列火车座式的座椅供学习、会客使用。建筑物外立面采用红色混凝土描绘出大型水波纹的效果。

梅卡诺建筑事务所是由芙兰辛·侯班和埃里克·凡·埃赫拉特于1984年创立的。该事务所因其对于细节、材料及色彩的关注而闻名，也因其关注人们在建筑物室内外空间中的

10.4 联合工作室，核磁共振设备楼，荷兰乌得勒支大学，1996—2000

10.5 纽特灵-维迪基克建筑事务所，敏纳尔特大楼，荷兰乌得勒支大学，
1994—1997

社会活动而广为人知。事务所成员凡·艾克以"卡斯巴生命
之树"为原型，设计了乌德勒支大学校园（由 OMA 总体规划）
内的一栋经济管理学院楼（图 10.6 和 10.7）。梅卡诺事务所
用一种中性色调的立面来包裹三层的浅条形建筑，可以为内
部的房间、大厅、步行桥、楼梯和休憩空间遮阴。建筑师设
计了三处布局各异的巨型露台，让阳光直射建筑内部。除了
在最大的一座露台上以郁郁葱葱的竹子来象征丛林外，其他
两座露台都显得比较安静——一座是禅意花园，另一座是提
供迷人景观的"水露台"。建筑的表皮有多种展现形式，有时
可以收起来展现建筑内部，有时像蒙着一层薄纱或人的皮肤。
钢格栅和木格栅以看似随机的网格方式形成建筑表皮，在其

10.6 梅卡诺建筑事务所，经济管理学院楼，荷兰乌得勒支大学，1991—1995

10.7 梅卡诺建筑事务所，经济管理学院楼，荷兰乌得勒支大学，1991—
1995

后隐藏着用混凝土板组成的立面。立面的其他部分则用巨大的百叶窗和一系列可移动的铝制薄片横向覆盖。[16]

West 8 城市规划与景观设计事务所的作品，可以作为策略性思考的范本，它们还将这种设计方式拓展至建筑、城市规划和景观设计等几个领域。这家事务所由阿德里安·古兹创立，以"人与人的互动"为宗旨进行框架设计，例如，鹿特丹市中心的剧院广场（1990—1997），它被城市歌剧院和一座影院综合体所环绕。广场的地下层是原有的地下停车场，其地面有用木头和金属拼成的图案，反映了城市昔日海港的景象。剧院广场为各种游憩活动提供舞台。夜间照明设施以及临时结构装置都可以根据广场地面的厚度来调整。West 8 还设计了广场内的家具和起重机形状的灯具。这些可以被游客自由摆弄的灯具，沿着广场呈线性排列。另外，West 8 还是阿姆斯特丹的"博尔诺·斯伯雷伯格居住区"总体规划项目（1993—1998）的负责方。这一项目包括了对两座紧邻阿姆斯特丹的狭长岛屿的规划，旨在为城市居民提供郊区住所。建筑师设计了高密度、多样化的带私人平台和花园的居住小区。小区的房屋由建筑师精心设计，三层高，成行排列，充分展现了建筑师想要营造的"滨水生活"的设计理念。有大量来自德国和世界各地的建筑师和事务所参与了这一项目，包括斯蒂凡纳·贝尔、凯斯·克里斯蒂安斯、本·凡·博克、赫尔佐格与德梅隆事务所、斯蒂文·霍尔、何塞·路易斯·马特奥、MVRDV、纽特灵–维迪基克事务所、寇恩·凡·威尔森。

拉尔斯·斯普伊布罗克和他的诺克斯事务所致力于探索艺术、建筑和计算机技术间的关系。他们的作品一般具有连续的几何形态，可以追溯至哥特式风格、如画风格以及新艺术运动的传统。"D塔"（1999—2004）是一座互动性城市纪念碑，可以根据市民的心情变换颜色，因而它其实是一种混合媒体，建筑仅仅是其互动系统中的一部分。当人类的活动、颜色、金钱及情感都被纳入实体网络，那么这种密集（情感、感受）和疏落（空间、量）的角色便可以自由转换。这一项目包括了一座实体建筑（塔）、一份调查问卷和一个网站（www.d-toren.nl）。这座高达12米、以环氧树脂构成的建筑结构，是通过计算机建模技术（CNC铣削泡沫塑料），由各种规则或不规则的几何形态所构成的一个复杂表面。这个表面非常类似哥特式的拱顶，柱子和表面是一个连续整体。HtwoOexpo水族馆（1994—1997）是一座以实时电子设备来激发游客感官和情绪的水族馆（图10.8）。斯普伊布罗克的美学探索与平等主义者们所主张的"可调整"方案设计不同，体现出荷兰现代主义建筑的特质。

MVRDV建筑事务所（由曾在OMA工作的威尼·马斯、雅各布斯·凡·里斯和娜莎莉·德·弗里斯等人创立）探索每一个项目所具有的城市功能布局以及经济价值上的潜力。由MVRDV所撰写的《特大城市或数据城市》（1999）一书对比了荷兰国内的奢靡与简朴的设计风格。"猪的城市"（2001）是一个充满争议但又不失幽默的项目，建筑师通过76座塔来优化猪肉的生产流程。他们推测并且通过不断扩充功能性需求、建筑标准以及城市环境来生成数据库，为设计服务。

MVRDV建筑事务所反对支持现代主义运动思想的社会模型，他们认为应该运用"科学"数据来客观地定义功能性需求，并发现逻辑"漏洞"，而不是任由公众舆论干预设计。[17]

10.8　拉尔斯·斯普伊布罗克 / 诺克斯事务所，HtwoOexpo 水族馆，荷兰奈勒简斯岛，1994—1997

他们决定在阿姆斯特丹建造伍佐客老年公寓（1994—1997），并希望这一项目拥有像美术馆一样的步行流线，以及尽可能多的单元数量。在资金与空间可承受的范围内，建筑师通过设计，使这些老年公寓中的住宅单元能获得最大的进深及面宽，同时还能让其中的 13 户单元从建筑主体中悬挑出来。由于有着不同的开窗位置、阳台尺寸和材料，这些住宅单元拥有自己的特征。斯洛达姆海景集装箱建筑（图 10.9）的原址曾是水坝，还带有一座下沉式停车场和翻修过的粮仓。根据市场需求以及社区讨论的决定，这一项目将办公楼、公共与半公共空间以及 150 多个住宅单元分成几个“社区”，能容纳各种社会团体、不同的单元尺寸、费用、日照需求、立面处理方式以及单元组合形式（单元是一层还是两层，是面向港口还是面向城市，是否有露台）。

　　由 OMA 设计的鹿特丹画廊（1992）是一座展示当代装

10.9　MVRDV，斯洛达姆海景集装箱建筑，荷兰阿姆斯特丹，1994—1997

置艺术的美术馆，而不是所谓"精英"艺术机构（图10.10）。一条公共的人行坡道从画廊建筑的中间穿过，并沿着高速公路将建筑的正面与面向花园的背面相连。画廊入口在人行步道的中间；画廊整体沿着一条人行坡道环路设置。这条从花园到屋顶的环路，贯穿了展厅、音乐厅、咖啡馆和书店。另外，建筑还通过使用既服务于精英文化，也服务于平民文化的媒介来打破原本单一的文化表达方式。这样的媒介就是日常、便宜的材料，如塑料、金属网、建筑护堤的特殊黑色大石块，以及从底层画廊延续到花园的树干形柱子组成的韵律。另外还包括各种可大规模生产的材料，如钢铁、玻璃、沥青和混凝土。鹿特丹画廊的外貌，能随着游客观赏位置不同而变。艺术馆的沿街立面，能让人联想起密斯·凡·德·罗那

10.10　OMA/ 雷姆·库哈斯，鹿特丹画廊，荷兰鹿特丹，1992

座象征高雅艺术的新国家艺术画廊。在建筑的西立面，可以看到与音乐厅地面成 90° 角的混凝土立柱，这能让人们意识到这座文化建筑中类似"停车库"的特点。[18] 而面向花园的立面，又与勒·柯布西耶未建成的项目——斯特拉斯堡的国会中心很类似。

OMA 现象

库哈斯和 OMA 一直在探索如何优化步行流线与功能彼此作用的策略。在巴黎大学尤西厄图书馆（1992）的竞赛方案中，建筑师通过设计连续的折叠式楼板，来营造一种折叠式的城市空间。这一设计理念曾在乌得勒支大学教育中心（图 10.11 和 10.12）中得以实现，建筑内的坡道创造了让访客彼

10.11 OMA/雷姆·库哈斯，教育中心，荷兰乌得勒支大学，1997

10.12 OMA/雷姆·库哈斯，教育中心，荷兰乌得勒支大学，1997

此偶遇的机会。因为 OMA 将建造公共基础设施视为现代建筑师的最终任务，所以他们的每个项目都是在实现这一任务。[19]

OMA 总是重新思考现有项目的核心需求。以 OMA 递交的纽约现代艺术博物馆（1997）扩建项目竞赛的参选方案为例，建筑师建议将这一著名艺术机构的地上一层彻底向公众开放。同时，讽刺的是，OMA 还将城市街道重新引入建筑上层未曾开放的现代艺术空间，让游客得以拥有"前所未有的游览体验"。建筑史学家约翰·萨莫森在 20 世纪 50 年代末曾说："现代主义建筑思想统一的方式存在于社会学当中，换句话说，在于建筑师所设计的功能中。"[20]对功能设计至关重要的文化教育类建筑而言，OMA 建筑事务所为它们建立了多样化的联系。从建筑底层开始，建筑师通过一系列"非正式"的陈述来引发游客思考，而根据变化的空间、政治和社会条件而设计的功能，游客会产生自己的理解。

OMA 的作品是离经叛道的，建筑师时常故意打破传统的准则或审美标准。这种做法可看成创造的另一种颇具争议的方式。尽管库哈斯在口头上接受甚至承认设计在实践中对建筑的改变有局限性，但那些设计本身就是挑战原则的例证。这种现代主义建筑类型源于结构主义的概念，但思想体系仅受到其间接影响或某些特殊因素的影响，而非结构主义完整设计过程的体现。在 OMA 的作品中，这种建筑类型演变为一种大都市所特有的拥塞文化，以及人们在功能引导下对场域的使用。库哈斯（在某种程度上还包括"超级荷兰"的其他建筑师团队，尤其是 MARDV）反对荷兰建筑文化中由公众意志来指导设计，弱化建筑设计作用的社会思潮。然而，老一辈建筑师内敛的设计理念已发生改变，建筑师开始排斥公众意志的影响。通过影响文化教育机构,并出于尊重用户使用自由的目的,他们在变得激进的同时也在重新发现问题,从而赋予"荷兰结构主义"以新的理念。

注 释

1 Claude Lévi-Strauss, *The Elementary Structures of Kinship*, 1949, and *Structural Anthropology*, 1963.

2 1959—1963年、1967年的其他编辑包括 Bakema, Herman Hertzberger, Dick Apon, Gert Boon, Joop Hardy, and Jurriaan Schrofer.

3 Herman Hertzberger, "Structuralism: A New Trend in Architecture," *Bauen + Wohnen* 30/1 (1976): 23. 又可见 *Structuralism in Dutch Architecture*, W.J. van Heuvel, 1992.

4 Alexander Tzonis and Liane LeFaivre, "The Populist Movement in *Architecture*," *Forum* 3 (1976).

5 Ralph Erskine, Byker Wall Housing at Newcastle-upon-Tyne, England, 1973 to 1978; Lucien Kroll, *Medical Facility Housing, Leuven, Belgium*, 1970-76. Christopher Alexander, *A Pattern Language: Towns, Buildings, Constuction* (Oxford University Press, 1977); Bernard Rudofsky, *Architecture without Architects: A Short Introduction to Non- Pedigreed Architecture* (MoMA, 1965).

6 参见 Jaap Bakema. Presentation sheets for Alexanderpolder, *Rotterdam*, 1956. Collection NAi, BAKE t134.

7 "The Engagé 70s, *Acquisition Plan* 1968-1979," http://en.nai.nl/ collection/about_the_collection/item/_rp_kolom2-1_elementId/1_341754; "Conversation Pits and Cul-de-Sacs: Dutch Architecture in the 1970s" (NAI, 2010).

8 Wouter Vanstiphout, "Consensus Terrorism: The Dutch 70s," *Harvard*

Design Magazine, Summer 1997, number 2. 沃特·范斯蒂福特是以鹿特丹为根据地的建筑史学者组织"深红"的创始人，该组织将当代荷兰建筑与 20 世纪 30 年代的思想体系直接联系起来。有学者评论道："整个 20 世纪 70 年代充满着冲突和对立，没有哪个时代能让荷兰建筑师经历如此大的激昂、抵抗和剧变。" Martien de Vletter, *The Critical Seventies: Architecture and Urban Planning in the Netherlands 1968-1982* (NAi, 2004).

9　Aldo van Eyck, "Rats Posts and Pests," RIBA Journal 88/4 (April 1981): 47-50. Aldo van Eyck, "Statement against Rationalism," in Aldo van Eyck Writings, *Amsterdam,* 2008.

10　罗伯特·文丘里、史密森夫妇和另一些建筑师认为，当代生活的总的日常元素对于现代艺术和现代建筑来说具有重要意义。在超现实主义的冲击下，伯纳德·屈米和库哈斯却正好相反，他们通过将这些日常元素出其不意地随意组合在一起，挑衅了前者认为日常元素很重要的说法。

11　参见 "The Battle for the Netherlands Architecture Institute," in Patricia van Ulzen, *Imagine a Metropolis: Rotterdam's Creative Class, 1970-2000* (Rotterdam, 010, 2007), 10.

12　Caroline Constant, *The Modern Architectural Landscape* (University of Minnesota, 2012).

13　"Fresh Conservatism: Landscapes of Normality," Roemer van Toorn, Quaderns, 1997. "新保守主义是一个概念框架，是一种理解建筑、艺术以及电影中先锋派正在造成怎样影响的方法……荷兰人确实在建筑、工业设计、图形设计等领域遥遥领先。"

14　Hans Ibeling, *Supermodernism: Architecture in the Age of Globalization* (NAi, 1998).

15　Bart Lootsma, *Superdutch* (Princeton Architectural Press, 2000).

16　www.mecanoo.nl.

17　同上。

18　Kathy Battista and Florian Migsch, *The Netherlands: A: A Guide to Recent Architecture* (Ellipsis, 1998).

19　出自 OMA 为员工编写的一本竞赛文集。

20　John Summerson Summerson, "The Case for a Theory of Modern Architecture," in Joan Ockman (ed.), *Architecture Culture 1943-1968*, (Rizzoli, 1996), 226-36.

第 11 讲　西班牙和葡萄牙建筑：隐喻的边缘

萨维尔 · 科斯塔

作为语境的现代性

　　我们应该用更广阔的视角看待 20 世纪西班牙和葡萄牙的建筑，它们在整个欧洲举足轻重，在 20 世纪最后几十年，甚至在全球范围内也有着巨大的影响力。然而，进入 21 世纪，伊比利亚的建筑师却发现自己陷入了一种两难境地：一方面深陷在欧洲大陆上地理和文化的边缘地位，另一方面仍在坚持传统和他们独创的设计理念。虽然这两个国家的历史进程在 20 世纪有过政治和文化相对闭锁的阶段，但是优秀的西班牙、葡萄牙建筑师强烈的好奇心和高超的专业技能，使他们在世界舞台上获得了赞许和认可。

西班牙建筑概况

　　在 20 世纪 10—30 年代，西班牙建筑的设计明显延续了 19 世纪的风格。马德里和巴塞罗那都在这几十年里各自实施了城市扩张计划。这两座城市的总体规划都由卡洛斯·玛丽亚·德·卡斯特罗和伊迪芬斯·塞尔达主持，并且在 19 世纪中叶获得批准。在 21 世纪头几年，那些代表建筑师沿用 2000 年以来融合各种浪漫主义和历史主义的概念与手法，进行建筑实践。他们的作品通常运用本土、传统和新殖民主义的元素，充满学院派风格。这种设计风格源于马德里和巴塞罗那的建筑学院（建于 19 世纪下半叶）中的形式主义风潮。多梅内克·蒙塔纳和普伊格·卡达法尔奇这样的加泰罗尼亚建筑师，在其建筑作品中融入了鲜明的政治观点。在马德里，不仅有建筑师安东尼奥·帕拉西奥斯所设计的纪念性建筑，还有更先锋的作品，如塞昆迪诺·祖阿佐的作品，以及阿图罗·索里亚·马塔提出的"线性城市"的规划理论，以及由拉斐尔·贝尔加明和其他设计师共同完成的郊区社区发展项目。[1]

　　1929 年发生的两件大事，让历史主义以及纪念性建筑前所未有地展现风采：一是以汉尼拔·阿尔瓦雷斯作品为亮点的伊比利亚美洲博览会（塞维利亚）；二是普伊格·卡达法尔奇主持的巴塞罗那世界博览会的总体规划。同样在 1929 年，何塞普·路易·塞特的第一件设计作品杜克洛住宅（塞维利亚）以及密斯·凡·德·罗设计的德国馆（巴塞罗那），与这些基于 19 世纪设计理念建成的项目对比十分明显。这两位建筑师的作品标志着现代主义建筑运动在西班牙迈出了第一步。随后，在欧洲中部和北部也出现了现代主义建筑萌芽。塞特和与他同辈的建筑师——如费尔南多·加西亚·埃斯梅尔卡达尔、何塞·托雷斯·格拉贝、何安·巴蒂斯塔·萨布拉纳、赫尔曼·罗德里格斯·安利亚斯、西斯托·伊列斯卡斯和李嘉图·丘鲁卡——邀请勒·柯布西耶到巴塞罗那和马德里举办了演讲，并且协助在达尔茂画廊举办了展览，促成了西班牙建筑师与工程师现代主义推进小组（GATEPAC）的建立。

西班牙内战时期

和欧洲其他地区一样，西班牙的现代主义运动也在试图传播这一独特的建筑文化。西班牙建筑师会办展览、出书、出杂志（如《AC》）、参与 CIAM 的会议，并且与像柯布西耶这样的欧洲建筑师和一些政治人物保持密切联系。1937 年，塞特和 GATEPAC 为巴黎世博会设计了西班牙展馆，因此获得了广泛关注。艺术家路易斯·拉卡萨也参与了设计。这座展馆本质上就是建筑师和艺术家合作的产物。参与过此项目的艺术家还包括：亚历山大·考尔德、琼·米罗、胡里奥·冈萨雷斯和毕加索（著名的《格尔尼卡》就是他为此项目绘制的壁画）。

许多建筑师在西班牙第二共和国时期异常活跃，或者对其政策抱有同情，他们后来不是被迫流亡海外，就是遭遇一种变相的内部流放（这严重阻碍了这些建筑师获得项目委托）。安东尼奥·博内特·卡斯蒂利亚（图 11.1）远走阿根廷，并在乌拉圭马尔多纳多设计了精妙绝伦的住宅项目——蓬塔巴莱纳住宅。与此同时，费利克斯·坎德拉在墨西哥从事设计工作，赫尔曼·罗德里格斯·阿里亚斯去了智利，路易斯·拉卡萨则去了苏联。1939 年，塞特作为难民抵达纽约，继瓦尔特·格罗皮乌斯之后担任了哈佛大学设计学院院长。另外，他还为几个拉丁美洲国家设计了一系列城市规划项目。在适当的时候，塞特再次回到西班牙进行建筑实践，值得一提的是他为琼·米罗设计的两件作品——马略卡岛帕尔马的艺术工作室（图 11.2）和巴塞罗那的米罗基金会。[2]

11.1　安东尼奥·博内特·卡斯蒂利亚，里卡达别墅，西班牙巴塞罗那，1949—1961

11.2　何塞普·路易·塞特，琼·米罗艺术工作室，西班牙帕尔马，1953—1957

20 世纪五六十年代

西班牙内战的一个影响就是削弱了 GATEPAC 那一代建筑师与他们后辈的联系。迫于无奈，年轻一代只能去重新发现现代主义建筑。这些西班牙二代建筑师，因其在住宅开发领域广泛且重要的工作而广为人知。大规模的人口迁移、城市扩张以及反映西班牙现代化进程的生活方式，都是促成这些项目的直接原因。另外，受 20 世纪 60 年代出现的新兴休闲方式和大众旅游热影响而出现的新型居住文化，也是一个原因。

新的城市设计模型在内战结束后的几年中获得了许多测试实践的机会，尤其是在那些为了安置乡村人口的新城镇。其后是在大城市（以马德里为代表）周边为适应新的人口迁移而建造的卫星城市。其他类似建设也统称为"新建城镇"或"实验城镇"，这一系列建设构成了城市设计重要的实践。这一时期其他的重要作品还包括由亚历杭德罗·德拉索塔设计的塔拉戈纳省民政大楼以及马德里的马拉维拉体育馆。60 年代，出现了越来越多的新型住宅，包括弗朗西斯科·哈维尔·萨恩斯·德·奥伊萨设计的"白塔"公寓（图 11.3）；还有路易斯·贝尼阿·冈切基在巴斯克设计的作品，他的作品从当地传统建筑中提取元素，并与现代主义建筑相结合。

与此同时，"R 小组"在巴塞罗那开始重新定义第二共和国时期的建筑遗产，他们还对其他国家的建筑发展表现出强烈兴趣。"R 小组"骨干包括奥里奥·博希加斯、J.M. 索斯特莱斯、安东尼·莫拉加斯和何塞·安东尼奥·科德尔奇。小组成员提出了影响整个 20 世纪的理念及作品，例如，由科德

11.3 弗朗西斯科·哈维尔·萨恩斯·德·奥伊萨，"白塔"公寓，西班牙
马德里，1961—1968

11.4　何塞·安东尼奥·科德尔奇，乌加尔德住宅，西班牙卡尔德塔斯，
　　　1951—1952

尔奇从 1951 年开始设计的乌加尔德住宅（图 11.4）和巴塞罗
那公寓，以及 J.M. 索斯特莱斯从 50 年代后期开始设计建造的
MMI 公寓和伊兰佐公寓。在这段时间，住宅设计显示出无与伦
比的重要性，这体现在弗朗西斯科·米特扬斯、奥里奥·博
希加斯、何塞普·玛丽亚·马托雷尔的一系列重要作品当中。
他们与其他建筑师共同完成了巴塞罗那市埃斯科里亚尔大街
与马拉加尔综合体这样的住宅与城市开发计划。这些综合体
不仅赋予巴塞罗那以新的面貌，还为集体住宅设计带来了新
思路。[3]

　　这些年里西班牙建筑师与欧洲同行的联系看似若有似无，
但其实至关重要。科德尔奇出席了"十人组"会议，还推动
"R 小组"在 20 世纪 50 年代末重新定义了现代主义建筑。科
德尔奇除了与英国和德国建筑师有所接触外，还与一些著名
意大利建筑师保持密切联系，特别是与吉奥·庞蒂。在随后
几十年，他悉心维护的这种联系，在巴塞罗那的建造实践中

大放异彩。意大利的设计在 20 世纪 60 年代的欧洲设计圈和建筑圈举足轻重，其中的主干就是这条"米兰—巴塞罗那"轴线。

风起云涌的十年

20 世纪 60 年代的经济繁荣和第一次旅游浪潮，对西班牙社会各个方面产生的影响，都反映在了这一时期的建筑当中。由于在设计上注重舒适性，建筑变得更精致、更国际化，也更有表现力。这些特点在其他的设计领域也有所体现。科德尔奇的理念在费德里科·科雷亚与阿方索·米拉事务所的作品中得以延续，后者在不同领域都曾设计出精美的作品，从工业设计到室内设计等，不一而足（图 11.5）。他们还将从波普艺术、传媒和广告中提炼出来的设计语言与建筑结合，其典型的案例就是位于巴塞罗那的"闪闪餐厅"。此外，科德尔奇的理念还体现在 PER 事务所（由图斯克茨、克罗泰特、博内特、西里奇组建）的讽刺性作品中（他们为这些建筑设计了独一无二的灯具和家具），以及卡洛斯·费拉特更具个人风格的作品当中。

在 20 世纪 60 年代，世界主义的其他表现形式可以在里卡多·波菲尔的早期作品中看到。他设计了位于尼加拉瓜大街和巴里·高迪（雷乌斯）的公共住宅后，又在 80 年代设计了著名的"瓦尔登 7 号"住宅综合体（圣胡斯托德斯韦尔恩镇）。作为同辈中少数在欧洲接受完整教育并进行建筑实践的建筑师，波菲尔为西班牙引入了巨构建筑，以及融入意大利元素

11.5 路易斯·佩尼亚·甘切吉、爱德华多·奇里达，风之巢，西班牙圣塞
    瓦斯蒂安，1975—1976

的建筑、景观和室内设计。随后，波菲尔的设计趋于一种更
折中的混合风格，这是一种基于某个模糊政治立场的、笼统
的古典主义倾向。这一倾向认为，新的公共住宅应该成为具
有历史意义的纪念性建筑。

其他一些重要建筑师也抱持六七十年代那种乐观的、具
有突破性的理念，其中一位就是拉菲尔·莫内欧，他很早就
对斯堪的纳维亚建筑发生兴趣，如丹麦建筑师约翰·伍重的
作品。由于在专业实践及教育领域的杰出贡献，莫内欧成为
20 世纪最后 25 年最有影响力的建筑师之一。他最初在马德里
和巴塞罗那工作，但 80 年代中期去了哈佛大学，成为建筑学
院院长。在 20 世纪 70 年代，莫内欧因其激进的理论和十几
前年出版的著作而出名。他时常在《建筑丛》《对立》等建筑
杂志上发表文章。作为纽约建筑与城市设计学会的一员，他
在伊比利亚传统与新兴北美设计之间建立了许多联系。莫内
欧还十分推崇葡萄牙建筑师阿尔瓦罗·西扎的作品，帮助提

升了后者的国际声誉。在西扎所有的建成项目中，位于马德里卡斯蒂利亚大道的贝内斯托办公楼表明了他坚定的设计态度，并为他之后的职业轨迹奠定基础。位于梅里达的国家古罗马艺术博物馆，则是其设计生涯一个转折点。他用一种彻底的当代主义手法，结合对西班牙历史独到、审慎的理解设计出了这座博物馆。

梅里达国家古罗马艺术博物馆的建成表明，建筑师在处理当代建筑与历史遗存的关系当中，开始出现了转变——大量参照历史，是20世纪80年代设计博物馆之初最重要的考量。这座博物馆位于古罗马殖民地的中心区域，它的地下层就是古城的考古发掘现场。在已有结构上加盖当代建筑，过去常见的做法是强调新旧元素之间的区别，以一种潜移默化的教育方式，来避免观众将这两种元素混淆。而莫内欧将一种更微妙、更复杂的理念引入建筑设计中。这座新的博物馆，就是受到了传统设计中有关材料应用、构造技术和空间组织方式的启发。砖、拱门和巨大墙面的使用，让游客对古罗马建筑产生了新理解，但建筑本身无疑又是一座当代建筑。一堵堵平行的墙面，穿过了已有的、形状不规则的考古发掘现场。

国家古罗马艺术博物馆是通过历史影响当代设计的范例。这种设计方法在纯粹的风格和形式上引用历史，创造出了一种无处不在的后现代主义历史的复兴，于是，博物馆成为一句宣言——过去的历史，可以用一种可读的方式来影响现在。这种阐释差异的方式，在当时的建筑评论界获得了巨大反响。对莫内欧个人的职业生涯来说，这座博物馆也是一个转折点，从此开始，他在现代主义设计中引入了具有传统空间和结构

11.6　拉菲尔·莫内欧，卡萨尔礼堂，西班牙圣塞瓦斯蒂安，1990—1999

11.7　拉菲尔·莫内欧，卡萨尔礼堂，西班牙圣塞瓦斯蒂安，1990—1999

意味的手法（图11.6和11.7）。

继国家古罗马艺术博物馆之后，莫内欧以极高的一致性、连续性在建筑设计中贯彻了这一设计理念，包括美国的戴维斯博物馆、休斯敦博物馆，以及瑞典的斯德哥尔摩现代艺术与建筑博物馆。作为教育工作者、评论家与建筑设计师，莫内欧充分向世人展示了西班牙当代建筑。放眼望去，20世纪

11.8 埃利亚斯·托雷斯、马丁内斯·拉佩纳，城墙修复项目，西班牙马略卡岛，1983—1992

西班牙建筑师当中，只有塞特可以与他比肩。

　　建筑文化能在巴塞罗那获得前所未有的关注，这很大程度上归功于奥里奥尔·博希加斯全身心的投入。继领导"R小组"后，这位建筑师在其事业巅峰期担任了巴塞罗那建筑学院院长，随后又成为城市规划和文化方面的议员。博希加斯雄心勃勃地将建筑、文化和传媒运营方面的问题融合在一起，并且在1992年的奥运会场馆建设中得到了极致的体现，这是加泰罗尼亚建筑获得巨大成功的10年。在博希加斯的指引下，巴塞罗那成为激发西班牙其他地区建筑复兴的催化剂。许多著名建筑师都在这段时间内产生密切合作，包括：胡安·纳瓦罗·巴尔德维格、安东尼奥·克鲁兹、安东尼奥·奥尔蒂斯、吉列尔莫·巴斯克斯·康苏埃格拉；在巴塞罗那则有何塞普·利纳斯、埃利亚斯·托雷斯、卡洛斯·费拉特、约尔迪·加尔塞斯和恩里克·索里亚、埃利奥·皮诺和阿尔伯特·维亚普拉纳、爱德华·布鲁和何塞普·路易斯·马特奥（部分作品，图11.8和11.9）。

11.9　埃利亚斯·托雷斯、马丁内斯·拉佩纳，城墙修复项目，西班牙马略
　　　卡岛，1983—1992

11.10　奥里奥尔·博希加斯、何塞普·马托雷尔、大卫·麦凯，塔乌学院，
　　　西班牙巴塞罗那，1971—1975

　　博希加斯在与何塞普·马托雷尔和大卫·麦凯合作过程
中（图11.10），还设计了帕拉尔斯大街上的低保家庭住宅；
还为教育及研究机构探索了新的建筑原型，如巴塞罗那的加
尔比与塔乌。他还十分推崇将"十人组"对公共空间的关切
融入社会参与设计的当代建筑。另外，他开始关注当地的传

统，这一设计理念后来被肯尼斯·弗兰姆普敦称为"批判的
地域主义"。

博希加斯的时代，西班牙建筑在国际上获得了稳定而持
续的关注。一批高质量的西班牙设计杂志纷纷涌现（如《建
筑丛》《建筑学与都市主义》《建筑素描》《生活建筑》），大量
展览展出了建造中的作品（如在芝加哥、纽约举办的当代西
班牙建筑展），[4] 重要的外国建筑师（包括阿尔瓦罗·西扎和
诺曼·福斯特）受邀参与创造新式西班牙建筑——这一切新
气象，重燃了全世界对西班牙建筑的热情。

迈向 21 世纪的西班牙

受 1992 年巴塞罗那奥运会直接、间接影响而建造的建
筑，标志着一个时代的结束。无论是舆论还是建成的作品，
都在这个时期受益于偏爱西班牙建筑的政策。然而，从 20 世
纪 90 年代后期开始，这种情况有了一种深层的转变，并预示
着某种从剧变中孕育的全新设计理念的诞生。在那些年投身
事业的建筑师，进一步强调了在全球范围内思考西班牙建筑
的必要，同时还要找到就此现象进行沟通的渠道。在这点上，
有一个具有说服力的案例——恩里克·米拉列斯悲情且短暂
的职业生涯。他不仅在西班牙全国各地留下作品，还在荷兰
（乌得勒支市政厅，图 11.11 和 11.12）和苏格兰（爱丁堡议会
大楼）设计了重要的新建筑。当时另一位举足轻重的建筑师
是亚历杭德罗·德拉索塔，他先是执教于伦敦建筑学会，撰
写了多篇建筑评论，后来在意义重大的日本横滨行人隧道设

11.11　恩里克·米拉列斯、贝内黛塔·塔利亚布，市政厅扩建项目，荷兰乌得勒支，1997—2000

11.12　恩里克·米拉列斯、贝内黛塔·塔利亚布，市政厅扩建项目，荷兰乌得勒支，1997—2000

计竞标中获胜。[5]

　　在世纪之交，其他有影响力的建筑师还包括合作至今的伊纳基·阿巴洛斯和胡安·埃雷罗斯。两人不但在建筑设计领域合作，还共同写成了许多著作，并且在西班牙和北美从事教学。在另一个领域，像古斯塔沃·吉利这样的专业编辑、

《草图》《表现者》这类媒体，也在极力推广西班牙建筑师的作品。《表现者》是在建筑、设计和艺术的出版领域不断创新的一种杂志，现在已逐渐变为向全世界展示新建筑作品的大平台。

创办新学校，成立新小组，刊行新建筑杂志，各种机构通过不同方式来支持建筑学科建设，再加上这代建筑师还有了新设计理念，这一切都预示着西班牙建筑将在21世纪迅速发展而且极富创造力，这也说明在21世纪初出现了一拨高质量建筑设计。在世纪之交，这种西班牙建筑飞速发展以及国际影响力大幅提升的现象，需要从两个方面来理解：一是专业的建筑设计院校源源不断地输送建筑人才；二是大量的公共委托项目和竞赛为年轻一代的建筑师、设计师的职业生涯提供了大量带有实验性、概念性转变的机会。前文提到过的出版团体，也对这一现象产生了影响，伊比利亚建筑师经过媒体的大力宣传后，得以享有与国际知名建筑师比肩的盛誉。还有，巴塞罗那的密斯·凡·德·罗基金会和早期的当代艺术馆（MACBA）和马德里的新部族艺术展览馆这样具有影响力的机构也是这一现象产生的一个原因。伊比利亚建筑师一直采用批判性的视角，公开展示这些当代建筑实践。在国际上，几年前由纽约当代美术馆举办的西班牙建筑展也很好地总结了这一时期充满活力的建筑实践活动，发掘了一批正在迅速成长的建筑师，例如：恩里克·鲁伊斯·捷利、涅托–索韦哈诺事务所、RCR建筑事务所、曼西利亚和图恩事务所、弗朗西斯科·曼加多和何塞·莫拉莱斯。

葡萄牙建筑

　　和西班牙建筑一样，葡萄牙建筑的现代主义进程历经了一个渐变过程。不同的是葡萄牙的关键时刻出现在 20 世纪 50年代。在这一时期，费尔南多·塔沃拉和阿尔瓦罗·西扎发展了他们的建筑事业。他们都是创办波尔图建筑学院的灵魂人物，是当代最具影响力、最受欢迎的建筑师。塔沃拉是 20世纪葡萄牙建筑师中的一个特例，他确定了建筑教育的方向和价值取向。几代建筑师都视他为导师。塔沃拉参与了著名的《葡萄牙建筑研究》的撰写工作，他在书中详尽地描述了葡萄牙广受欢迎的历史建筑遗产，还明确提出"政策制订应该听取建筑师专业人士的意见"。

　　塔沃拉的主要作品是一些朴素的建筑，比如波尔图的拉马尔德街区、圣玛丽亚达费拉的市政广场（都设计于 20 世纪50 年代初）。他作为波尔图建筑学院的教授也有很大的影响力，甚至能决定学校的发展方针。同样是在 50 年代，阿尔瓦罗·西扎在靠近波尔图的一座名为"马托西纽什"的小镇设计了一系列建筑，例如"海洋之池"、几栋住宅以及查博雅新星餐厅。西扎之后的建筑师生涯中的重要作品，还包括波尔图大学的建筑系新馆、波尔图塞拉维斯当代艺术博物馆以及1998 年里斯本世博会主展览馆。

　　葡萄牙 20 世纪最后 10 年的建筑实践也与西班牙类似，都被肯尼斯·弗兰姆普敦称为"批判性地域主义的典范"。这种现象一般出现在某些边缘国家，但这种将现代主义融入当地传统所形成的建筑却有着出色的品质。阿尔瓦罗·西扎是葡萄牙建筑设计的领军人物，也是"批判性地域主义"最著名的人物。他的作品，将对场所的感受以及用传统方式表现材料、建筑手法和空间的方法，融入了激进的现代主义传统。[6]

在靠近波尔图的马托西纽什小镇，由西扎设计的公共泳池"海洋之池"就是这种设计方法的典范。泳池的配套建筑与周边精心设计的景观融为一体，而泳池本身借用并重塑了大自然中的岩石水岸。同时，建筑师还将一座带有锐利几何形状的建筑结构引入场所之中。泳池建筑的内部空间包括更衣室等服务设施。从街道望向这座水平向的条状建筑，会发现它与地平线相得益彰，同时，人的视线停留在由精心设计的长廊框出的景色中，会产生感官上的双重体验。

建造于 20 世纪 60 年代的里斯本古尔本基安美术馆则采取了截然不同的设计理念。它是由鲁伊·阿图吉亚、佩德罗·熙、阿尔贝托·佩索阿三位建筑师共同设计的。这栋建筑是葡萄牙建筑界对当时的世界设计风潮尤其是粗野主义思想的回应。但是与波尔图建筑学院相比，它仅仅是个别案例，因为建筑学院在不断扩大影响力的同时，还可以将不同辈分的建筑师紧密联系起来。

1974 年 4 月 25 日的革命之后，有一家名为"地方住宅支持服务"（SAAL）的机构成立了，目的是寻求政府的帮助，改善国内住宅条件落后的状况。西扎与很多建筑师都是服务于这一机构的。但该机构的影响力在 1975 年党派之争后急剧衰减，到 1976 年底，它的活动遭遇了确实的打压。1997—1998年，西扎和莫内欧共同以"邂逅西葡建筑"展览之名，邀请了大量年轻建筑师来展示他们的作品，同时推动两国进行了更紧密的建筑合作。2001 年，加泰罗尼亚建筑师协会赞助了一次名为"全景葡萄牙"的展览；位于巴塞罗那的西班牙设计中心（FAD）则首次向葡萄牙建筑作品颁发年度奖项，在此之前，这一奖项只限于西班牙国内。

葡萄牙的年轻一代

艾德瓦尔多·卒姆托·德·莫拉继承了波尔图建筑学院的传统。他翻新了几处名为波萨达斯的酒店，还设计了几栋住宅，近年建造了几处独立的建筑，例如：布拉加市政球场、阿威罗大学、波尔图的布尔戈塔。在建筑城市规划与设计相结合的领域，里斯本的贡萨洛·伯恩以及波尔图的努诺·波塔斯也是个中翘楚。像其他有影响力的葡萄牙建筑师一样，他们也注重将建筑教育融入专业实践。2009年，卒姆托获得了普利兹克奖，标志着年轻一代的建筑师即使没有塔沃拉和西扎的指引，也能在国际上获得认可。

若昂·路易斯·卡里略·达格拉萨是一个多产的青年建筑师，他的事务所设在里斯本，近期作品有普瓦捷大剧院和演艺厅（2008）。卡里略从葡萄牙同行那里继承了极简主义的设计理念，并将它的优雅发挥到了极致。同时，他的作品还通过一种具有个人风格的方式表现出设计的清晰度和几何形态。弗朗西斯科与曼努埃尔·艾雷斯·马特乌斯用独特的设计手法延续了这种极简主义的设计偏好，例如哥伦比亚大学校园建筑和新里斯本大学行政大楼。卡里略和马特乌斯的设计作品都体现了"新白色主义"设计风格（继西扎之后出现的新现代主义风格）。这种风格缘于一种更激进的极简主义表现形式，是从融合现代主义和当地传统的"批判性地域主义"中发展而来的，同时以一种灵巧的方式规避了所有可能的弊端。

在更年轻的建筑师中，值得一提的团队还有设计了马德拉群岛的布吉奥设计事务所；设计了波尔图艺术学院的克里斯蒂娜·古埃德斯和弗朗西斯科·维埃拉·坎波斯；设计了葡萄牙驻柏林大使馆的伊内斯·罗博和佩德罗·多明戈。

以上例子都表明，葡萄牙建筑有一种不断学习的能力。这意味着它能将当代设计师与近期的传统和特质相结合，并且在建筑设计领域积极寻求有创意的表现方式。葡萄牙没有排他主义，又由于大量的设计院校培养了大量建筑学毕业生，这都导致业内竞争尤为激烈。以上这一切，都是葡萄牙建筑师在有限条件下不断努力的结果。不过，由于葡萄牙建筑师在最近几年中肩负起政治及社会责任，获得了很高的社会地位。这种现象在当代国际社会中是独一无二的。用建筑学者兼历史学家安娜·托斯托艾斯的话说，近几十年中最优秀的葡萄牙建筑是"传统的实用主义与严谨的创新能力的产物"[7]。

小 结

伊比利亚半岛西班牙和葡萄牙两国的现代建筑是整个欧洲近代建筑史的有力见证者。基于优良的设计传统，西班牙与葡萄牙建筑共同在 21 世纪下半叶经历了伟大复兴。这两个国家经历了十分相似的政治变革，而建筑师在变革中则扮演了实践者和领导者的角色。随后，欧洲一体化的理念对于社会和文化产生了巨大推动力，而建筑设计也对其进行了积极的响应。在伊比利亚半岛，著名的建筑师也在社会上享有盛誉，他们往往被视为社会典范，是提供给人们设计灵感的领袖。

而这一地区的建筑文化和建筑学如今所要面对的挑战，正是如何面对过去的辉煌。建筑师多在小型事务所中工作，项目来源大多依赖公开竞标和公众委托项目。这两者的结合保证了高质量的建筑设计，并且这些设计由从竞标中发展起来的小型事务所在特定条件下建造而成。如今的建筑工程业需要一次深刻的改革，包括建造技术和工程管理等方面。此外，地产市场以及与之密切相关的建筑设计行业，也需要进行这样的改革。当欧洲其他国家面临着政治和经济危机的时候，人们也在不断修正对（像西班牙、葡萄牙这样）"边缘国家"的看法。另外，自古以来将"核心国家"与"边缘国家"区别对待的看法，正又一次对伊比利亚设计界造成负面影响。

从另一方面讲，西班牙和葡萄牙建筑在近几十年取得的成就，证明建筑设计可以成为整个社会的强有力的文化引擎。它为真正的公共领域提供了高质量的公共空间，并且，当建筑发展出独有的舆论、文化发展和审美享受之后，强权对它的压迫也是极其有限的。伊比利亚的建筑设计在整个欧洲当代建筑中都是上乘的，因此，它们在欧洲一体化的进程中仍保持着强烈的文化自豪，而欧洲在一体化进程中，不但要在地缘上尊重和吸纳伊比利亚半岛，还要包容当地的各种隐喻含义。

注 释

1 Carlos Flores, *Arquitectura Española Contemporánea* (Madrid: Aguilar, 1961).

2 Oriol Bohigas, *Arquitectura Española de la Segunda República* (Barcelona: Tusquets, 1970).

3 Xavier Costa and Susana Landrove (eds), *Architecture of the Modern Movement in Spain and Portugal: Iberian Docomomo Register* (Barcelona: Fundacio Mies van der Rohe, 1996).

4 Ignasi de Solà-Morales, *Contemporary Spanish Architecture: An Eclectic Panorama* (New York: Rizzoli, 1986).

5 Xavier Costa (ed.), *Habitats, Tectónicas, Paisajes: Arquitectura Espanõla Contemporánea*(Articles by Michael Speaks, Ole Bouman, and Ignasi de Solà-Morales) (Madrid: Ministerio de Fomento, 2002).

6 Kenneth Frampton, "Towards a Critical Regionalism: Six Points for an Architecture of Resistance," in Hal Foster (ed.), *The Anti-Aesthetic* (Port Townsend: Bay Press, 1983).

7 Ana Tostões, "Arquitectura Portuguesa: Una Nueva Generación," *2G* 20 (2001).

第 12 讲　瑞士建筑：一段自然史

劳伦 · 斯塔德

　　上一次对瑞士建筑的全面回顾还是在 20 世纪 70 年代前后。事实上，瑞士建筑联合会当时举办了位于洛桑的瑞士联邦理工学院（EPFL）校园的设计竞标。参赛的设计事务所分别代表瑞士的七个大区——从日内瓦、苏黎世、巴塞尔到提契诺。[1]七大事务所采用的设计方法惊人地相似。最后雅各布斯 · 茨维菲尔领衔的团队的方案独占鳌头，其采用的通用网格式设计与哈勒、巴斯、佐格（来自索洛图恩）团队类似，都是将校园设想为一个建筑矩阵。而保罗 · 瓦尔特斯普尔（来自日内瓦）预见了校园扩张中的可变性和连续性。这些项目设计都是基于图解法而非造型法。图解法使这些设计能比较灵活地在横向和纵向平面上延展。而把这些巨型建筑结构统一起来的一个理念是：大学作为生产中心和知识中心，应该能像任何其他产业中心一样适应不断变化的需要。正是得益于这种灵活和进化，这一理念才能够实现。提契诺事务所的作品可以追溯到对此前的一些出色项目的参照中，如：勒 · 柯布西耶的威尼斯医院，路易斯 · 康的"费城中心提案"，柏林自由大学的坎迪利斯—若西克大楼和康地利大楼。提契诺事务所作品中优异的水平扩展，进化的外观，以及多层的循环系统，都使得它们成为巨厦建筑的典范，与这些出

12.1　提契诺团队，洛桑联邦理工学院（EPFL），瑞士洛桑，1970

色的建筑比肩。[2]

　　对过去的参照，使得 EPFL 校园设计方案被公认为是精确建筑传统的一个表现，但提契诺的团队要在此建立新的建筑标准。提契诺团队的几位成员——马里奥·波塔、蒂塔·卡洛尼、奥雷欧·加尔费提、芙洛拉·路查特和路易吉·斯诺兹——也一跃成为 20 世纪 70 年代瑞士建筑（图 12.1）和国际建筑的标杆式人物。

　　当时 EPFL 特立独行的设计方案，明显表现出了对设计方法认知的变化，并从根本上重新定义了后来的瑞士建筑。EPFL 的大多项目展示的是建造具有适用性、延展性和可变性的环境的理念，最终会让步于建筑的形式问题，无论从建筑单体还是从城市整体来看，这种妥协都不可避免。从这一角度来说，无论是在指定地块还是城市中，对任何实体存在都是从分析开始的，任何对环境的干预都要经过谨慎评估。[3] 实际上，提契诺事务所绘制网格，不是基于程序法而是基于空间法。因为网格中的正方形不仅仅是源于结构问题，而是来自其内在形式；其比例不再受程序的约束，而是一种对地域环境的回应。

显然，提契诺的方案受到了意大利"倾向派"（20 世纪 60 年代意大利新理性主义建筑运动）以及相关理论的极大影响，它证明意大利理论模型可以适用于瑞士的环境。尽管如此，对这些理论模型的演绎还是引起了很大的争议。贝林左纳古堡的修复方案就是一个例子。1974 年，布鲁诺·赖希林和法比奥·莱因哈特，以及此后加入的罗西的助手（来自瑞士苏黎世联邦理工学院）共同制订了修复城堡的设计原则（图 12.2）。计划分为两步：第一步要保留部分原有建筑；第二步在原有结构上建立现代化的钢筋混凝土结构，方便人们参观历史遗址。第一步回应了当时考古学者采用的方法，即显示出原始结构的不同分层，就像了解地下遗物必须挖走上面的土壤一样，为了重现其原有结构和建筑遗迹，必须清除大教堂上的折中主义和历史风格的扩建部分。第二步则提出增加一层当代设计，它把混凝土门廊和铁艺观景台合二为一，与大教堂原有风格形成了强烈对比。这个古堡修复方案，既不根据原始的建筑方法，也不是以历史图案为参照。相反，建筑师寻求通过解读城堡的结构来突出不同历史阶段的古迹特色，从而在历史上留下他们参与的痕迹。把城堡作为考古博物馆进行解读，与奥雷欧·加尔费提的修复方案有明显的不同。1981 年，在某次政治争议后，由加尔费提接手了这个项目（图 12.3）。

12.2 布鲁诺·赖希林、法比奥·莱因哈特，古堡修复方案，瑞士贝林佐纳，
 1974

12.3 奥雷欧·加尔费提，古堡修复成品，瑞士贝林佐纳，1981—1988

　　和凸显古堡遗迹的方案相反，加尔费提仅清理了顶部的杂草，以凸显城堡周围悬崖的片麻岩层（新石器时代冰川运动的产物）。与赖希林、莱因哈特的"建在遗址上的历史长廊"相反，他设计了一座全景通道，用升降电梯使小镇的主广场连接到城堡周围的山脚岩石上。这样一来，城堡就变成了一个娱乐场所，而不再是瑞士的一个考古遗址（通过显现和重组形象符号来体现瑞士的历史）。城堡不再是重建的历史遗迹，而直接和当地人生活相关。[4] 这一项目从第一次方案到第二次方案，体现了两种转变：一是从类型法转变为空间法；二是对场地的历史解读转变为对形式语言的解读。正是由于这两种转变，20 世纪 80 年代的瑞士建筑得以彻底摆脱意大利"倾向派"前辈的束缚。[5]

　　多年后，建筑师马塞尔·梅利在一篇当代建筑调查报告《寥寥建筑：众多的规划》（1989）中，把这种转变结果精确地描述为"瑞士德语区建筑"。他重申了当时人们的一个共识：把瑞士建筑的重新定位归于阿尔多·罗西的影响。罗西在 20 世纪 70 年代任教于瑞士苏黎世联邦理工学院（ETHZ），很多当代建筑领袖都是他的学生，包括雅克·赫尔佐格、皮埃尔·德梅隆、米罗萨维，当然还有梅利自己。梅利准确地描述了罗西的建筑方法激起的潮流，还着重指出其中的教学难关：如何才能将意大利式教学移植到本地，使其能适应瑞士的特殊情况。根据梅利所述，这就是为什么一开始罗西的学生较少从当地的建筑设计中沿袭传统来彰显身份，而是更明确地在适应瑞士当代日常生活模式的惯例中来体现这一点。城市的非城镇特点，现代服务经济的去个性化，瑞士人的普遍理性，这一切都和瑞士现状格格不入，这将建筑师从理性主义的历史悲悯中解放出来。梅利在对罗西的补充评论中得出一个结论：就 Ambiente（意大利语"环境"）和 Tipo（意大利语"类型"）而言，罗西教学法下的年轻瑞士建筑师对前者把握得更好一些。[6]但凡事都有例外，比如，罗西最亲密的伙伴赖希林和法比奥·莱因哈特，在 10 年后的一些大型项目当中继承了罗西的精神，试图在设计中添加语言维度，如提契诺团队设计的托尼尼住宅（1972—1974）。1981 年在参与竞标克洛斯特里发展项目时，马克斯·博斯哈德、爱德华·英霍夫、克里斯托弗·卢辛格和卡尔·卢斯滕贝格再次借鉴了罗西的元素，如交通廊道、高架、大容积集合住宅。20 世纪 80年代末[7]的瑞士建筑终于以"环境"定义了其自身，或者说，终于区分了在当时的争论中极易混淆的两个德语近义词——Stimmung（气氛）和 Atmosphäre（大气）。

在字面上和内涵上，没有比"atmosphere"更模糊的词了。[8]从词源学上讲，该词最早是指"物体周围的气体"。因此，在建筑中，它可以指建筑自始至终的一切过程。从该词的实指含义来看，它包括建筑的外观、颜色、光线、气味、味道、温度和湿度。因此，这一点被铭刻在幻觉艺术所定义的建筑传统里，从巴洛克精美风格，罗西图纸中表现的超自然建筑对潜意识的启蒙，到当时的瑞士建筑师对外立面的精心整理，再到"二流建筑"（乡土现代主义），都体现了这一点。然而，从意大利语 Ambiente 到德语 Stimmung、Atmosphäre 的用词变化，表明了一种从社会历史维度的环境的关注向强调个体的地理环境和物质性的转变。这一转变看似微不足道，但对瑞士建筑却有着巨大的影响。因为，它让人能从历史和时间两个维度来理解建筑环境，让人们在解读城市时不按照抽象的类型逻辑，而是根据日常的物质逻辑来分析。这使得罗西的继承者们把关注点从伟大的意大利古典传统转向了建筑周围的瑞士当地建筑；摈弃了建筑史上规定的建筑语言，转向使用具有共性的惯例语言。在这一过程中，人们不再追求让建筑体现其历史渊源，而是转而关注建筑本身、建造过程和效果。这就是米罗斯拉夫·希克（罗西的学生）和莱因哈特 20 世纪 80 年代在苏黎世联邦理工学院发起的"类比建筑"（图 12.4）运动，这也正是彼得·卒姆托所理解的"atmosphere"一词的含义。例如，希克要求学生在粉笔透视图中体现出路面上的尘土，甚至要让人想到阳光下沥青的热度，鼓励他们冲破日常生活的束缚，去捕捉，更重要的是要体现其中的"atmosphere"。[9]"什么东西最能打动我？"卒姆托在《气氛》一书中写道："所有的事物、人、空气、噪声、声调、色调、实体、纹理、形式，还有我的心情、感受、期望……"[10]

　　确实，马塞尔·梅利的《寥寥建筑：众多的规划》的书名是有所指的，它真实讲述了年轻设计师的窘境：拿不到大笔佣金，只能通过参加设计竞标来实践。但最重要的是，它明确指出"绘图是一种工作技能，建筑图是建筑主要的反映形式，与图表、文本是不同的"。与希克、梅利、卒姆托的作品中提到的 Stimmung（气氛）一词密切相关的是"图示"一词，它不仅仅简单、详细地表现建筑物本身，还证明了一种意图：用建筑重构新的连贯的，独特的整体效果。无论是城市还是乡村，甚至是有特殊气氛的室内，真实感都是任何景观必不可少的。[11]

　　如果要通过"气氛"来理解建筑，首先就要通过外观来

HERAUSGEGEBEN VON MIROSLAV ŠIK

ANALOGE ARCHITEKTUR

BOGA

12.4 米罗斯拉夫·希克,《类比建筑学》, 1987

定义它，正如建筑的透视图所展示的。学术派的激进表现方式，可以在同时期年轻先锋设计师的各种项目的参赛图纸中找到，在 ETHZ 的大型透视图中也能看见。从语义（瑞士建筑期刊在此期间对文丘里项目感兴趣）上看，气氛可以理解为建筑外延在美学、法律和文化等各个方面的反映，并体现在某些主题中，如马奎斯和祖尔基兴事务所设计的酒店住宅（1986—1987）的窗户、烟囱、屋檐。从技术层面看，气氛的本质是对结构语法的追求，克里斯蒂安·苏米和玛丽安·布克哈特的作品正体现了这一点，即通过接口、材质和色彩，或者运用支架、梁和夹板等不同结构作为建筑物不同功能区的标示——入口、主体、人行通道甚至屋顶，如他们设计建造的朗瑙博物馆（1985—1987，用于展示瑞士的传统手工艺品）。[12] 赫尔佐格与德梅隆事务所的早期作品，将这一转变视为对当地日常生活的新解读，从材料、图形、几何甚至色彩中体现这一点，如奥伯维尔郊区的蓝屋住宅（1979—1980）遵循严格的建筑法则；其设计建造的巴塞尔附近的弗雷摄影工作室（莱茵河畔魏尔，1981—1982）则是图形和材料的混搭艺术；工厂的天窗和倾斜的花棚式木屋顶，正反映了周围地区的平凡和普通。最后，在城市地区还有迪纳 & 迪纳建筑事务所的几个项目，也是其典型案例。迪纳 & 迪纳是 20 世纪 80 年代有资格获得大型项目的少数事务所之一。他们在莱茵河畔魏尔的两片住宅区（图 12.5）的设计中重新解读了现代建筑法则，通过利用横向长窗、结构网格和平屋顶，以及其形式的可能性使建筑成为当地的不同景象的反映，如工业区、农村或城市。类似的混搭还表现在布局和其冲突的设计原则当中，通过类型化演示，开拓不同的空间与功能组织，例如

12.5 迪纳&迪纳建筑事务所，圣奥尔本塔尔住宅，瑞士巴塞尔，1984—
1986

甬道和走廊，开放空间与独立房间。

以上案例虽然表达形式各异，采用的手法却大同小异。
赫尔佐格谈及他在20世纪80年代的作品时，将这种方法恰
当地总结为一种"混搭"[13]——不仅强调了他们这一代在形式
和图像上的爱好，还通过不同图形的混搭引发错时性来回顾
历史逻辑。[14]事实上，现存元素的碎片化是一切混搭的基本
前提。这种技术把完整的现实展现为连续的独立碎片（如绘
画）或画面序列（如电影）；两者融合便能创造出符合当下特
点的作品，或者形成一个新的叙事。独立选择的碎片的意义，
都从属于它们的总的设置原则。因此，在其中引入任何符号，
都是一种从内容到结构的转换。布鲁诺·赖希林将这一转变
形象地描述为"从语义法则到结构法则"的运动。[15]结构法则
最早可追溯到瑞士建筑教育培训的工艺学校（至少在技术上

如此），以及植根于当地繁荣的手工业的建筑传统。

　　但是，对建筑的历史解读到结构性原则的转变，不仅仅停留在技术层面。赫尔佐格与德梅隆事务所在蒙特利尔的 CCA 中心举办的"自然史"主题回顾展，绝非一个偶然事件。这次回顾展展出了 19 世纪自然历史博物馆的大量收藏。[16] 展品不按历史时间排列，而是按一种新的顺序排列，刻意强调了物体（模型、材料、样品）以集合和独立的各种状态来展出。从这个视角来思考建筑，不仅是对辩证关系的挑战（类比法假定"非旧非新"），也是对"自然"与"人工"的挑战。

　　建筑和环境的这种新关系在近几十年表现得特别明显，赫尔佐格与德梅隆、彼得·卒姆托、瓦莱里奥·奥尔加蒂以及其他瑞士事务所的作品都能体现这一特点。在一些项目中，这种关系仅限于一种类比关系，并且证明了他们对视觉效果的研究。即使劳芬的利口乐仓储大楼的分层处理转变了我们的看法，然而它与所在的石灰岩开采场仍然保留了形式上的关系。在奥尔加蒂设计的帕尔佩尔斯校园（1996—1998）当中也能看到此类几何上的呼应，比如变形的平行檐和沿地势倾斜的尖屋顶。如布鲁诺·赖希林所说："对地势的追求，突出了物体的抽象特点，使我们忽视了明显的与屋顶的传统形式的类比关系。"[17]

　　在瑞士的劳芬和帕尔佩尔斯等地，建筑与环境的关系总体上是统一的。相反，在意大利北部的塔沃勒，赫尔佐格与德梅隆事务所设计的"石屋"（图 12.6）首先通过淡化新旧的差异，使建筑和地理环境实现了概念统一（仅就艺术感来说）。这所房子是用当地的铁矿石建成的，取材于附近的遗址。在塔沃勒，历史遗迹比高楼大厦更重要。对历史上不同

12.6　赫尔佐格与德梅隆事务所，石屋，意大利塔沃勒，1982—1989

时期的兴趣与材料有关，这点已经被这座房子证明了，因为铁和矿石组成的墙处在两块预制混凝土结构中，所以人们在此处会看到这两种材料的结合——成分一样，却是两种截然不同的建筑形态。在瑞士东部的弗利姆斯，奥尔加蒂设计的"黄色小屋"博物馆（图12.7）也同样如此，他不仅在遗址上进行了重建，并从概念上展示了建筑本身的历史。无论是在视觉效果还是结构上，它不仅表现了变化中的历史时期，还把它们统一在了一起（粉刷的白色墙面与石头地基、木质结构、混凝土窗框甚至阁楼上的混凝土带都融为一体）。在结构上，混凝土带既保留了四面墙的空心结构，又对墙面起到了支撑作用。在这些设计中，建筑的历史渊源让位于材质和构造的需求，因而消除了形式和结构、材料以及静态效果之间的因果关联。类似的手法也见于克里斯蒂安·克雷兹在苏黎世设计的一座公寓楼，它的空间与结构不再是分裂的，而是彼此依存的（图12.8）。

12.7 瓦莱里奥·奥尔加蒂，"黄色小屋"博物馆，瑞士弗利姆斯，1995—1999

12.8 克里斯蒂安·克雷兹，公寓楼，瑞士苏黎世，1998—2003

　　无论是在弗利姆斯还是在塔沃勒，某种建筑形态正在暗地里逐渐成形，最后成为建造过程中不可或缺的部分，这一点在以下建筑作品中得以体现，如赫尔佐格与德梅隆的舒拉格美术馆（巴塞尔明兴斯泰因，1998—2002）。它既是博物馆，也是瑞士巴塞尔艺术博物馆艺术收藏的档案室。还有德文特里和拉莫涅尔事务所设计的伊韦尔顿精神病院（2000—2003），彼得·卒姆托设计的克劳斯兄弟会小礼拜堂（梅谢尼希市瓦琛多夫区，图12.9），还有他设计的瓦尔斯温泉宫（1993—1996）。在舒拉格美术馆中，结构法凌驾于塔沃勒追求的概念法，从建筑师将矿坑中提炼的碎片融入了混凝土外墙这一点就能看出。在伊韦尔顿精神病院内，条状墙面证明了浇筑混凝土可以持续用于建造形状各异的红色、紫色外墙。在梅谢尼希小礼拜堂的混凝土结构内，建筑的内部模壳以120块碎树干拼成，经点燃、熏烧，最后留下焦炭状外形，产生了一个带有独特光泽的、极富感染力的敬拜场所。

　　而在瓦尔斯的温泉宫，正如阿科斯·莫拉万斯基指出的："自然元素与人工建材的差异性最终失去了意义。"[18] 瓦尔斯温泉宫以富有层次感的石英石材料建造而成。温泉宫被大众认为是分层重建的人工景点，其原址是采石场。或者正好相反，它就像卒姆托说的，"是一个大型建筑物，它创造出一段比周边建筑更悠久的存在史，并成了自然景观的一部分"[19]。

　　这一发展，反映了瑞士建筑界的一种努力——对越来越复杂的建筑与其环境的关系提供尽量充分的解决方案。学者布鲁诺·拉图尔曾恰当地描述了这种情况：[20] 一方面，自然的

12.9　彼得·卒姆托，克劳斯兄弟会小礼拜堂，德国梅谢尼希市瓦琛多夫区，
　　　2006—2007

元科学是最复杂的，在这个活力焕发、丰富多彩的世界，进行着各种有机、无机的过程；另一方面，自然的概念又把环境当成人造物。前者在赫尔佐格与德梅隆设计的特纳利夫岛港口或克里斯托弗·吉鲁特的罗纳河谷提案中占主流；后者

12.10　瓦莱里奥·奥尔加蒂、克里斯蒂安·克雷兹，法尔多纳别墅，瑞士
　　　　法尔多纳，2006—2008

在以下项目中体现得更明显，例如20世纪70年代提契诺团
队的作品中显露的自治和拉丁传统，其代表作是瓦尔斯温泉
宫、奥尔加蒂和克雷兹的作品等（图12.10）。自从瑞士建筑
进入当代时期，在景观概念上，它的主题就是瑞士历史上的
领土和地理争论的新版本，而这一争论最早可追溯到18世纪
初。自18世纪开始，科学家、艺术家、旅行者和制图者、军
事工程师、土木工程师，纷纷参加了瑞士的物理和想象景观
的塑造，这种几百年前就出现的建造传统，也是当今瑞士建
筑最重要的模式。

注 释

1　"Sieben Projekte für die ETH-L in Dorigny", *Werk* 57 (October 1970), 646-71.

2　可参见 : "Architekturgespräche der Nachkriegszeit" on: http://www.stalder. arch.ethz.ch/videoarchiv/luigi-snozzi—16112010 (22.09.2011).

3　Ignasi Sola Morales, "Neo-rationalism & Figuration", *Architectural Design* 54 (Mai/June 1984), 17.

4　关于该古堡的历史请见 : Stanislaus von Moos, "Castello Propositivo", in Jacques Lucan, *Matière d" art: architecture contemporaine en Suisse- A matter of Art: Contemporary Architecture in Switzerland* (Basel: Birkhäuser, 2001), 165. Bruno Reichlin, Bruno Reinhard, "Progetto di restauro di Castel Grande", *Casabella* 41 (November 1977), 51-58.

5　1980—1998 年研究瑞士建筑的最亮眼的文章是 : Martin Tschanz, "Tendenzen und Konstruktionen: Von 1968 bis heute', in: Anna Meseure / Martin Tschanz / Wilfried Wang (eds), *Schweiz* (Architektur im 20. Jahrhundert, vol. 5) (Munich / London / New York: Prestel 1998), 45-52. 关于罗西在苏黎世联邦理工学院的工作，请见 : Ákos Moravánszky / Judith Hopfengärtner (eds), *Aldo Rossi und die Schweiz: Architektonische Wechselwirkungen* (Zurich: gta Verlag 2011), Jacques Lucan /Bruno Marchand/ Martin Steinmann (eds), *Aldo Rossi: Autobiographies partagées* (Cahiers de théorie, vol. 1) (Lausanne: Presses Polytechniques et Universitaires Romandes 2000).

6　Marcel Meili, "Ein paar Bauten, viele Pläne", *Werk, Bauen + Wohnen* 76 (December 1989), 26-31, 26-27. 一批意大利新理性主义的代表人物都曾在苏黎世联邦理工学院任教，其中最重要的人物如阿尔多·罗西 (1972—1974 年任客座讲师，1976—1978 年任全职讲师) 和路易吉·斯诺奇 (1973—1975 年任全职讲师)1973 年时都供职于苏黎世联邦理工学院，参见 : Roger Diener, "Architektur jenseits von Design: AdamSzymczyk im Gespräch mit Roger Diener", in: Bundesamt für Kultur (ed.), *Prix Meret Oppenheim* 2009, Bern: Bundesamt für Kultur 2010), 38-61, 42. 斯诺奇的学生包括罗吉尔·迪纳尔、德梅隆、赫尔佐格、斯蒂芬·梅德、丹尼尔·马奎斯、卢卡·梅里尼、沃尔夫冈·谢特、海因茨·维尔兹、马里奥·坎皮，还有弗洛拉·朗卡迪 (他在

1975—1977 年以及 1979—1981 年任客座讲师，1985 年被聘为全职教授）。在 20 世纪 70 年代的苏黎世联邦理工学院，他们都被归为新理性主义事业的支持者。

7 这一主题请参见：Ein Rückblick auf einen Ausblick [*Werk, Bauen & Wohnen* (Werk, Bauen & Wohnen in discussion with Jacques Herzog and Pierre de Meuron, Roger Diener, Marianne Burkhalter and Christian Sumi, Marie-Claude Bétrix and Eraldo Consolascio)], *Werk, Bauen & Wohnen* 76 (September 1989, 28-31).

8 Mark Wigley, "The Architecture of Atmosphere", Daidalos 68 (1988), 18-27. On the notion of atmosphere in Swiss architecture see: Ákos Moravánszky, "My Blue Heaven: The Architecture of Atmospheres", AA Files 61 (2010), 18-22; Jacques Lucan (ed.), *Matière d'art: Architecture contemporaine en Suisse/A Matter of Art: Contemporary Architecture in Switzerland* (Basel / Boston / Berlin: Birkhäuser 2001), 49.

9 "Die Stimmung ist die SIA-Norm [Axel Simon und Hendrik Tieben im Gespräch mit Miroslav Šik]", in: Miroslav Šik: *Altneue Gedanken. Texte und Gespräche 1987-2001* (Lucerne: Quart Verlag), 143 [first published in: Transreal (2000), 66-71]. 也 可 见："Building conflicts. Interview with Miroslav Šik", *Daidalos* 68 (1988), 102-11.

10 Peter Zumthor, *Atmospheres: Architectural Environments -Surrounding Objects* (Basel / Boston / Berlin: Birkhäuser 2006), 17.

11 参见 Georg Simmel, "Philosophie der Landschaft", in: Rüdiger Kramme et al. (eds), *Georg Simmel: Aufsätze und Abhandlungen 1909-1918*, vol. 1 (*Georg Simmel Gesamtausgabe*, vol. 12) (Frankfurt a. M.: Suhrkamp 2000), 471-82, p. 477. 首版于：*Die Güldenkammer: Eine bremische Monatsschrift* 3 (2/1913), 635-44.

12 重新采用瑞士传统木材进行建造，这得感谢瑞士年轻的先锋学者们在档案学和历史学方面的工作，以及相关著作的发表。例如，苏黎世理工学院建筑历史和建筑理论学院从 1985 年起出版的丛书《瑞士现代建筑文献》。

13 "Gespräch: Jacques Herzog und Theodora Vischer", in: Architekturmuseum Basel (ed.), *Architektur Denkform; Herzog & de Meuron. Eine Ausstellung im Architekturmuseum* vom 1. Oktober bis 20. November

1988 (Basel: Wiese 1988), 4.

14 Peter Bürger, *Theorie der Avantgarde* (Frankfurt a. M.: Suhrkamp 1974), 98-111.

15 "Ein Wohnhaus aus der Werkstatt (Bruno Reichlin in conversation with Marcel Meili and Markus Peter)", in: *Werk, Bauen + Wohnen* 80 (November 1993), 16-27, 18. 又见 Martin Steinmann, "Die Gegenwärtigkeit der Dinge: Bemerkungen zur neueren Architektur in der Deutschen Schweiz", in: Mark Gilbert/Kevin Alter (eds), *Construction, Intention, Detail: Five Projects from Five Swiss Architects*/ Fünf Projekte von fünf Schweizer Architekten (Zurich: Artemis 1994), 9.

16 在蒙特利尔举办的展览，见 Marc Grignon, "Weiche Vitrinen, Archive und Architektur", in: werk, bauen + wohnen 90 (July / August 2003), 58-61. 关于这一术语的批判性讨论，可参考 "Natural History" used by Herzog & de Meuron, 见 Hans Frei, "Poetik statt Fortschritt", NZZ (June 26, 2004), 69.

17 Bruno Reichlin, "Réponse à Martin Steinmann", in: *Matières* 6 (2003), 41.

18 Ákos Moravánszky, "Die sich selbst erzählende Welt. Peter Zumthors Thermalbad in Vals und die Phänomenologie des Sehens", in: Anna Meseure, Martin Tschanz und Wilfried Wang (eds): *Schweiz (Architektur im 20. Jahrhundert,* Bd. 5) (Munich / London / New York: Prestel, 1998), 110.

19 *Peter Zumthor*, "Thermal Bath Vals", in: Peter Zumthor (Tokyo: A+U Publishing 1998), 138.

20 Bruno Latour: *Politiques de la nature: comment faire entrer les sciences en démocratie*, Paris: Editions La Découverte, 1999.

第 13 讲 东欧与苏联建筑：1960 年及以后

金伯利 · 埃尔曼 · 扎雷科

　　提到东欧和苏联的建筑，往往会让人联想到灰蒙蒙、人迹罕至、结构松散的战后建筑。尽管声名不佳，但这些地区的建筑发展，对于了解近 50 年全球建筑理论和实践的范式转移是很关键的。东欧和苏联土地辽阔，约占全世界大陆面积的 1/6，包括了 30 个国家和地区。[1] 20 世纪 60 年代以来，这片区域还出现了很多国界变动，比如民主德国、捷克斯洛伐克、南斯拉夫和苏联的解体。考虑到东欧地区广袤的土地、繁多的语言、混乱的历史 —— 苏联的影响、国内革命、内战、种族冲突、政治腐败、社会繁荣、加入欧盟和经济不稳定 —— 仅用一讲，肯定是无法全面总结该地区半个世纪以来的建筑发展的。因而，本讲不会深入分析建筑师或建筑工程个例，而是要探讨"二战"后的政治经济变化所带来的不同时期建筑风格的整体转变，以及自 20 世纪 90 年代东欧剧变以后的变化。[2]

20 世纪早期的建筑

　　"二战"后，很多东欧国家属于共产主义阵营。这些国家的建筑师发现自己处在了一个新的位置：在20世纪30年代经济大萧条时期，建筑师找不到工作；此时则不同，不但有了就业保障，而且他们在战后重建工作中还很抢手。他们中很多人是左派人士，支持左派的社会政策，例如，为所有公民提供最低标准住房保障。在战前曾属于苏联领土的地区，建筑师也随着苏联经济的增长而获得成功，这是由于苏联经济增长后开始向东欧、波罗的海地区扩张，加大对工业基础设施投资。但很快，苏联的特殊体制和建筑师职业选择的单一性，使建筑业最初的热情开始降温。

在苏联和东欧国家，建筑师的职业生涯与资本主义国家的同行有很大不同。在私营企业被取消后，建筑师直接为政府部门或国有企业工作。[3] 这些经济上的变化，首先出现在20世纪20年代的苏联，"二战"后又扩大到东欧和苏联的新领土。当时的共产主义经济是计划经济——所有部门的投入和产出都是预先规定好的。这一体制以可计量化的目标和配额为基础，因此建筑师只能以建筑材料和劳动力的成本来评估建筑项目（混凝土和钢材的数量、单位构件的数量、熟练或非熟练工人的数量……）。而建筑的经验和形式没有可计量的价值，因此除了国内具有政治意义的一次性项目以外，建筑和设计几乎没有直接联系。因此，苏联和东欧的建筑师更像生产工业产品的技术工人，而非展现个人想象力、富有创造力的艺术家。[4]

这种情况也可能带来另一种结果：建筑师失去了社会地位。建筑师曾经是艺术先锋派的中流砥柱（想想俄罗斯结构主义者、南斯拉夫泽尼特主义者，还有捷克斯洛伐克的德伟斯尔和波兰的勃洛克和普莱森斯）。但在共产主义时期，建筑师通常在国家的设计办公室工作，在那里，他们不是设计师而是工程师或经理。那些不接受新的工作环境，或者不适应职业环境的人就会去大学、文物保护单位、档案馆或家具等消费品公司、工业设计公司担任不重要的职位。到20世纪60年代末，有实践经验的建筑师对"二战"前的建筑作品几乎完全失去了记忆。

由于强调典型化、标准化和批量生产，到20世纪50年代，苏联和东欧的建筑在各个不同国家都是大同小异。这是一次不同以往的重大转变，因为在"二战"前，捷克斯洛伐克、民主德国和匈牙利等东欧国家的建筑都非常华丽精致，而当时的苏联建筑还很不发达，缺少机械化建造。设计、金融和建筑技术的新方法和新工序，常常是通过国际交流和研究访问获得，由不同国家的专业人士共同推动发展。这些建筑师面临的建筑经济上的问题也差不多：踏实苦干的劳动力和物资短缺，公共空间和建筑的维修缺乏长期投资。正如雅诺什·科尔奈等人指出的，物资短缺正是这些国家典型的特点。[5] 因此，和其他生产部门一样，该地区的建筑师专注于如何解决物资短缺问题，包括预制建筑构件、开发轻质建筑材料和工地机械化。

整个地区的建筑策略很一致，究其原因，一是经济模式对生产规律的作用，二是建筑数量规模巨大（1957—1984年，仅苏联就建造了5000多套住房）。[6] 制造分布的流水线作业规模非常惊人，在整个东欧和苏联，你很可能会看到完全一样的建筑物和五金配件。《苏联钢铁之城：马格尼托格尔斯克》的作者斯蒂芬·科特金在书中描写了这种一致性的总体情况：

苏联模式创造了高度统一的物质文化。我不仅想到了乌兹别克斯坦、保加利亚、乌克兰和蒙古国男士穿在身上的廉价运动服，还想到了这些地方的学校操场、龟裂的混凝土地面、扭曲的金属管道——都是来自一模一样的工厂，遵循统一的建筑原则。事实上，公寓大楼（内外装饰）、学校甚至整个城市与乡村都是如此。除了一些地域性民族装饰（喀山和巴库的一些公寓综合楼采用了伊斯兰特色的预制混凝土板）以外，旅游者看到的都是一模一样的设计和材料。[7]

R.A.弗莱彻和F.E.伊恩·汉密尔顿也在《社会主义城市：空间结构和城市规划》（1979）一书中写到了类似的观察结果：“在‘二战’后的社会主义国家的任何居住区，一眼就能看出建筑是在哪个时代修建的，这比确定它位于哪个国家要容易多了。”[8]

由于共产主义城市设计的基本要求是要体现无差异的阶级结构，因此这种一致性也是具有意识形态的。居民住宅是最能表现这一设计方法的了，从民主德国到苏联的远东，以两室、三室为主的公寓楼呈现出高度同质化。这些楼不能被看作是建筑物，而是反映生产效率的标志。符合量化目标，比评价生产结果更重要，因此一切试图在美学或功能上改善建筑的动机都被排除了。马克·B.史密斯写道：“在某种程度上，这种批量生产的相似性终结了建筑”，并且“最终由施工专家接管了这个专业”。[9] 几十年后的1988年，波兰建筑师马切伊·卡拉辛斯基谈道：“波兰现在的建筑太差了，从功能和技术层面来‘维护一座建筑’的想法，实际上是不存在的。

我再委婉地补充一点——作品若有令人绝望的质量——那么总体情况就让人一点儿也乐观不起来。"[10]

这种伤感的情绪在东欧国家四处蔓延，尤其是在 20 世纪 80 年代。当时东欧的经济政治危机导致了更严重的物资和劳动力短缺，建造质量变得越来越差。20 世纪 60 年代期间发展的预制板建筑技术和建造工作，直到 1989 年都没有太大的变化。经济问题延缓了变革的进程。再和西方资本主义国家的建筑发展对比起来看，这种无法赶上国际标准的滞后性，就日渐明显了。

东欧国家的设计文化

从建筑形式上来看，20 世纪 60 年代到 80 年代的建筑，能在此前为共产主义社会找到适当的建筑语言的工作中找到根源。俄罗斯先锋派早在 20 世纪 20 年代就构思出了共产主义建筑的图景，但此后这种风格被批评为"小资的形式主义"，1933 年后在苏联被"社会主义现实主义"风格所取代。很多东欧建筑师都曾在两次大战之间进行过现代主义的训练和实践。在 20 世纪 40 年代末，由于苏联的影响，他们必须选择接受社会主义现实主义的原则，以象征自己国家和苏联的友好。但是，社会主义现实主义风格的流行很短暂。1953 年，斯大林逝世，赫鲁晓夫在 1954 年倡议去掉"建筑中没用的东西"，社会主义现实主义从此迅速消退。[11]

随后是赫鲁晓夫上台，随着社会政治环境的变化，建筑师得以重返 20 世纪 20 年代以来的先锋形式，接续结构主义

13.1　维琴斯拉夫·里希特，布鲁塞尔世博会南斯拉夫馆，比利时布鲁塞尔，
　　　　1958

的传统。这一时期的高潮出现在 1958 年的布鲁塞尔世博会，当时苏联、捷克斯洛伐克、匈牙利、南斯拉夫等展厅用玻璃、混凝土和钢材展示了出人意料的新共产主义建筑风格（图13.1）。考虑到该地区与社会主义现实主义的联系，广袤的土地和此前较为封闭的情况，这一改变令很多西方人惊艳。这种现代主义的新演绎，由于其与两次大战的联系（而非战后实践的重新想象），反而更像是功能主义、批量生产、预制建筑等先锋派所代表的形式和概念的复兴。国家设计院的建筑师，此时可以用这些来支持共产主义体制。

　　在这一时期，东欧建筑师再次用国际主义视角追求普世性的，而非局限于地区或国家性的现代建筑原则，包括审视标准化建筑类型和工业建筑方法。这种转变也发生在苏联和东欧以外的许多国家，值得注意的是，在西欧也有，但规模很小、影响有限。20 世纪 60 年代早期，维拉格·莫尔纳写道："匈牙利建筑师乐于接受产业化批量生产，因为他们设想国家社会主义是通往现代化的另一条道路。"[12] 实际上，西方的建筑和城市规划观点，尤其是源自 CIAM 和勒·柯布西耶的观点，得到苏联和东欧建筑师和规划者的普遍推广。整个东欧地区的公园、大都市和城镇各个角落随处可见这种西方样式的楼宇。就像詹姆斯·斯科特在《国家视角》一书中所论述的："这是战后高度现代主义城市建筑的全球化现象的一部分，在资本主义国家和共产主义国家，在发达国家和发展中国家，这样的例子比比皆是。"[13]

但是，这些国家的建筑师在工作方向上依然没有选择。在 20 世纪 60 年代开启职业生涯的这一代建筑师，很少有机会挑战长期形成的系统化、典型化、标准化和批量化制造的建筑取向。预制混凝土（用于构件、面板和外部景观）是大多数工程的主要建筑材料，它迫使建筑师必须使用创造性的办法来克服它的局限。另一些建筑部分，如窗、门、设备等，也由产业化地批量生产，尺寸单一，装修统一，环境也是重复单调的。混凝土外墙往往都是灰色的，不带任何装饰。尽管很多东欧国家的新住宅开发有所改善，加入了彩色面板或细致复杂的窗户组件，但是出于预算的考量，这些也只能用于公共艺术。所以，喷泉、雕塑、壁画常用混凝土和瓷砖建造，构成公共空间的常见元素。[14] 遗憾的是，在很多情况下，由于建造工艺不佳，又缺少维护，这些美化周围环境的尝试几乎都失败了（图 13.2）。

尽管存在各种困难，苏联仍有很多出色的建筑作品，但

13.2　城市公园里的建筑，罗马尼亚布加勒斯特

建筑师都籍籍无名。这些建筑项目，不是激进地远离传统和期望，而是采用新颖刺激的办法，成功运用了色彩有限的建筑元素和材料。其中较值得关注的项目有：明斯克体育馆（谢尔盖·诺夫、瓦伦丁·玛利雪伊，1966—，图13.3）；塔什干列宁博物馆（现乌兹别克斯坦历史博物馆，V. 穆拉托夫，1970—，图13.4）；亚美尼亚首都埃里温的"俄罗斯"电影院（阿尔图·塔克汗、格拉彻·普格斯彦、斯巴达克·卡奇克彦，1975— ）；还有1980年莫斯科奥运会的一些场馆，包括迪纳摩体育馆和德鲁日巴多功能体育竞技场。

　　东欧建筑也主要依赖于预制标准件，其代表建筑有：波兰卡托维兹的斯波德克体育馆（马切伊·金托夫特、马切伊·卡拉辛斯基，图13.5）；布拉格的联邦议会大楼（卡雷尔·普拉格，1966年动工）；布拉迪斯拉发捷克斯洛伐克广播大楼（现斯洛伐克广播大楼，斯特凡·斯文科、斯特凡·杜尔科维奇、巴纳巴斯·基斯林，图13.6）；捷克斯洛伐克布拉

13.3 谢尔盖·诺夫、瓦伦丁·玛利雪伊，明斯克体育馆，白俄罗斯明斯克

13.4 V.穆拉托夫，列宁博物馆（乌兹别克斯坦历史博物馆），乌兹别克斯坦塔什干

13.5 马切伊·金托夫特、马切伊卡拉·辛斯基，斯波德克体育馆，波兰卡托维兹，1960

13.6 斯特凡·斯文科、斯特凡·杜尔科维奇、巴纳巴斯·基斯林，斯洛伐克广播大楼，斯洛伐克布拉迪斯拉发，1967

13.7　佩特扎尔卡住宅区，斯洛伐布拉迪斯拉发

迪斯拉发国家美术馆（弗拉基米尔·杜尔科维奇，1969）；德累斯顿文化宫（沃尔夫冈·亨施、赫伯特·洛绍，1969）；斯洛文尼亚卢布尔雅那共和广场（爱德华·拉夫尼卡，1977）。

　　从建筑体量上来说，这一时期新街区的住宅、社区建筑的设计活跃于建筑实践中。计划经济从本质上改变了住宅设计和建筑方法，实际上各地区的重复性公寓大楼，代替了大多数国家的其他住宅类型。[15] 从20世纪70年代开始，各国政府承认他们提高大多数居民的居住水平的尝试是失败的。这些新的建设举措在大多数地区都被废弃了。在城镇中，低成本的预制公寓大楼纷纷涌现，缔造了一批新城区乃至新的城市（图13.7）。例如，20世纪80年代末，布拉迪斯拉发90%以上的居民（43万）都住在战后所建的工业化住宅里。[16] 在苏联，所有的战后城市都是用预制混凝土建造的，比如20世纪 60 年代的汽车城陶里亚蒂市。[17]

　　建筑师中的一小部分知识分子反对这种标准化建筑，转而在 20 世纪七八十年代采用后现代主义和高技派的手法。通过走私书或国家设计院图书馆中的建筑期刊，他们了解到这些流派的发展。捷克斯洛伐克的利贝雷茨建筑工程师协会（SIAI）的作品就是一个例子。1968 年"布拉格之春"运动后，利贝雷茨国营设计处的卡雷尔·胡巴切克和米罗斯拉夫·马萨克创办了这家独立工作室，开始培养年轻设计师。他们自称为"SIAI 幼儿园"。该工作室的作品继承和发扬了中欧的先锋主义，显示了对当代英国高技派和工程建筑的兴趣。胡巴切克受科幻小说启发而设计的杰斯特酒店兼电视信号发射塔，荣获了 1969 年佩雷奖（Perret Prize），该奖是由国际建筑师联合会颁发的，旨在嘉奖建筑作品中建筑科技的应用（图 13.8）。1968 年 8 月，苏联出兵占领布拉格，之后进入"正常化"时期，SIAI 失去了设计自主权，于 1971 年重新被纳入利贝雷茨国营设计处。但是，它培养的建筑师仍很活跃。20 世纪 70 年代早期，"SIAI 幼儿园"培养的一些建筑师，还赢得了布拉格市中心的马伊百货大楼的设计竞标，如今这栋大楼已成为布拉格的地标。[18]

　　SIAI 是公开经营的，获得了国家的批准，但还有很多试图挑战官方话语的建筑师被迫转入私下活动。伊内斯·魏茨曼如此描写道："民主德国和苏联的建筑师聚集在私人公寓里，讨论非法流入本国的禁书，绘制参赛图纸，这些图纸之后又被走私到西方，或送去参加国际建筑竞赛，如《日本建筑》《a+u》等日本期刊资助的项目。"[19] 魏茨曼把这些设计活动归于某种文化类型，与文学、音乐归为一类。这些活动是

13.8　卡雷尔·胡巴切克，杰斯特酒店兼电视信号发射塔，捷克利贝雷茨附
　　　近的杰斯特山

一次重要的发展，为 20 世纪七八十年代的东欧知识分子的抗
议活动提供了理论基础。出于各自国家不同的政治形势，这
些建筑师因不合作态度招致了不同的惩罚。其中一些人被迫

13.9　马克斯·维洛，住宅建筑，阿尔巴尼亚地拉那，1971

流亡西方，如 SIAI 的约翰·艾斯勒；另一些人被迫去农村生活，离群索居，如匈牙利的伊姆雷·马科韦茨。更极端的情况是，包括阿尔巴尼亚的马克斯·维洛，民主德国的克里斯蒂安·恩兹曼和伯恩德·埃特尔在内的建筑师，为了反对当局发起了"体认建筑运动"（图 13.9），后来被捕入狱。[20]

90年代以来的东欧建筑

20 世纪 80 年代末到 90 年代初，东欧剧变，欧洲共产主义阵营瓦解，这些国家经历了一番动荡，包括捷克斯洛伐克、南斯拉夫和苏联的解体，以及国家财富通过私有化落入个人手中。在"二战"爆发 40 多年后，建筑业重新焕发了生机与活力。

这种转变，既发生在观念上，也发生在实践上。大型国企的建筑师变成私有公司的职员。这时建筑师必须自己去寻找客户，拉项目资金，但也获得了创作自由和观念自由。国有设计的知识僵化这一缺陷也必须被克服。高水平的建筑评论，填补了这一空缺，尤其是在东欧，那里有很多理论家和设计师多年来一直在撰写相关书籍。专业公司和文化机构继续发展，甚至出现了专门的建筑美术馆和出版商，它们雄心勃勃，积极促进建筑的发展，大量传播信息的线上场所在地区语言中不断涌现。这一切都为建筑师这个职业创造了丰富的知识土壤，使得建筑也完成了一次艰难的转变。

20 世纪 90 年代初，政治形势和职业发展情况稳定后，国内外的投资者都渴望进入苏联和东欧地区，以满足当地人对新建筑的偏爱，尤其是大城市，如布达佩斯、莫斯科、布拉格和华沙。到 21 世纪初，这一需求还传播到了欠发达地区的小城市，像阿塞拜疆的巴库、罗马尼亚的布加勒斯特、乌克兰的基辅，甚至成了整个东欧的普遍现象。不过莫斯科以东的俄罗斯领土除外，那里的经济仍十分困难。

在建筑类型方面，20 世纪 90 年代初兴建的建筑大多是在共产主义时期被忽视的类型，或者该地区未出现过的类型——商业摩天大楼、办公楼区、郊区住宅、精品酒店、高端商业物业、大型购物中心等，这些建筑类型，满足了当地居民长期被压抑的渴望，不仅包括色彩纷呈、建筑精良的新大楼，还包括国际知名建筑师的作品。这些项目的资金来源多样，既有合法资金，也有非法资金。

非法资金项目，一部分是由集中的财富、影响力和私有化催生的政治权力带来的，包括诈骗犯罪和腐败得来的资金，富裕政治寡头或腐败官员的别墅、度假屋、办公大楼、独立产权公寓、不明来源资金资助的文化中心等。

合法项目的投资者，往往是大型国际地产开发商，其总部多设在东欧，目的是利用这个地区被压抑多年的建筑需求展开项目，最典型的就是荷兰国际集团（ING）的房地产部。1992年，ING资助了弗兰克·盖里设计的布拉格舞蹈剧院（图13.10）；两年后又聘请梅卡诺旗下的荷兰建筑师埃里克·凡·伊格莱特修复布达佩斯的一座19世纪宫殿，2001年ING又请他设计了占地4.1万平方米的布达佩斯ING新总部大楼。在21世纪头10年，ING为一些大城市的多功能发展项目提供资金，比如波兰的华沙、捷克的利贝雷克和奥洛莫乌茨。随着21世纪初全球建筑业的繁荣，当地富有的企业家也开始独立投资或与跨国公司合作，开发了商业和住宅项目。

很多大型开发商不愿聘用国营体制培养的本地建筑师，而是聘用西方的"明星建筑师"来设计他们的投资项目，比如诺曼·福斯特、弗兰克·盖里、让·努维尔、伦佐·皮亚诺。他们在东欧地区的作品包括：让·努维尔的老佛爷百货（1996），伦佐·皮亚诺的波茨坦广场（柏林首都火车站）的重建项目（2000）和民主德国的其他项目，盖里的舞蹈剧院（1996），努维尔等的布拉格兹拉季安德尔酒店（黄金天使大楼，图13.11）和福斯特的华沙大都会大楼（2003）。

捷克的伊娃·伊日琴、扬·卡普利基，波兰的丹尼尔·里伯斯金这些已移民到国外的成功建筑师也纷纷回到故乡，运用他们在本地语言和建筑文化方面的知识进行了成功

13.10 弗兰克·盖里与弗拉多·米卢尼奇，舞蹈剧院，捷克布拉格，1996

的实践。近年来，在美国设计零售店的捷得合伙人事务所，以及在奥地利设计住宅的班姆斯拉格–埃贝勒等建筑设计事务所也被介绍到这一地区，以提升当地新项目的知名度和技术水平。其他开发商，比如荷兰的万用公司，已不再聘用外国

13.11 让·努维尔、泽拉提·安德尔，黄金天使大楼，捷克布拉格，2000

13.12　荷兰万用公司，新卡罗来纳论坛大楼，捷克斯特拉瓦，2011

建筑师，反而依靠当地的无名设计师团队来展现其现代化的全球品牌形象（图13.12）。

　　东欧人对国际建筑师的兴趣经久不衰，当然也可以视为该地区几十年来匿名设计文化的一种反弹，但同时也反映了当地在苏联时代以后，渴望获得全球关注，并渴望证明自身当前的经济模式的可行性。这样看来就不奇怪了——开发商没有经验，设计又过于超前，所以明星建筑师的一些设计方案仍停留在图纸上，没有开建。例如，在最近的经济危机中，诺曼·福斯特在俄罗斯最少有7个大型项目被叫停，包括莫斯科的水晶岛（2006），它原本是世界占地面积最大的建筑，建筑面积达250万平方米；还有俄罗斯大楼（2006），按原本设计，为118层的全球最高的自然通风建筑。项目停摆的原因还有缺少高素质的建筑工人，以及个别国家的政务不透明和腐败问题。这种情况在近来亚洲尤其是中东某些地区愈演愈烈——由于偏爱明星设计师，政治腐败，劳动力短缺而流产的项目比比皆是。

实践证明本土设计师的工作能力并不亚于外国同行。20世纪七八十年代培养的建筑师，已经能成功适应新的形势，比如克罗地亚的温科·佩内齐奇、克雷希米尔·罗吉娜，捷克的约瑟夫·普莱斯科特。还有很多年轻东欧建筑师在本国、西欧或美国受过教育，他们通过小型授权项目和参加国际建筑竞赛而获得声誉。一家斯洛文尼亚公司——欧福斯建筑事务所就是其中的佼佼者。他们最开始在斯洛文尼亚为低收入者设计创新住宅，现在已经能承接全球项目了。作为本地典范的年轻才俊，他们经常会在威尼斯双年展上展示作品。英语技能和建筑数字化的普及意味着年轻的东欧和俄罗斯设计师能参与本国以外的项目竞标，但迄今为止，还没有人在国际上扬名。

这并不令人意外，2008年以来的经济低迷已延缓了东欧的发展速度，阻碍了正在拼命寻求工作机会的年轻建筑师的进步。包括拉脱维亚和匈牙利在内的许多国家在2008年金融危机中受到重创，房价随即崩盘。东欧和俄罗斯的城镇对新住宅的需要曾预期过度，导致到现在在市场上还有数千套房子待售。现在很多国家的百姓仍住在苏联时期的公寓里，只会花钱装修厨房和浴室，而不会投资昂贵的新建住房，居住情况甚至和苏联最困难的时期一样。一些国家开始加入欧共体，南斯拉夫从20世纪90年代的灾难中恢复过来；俄罗斯和其他苏联国家则不同，它们深陷贫穷之中，面临严重的社会问题。除了西部的发达城市或阿塞拜疆、哈萨克斯坦这些盛产石油的高加索地区，其他地方几乎无人愿意投资建筑。俄罗斯大城市的居民往往还住在年久失修的苏联式公寓里，由于几乎没有改善性的经济投入，房屋状况只能继续恶化。

东欧当代建筑实践

　　以下两个案例显示了该地区当代建筑的多样性和复杂性。捷得合伙人事务所设计的黄金阶梯商务中心（又称"金色梯田"，2007），紧邻华沙商业中心的主火车站，是一块占地23.2万平方米的多功能开发区，其中包含办公楼、零售商店、娱乐场所、酒店、地下车库（有1400个停车位）。这座综合大楼把建造美式的大型购物中心的经验引入了华沙，带来了很多知名品牌，如维多利亚的秘密、美体小铺、李维斯等，还引进了多功能电影院、汉堡王、硬石咖啡馆以及两条美食街。金色梯田的建筑特色是连绵起伏的波状玻璃屋顶，也是世界最大的玻璃屋顶之一，乍看像一条阿米巴虫盘踞在综合大楼的传统办公室和酒店大楼之间，把零售区包围了起来（图13.13）。

　　就像很多类似的多功能建筑（包括捷得设计的布达佩斯市中心西区）一样，金色梯田商业中心的设计初衷是为了改善城市的基础设施，而此前的华沙，到处都是狭小拥挤的商店和沉闷的办公区。市政府和ING房地产部联合赞助了这个项目，经与捷得磋商，由芝加哥著名设计师爱泼斯坦领衔设计。爱泼斯坦于20世纪80年代在华沙开办了分公司，在当地建筑标准和承包商问题等种种复杂情况下，克服阻力领导了这个项目。和其他大城市一样，新式建筑是华沙市引以为傲的门面。金色梯田还仅仅是华沙国际建筑师设计的众多新

13.13 捷得合伙人事务所，金色梯田商业中心，波兰华沙，2007

项目之一，其他项目还有诺曼·福斯特设计的办公大楼，赫
尔穆特·杨和丹尼尔·里伯斯金设计的公寓楼，芬兰设计师
雷纳·马勒迈基设计的博物馆，克莱恩·梅茨建筑事务所设
计的德国大使馆。谈到新建筑的蓬勃发展以及对当地情况的
普遍反思，时任华沙建筑发展与城市规划部副部长的托马
斯·泽姆拉这样说："我们打算修建几座摩天大楼，是的……
坦白说，就是想炫耀一番。"[21]

关于这些现象的不同意见，可参考一个俄罗斯案例，从
中可以看出在当地工作要面临的挑战，尤其是当建筑物要体
现国家文化意义时。圣彼得堡的马林斯基剧院的新舞台，历
经11年规划和建设，终于在2013年5月正式开放。早在
2002年，洛杉矶建筑师埃里克·欧文·莫斯受聘设计扩建剧

院，在现有的历史综合体大楼基础上再加一座大舞台。他的设计方案中包含了一整面玻璃外墙，它的外形仿佛是从一个长方体中炸出来的，这引起了圣彼得堡市民和剧院专家的愤怒，让出资的俄罗斯文化部非常担心。他们决定解聘莫斯，同时宣布举办该项目的国际设计竞标。莫斯受邀提交了新的方案但没有通过。最终法国建筑师多米尼克·佩罗获选，他的方案是把新剧院用金丝网围起来。项目开始动工，但5年后仅仅完成了地基。出于造价和工期的考量，政府最终放弃了这一方案。

后来在2009年又举办了第二次竞标，获胜者是多伦多的戴蒙德–施密特建筑事务所，他们被迫与圣彼得堡本地建筑师K. B. 维普斯合作，而后者一直在负责佩罗方案的基础工程。新的设计不得不为了融合已经建好的基础墙而进行微调，最后，剧院变成一座情境的、相对保守的建筑，其砌体外墙和周围的街景相匹配。根据建筑师的设计，玻璃天顶的曲面金属屋顶让建筑物具有了一些当代特色，这种特色正源于圣彼得堡独特的建筑历史。[22] 某些当地人对设计很不满意，觉得不够突破，把它戏称为"超市"。[23] 尽管如此，重要的是，在拖拖拉拉的设计过程后，剧院终于在2013年正式开放。

结　论

东欧和苏联过去60年的建筑史为建筑模型和设计文化之间的关系提供了很好的教学素材。经济计划给予建筑师的特权和限制既非是形式上也非材料上的，而是催生了一种带来一系列实践和标准的建筑文化。这种建筑文化在苏联流行了70年，在东欧流行了40年。在此期间，城市经历了兴起、扩张和重建，那个时代所建的大量现代公寓，仍是当地多数市民的住宅；但由于维修不当、缺少投资，这些建筑的环境正在不断恶化。1990—2010年是这些衰落地区的复兴期和稳定期，对大部分地区来说，这意味着要建设大规模的维修复原工程，而非某些人所预言的大面积拆迁。因此，东欧和苏联的共产主义时期的烙印是无法抹去的，即使新的建筑类型和国家推动的建筑潮流已成为全球常态。

注释

1　包括阿尔巴尼亚、亚美尼亚、阿塞拜疆、白俄罗斯、波斯尼亚与黑塞哥维那、保加利亚、克罗地亚、捷克共和国、民主德国（如今已经统一于德国，属西欧）、爱沙尼亚、格鲁吉亚、匈牙利、哈萨克斯坦、科索沃、吉尔吉斯斯坦、拉脱维亚、立陶宛、马其顿、摩尔多瓦、黑山共和国、波兰、罗马尼亚、俄罗斯、塞维利亚、斯洛伐克、斯洛文尼亚、塔吉克斯坦、土库曼斯坦、乌克兰、乌兹别克斯坦。

2　学术界一般使用共产主义、社会主义、国家社会主义这几个术语指代这些国家的意识形态。明确起见，本讲中统一采用"共产主义"一词来指代。Andrew Roberts, "The State of Socialism: A Note on Terminology," *Slavic Review* 63/2 (Summer 2004): 359.

3　比较特殊的是最先取消私有制的南斯拉夫，它在20世纪60年代重新成为开放、独立的经济体。

4　关于这场转变的讨论，见 Kimberly Elman Zarecor, *Manufacturing a Socialist Modernity: Housing in Czechoslovakia, 1945-1960*, Pitt Series in Russian and East European Studies (Pittsburgh: University of Pittsburgh Press, 2011).

5　例如，参见 János Kornai, *The Socialist System: The Political Economy of Communism* (Princeton: Princeton University Press, 1992).

6　Henry W. Morton, "Housing in the Soviet Union," *Proceedings of the Academy of Political Science* 35/3 (1984): 72.

7　Stephen Kotkin, "Mongol Commonwealth? Exchange and Governance across the Post-Mongol Space," *Kritika: Explorations in Russian and Eurasian History* 8/3 (2007): 520.

8　R.A. French and F.E. Ian Hamilton, *The Socialist City: Spatial Structure and Urban Policy* (Chichester and New York: Wiley, 1979), 14-45.

9　Mark B. Smith, *Property of Communists: The Urban Housing Program from Stalin to Khrushchev* (DeKalb: Northern Illinois University Press, 2010), 113.

10　Przemyslaw Szafer, *Wspólczesna architektura polska/Contemporary Polish Architecture* (Warsaw: Arkady, 1988), 157.

11　Thomas P. Whitney (ed.), *Khrushchev Speaks: Selected Speeches, Articles, and Press Conferences, 1949-1961* (Ann Arbor: University of Michigan Press, 1963), 153-92.

12　Virág Molnár, "Cultural Politics and Modernist Architecture: The Tulip Debate in Postwar Hungary," *American Sociological Review* 70/1 (Feb. 2005): 118.

13　James C. Scott, *Seeing Like a State: How Certain Schemes to Improve the Human Condition Have Failed* (New Haven: Yale University Press, 1999).

14　参见 Marie Šťastná, *Socha ve městě: vztah architektury a plastiky v Ostravě ve 20.století* (Ostrava: Ostrava University, 2008).

15　匈牙利是该区域中的例外，因为仅有 30% 的新建住宅是国家主导的大型工程，而在民主德国，这一比例是 63%，捷克斯洛伐克是 92%，苏联是 62%。见 Virág Molnár, "In Search of the Ideal Socialist Home in Post-Stalinist Hungary: Prefabricated Mass Housing or Do-It-Yourself Family Home?," Journal of Design History, 23/1 (2010): 61-81.

16　Henrieta Moravčíková (ed.) *Bratislava: Atlas Sídlisk 1950-1995/ Bratislava: Atlas of Mass Housing 1950-1995* (Bratislava: Slovart, 2011), 33.

17　参见 Lewis H. Siegelbaum, *Cars for Comrades: The Life of the Soviet Automobile* (Ithaca: Cornell University Press, 2008) : 80-124.

18 Rostislav Švácha (ed.), *SIAL Liberec Association of Engineers and Architects, 1958-1990: Czech Architecture against the Stream* (Prague: Arbor Vitae, 2012).

19 Ines Weizman, "Citizenship," in C. Greig Crysler, Stephen Cairns and Hilde Heynen (eds), *Sage Handbook of Architectural Theory* (London: SAGE Publications, 2012), 107-20.

20 感谢艾利多·梅希利提供的关于马克斯·维洛的信息，维洛在阿尔巴尼亚监狱里待了 8 年，罪名是"宣扬公寓建筑设计中的外国影响以及现代主义趋势"。

21 Rudoplh Chelminski, "Warsaw on the Rise," *Smithsonian* 41/10 (February 2011): 32.

22 "New Mariinsky Theater," Diamond & Schmitt Architects, http://www.dsai.ca/projects/new-mariinsky-theatre-russia, accessed: February 1, 2013.

23 Anisia Boroznova, "The Mariinsky Faces New Challenges," Russia beyond the Headlines, December 2, 2011, http://rbth.ru/articles/2011/12/02/the_mariinsky_theater_faces_new_challenges_13888.html, accessed: February 1, 2013.

第14讲　芬兰建筑：建筑与文化特征

泰斯托　·　H.梅克勒

引　言[1]

　　芬兰在被瑞典统治将近 600 年后，曾于 1809 年成为俄国统治下的大公国，直到 1917 年才独立为共和国。关于艺术和建筑、民族主义和那些使芬兰文化区别于瑞典或俄国文化的特性的讨论，自 19 世纪中叶至今从未间断。无独有偶，芬兰独立的时间恰逢世界范围内的现代运动，其结果就是：芬兰建筑被认为是现代建筑的一个分支，同时又隶属于它自身独特的文脉。现代建筑的形式原理和社会目标，为这个新近独立的国家提供了一个框架，使它得以在世界舞台上作为一个独特个体寻求认同。这些现代的原理及目标，与地域性传统相结合，直到今天都在为芬兰建筑提供一种普适性的参照。1990 年，建筑师格奥尔格·格罗滕费尔特宣称："20 世纪初，一场伟大的变革始于现代主义的突破。随后，这场变革在芬兰发展的情况好得令人难以置信，并持续到了五六十年代。在芬兰，现代主义建筑比其他地方都更特别，更有机，也更本地化。"[2]

　　在 1939—1940 年的冬日战争和 1941—1942 年的苏联战争后，重建家园成为芬兰人的首要任务。而建筑则被视为社会变革的"推动者",因为它往往倡导欧洲现代建筑。[3] 综观整个50年代,这一宗旨始终是CIAM(1928—1959)和"十人组"(1953—1981)讨论的重要主题。这些组织为芬兰及欧洲建筑语汇的发展提供了关键来源。[4] 其中一个意义重大的事件是,1959年,芬兰人与CIAM的奥利斯·布隆斯泰特、雷伊马·皮耶蒂莱、凯约·佩泰耶和屈厄斯蒂·阿兰德在赫尔辛基联手创办了低调但有影响力的国际建筑季刊《蓝色立方体》。[5]

战后与20世纪60年代

奥利斯·布隆斯泰特笃信美与和谐的普遍规律,并发展出了一套名为"60准则"的比例系统。这也是他于1961年发表于《蓝色立方体》第4期上的专栏文章标题。这一基于数字"60"、人体与音乐的和谐的理性主义系统,让设计变得简单清晰,同时又能反映出人们对标准化产品原则的普遍兴趣。克里斯蒂安·古利克森和尤哈尼·帕拉斯马将他们的"225模度体系"应用在1969年建于南塔利和1973年建于诺尔马库的实验性木结构度假屋中。[6] 这些工作与布隆斯泰特的"60准则"相关,但在探索预制系列产品的道路上又前进了一步。

芬兰的现代建筑历史总是聚焦于建筑师阿尔瓦·阿尔托身上。毕竟,20世纪30年代早期,他还在帕米欧疗养院项目(1932)上探索功能主义(不过经常被人文主义影响)的时候,就已经成为国际公众人物了。他在50年代时硕果累累,完成了大量的著名作品,包括珊纳特赛罗市政厅(1951)、实

14.1 阿尔瓦·阿尔托，赫尔辛基理工大学礼堂（室内），芬兰赫尔辛基奥
    塔涅米，1961—1964

验住宅（1953）、伊玛特拉教堂（1958）以及赫尔辛基文化
宫（1958）。阿尔托为奥塔涅米的赫尔辛基理工大学（1961—
1964）所做的设计，体现了其适应 20 世纪的新教育环境的
理念。主楼的礼堂（1964）采用了一种肋梁结构系统（图
14.1），创造性地应用了间接日光采光，以及为不遮挡观众视

14.2　凯加·赛伦、海基·赛伦，赫尔辛基理工大学学生教堂（室外），芬
　　　兰赫尔辛基奥塔涅米，1957

线而陡升的舞台。

　　与大部分芬兰建筑师一样，阿尔瓦·阿尔托从未轻视传统对现代的价值。对他来说，历史就是当前设计的试金石，并且相信"我们的祖先将一直是我们的恩师"。[7]无论他的文章还是建筑都证实了一点——阿尔托尊重人文价值，并将其作为现代建筑的核心。

　　当然，除了阿尔托的作品，芬兰建筑还有很多杰出作品。凯加·赛伦和海基·赛伦夫妇设计的赫尔辛基理工大学校园内的学生教堂（图14.2和14.3），从校园主路上看不到，而是通过一条窄窄的在树林间蜿蜒上升的土路到达。该建筑寓意为"森林"，对芬兰人来说这是一种原始的神圣性，甚至连十字架都被安放在圣坛玻璃墙外面。[8]使用者的目光更多集中于教堂周围那片森林，而不是十字架本身。整个建筑用料极为

14.3　凯加·赛伦、海基·赛伦，赫尔辛基理工大学学生教堂（室内），芬兰赫尔辛基奥塔涅米，1957

简洁，细节减少到极致。

　　20世纪60年代的许多芬兰建筑师都偏爱预制及现浇混凝土，一个著名例子就是佩卡·彼得卡宁设计的圣十字教堂，它同时也是图尔库当地的火葬场（图14.4和14.5）。这片建筑群隐在一大片隆起的草坡之后，周围栽有一片杜松树。建筑本身在人们刚到达停车场时是看不见的，只能看到一个高大、简洁的十字架在首级台阶处，并为人们指示方向。优雅的设计利用了地形，以低矮体量和循环步道，创造出一个和谐的形式构图。室内设计也在尺度、比例、纹理、细部和照明上均经过仔细推敲。彼得卡宁处理混凝土的手法精确而微妙，通过充分利用光线变化来创造出表面纹理和整体氛围。这里的焦点是敏锐的材料表达，而不是早期现代主义者们关注的建筑或机器功能的隐喻，正如20世纪70年代的芬兰结构主

14.4　佩卡·彼得卡宁，圣十字教堂（室外），芬兰图尔库，1967

14.5　佩卡·彼得卡宁，圣十字教堂（室内），芬兰图尔库，1967

义派所强调的那样。[9]

20世纪60年代出现了阿尔托之后的一个著名的有争议的建筑师组合——雷伊马·皮耶蒂莱和拉伊莉·皮耶蒂莱夫妇。他们在国际上被认同的合作项目不多，并且都建在芬兰，而且一般也都不遵从标准的建筑分类。也许正是由于这个原因，他们的作品才显得如此卓尔不群，乃至他们在职业生涯的大部分时间里都是被边缘化的。[10]以1958年第1期刊载的《造型传达的形态》一文为开端，雷伊马在《蓝色立方体》杂志上发表了多篇专题论文。他在成熟期的核心思想是：每一片建筑用地都有一个"土地神"，建筑师的职责就像某种巫师，仅仅是通过与这些神灵的沟通来发掘出真正的建筑形式。除了"土地神"概念之外，拉伊莉·皮耶蒂莱还有一个特殊的理论——语言和设计过程的关系。她解释道："我一边画图，一边说话……芬兰语的节奏和语调控制了我手中铅笔的移动。我是在'画'出芬兰语吗？我语言的节奏影响了我笔下的形状，组成了我的线条，勾勒出了我作品的表面。"[11]在建筑设计上，皮耶蒂莱有自己的标准。

他们设计的位于赫尔辛基理工大学校园内的狄波利学生会楼（图14.6）是一座怪异而富有争议的建筑，它把直线和曲线元素在平面和剖面上进行了并列布置。正如雷伊马所描述的："学生会楼的基底和顶部没有明确的界定。它沉入了地形之中……它突破了功能主义美学的界限，旨在以自然的鬼斧神工创造建筑。平滑的岩壁、原始的海岸、不规则的巨石和菱形外观都是由冰来打破的。"[12]地上一层的空间是直接开挖基地上的花岗岩形成的，因此在建筑的室内外都能看到精心布置的巨石。

14.6　雷伊马·皮耶蒂莱、拉伊莉·皮耶蒂莱，狄波利学生会楼（室外），
　　　芬兰赫尔辛基奥塔涅米，1966

尺度和形式的多样性在狄波利的室内设计中占主导地位。雷伊马本人采用大量隐喻，将其对室内感受比喻为"置身于洞穴"或"一头巨大的远古野兽（如恐龙）的体内"。通过借建筑形式，"土地神"的意志就得以表达出来。

20世纪七八十年代

由阿尔托设计的赫尔辛基的芬兰宫（1971—1975）是一座纪念碑式建筑。该建筑几乎没有使用本地材料，而是以意大利卡拉拉白色大理石建成，沿着赫尔辛基的图洛海湾延伸开来。这也是阿尔托设计的市政综合体建筑扩建工程（1959—1964）中唯一建成的部分。阿尔托在项目中并没有因循芬兰已有的文脉，而是想引入一种新的、以汽车为尺度的城市模型。在芬兰，这种设计方式从未流行起来。除了芬兰宫的一部分之外，阿尔托的整体规划中的其余部分均未得以实施。

格奥尔格·格罗滕费尔特有着独特的建筑观点。在面对大众文化的入侵和矛盾时，他会以自身的观点保护传统文化价值。他提议走出一条不同的道路："沿着动物常走的带有沙子和土味的小径，那将引导我们至远处的荒野、森林的深处和未曾去过的岛屿，到达我们的潜意识，被渴望的记忆唤醒，越来越深入地进入我们的内心世界，回到原点。"[13] 格罗滕费尔特也相信，只有源于这种本真的道路，建筑才有可能"自信地走上其他道路……不用委曲求全"。[14] 他于1982年设计的位于萨克斯耶夫市尤瓦的尤图卡桑拿房（图14.7），使用了从

14.7　格奥尔格·格罗滕费尔特，尤图卡桑拿房（室外），芬兰萨克斯耶夫
　　　市尤瓦，1982

古老的烟熏桑拿（黑色桑拿）回收利用的黑木，以表达过去
与现在的连续性。[15]

　　在格罗滕费尔特眼中，过去的传统是实在的，也是当下
建筑的意义来源。

　　今天，芬兰最受尊敬、最著名的资深建筑师是尤哈·莱
维斯卡。他设计的位于米若梅琪的著名教堂和教区中心
（1980年中标，1984年竣工；图14.8）是在极其艰难的用地
条件下产生的一个极其巧妙的解决方案。该中心邻近通勤铁
路轨道和车站，建筑呈线状排布，高墙沿着铁轨的一侧，隔
绝了外部的喧闹，保证教堂内部的日常功能。由于北方国家
的日照条件两极分化——夏季时阳光普照，冬季日光又非常
稀缺，这使得光线在设计中成了一个关键因素。莱维斯卡是
操纵光线的大师，他设计的建筑被誉为"用光线演奏的乐

14.8　尤哈·莱维斯卡，教堂和教区中心（室内），芬兰米若梅琪，1984

器"。[16] 室内的公理会座位所处的空间记录了外部光线从春夏到秋冬，从晴天到阴天，从清晨到傍晚不断变化的特质。仅仅坐在教堂长椅上5分钟，人们就很可能经历室内氛围随室外光照条件改变而发生的显著变化。

同许多芬兰建筑师一样，莱维斯卡并不追求新鲜事物，而是试图保护一种在日益碎片化的现实之下的文化连续性和一致性。"如果环境不一致，包含着自相矛盾的元素，那么新建筑能起什么作用？难道要创造令人迷失的联系？仅仅用极其简单的手法——或者几千年前的老办法——就能创造出一个丰富又生动的环境，一个可以被清晰表达的环境，其包含着高光与微差、光调和密度的变化，"他进一步说，"在新建筑的框架下，我们必须创造同样的精神和非物质的要素，即在那些古老建筑的室内静静地呼吸时能感受到的要素。"[17] 用莱维斯卡的话说，他只是"一次次地设计同一座建筑，并试图把它做对"。[18]

另一个代表芬兰当代建筑趋势的人是克里斯蒂安·古利克森，他设计了位于皮耶萨玛琪的珀里尼文化中心（1982—1989，与蒂莫·沃尔玛拉、埃瓦·奇尔皮奥和奥利基·尤哈合作）。这个项目运用了折中主义的文化隐喻和历史参考，是为芬兰中南部小镇皮耶萨玛琪设计的。古利克森解释说，珀里尼文化中心整合了传统和地方元素，以及"二战"前的功能主义，这在皮耶萨玛琪一些其他的建筑中也能看到。功能主义关系到一种对未来的期望，这种期望在20世纪30年代独立后的芬兰就出现了，结果成了芬兰的文化象征。[19] 另外，这种未来意义的来源正是芬兰现代主义的历史文脉。就像古利克森强烈宣称的："我们试图阐释的现代运动65年来的传统有更深层的含义。我相信这个意识和艺术形象的根基蕴含着建筑概念的不竭之源，具有丰富的意义和历史。"[20]

20世纪90年代到21世纪初

曼蒂涅米是赫尔辛基的几座总统官邸之一，由雷伊马·皮耶蒂莱和拉伊莉·皮耶蒂莱于1993年设计建造（图14.9）。它绝不是一个标准化的产品，而是一件绝无仅有的完整艺术品。它所有的室内元素，包括织物、陈设、餐具和灯具等，都是雷伊马亲手设计的。在曼蒂涅米的入口一侧，从室外看起来呈现了一个"防御"的姿态。其块状花岗岩的基

14.9 雷伊马·皮耶蒂莱、拉伊莉·皮耶蒂莱，曼蒂涅米（室外），芬兰赫尔辛基，1993

底和外墙，是个呈一定角度的多面体，以屏蔽滨水墙体上望向花园露台的开窗。它就像雷伊马·皮耶蒂莱设计的其他作品那样特别，而且再次证实了他从不设计雷同的建筑。

由雷纳·马赫拉梅基、伊尔马里·拉德尔马和朱哈·马奇‐朱利拉三人设计的芬兰森林博物馆与信息中心，又名"卢斯托博物馆"（图 14.10），1994 年在芬兰东部小镇庞卡哈留对外开放。森林业（包括纸浆和纸张）是芬兰经济的支柱。[21]卢斯托博物馆是一座现浇混凝土建筑，它的曲线外墙以木板覆盖。它不仅赞扬了木材的经济价值，也歌颂了芬兰森林的文化神话。[22]博物馆的参观手册上如此写道："对芬兰人来说，森林是存在的最基本要素。人类从事农业的历史源远流长，而城市化仅仅是最近的事，所以任何一个芬兰人都会对其周围的森林感觉亲近与熟悉。对芬兰人来说，森林是一种

14.10 雷纳·马赫拉梅基、伊尔马里·拉德尔马、朱哈·马奇-朱利,卢斯托博物馆（室外），芬兰庞卡哈留，1994

多维度的实体，蕴含着古老的信仰、民间传说、现代生活与工业。"[23]

在芬兰本国以外的近期著名作品中，由米科·海基宁、马尔库·科莫宁、夏洛蒂·那约斯设计的华盛顿芬兰驻美大使馆尤其值得关注（图14.11）。该大使馆自1994年开放以来广受好评。[24]建筑师成功克服了一个难于处理的地形——它建

14.11　米科·海基宁、马尔库·科莫宁、夏洛蒂·那约斯，芬兰驻美国大使馆（室内），美国华盛顿，1994

14.12　JKMM 建筑师事务所，塞纳霍基市新图书馆（室外），芬兰塞纳霍基，
　　　 2012（米卡·胡伊斯曼　摄）

在一处陡峭狭窄的斜坡地上。尽管大使馆的外形简洁，但其使用的高质量材料非常考究，经过了严谨、仔细的推敲。主会议室就像是置于纵横连通的网络中的、镀着亮铜的漂浮立方体。作为大使馆的当代一面的补充，你会在地下室里发现一个通常被认为是芬兰文化的土特产——一个手工精心打造的木结构桑拿房。一个重要的当代建筑项目再次根植于原生地文化。

　　塞纳霍基市立新图书馆于 2008 年由 JKMM 建筑师事务所（成员包括阿斯莫·贾科斯、提姆·库尔克拉、萨姆里·米耶提侬、朱哈·马奇－朱利拉）赢得竞标，竣工后于 2012 年正式开幕（图 14.12）。[25] 塞纳霍基市立新图书馆紧邻阿尔托在

1965年设计的图书馆。这座图书馆是阿尔托为塞纳霍基市行政和文化中心设计的六座建筑中的一座。而这组建筑的建设经历了一个漫长的过程（1951—1988）。[26] 这座老图书馆显然太小了，无法满足当下的社会需求。JKMM的设计展现了对这一文脉传统的尊重。它虽独立于阿尔托设计的图书馆，但又通过地下通道与之相连。铜——阿尔托主要用于屋顶和细部的材料——在新图书馆被用在外表皮。铜料被预先处理过，呈现出一种青铜文物上才有的绿色，以此来联结与匹配现存的阿尔托设计的建筑。设计师在此再次细致地关注了材料、细部和照明。

21世纪的议题

通过运用精细制作的特殊材料和策略地使用光线来展现文化价值与传统，这一观念体现在四个近年建成的宗教类建筑作品当中。第一件作品，安西·拉西拉设计的坎塞米奇木瓦教堂（2004）最引人注目，它沿袭了传统的木建筑，采用了特殊的木瓦挂板。教堂位于奥卢南边130千米处的坎塞米奇的一条河的河岸上，它也是拉西拉的硕士毕业设计。该建筑不仅使用了传统材料，还应用了传统建筑工艺。内部的木结构被用松焦油做过防腐处理的木瓦挂板所覆盖。屋脊处的天窗为教堂提供了日光，天黑以后只用蜡烛和灯笼来照明。

第二件作品是2005年建成的维基教堂，由JKMM建筑师事务所设计（图14.13和14.14）。该教堂位于赫尔辛基的一个新的可持续发展社区内。它的室内也完全是木质的（包括管风琴的键盘），外部也铺设着传统的木瓦挂板。

第三件作品是圣亨利基督教艺术小教堂，位于图尔库（2005），由萨纳克塞纳霍建筑师事务所的马蒂·萨纳克塞纳霍和皮尔约·萨纳克塞纳霍夫妇设计（图14.15和14.16），因其低调精美的设计成为当地十分受欢迎的建筑，市民经常前去参观。它的外形会让人联想起包着铜皮、头朝上的船。极简主义的朴素室内空间完全采用木材建造，为达到最好的效果，间接采光的光源被放置在最顶部的圣坛上。

最后值得一提的作品是2012年建成的赫尔辛基康比静默礼拜堂，由K2S事务所的基莫·林图拉、尼可·斯罗拉、米科·萨曼宁共同设计（图14.17和14.18）。它形似一只大碗，室内的间接采光来自上部的屋顶。木材仍被设计者作为主要

14.13　JKMM 建筑师事务所，维基教堂（室外），芬兰赫尔辛基，2005

14.14　JKMM 建筑师事务所，维基教堂（室内），芬兰赫尔辛基，2005

14.15　马蒂·萨纳克塞纳霍、皮尔约·萨纳克塞纳霍，圣亨利基督教艺术
　　　　小教堂（室外），芬兰图尔库，2005

14.16　马蒂·萨纳克塞纳霍、皮尔约·萨纳克塞纳霍，圣亨利基督教艺术
　　　　小教堂（室内），芬兰图尔库，2005

14.17 基莫·林图拉、尼可·斯罗拉、米科·萨曼宁（K2S），康比静默礼
拜堂（室外），芬兰赫尔辛基，2012（托马斯·乌舍莫 摄）

14.18 基莫·林图拉、尼可·斯罗拉、米科·萨曼宁（K2S），康比静默礼
拜堂（室内），芬兰赫尔辛基，2012（托马斯·乌舍莫 摄）

14.19　亚科·克莱梅廷波伊卡·莱佩宁，佩塔雅维西教堂（室内），芬兰佩
　　　塔雅维西，1763—1765

材料使用，旨在让室内空间在体验上区别于康比街区忙碌喧
嚣的都市商业环境。

　　芬兰建筑师持续探索了包括在特定文脉中的材料、结构
和细部做法的建筑原则。坎塞米奇木瓦教堂、维基教堂、圣
亨利基督教艺术小教堂和康比静默礼拜堂，都是芬兰建筑历
史的延续，也都是对1763—1765年建成的佩塔雅维西教堂
的致敬——这座古老教堂是传统芬兰木教堂建筑的范例（图
14.19）。这四座当代教堂各自平衡了现代建筑的普遍原则和地
域特性。阿伦·科尔库洪敏锐地指出："对传统的接受，某种
形式上说，就是建筑含义的条件"[27]，"地域主义的教义是基
于一个理想的社会模型——可称作'本质主义模型'。按照此
模型，所有社会都应当包含一个核心或本质，必须被发掘和
妥善保护。这一本质，存在于当地地理、气候以及对当地自

然材料的使用及转换的习惯当中"。[28] 芬兰建筑的历史，就是一系列以传统文化为背景的、不断的论证过程。建筑历史学家丽塔·尼库拉代表与她同时代的芬兰人指出，"因为我们在外围，我们可以随意采纳通过不同渠道、从主要文化中心而来的创新想法，并进行混搭，只要我们感觉其适合自身的独特需求"。[29] 芬兰建筑师仍将参考他们的文化传统，在当今全球化的实践中创造出与传统紧密联系的建筑特色。

注释

1　本讲源于作者的论文《芬兰建筑和现代特色》，参见 *Finnish Modern Design: Utopian Ideals and Everyday Realities 1930-97*, ed. Marianne Aav and Nina Stritzler-Levine (New Haven: Yale University Press, 1998), 52-81.

2　Georg Grotenfelt, "Interview," *An Architectural Present—7 Approaches* (Helsinki: Museum of Finnish Architecture, 1990), 184-85. 格奥尔格也指出："我认为没有理由再去评估这一项目，也不该从别处找办法来发明新东西——由伟大的、激进的现代主义建筑师所创造的世界，就是灵感和理论复兴的无尽来源。"

3　这种方法的一个重要案例就是约里奥·林德格伦 (1900—1952) 在 1951年设计的赫尔辛基"蛇屋"公寓街区。该街区共有 190 套国家资助的公寓。它的曲线造型适应了地基的不规则地形。另一个较晚的例子是奥利斯·布隆斯泰特设计的，建于 1954 年的"科居排屋"和科尔米瑞内公寓街区。后者位于塔皮奥拉郊区的新花园 (1953)，本身就是战后社会理想的象征。参见 *Heroism and the Everyday*, ed. Riitta Nikula and Kristiina Paatero (Helsinki: Museum of Finnish Architecture, 1994).

4　Eric Mumford, *The CIAM Discourse on Urbanism—1928-1960* (Cambridge, MA: MIT Press, 2002). Max Risselada and Dirk van den

Heuvel (eds), *TEAM 10: In Search of a Utopia of the Present 1953-1981* (Rotterdam: NAi Publishers, 2005).

5 加入他们的是来自罗马尼亚的安德烈·施莫林。文献的每卷都有一个主题，并且在第1卷"0"号和题为"赫尔辛基CIAM小组辩论集导论"的文章后，接下来7卷中的每一卷的主要论文都是由芬兰人写的。赫尔辛基的《蓝色立方体》，是一本集合了芬兰建筑师和他们的合伙人关于现代建筑的广泛讨论的刊物。

6 关于住宅木结构体系历史的讨论，请见 Pekka Korvenmaa, "Talotehtailusta Universaalijärjestelmin: Teollinen Esivalmistus, Modernismin Utopiat ja Puukulttuurin Ehdot," ("From House Manufacture to Universal Systems: Industrial prefabrication, the utopias of modernism and the conditions of wood culture."), *Rakennettu Puusta: Timber Construction in Finland*, Marja-Riitta Norri and Kristiina Paatero (eds) (Helsinki: Museum of Finnish Architecture, 1996), 62-75.

7 Aalto, "Motifs from Times Past," *Sketches*, 1-2.

8 安藤忠雄设计的位于日本北海道的水之教堂(1985—1988)，也有置于外部但放置在水池中的十字架。安藤很熟悉奥塔涅米教堂，他明显去过那里。

9 这一时期宗教建筑的另一个例子是阿尔诺·卢瑟瓦里设计的艾斯堡的塔皮奥拉教堂(1965)，它常被认为是粗野主义建筑。但其实，它更应被视为一件混凝土极简主义的习作。卢瑟瓦里在其中使用了模度化的混凝土块和预制板，创造了一个被遮挡起来的室内空间。间接的日光和小喷泉轻柔的声音结合，将退隐者带入一种精神境界。埃尔基·埃洛玛和卢瑟瓦里一样对混凝土的建筑表达了兴趣，埃洛玛并不是很著名的建筑师，主要作品是1967年建成的耶尔文佩教堂(1963年中标)。这座教堂是一座争议性的建筑，激起了强烈的支持或反对之声，特别是其中的钟塔。埃洛玛在混凝土表面很好地综合了体量感与细节感。在为精神建筑创造适宜的室内氛围中，日光再次扮演了重要角色。

10 Pietilä, "Concept of Visual Entity in Environmental Design (1971)," *Pietilä: Intermediate Zones in Modern Architecture*, 137. 雷伊马解释这一困境说："我的同事说我不是以一种普通人能理解的方式在沟通，或者我的图形只是我个人的语言，与眼前的实际没有多大关系。我对这一评论的回答是，我的主题如此不流行是因为视觉设计会以一种错误的方式与建筑美学联系在一起。当人们试图从比物质环境的普遍功能与技术形式更广阔的文脉来构思，即使是在专业圈子里，这个话题也很难讨论下去。"

11 Pietilä, "Architecture and Cultural Regionality," 8.

12 Reima Pietilä, "Architecture and Cultural Regionality: Interview with Reima Pietilä," *Pietilä: Intermediate Zones in Modern Architecture* (Helsinki: Museum of Finnish Architecture, 1985), 12-13. 出处同上，雷伊马也解释了为什么窗户在森林内、外部的互联上发挥了重要作用："狄波利有 300 多种不同类型的窗户，或者说是一个包含各变化角度的窗户系列……"

13 Georg Grotenfelt, *Arkkitehti* 2 (1993), 17. 本讲作者修改后的翻译。

14 同上。

15 *An Architectural Present—7 Approaches*, Marja-Riitta Norri and Maija Kärkkäinen (eds),(Helsinki: Museum of Finnish Architecture, 1990), 151. "尤图卡桑拿房就是用古老的谷仓木材建成的，门框上刻着的日期是 1861 年，但木材应该是此前就运过来的，很明显这些木材更古老些。"作者认为，原木不是从谷仓里取下来的，而是来自一间古老的烟熏桑拿房 (黑色桑拿)，这也是木头呈现黑色的原因。

16 Leiviskä, "The Lasting Values of Architecture," 12. 值得一提的是，他还是一位天才钢琴家。

17 同上。

18 引自 1995 年尤哈·莱维斯卡在赫尔辛基理工大学的一次演讲。

19 Kristian Gullichsen, "Kulttuurikeskus Poleeni," *Arkkitehti* 8 (1989), 3 (offprint).

20 Gullichsen, "Civic Centre Poleeni," An Architectural Present—7 *Approaches,* 34.

21 森林被视为一种可持续资源。早在 1921 年，《国家森林资源清查报告》就已有芬兰树木总数的统计。

22 两场最近在芬兰建筑博物馆举行的展览，反映出当地人对神秘森林文化的持续兴趣：*The Language of Wood: Wood in Finnish Sculpture, Design, and Architecture* (Helsinki: Museum of Finnish Architecture, 1987) and *Timber Construction in Finland* (Helsinki: Museum of Finnish Architecture, 1996).

23 *Discovering the Forest* (Punkaharju: The Finnish Forest Museum, 1994), 8. 卢斯托博物馆是一个企业营利和文化参考相结合的成功案例。

24 芬兰驻美大使馆官网为该建筑提供了虚拟游览服务，并收录了各种评论：《建筑评论》(英国版)批评家威廉·摩根认为芬兰大使馆是50年来'最美国式的政治首都建筑'。"《华盛顿邮报》的本雅明·福奇认为它是"华盛顿建筑的一股清流"。《纽约时报》的赫伯特·马斯坎普特别提到该建筑的空间复杂性，并总结道："只要你进入里边，你就会发现芬兰的空间结构很明亮，遥遥领先于美国的设计。"

25 该事务所早期曾于1998年赢得图尔库中央图书馆的设计竞标。这个非常成功并获得诸多赞美的设计作品于2007年对外开放。

26 另外5栋建筑分别是：1951—1960年的平原教堂十字架、1951—1966年的教区中心、1958—1960年的市政厅、1964—1968年的办公楼和1961—1987年的城市剧院。这些建筑都是由一座人口只有3万人的小城镇所建的。

27 Alan Colquhoun, "Three Kinds of Historicism," *Modernity and the Classical Tradition: Architectural Essays 1980-87* (Cambridge, MA: The MIT Press, 1989), 15. 另见 Alan Colquhoun, "Introduction: Modern Architecture and Historicity," *Essays in Architectural Criticism: Modern Architecture and Historical Change* (Cambridge, MA: The MIT Press, 1981), 19："如果批评只是指其做出判断的功能，它就必须拥有属于建筑传统的处理规范——用于衡量和评估目前的意外。"并且，科尔库洪在《后现代主义和结构主义：回顾》(《装配》1988年2月号，第10页)中写道："就像语言往往预先存在于一个小组或个体发言人那样，建筑的系统也往往会预先存在一段时间，或是存在于某个建筑师的体系内。正是通过早期形式的持久性，系统才能传达意义。在历史上的任何时刻，这些形式或类型与建筑实践的任务发生互动，就形成了整个系统。"

28 Alan Colquhoun, "The Concept of Regionalism," *Arquitectura* 291, March 1992, 16.

29 Riitta Nikula, "Great Men from Little Finland," *Arkkitehti* 2 (1993), 35.

第 15 讲　非洲建筑：调和现代性和本地性

伊恩·罗

引　言

"非洲"这一地区概念，总是凭外来者的喜好定义的。这个大陆在历史上主要被当成矿产资源和廉价劳动力的输出地，其历史地位甚至降低为一种"商品"。这种"他者化"，体现在殖民主义时期的非洲建筑中，它的发展走了很多弯路，实际上可以说是"文化的种族灭绝"。例如，西方设计影响下的"白色"、笛卡尔坐标系、透视影像，这些一度成为所谓"好设计"的标准。这种对当地文化的边缘化，对空间设计具有深刻的影响。在殖民主义的法则下，本土建筑和语言要服从"有约束的发展"，西方现代主义完全替代了本土文化。实际上，殖民主义建筑恰恰是现代性的基础，现代主义理所当然地为殖民主义建筑服务。其导致的结果是，你在非洲大陆旅行时，很可能会遇到现代建筑和城市化的一些杰出案例。[1]正如汤姆·阿维马特和其他学者定义的那样——"殖民现代化"反映了殖民时期的建筑在当代条件下进行创意实验的持续性，这最终挑战了殖民主义的权威，发展出更加细致的"协商的现代主义"。[2]这点与世界其他被殖民地区的情况类似，如印度、巴西和土耳其，在这些地区的设计师批判的手法中，气候、技术和文化动力等方面的对抗与反殖民霸权运动结合了起来。[3]

1960—2010年的半个世纪里发生了许多大事，深刻影响着全球的变化和发展。当CIAM的闭幕大会预示着现代运动的重要转折时，非洲国家正在纷纷独立，抓住机遇使整个大陆发生了翻天覆地的变化。[4] 这一时期出现了政权更替和许多新事物，包括建筑空间性的转变。最初，建筑界对政权变更的反应是逆来顺受，因此，建筑师对殖民统治建筑的模仿占据上风。这一点在早期民族主义建筑项目中体现得最为明显，例如，加纳的独立门（1957）和尼日利亚的国家议院（1999），都体现出解放运动的特征。[5] 然而，当地的文化偏见的复苏，很快就给新国家确立身份的斗争带来一种紧张情绪。阿里·阿明·马兹鲁伊和恩纳米迪·埃勒提到了一种"三重遗产"理论，即将非洲建筑放在非洲、阿拉伯和欧洲的文化充满争议的语境下。[6] 这种具有历史倾向的理论，可能是非洲后独立时代早期的建筑和空间生产存在的基础。不过，世界的发展趋势，如冷战结束和全球化的开始，再加上独立后50年的发展红利，确实使非洲得以建造更多、更复杂的建筑。

回归原始建筑

非洲独立带来的不仅是解放运动导致的权力转换，更重要的是为当地带来了回归"原始"、回归土著文化的愿望。[7] 强行根除现代建筑，既不实际，也不现实。独立运动带来的

15.1　皮埃尔·法胡里，和平女神教堂，科特迪瓦亚穆苏克罗，1985—
　　　 1989

一个现象就是大量出现的现代主义建筑（图15.1），而当地人
从来没有接受过它们。各种反对声浪此起彼伏，而其中最明
显的意见针对的是对建筑构造的外部改造。但在西非，马克
斯韦尔·弗莱和简·德鲁的作品根据当地情况对现代主义进
行了调整，这主要体现在他针对当地气候的创新设计上。[8]当
地文化不为外人所接受，容易被误解。当时非洲的大多数建
筑设计仍是由殖民者来承担的，他们的教育背景和文化偏见
来自西方现代主义。只有很少的本土建筑师曾去中欧接受教
育，结果他们也沦为现代主义派来的征服者，例如尼日利亚
的奥卢沃勒·奥卢穆伊瓦。[9]

　　文化冲突会影响空间建筑，这是无可避免的。这一点在
两次大规模示威中体现得尤为明显。用户对建筑的适应，要
符合特定文化的需要，有赖于在设计过程中建筑师对本土要

素的正确解读，这在整个非洲的现代建筑中都能看到，比如在"法属摩洛哥""比属刚果""英属南非"。很明显，殖民主义对当地居民住宅是有影响的，随着殖民统治者对廉价劳动力的需求增加，本土居民很快被卷入了城市化进程中。在这类案例中，是否遵循现代主义，始终是衡量建筑是否权威的一个标准。

20世纪六七十年代不仅有非洲独立运动的兴起，也有本土殖民主义建筑的新浪潮。在非洲出生、成长、受教育的建筑师，往往更尊重和欣赏非洲传统建筑。这代人的作品展现出细腻的设计手法，并能与当地环境协调一致。与文化因素相比，这些建筑更多考虑了气候和技术因素，反映了欧洲的现代设计基础。摩洛哥的让 – 弗朗索瓦·泽沃克，阿尔及利亚的罗兰·西莫内特，象牙海岸和刚果的亨利·科迈提，肯尼亚的理查德·休斯，坦桑尼亚的安东尼·阿尔梅达（图15.2），赞比亚的胡利安·艾利奥特，莫桑比克的潘乔·古德斯等人的作品，都体现了早期的本土现代主义，并且体现了对自由的肯定。在某种层面上，这一早期阶段显示了"风格主义者"的倾向，并预示着后现代主义的到来。

鲁埃洛夫·乌伊腾博格的作品就体现了这一趋势。他在南非开普敦出生、上学，后来在罗马的英式学院游学，又前往费城攻读硕士，受教于路易斯·康和大卫·克兰，获得了建筑和规划的城市设计学位。[10] 回到开普敦后，他的作品见证了正在发展的建筑敏感性，显示出平衡差异和彰显开放性的设计能力。他的所有作品都来自20世纪后期观念的影响，并扎根于现代主义传统。他的每一件作品都受这一观念影响，即"什么是居住在特定环境中的意义"，在这里具体指种族隔

15.2　安东尼·阿尔梅达，达累斯萨拉姆大学基督教联合教堂，坦桑尼亚达累斯萨拉姆，1976

离的开普教。这些具有当代复杂性的建筑，虽然一直饱受争议，但又能超越这种复杂，照顾到弱势群体和少数政治派别的需要。这些作品主题的现代元素很容易被识别，这是由于地方特征作为社会空间结构首次清晰地被表现出来。每栋建筑都有显著区别，但又是同一设计师的作品，而且和周围原有的建筑存在微妙的差异。

　　尽管殖民统治者最终承认了非洲的独立，但仍然影响着殖民地的政治经济。20 世纪末，伴随着柏林墙倒塌和冷战结束，以及继之而来的全球化，非洲从未停下争取民主的脚步，结果产生了许多更加本土化的建筑，建筑师已经创造性地在决定形式的复杂因素之间进行协调。[11]

　　从历史上看，非洲大陆的变化是缓慢的。这主要受殖民者和被殖民者之间的权力关系的影响，并抑制了"他者"建筑的产生和对全球问题的回应。然而，非洲正日益面对着与世界其他地区类似的问题和需求。[12]

本土建筑的现代价值

今天，人们可能会发现一种新兴的作品和与之伴随的建筑条件，可视为一种"进行中的非洲建筑"。[13] 这些作品处在殖民现代化和本土传统相竞争的交点，并且取决于作者的批判性。依据本土文化要素以及建筑事务所对其表达的能力来决定建筑选址、配套建筑和材料，这些都日渐成为非洲现代建筑有意识地反复协调的重要基础。[14]

图 15.3 的项目被贴上了"情境现代主义"的标签，它将本土文化和实践（重新）融入各个项目当中。项目创造性地包含了参与过程，它们似乎能为非洲建筑指出更明确的方向。这些过程与现代建筑背道而驰，违背了现代主义的基本特性，例如经济技术的合理性和极简抽象艺术。[15]

清华大学的卢端芳及其同事描述了多媒体在建筑设计中的意义。[16] 这种事后总结性研究的优点是明确了非洲大陆从后殖民时代到 21 世纪初的设计在规则内的批判力是如何产生的。设计、实践、材料和用途等方面的交叉，也非常适合乌班图 [17] 操作系统（Ubuntu，属于 Linux 的变体），这种系统化设计既不耗费资金，也不浪费材料，而是通过张力体现个性与元素，将项目建得别具一格。

泽沃克、西莫内特、科迈提、休斯、阿尔梅达、艾利奥特、古德斯 [18] 和乌伊腾博格 [19] 等建筑师的早期作品，开创了

15.3　乌伊腾博格等，韦德穆勒中心，南非开普敦，1973

这种建筑特点的喻象，而之后的多元化与很多因素相关：政治逐渐稳定以及限制性元叙事（如殖民主义下的现代主义）的空白。这些项目非同寻常，与西方建筑不同，它们没有展示出任何清晰的地理演变脉络，而是散落在大陆上的各个地方。[20] 与发达国家不同，这些作品并不是独立的建筑体系，而仅仅是一种情境化作品，是受高度专业性和特定事件等一系列因素影响的结果。在缺少元参考的特定环境下，我们无法对这些建筑进行归类，只能按本土影响来分类，或者归于阿帕杜莱的"本土化建筑"。[21]

> 空间次序是最突出的方法之一，通过这个方法，我们来识别一种社会构成和其他社会构成之间是否有文化差异。（摘自比尔·希利尔、朱利安尼·汉森所著《空间的社会逻辑》）[22]

15.4 "从室外到室内"运动图解,安东尼·福克尔斯,《非洲现代建筑》,2010

安妮塔·拉尔森在《从室外生活到室内生活》一书中描写了她在博茨瓦纳生活和研究的经历。[23] 她的观察主要集中在对现代化影响的评论上,比如现代化带来的生活方式剧变以及对场地构造的影响。她把这种"从室外到室内"的运动(图 15.4),视为其在空间结构上的影响的结果。传统民居和本土建筑类型在室外空间占优势,室外环境成功融入建筑物及居住者的生活中,同时保持了大家庭的传统。

现代主义催生的城市化十分脆弱,它是在空间制造和后续使用中,建筑物本身和人类疏远的结果。很多关于 CIAM 和"十人组"的主要争议,可能与建筑作为社会和抽象实物在演绎上的冲突,以及建筑对人类环境的后续影响有关。这并不令人吃惊,就像阿尔多·凡·艾克和雅各布斯·巴克马这样的反对者,他们对非洲的差异化表现有不同的意见。正如安妮塔·拉尔森所观察的:"本土的社会体制仍会深深烙印在建筑环境的外在表现上。"[24]

以新古尔纳村(1945—1948)为例,哈桑·法帝在埃及留下的作品，表现出了差异性和本土建筑共存的敏感性，并掀起了非洲的建筑革命。[25] 通过这些手法，确实有可能在殖民主义者的建筑框架下复兴非洲传统的建筑技术。然而，埃及政府的官僚作风和内部斗争，让法帝的努力付诸东流；而伊斯兰建筑在波斯湾沿岸的虚假复兴，令法帝手法的进展雪上加霜。[26]

　　然而，非洲各国在独立后的动荡，也是当时建筑的一个特殊背景，因此，要确定非洲的"非西方现代主义"的特点，在那时几乎是不可能的。缺少培训专业人员的学校，没有先进的建筑标准，住宅设计又受到独特的地域、气候和文化的影响，还有殖民后当地对发展的迫切需要，这一切都是非洲国家排斥西方现代主义的原因。但同时，殖民主义的遗留和它导致的本土知识无法转换或发展，导致了革新与继承之间的矛盾。霍米·巴巴扩展了作家阿尔伯特·梅米对殖民化的描述（1957），将其明确表述为"殖民模仿、混杂和社会开端"。[27] 这种挣扎的实质是对非洲真实身份的追求，是为了摆脱殖民主义的贫瘠，更是为非洲当代生活提供新模式的追求。所以，非洲项目的建造必须做到去殖民化。[28]

空间、构造与材料的必然需求

　　由不同建筑师在不同国家建造的 4 个项目贯穿整个非洲大陆，共同展示了非洲当代建筑所秉持的手法。[29] 这些项目的制约因素是它们对转译空间构造材料的依赖，这些转译工作是通过对当地文化实践的大量、明显的阐释才能进行的。具体到每个项目中，是通过将人和物质重新想象成建筑生产过程来解释的。只有通过融入当地人的技能和社区的工作，它们才有可能影响当代建筑。这些建筑，虽然被特定的地点、时间分隔，散落各地，但它们在"真正的非洲身份"的塑造中，显然是紧密相连的。

（1）迪页贝杜·弗朗西斯·凯雷，甘多小学，布基纳法索

甘多是位于布基纳法索南部平原的一个3000人的小村庄，离首都瓦加杜古300千米。迪页贝杜·弗朗西斯·凯雷是甘多村历史上第一个留学生。他认为教育对发展至关重要，所以提高了对家乡学校的设计和建造水平（图15.5）。在柏林理工大学建筑系求学期间，他在学校发起了"为甘多学校添砖加瓦"活动来募集项目资金。他和政府机构、医疗设备商LOCOMAT以及当地社区合作，为村里150个孩子设计建造了一所小学。[30]

3间长方形教室通过柱基连接，做出"双屋顶"的结构。每间教室能容纳50名学生。墙和顶棚都以压缩的稳定土制作，加上一小部分水泥来增加其强度。多达3万块的6厘米见方的地砖，由村民在工地现场手工制作。"飘浮"在钢架上的锌板屋面，使空气可以自由流动；空间和悬吊结构可以帮助室内散热。钢架采用轻质钢筋制作，村民用手锯把钢筋切割开，再焊接组装，避免使用进口材料和大型设备。看似简单的手工百叶窗提高了通风性，能有效调节光线。

教室的线性结构反映了空间的现代理性结构，同时提供了现代学校的教育功能，为学生提供了受教育场所。这些项

15.5 迪页贝杜·弗朗西斯·凯雷，达诺中学，布基纳法索达诺，1999—
2001

目的优点是，凸显了本土性，并适当采用当地的材料和建筑
方法，还请村民参与建造。最后完成的建筑形式，让当地人
充分参与了技术革新。这种采用本地材料和建筑的手法，创
造性地阐释了传统空间构造，并且重申了传统在设计中的作
用，将一个出身于偏远乡村的无名设计师推上了想象力的全
球舞台。[31]

　　凯雷不仅凭借专业知识为家乡建造了第一座成功的现代
建筑，还富有想象力地对教育进行了反思，他使用新的建筑
手法以解决非洲偏远地区的发展问题。在室内和室外空间这
两个问题上，他也成功开创了新的空间构造，用新造的室外
空间来适应非洲的农村环境。

15.6 法布里齐奥·卡罗拉、比拉希姆·尼昂，卡艾迪社区医院，毛里塔尼亚卡艾迪，1987—1989

（2）法布里齐奥·卡罗拉，西非社区项目

卡艾迪社区位于西非毛里塔尼亚南部的偏远地区，靠近塞内加尔边境，它的医院也服务于周围大型的偏远社区（图15.6）。这一项目为医院综合大楼的附属楼增加了120张病床、手术综合楼、儿科、外科、眼科、产科和普通医疗部，另外还有洗衣房、厨房、储藏间、车库和车间。建筑师的任务很简单：利用当地材料和技术来开发新的低成本建筑技术，同时还要适应当地其他建筑类型。所有工人都是在工地现场招聘和培训的，但烧砖不是用本地材料，而是用一种优良的陶土现场手工制作的烧结砖。经过试验，设计师设计出了半圆屋顶、豆荚状空间和连接走廊的自支撑尖拱。副楼的整体规划来自与新功能紧密联系的形式。玻璃块的应用，使室内享受了充足的自然光，免去了卫生和采光结构之忧。尽管医院依赖当地自然生产的材料和技术，主要采用工地现场的材料，并由当地人建造，但从使用者角度看来，这样既卫生又舒适。

法布里齐奥·卡罗拉的作品的创新点在于技术测量仪。他发明的"适应性偏移辐射模"结构，可以提供简易、批量化的生产模板或空中用的模板。结构中的辐条能根据各个空间来调整不同尺寸，技术熟练的工人可以轻松建造，而技术不熟的工人可以去生产手工砖。整个建筑的几何结构匀称，能按要求根据不同项目的复杂性和特殊性有不同的建筑区域和形状，它还有很多技术上和节能上的创新点。卡罗拉的作品遍布西非很多国家和地区。30年来，他的团队用同样的方法不懈地调查，发展出了一种基本模式。批量生产和差异性这对生产上的矛盾，已经被他创造性地解决了；而且针对各个地点、各种社会条件都可以因地制宜地解决。从这一意义上说，卡罗拉似乎继承了法帝的思想，并通过技术空间的进步阐释了他的思想。

（3）TSRP建筑师自助培训项目，国家学校改善计划，莱索托

提升山区小国的教育水平是建筑创新当务之急。但是，一旦由世界银行的国际发展机构提供资金，那项目就得面向所有世界银行会员国的承包商进行公开招标。如何在艰苦的偏远地区和城市迅速开建，而不让项目受制于批量生产、预制结构的功利性、经济合理性等西方现代化的产物呢？

解决之道就是用系统化方法进行快速的现场生产，依靠当地熟练工人和无技术劳动力的共存关系，利用当地的材料

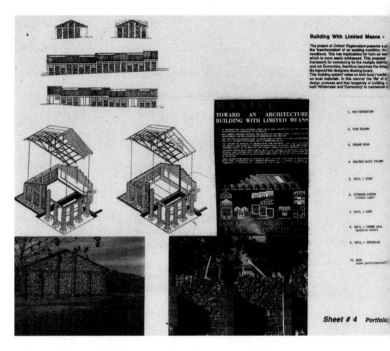

15.7 伊恩·罗，TSRP建筑师自助培训项目，莱索托，1982—1987

和现场环境，使项目的本土化水平提高。在重复的适应过程中，把最不需技术的建造环节，与本地人参与度最高的部分清楚分开。根据具体情况，这个系统可以在地理环境复杂的国家里，在多个工地上复制（图15.7）。

　　整体化虽然取决于设计简单的单一构造系统，但它的内在特性又能满足多种组合和空间排列需求，根据不断变化的需求来进行调整。作为一种万能结构，整个系统是开放的，可以实现不同的功能和技术潜力，同时在相反的生产模式上进行独特的审美解析。

　　通过对城乡竞争理性、身份创造功利主义和影响不同空

间功能类型的可能性等各种社会需求的回应，传统和现代性
已经创造性地融为一体。这种开放式方法，鼓励在其构建和
日常使用中的参与实践。双层结构以最少的努力和成本，解
决了人口密集但居住面积又要翻倍的矛盾。通过部署大量太
阳能和风能的无源系统，能源效率大大提高。这在太阳能吸
热墙、高架屋顶灯、充足的交叉通风和相关被动策略（如定
向和选址）的结合中表现得很明显，以便最大限度地利用室
外空间。

15.8　科恩·胡迪、南非政府市政工程部，曼德拉博物馆，南非东开普省，
1999

（4）科恩·胡迪与公共工程部，曼德拉博物馆，南非东开普省，1999

　　在纳尔逊·曼德拉的家乡南非东开普省，有一座新博物馆的设计和建造对设计师提出了巨大挑战（图 15.8）。曼德拉博物馆在南非独立之初就开工兴建，它位于非常贫穷的偏远省份，当地几乎还保留着非常原始的生活方式。设计师的对策就是把重新配置的博物馆当作一个传统建筑，重新对其选址和规划。待选地址包括与曼德拉经历有关的三个地点：他的出生地穆维佐、童年生活的库努村和东开普省首府。

　　对南非的农村人而言，迁徙是习以为常的。这些历史遗址沿着国道被重新连接起来，成为旅游观光的重要目的地。政府通过一系列道路和外部干预措施，建立了各个农村之间的交通联系；而依据规划进行的干预措施，必须既适应当地农民的日常需要，又具备仪式功能和观光功能。遮阳和供水处是一个单独的实用层，可以满足穷人的需求，而名人效应和历史遗迹是直接服务于国际旅游和当地访客的。

一种干预措施就是亭式结构，这种结构在农村的室外环境下显得很舒服。扁平的屋顶是在简单的钢结构上方覆以铁皮，由当地妇女以传统材料填充而成。这种屋顶引入了一种混合结构，结合了乡村小屋和草棚的屋顶的特点。它能让人联想起密斯·凡·德·罗设计的巴塞罗那奥运会场馆，但没有把空间封闭起来，而是用传统空间规则来融合当地背景。这种理解，代表一种对现代主义的挑衅，它利用了当代农村或本土结构的优点，有一种超越了殖民现代主义的独特性。在对当地空间和构造的转译中，这种独特性已经使建筑身陷于综合发展和扶贫之间的矛盾中。

空间、构造与形式的迫切性

非洲本地大部分建筑被卷入当代全球化进程。[32] 这代表了建筑业对当下空间和转型问题过剩的回应，例如可持续性、气候变化、技术进步、人口迁移、居住密度上升和公共区域私密化等，各个建筑的身份似乎与作者的关系更密切，而不是某些特定建筑类型或新现代主义。[33]

在这种模式下，新的矛盾已经产生，建筑形式的合理性之间的竞争似乎正在加剧。作者、建筑类型和建筑项目的复制过程越来越难以调和。在广义的"超现代主义"的修辞下，人们很容易忽略这种趋势，但是非洲越来越多的建筑范例，却暗含另一些趋势。

这种制造本土性的"情境现代主义",不一定只限于农村地区那些采用当地技术和材料的低收入项目。在社会经济和政治现实下,在迅速崛起的世界文化范围内,全球化使这些偏远地区更需要竞争策略。非洲大陆的优势正是其欠发达的状况,这意味着可以实现生产本地化。这主要源于现有的生产关系和背景,而与表面上的空间、标量是相反的。[34]结果就有了新的合作形式,比如,外国公司和本土公司的合作,黑人经济授权和之前占优势的白人建筑形式的合作,本地政府、社区和顾问之间的合作;另外,还有选址特殊的建筑,如各种非政府组织推动的升级改造项目。同样,整个非洲地区的当代后殖民势力,促进了新建筑类型的产生,这些类型尤其非洲化,或展示出了全球化趋势在本土的特殊演绎。

逐渐改变的权力关系和崛起的民主治理也因此需要新的支撑机构。南非宪法法院就是这一趋势的象征(图15.9),其空间构成和建筑表现形式试图反驳新古典主义的"圣殿"形式,而后者已成为西方权力和权威的表现。新建筑是平易近人的,在城市规划上融入了原来的内城环境,充满想象力地构成一个开放建筑,这是南非人所渴望的"彩虹国度"的一种反映。

继权力之后,历史、记忆和传统遗产的再现,也是建筑要开垦的新沃土。非洲的博物馆和建造中的纪念碑的数量反映了两种需要——既要恢复失去的记忆,也要保存当前的历史,紧跟当代。这是一个高度竞争的领域,它不仅撕开了正在愈合的不平等的历史之伤,还让集体记忆中的事件变得更加真实,让这些记忆在短期内更加具体地浮现。

15.9 OMM，南非宪法法院，南非约翰内斯堡，2001—2004

在卢旺达，一系列特殊选址的博物馆纪念了那场大屠杀。这些建筑都是由当地社会组织发起的，反映大众对事件的看法。在这里，非洲传统以社会实践的形式，取代了西方建筑作品的猎奇性，引出了关于本土和全球化价值之间矛盾的重要课题。

种族隔离博物馆位于南非约翰内斯堡和索韦托之间的一座旧矿场，在这个地址上，建筑师用设计来阐释和唤醒历史上的空间关系，以作为一种参与和加强体验的方法。它由多位建筑师联合设计，毗邻矿场主题公园和新赌场。建筑采用一种扭曲的线形结构，以便游客获得紧凑的旅程；建筑、策展装置和场地都用同一种方法来设计，以便加强不同用户的体验。信息和空间结构的对话，为这种多重体验提供了前提。看似自相矛盾的建造空间可以不断为游客营造新的观赏体验，有时候，游客仅仅为了提升和变换建筑体验也会频频回头光顾。

北非过去往往被归为地中海地区，因为它在文化上与欧洲的联系要甚于非洲。摩洛哥、阿尔及利亚、突尼斯、利比亚和埃及等国，都时常受到全世界关注。和中东一样，该地区也遭受了"明星建筑师"的猛攻，如斯诺赫塔（亚历山大图书馆，2002）、扎哈·哈迪德（拉巴特大剧院，2010）和诺曼·福斯特及其合伙人（摩洛哥外贸银行拉巴特分行，2009—2010）。它们不仅让这些国家登上了全球化舞台，更重要的是对传统建筑和当地文化之争产生了深刻影响。旅游基础设施和高档建筑两个孪生领域，也因此迅速转变了地区的建筑实践和理念，这些地区的局势因为当代解放运动变得越发不稳定。在某种程度上，战争和历史遗产的商业化在破坏力上是相同的。

在苏丹，大卫·奇普菲尔德已经在那伽（一作"纳加"）遗址上建起了新的考古博物馆（2008年至今）。这一建筑，明显带有阐释本土文化的目的，并借用和解释了本地材料和形式。它明显参考了路易斯·康在美国驻卢旺达和安哥拉大使馆的设计，并开发出一个创新的屋顶方案，但结果却是在古代景观上建造了一个外星物体。它的规模和选址的自主性，表明了对标量与空间属性的形式特点上的偏爱，而非关注在综合环境和各种关系中出现的体验维度。不管它的建筑潜力到底如何，它就是外国现代主义者在陌生地区工作的证据。

成为新大使馆的建筑师，是全球建筑界一个热门的竞争主题。在独立后的非洲，它提供了确定国家身份的机会，尤其是这关系到一个主权国家因外交地位引致的"外来"干预。

比如，阿尔及利亚的新英国大使馆（约翰·麦卡斯兰及其合伙人，2007）就是现代主义在现存的新摩尔综合楼内进行温和的现代主义干预的结果。它从 20 世纪末就动工兴建，周围景观和地表都被当成空间一致性的元素。21 世纪初，荷兰政府开始推动全世界的新大使馆项目，其中包括驻 3 个非洲国家的大使馆。位于埃塞俄比亚的斯亚贝巴的荷兰大使馆（2005）尤其受到关注。荷兰建筑师迪克·凡·加梅伦和比亚那·马斯滕布鲁克与埃塞俄比亚 ABBA 事务所的建筑师携手合作的这一项目，可以说是近期在非洲建成的最有影响力的建筑。通过精确地阐释当地建筑和建筑的社会经济关系，建筑师将本土性转化为对现场、范围和材料的当代解读。[35] 轮廓基准与混凝土、当地色彩丰富的泥土的结合，营造了一种反对建筑接近政治的歧义氛围。建筑师通过对景观构造的翻译，使外国和当地的空间实践亲密接触，产生了一种超越类型功能的新建筑类型，为非洲新建筑做出了贡献。[36]

21世纪城市：建筑与居住的重生

2010 年，是非洲历史的又一个重要节点——50% 的非洲人口被登记为"城市化居民"。[37] 这一统计数字是在迅速、持久的城市化之下达成的，而且到 2050 年预计会达到 75%。[38] 这一预测表明，城市对空间和资源管理的需求是十分巨大的，更何况还有城市发展水平不断提高对经济增长的需求问题。卫生条件、服务供应、教育文化需求，甚至对住房和居民安置及有关消费水平的需求，这一切都对土地和建筑形式的规

15.10　萨维奇与多德，布里克菲尔德社会福利住房，南非约翰内斯堡，
　　　　2005

划提出了有序发展的积极诉求。

　　目前在非洲有一种对建筑发展不利的争议——非洲城市
化的本质。开普敦大学的非洲城市中心（ACC）是专门研究
这一问题的机构。[39] 它成立的目的正是从理论上解决非洲城市
生活在实践和政策制订上引发的争议。[40] 遍布于非洲的非正式
定居点已经成为非洲城市化的定义者。这很明显同亚洲和南
美洲的南半球部分情况类似，都反映了殖民统治的一些影响。
这些情况包括：新国家处理问题的能力，殖民地遗留的复杂
现象及其扭曲的空间结构，缺乏文化连续性和随之产生的现
代与传统的冲突，全球化与人口增长的危机及其经济影响。
当以上这些被纳入西方资本主义的轨迹及其通过剥削实现增
长的必要性进行考虑时，就会显得十分可疑。

　　反之，当社区开始快速占领战略土地时，他们在满足当
下的住房需求方面表现出明显的创新（图15.10）。这时，人
口运动和流动性、公共开放空间、机构和服务、安全和保障
以及未来的增长和可持续性等更大的秩序要求都被彻底破坏
了。而这已经成为城市化发展中的主流，也是非洲城市化发

展的一大特点。在对此现象的回应上，我们虽已经看到了地方管理者、政府部门、非政府组织和研究机构的介入，但都是些"小打小闹"，没有人能做到有规模、有步骤地促进非洲城市化的激进变革。

在尼日利亚拉各斯，雷姆·库哈斯通过实践他的"哈佛–城市项目"实验，认识到了非洲地区的城市化特点——由于缺乏传统基础设施，1500万人以上的特大城市会通过管理系统进行"自我调节"，而这种机制与西方的"规划"毫不相干。"理性"秩序、规制和连通性的传统逻辑，都被本地化所取代，而且取决于当时、当地的物质现实。尽管如此，除了在自身的混杂系统中显露出可持续发展的潜力以外，非洲的城市化特质仍然被历史忽视和边缘化了。[41]

马利克·西蒙在其文章《为了未来之城》[42]中，试图验证这些非洲城市所具有的改造新空间的巨大潜力，这些新的空间构造，对引起城市建造的激进变化是必不可少的。这种态度具有深刻的发展意义，并且毫不掩饰地使用参与城市化的方式，而不是其他公认的方式。最终，正是在以文化实践为基础的当地混合生产中，属于南半球的非洲城市，一定会找到一种不同的表达。当地化建筑生产一定可以对抗全球化的超现代霸权。

占用土地可能是这种表达最明显、最常见的回应，但也是最不可持续的模式。"未来之城"需要协调城市流动人口的当下需求和有序城市化的长期需求，实现持续的升级和增长，当然还要适应社会经济的功能。当代城市化处于正式和非正式文化彼此合理性竞争的交界，并持续鼓励与激发非洲设计师富有想象力的新思维（图15.11）。

15.11 艾弗·普林斯露,《后殖民非洲城市语境下的合理性竞争》《南非建筑》(*Architecture SA*),南非建筑师学会(*SAIA*),1982

非洲大陆的建筑工程正面临一个极具挑战性的历史时刻。未来的非洲面临着复杂、矛盾的需求，具有未来增长特征的合理性竞争，为设计创新提供了机会。现代主义与根深蒂固的传统利益关系并存，并为生产地提供了一种独特的对抗性；这些生产地跨过了经济全球化的迫切需要，与独特的非洲传统产生摩擦。非洲大陆极大的收入差距（基尼系数全球领先）、技术进步的滞后和自力更生的能力，这些因素都为设计师的洞察力留出了发展空间。

从西方现代主义角度看，这些可能会被解释为一些进步的障碍，但我们已经能感受到一些积极性。当我们以发展的眼光来看待时，尤为如此。对任何一个国家的历史而言，50年都不算很长。在未来的 50 年，非洲的进步要通过关注当地特殊条件来产生自己的建筑设计，要投射出非洲的区域现代主义特色，还要主动参与到全球化进程中。但我们也要牢记一点：忽略经济转型的政治改革毫无意义，尤其是对非洲国家而言。

注 释

1　比如非洲建筑师安东尼·福尔克斯（Amsterdam: Uitgeverij Boom/SUN, 2010），他提出了这个结论，并用特定词语来形容非洲的现代主义，以区别于殖民主义力量和冷战带来的当地的强权主义，比如，非洲东岸的"东方式的盒子现代主义建筑"。

2　Tom Avermaete, Serhat Karakayali and Marion von Osten, *Colonial Modern: Aesthetics of the Past - Rebellions for the Future* (London: Black Dog, 2010).

3　泽伊内普·切利克、西贝尔·博兹多甘及其他人为这种情况提供了一些真实的案例来反对肯尼思·弗兰姆普敦、亚历山大·佐尼斯、黎安·勒法弗尔等人的批判性地域主义的方法。同样见于 Leon van Schaik, "Against Regionalism", *Architecture SA* (March/April 1986): 19-23. 路易斯·康和柯布西耶在印度和达卡的许多作品，展现了对当地气候、技术和社会实践的庄重诠释，这又激起了人们对他们所理解的环境进行时空技术式的解读。从这种意义上说，妥协的现代主义，在这样的背景下看来是进步的。Maxwell Fry and Jane Drew, *Tropical Architecture in the Dry and Humid Zones* (London: Batsford, 1964) 该书以一种科学解读环境的方法，展示了一种不列颠式的敏感性。

4　加纳 (原名黄金海岸)，1957 年独立，是首个独立的非洲国家。南非于 1994 年独立，而南苏丹在 2011 年通过全民公投，成为非洲第 54 个独立的国家。尽管加纳和南非都曾是英国殖民地，但它们在独立后建筑风格迥异，这种巨大的差异是时间跨度和文化不同造成的。

5　Albert Memmi, *The Colonizer and the Colonized* (London: Earthscan, 1990).

6　Ali Al' Amin Mazrui, *The Africans: A Triple Heritage* (London: BBC Publications, 1986); Nnamdi Elleh, *African Architecture: Evolution and Transformation* (New York: McGraw-Hill, 1997); Elleh, "Architecture and Power in Africa", *Digest of SA Architecture vol. 11* (2006/07): 68-72.

7　西方建筑形式对非洲土著居民本身毫无意义。当地人每天被迫争夺和协商居住空间，这才是当地的关键问题。所谓"现代生活方式"非常水土不服，尤其是自上而下强行推广的时候。这暴露出现代性和传统性的一种紧张而毫无建设性的关系。非洲生活方式的一个古老、持久的特征是为了竞争利益而爆发冲突。但这一种族矛盾，由于殖民主义造成的新的种族阶层划分而愈演愈烈。其结果就是，在殖民主义越深入的地区，种族偏见就越严重，比如对不同种族的隔离政策和非洲大陆上许多难以磨灭的"外国样式"的烙印。

8　Fry and Drew, *Tropical Architecture in the Dry and Humid Zones.*

9　Udo Kultermann, *New Directions in African Architecture* (Studio Vista: London, 1969).

10　克兰和康拿到了一种新的联合学位"工作室硕士"，设立这种学位是为了通过建筑学和规划学的协作推进城市设计中的价值。这是宾夕法尼亚大学在跨学科协作方面的早期贡献，而现在已经很常见了，最近的是

20 世纪 90 年代的詹姆斯·康奈尔的景观都市主义的发展。

11 关于改写的写作形式，以及建筑著作权代理的更深入讨论，请见 Iain Low, "Space and Transformation: Architecture and Identity", *Digest of South African Architecture* vol. 7 (2003): 34-38.

12 Memmi, *The Colonizer and the Colonized*.

13 本讲摘录自论文 "The Production of Locality", delivered by the author at the Non West Modern conference organised by AAAsia and Singapore Institute of Architects [SIA] and held in Singapore in January 2011. Iain Low; "Situated Modernism: The Production of Locality in Africa", in *Non West Modern Past: On Architecture and Modernities*, W.S.W. Lim and J.-H. Chang (eds) (Singapore: World Scientific Publishing Co., 2012), 127-42.

14 David Leatherbarrow, *The Roots of Architectural Invention: Site, Enclosure, Materials* (Cambridge: Cambridge University Press, 1993)，这是大卫·莱瑟巴罗提出的参与当代建筑项目的基础。

15 Ari Graafland, *The Socius of Architecture: Amsterdam. Tokyo. New York* (Rotterdam: 010, 2000.) 这个术语指的是从城市形式与社区生活经历之间的特殊关系中产生的社会文化现象。

16 Duanfang Lu (ed.), *Third World Modernism: Architecture, Development and Identity* (London: Routledge, 2011).

17 从非洲语言中提取的这个词，能够代表当地对民主实践的解读。它指代一个人在世界中的状态通过与他人的互动而存在的独立：我存在是因为先有其他人，即一句非洲俗语 "Umuntu ngu muntu nga Bantu"（人之为人，是由他人来体现的）。

18 Pancho Guedes, 'Architects as Magicians', *SAM: Swiss Architecture Museum* no. 3 (2007): 8-23.

19 Giovanni Vio, *Roelof Uytenbogaardt: Senza tempo / Timeless* (Padua: il Poligrafo, 2006).

20 为了处理紧急出现的空间生产，必须想到场地中关于传统性和现代性的首要紧张关系，是源于材料和空间的再生产。抽象的现代主义合理化进程，促使当地社会有机体和建造技术更加边缘化。现代主义调和了劳动力需求与技术官僚推行的在建造场地中减少劳动力之间的矛盾。特殊工艺、预制建造和批量化制造的共同作用使可参与的场地工作大大减少。在非洲，较低的城市化率以及地方性的贫穷意味着大部分公民必须自己建造房屋。只能依靠"能找到的建筑材料"建造的居民别出心裁，短期内就建成了定居点，出色地保存了非洲的建筑文化 (Rudofsky: 1977)。在非洲大陆工作的建筑师面临着一个国际难题：如何调和极端的情况，同时参与到现代主义全球化的进程中。如何使现代建筑不失去与当地资源的联系？(Ricouer: 1985) 这是一个严肃的问题，既有社会学的影响也有建筑材料的影响。最终每个项目都必须同时考虑国际情况和当地情况，因此要求使用当地的产品。

21 Arjun Appadurai, *Modernity at Large: Cultural Dimensions of Globalization* (Minneapolis: University of Minnesota, 1996): 178-99.

22 Bill Hillier and Julienne Hansen, *The Social Logic of Space* (Cambridge: Cambridge University Press, 1984).

23 Anita Larsson, *From Outdoor to Indoor Living: The Transition from Traditional to Modern Low-cost Housing in Botswana* (Lund, Sweden: Lund University Press, 1988).

24 1945 年，非洲建筑师哈桑·法帝在埃及陷入困境。他的任务是在新古尔纳建造一个居民点，这是一个典型的现代主义项目，国家为了建设大型基础设施要拆除一个已有的社区。见 H, Fathy, *Gourna: A Tale of Two Villages* (Guizeh: Ministry of Culture, 1989). 法帝将新古尔纳项目的失败归咎于官僚竞选的黑幕，而不是项目太过概念化或者项目执行的问题。

25 Fathy, *Gourna*.

26 阿卜杜勒·瓦希德·艾尔·瓦基尔的工作由于发展了还原论倾向而备受瞩目。

27 Homi Bhabha, *The Location of Culture* (New York: Routledge, 2006)；书中将"文化"定义为建筑产品的主要来源，为其他可能性留出空间，尤其是对"非西方现代主义"的更严谨的定义。复杂且强调竞争的思考，迫使建筑师在国家安全问题上将"思考设计"作为当务之急，重视社会宣传和身份塑造。尤其是他们作为设计师必须有自己的代理机构。这样的建筑思潮预示了后殖民主义在现代的定位和前景，其中每个项目都成为更有批判性和包容性的设计过程。幸运的是，它与殖民主义不同，是以一种比较模糊的方式呈现的：缺少系统化却分布于整个大陆。不过，仍有一些特定区域的例子为非洲的整体趋势的延续做出了贡献。Albert Memmi, *Portrait du colonisé: précédé du portrait du colonisateur* (Paris: ed. Buchet/Chastel, Correa, 1957). Low, "Space and

Transformation", 34-38, 对这一观点进行了更广泛的讨论。

28 在创造性的手段下，这些条件代表建筑师有可能通过空间的重新配置来改变力量关系。在个人设计事务所中最能明显地感知到这种运用。能够对这种预设的设计进行紧密而充满想象力的解读，并能在设计转换上有明确的目的，是比较罕见的。但是在它存在的地方，现代过程的潜力通过在建筑项目中重新结合社会经济的可能性，对开发和转换做出贡献。市民身份在民主社会中为当地人提供了与国际交流的机会，特别是通过教育和不可避免的高压式实践以及与当地结合的现代主义。毫无疑问，个体和思想的自由流动，在非洲和前殖民力量之间，赋予一种更多产的关系。

29 Appadurai, *Modernity at Large*. 在建筑界，这几个零星项目没有公开发表或受到推崇，没有展现建筑雄心的常见装饰。他们考虑到坐落的位置、功能任务以及所服务的社群，在形式上有一种谦卑。他们踌躇满志，试图在当代语境下参与到现代主义和传统当中。一种独特的美学，从材料以及体验情感的反向概念的交互中浮现。现代主义，或许正在成为一种与当地妥协的、非西方的现代主义。

30 Iain Low, "The First Continent: Sub Saharan Africa, an Identity into Question", in Luis Fernandez-Galiano (ed.), *Atlas - Global Architecture circa 2000* (Bilbao: Fundacion BBVA, 2007), 192-95; and Iain Low, "Nostalgia for the Specific: Southern Africa, Local Cultures and Global Pressures", in *Luis Fernandez-Galiano, Atlas*, 14-23.

31 科雷的工作得到了认可，如今他的实践遍布四个大洲，他本人及其作品也越来越多地出现在国际研讨会和出版物当中。

32 同注29。

33 Low, "Space and Transformation - architecture and identity", *Digest of South African Architecture* vol. 7 (2003): 34-38.

34 Appadurai, *Modernity at Large*.

35 Leatherbarrow, *The Roots of Architectural Invention*. 在这个例子中，相关的当地实践永远地改变了利特巴罗此前的分类法，以真正的建筑想象力发掘出作品中别出心裁的解读。

36 "Royal Netherlands Embassy, Addis Ababa, Ethiopia", *Digest of African Architecture* vol. 1 (2008): 56-59.

37 Leatherbarrow, *The Roots of Architectural Invention*.

38 Ricky Burdett and Deyan Sudic (eds), *The Endless City - the Urban Age*

Project (London: Phaidon, 2007).

39 这个主题在哈佛一城市项目中被库哈斯高度重视。也是在这一项目中，德伯特等人用统计学定义了这种现象，库哈斯认识到了非洲的一种独特的、有机整合大规模人口的能力，不用依靠西方基建援助和统治援助。这一观察，暗示了一种早已存在但未被定义的非洲都市主义的形成，这种主义不需要传统的分析方法，但要验证其可靠性。

40 参见 africancentreforcities.net and www.uct.ac.za.

41 Rem Koolhaas et al., *Mutations* (Barcelona: Actar, 2000).

42 AbdouMaliq Simone, *For the City Yet to Come - Changing African Life in Four Cities* (Durham: Duke University Press, 2004).

第16讲 西亚建筑：全球化时代冲突和亮点 [1]

埃斯拉·阿克詹

引 言

"西亚"这个地区分类在国际事务或建筑研究中不太出名，这也正是我没有用"中东"一词的原因。很多学者都承认，"中东"这个词是被外界赋予的，忽视了部分住在模糊边界的人们的生活经验，是西方刻意设计的"他者"。正如历史学家阿尔伯特·胡拉尼所说，中东的地理范围一直是随意变化的。这一区域的边界南至北非，东至阿富汗，西达巴尔干半岛。[2]这种混乱局面同样是建筑历史学的特点。用内扎尔·阿尔萨贾德的话来说，我们有必要证明"中东的概念是怎么形成的，在殖民和全球化条件下，其身份又是如何流变的"。[3]

本讲考察了中东地区的当代建筑，故意采用了不常见的分组方式，而非预设一个单一和显而易见的身份特征，即伊拉克、以色列/巴勒斯坦、黎巴嫩、土耳其和几个海湾国家。作为奥斯曼帝国的后裔，这些国家中很多都有着相同的政治命运，同时，作为20世纪后半叶的重大冲突地，它们的地域性与全球化产生的差异，又使得它们各自独立发展。现在，伊斯坦布尔的建筑条件和城市环境更像圣保罗而非耶路撒冷，迪拜更像北京而非巴格达。此外，围绕这一地区的冲突，如以色列、巴勒斯坦、伊拉克等因全球化导致的冲突，可能比它们本地的冲突更为严重。而与"中东"一词相关的偏见，也呼唤其他名词来取代这一称呼，这些情况，需要这些国家坐下来进行一场讨论，因为这些国家是异质的、联系紧密的，是世界上复杂多变的地区，而不是自给自足的单个国家。这些国家的建筑文化是在与欧洲、北美的建筑对话中发展的，而不是在相互交流中，因此很难将他们作为一个典型群体看待。由于本书的结构是按不同地区介绍建筑历史、类别，因此本讲也必须以这种结构来介绍这些国家的建筑思潮和建筑作品。但本讲的重点是要证明这些建筑观点和作品是如何在世界范围内形成的，以及全球的冲突和亮点如何在不同时间以不同方式影响了西亚的不同国家。

我会按时间顺序，从20世纪60年代到21世纪初，依次讨论这些国家的情况，并说明它们在世界上的地位和当地对世界的回应（由于世界历史的交互影响，有时会产生交集），以及这些国家的建筑在不同时间的差异。

在"一战"结束和奥斯曼帝国分裂后，该地区的很多国家都逐渐过上了富裕生活：土耳其在1923年独立成为共和国，而叙利亚、黎巴嫩沦为法国委任统治地，外约旦（后来的约旦）、巴勒斯坦（后来的以色列和巴勒斯坦）则是英国委任统治地。在波斯湾地区，沙特阿拉伯王国于1932年建立，但巴林、科威特、卡塔尔和阿拉伯联合酋长国直到20世纪六七十年代还在西方国家管控之下。以色列于1948年建国，自1967年第三次中东战争以来，逐步侵占巴勒斯坦的领土并不断扩张。到"二战"末期，欧洲大国从巴以地区大举撤军，此后美国又加强了对它的干预，这两者既是当地现代化的推动者，又是维持冷战局势的干预者，并主导了当地的石油生产，还在背后操控着巴以问题。伊朗王朝 1979 年被推翻，在冷战期间，这一地区战乱冲突频仍，即使在冷战结束后，依然有战争和军事冲突。其中就包括 20 世纪六七十年代的两次阿以冲突，土耳其不同派别之间展开的城市武装斗争，20 年内的三次政变，1975—1990 年的黎巴嫩内战，1980—1988 年的两伊战争，1990—1991 年的海湾战争，2003—2011 年的伊拉克战争，更别说还有持续不断的巴以冲突。可能没有哪个地区像西亚这样显示出战争对建筑与城市发展的巨大影响，尤其是在 1960—2010 年。[4]

同时，也很少有国家像西亚一样拥有如此多的耗费巨资的大型建筑项目。这些光鲜亮丽、口碑极好的建筑，都是当代最有经验的国际建筑师的作品。在世纪之交，开发商开始把注意力转向主要城市中心，聘请了许多海湾国家的顶尖设计师。而土耳其在 1980 年政变后实行资本主义市场经济，黎巴嫩则在 1990 年内战结束后步其后尘。同时，这些国家的贫富差距继续加大，导致土耳其等国出现了全球最大的违章建筑开发项目。这可能和第一印象截然相反：正是这些全球性的冲突和全球建筑亮点，在 20 世纪下半叶的不同时间段塑造了这些西亚国家。

现代化理论及其评论

虽然本书讲的是 20 世纪 60 年代以后的建筑，但简单回顾之前的建筑史还是有必要的，因为全球 20 世纪 60 年代的建筑大多反映了 50 年代的城市和建筑发展趋势。20 世纪 50 年代，现代化理论已经影响了全世界，它建立在两个基础上：一个是马克斯·韦伯的"传统和现代社会"的两极化理论；另一个是认为西方的发展是每个社会都要经历的一个普遍、中立的线性过程。人类发展的这种固定轨迹，让很多人相信：不发达或发展中国家（包括中东国家），会在西方道路指引下从传统社会过渡到现代社会。[5]20 世纪 50 年代和 60 年代早期的典型建筑和主体规划，都高度参与了现代化理论的发展，如由 SOM 建筑设计事务所和赛达·艾尔登设计的伊斯坦布尔希尔顿酒店（1952—1955），是一座明显带有国际风格的盒状建筑，强势地改变了建筑师 10 年间的审美偏好。[6]20 世纪 50 年代，伊拉克发展局邀请弗兰克·劳埃德·赖特、瓦尔特·格罗皮乌斯、勒·柯布西耶和阿尔瓦·阿尔托参与巴格达的建筑规划。[7]但留下作品最多的是希腊建筑师康斯坦丁诺斯·多夏迪斯，他为伊拉克（1954—1958）、叙利亚（1958）和黎巴嫩（1958）制订了总体规划。他秉承"聚落的科学"的城市规划原则，"将建筑与城市发展结合起来"。[8]多夏迪斯受邀前往黎巴嫩，这一事件被哈希姆·萨尔吉斯解读为美国为抵抗苏联威胁而对中东采取的干预措施。[9]总之，谢哈布总统的现代化计划邀请了不同国家的专家，包括巴西的奥斯卡·尼迈耶，他设计了的黎波里国际博览会。作为现代化计划的一部分，勒·柯布西耶的高级合伙人安德烈·沃根斯克参与设计了黎巴嫩国防部（1962—1968），这是一栋具有国际风格的棱柱支撑结构建筑，包含一座椭圆形的会议厅和一座建在倒影池上的部长楼（图 16.1）。用杰德·塔贝特的话说，对这个时期的规划者而言，"政治社会项目，似乎是要重建一

16.1　安德烈·沃根斯克、莫里斯·辛迪，黎巴嫩国防部，黎巴嫩贝鲁特，
1962—1968

个新世界，一劳永逸地摆脱黎巴嫩社会所有‘死气沉沉的旧
形式’的残余”。[10]

　　发展主义者的抱负，加上现代技术和新建筑材料实验，
使这种设计潮流在20世纪下半叶盛极一时。在伊拉克，由西
方建筑师主持的大型项目一直持续到20世纪80年代。比如科
威特城中标志性的科威特塔（比约恩＆比约恩事务所，1969—
1976）和科威特议会大楼（约翰·伍重，1972—1983），还有
特克里-西萨事务所设计的几座工厂，土耳其的首批摩天大楼
（如阿伊汉·勃克、耶尔马兹·萨尔金，伊斯银行大厦，安卡
拉，1976—1978）；另外，黎巴嫩的“粗混凝土”（Beton Brut）
时期的建筑，也是在这时动工兴建的。尽管绝大多数20世纪
50年代的建筑师和规划者都隐约提到了当地文化特色的重要
性，但是自20世纪60年代开始，很多建筑师都开始质疑所
谓“20世纪中期现代建筑”的普遍理论和美学价值，但这不

一定是他们的新理论的来源。新一代建筑师中有人开始批判前 10 年的项目，说它们千篇一律，对当下的城市环境也不敏感。在土耳其，这种转变是从批评希尔顿酒店的国际风格盒状建筑开始的，当时很多城市都建有希尔顿酒店。接着是偏向于批评左翼青年运动的建筑师职业政治化现象。但事实是，多数 50 年代的建筑师都通过建筑的价值热情主动地承担起社会责任：从排斥国际风格（因为与美国有关）到强调把"人"和功能作为建筑设计的核心考量；从找到"真正的地域建筑"的知识冲动到保护历史遗迹（而这些与威胁旧城市结构的社会经济发展大趋势是相悖的）。事实上，新一代建筑师这种对使用者、环境和国家条件的强调，仅仅是土耳其建筑与 60 年代政治精神融合的产物。[11] 在黎巴嫩，一些建筑师在 60 年代末提出一些质疑，包括他们的同行和大众无法理解建筑作品背后的真正力量，以及像杰德·塔贝特后来评论的："他们参与的过程，不过是让平庸的国际商业风格及其标准化、廉价、陈旧的设计语言赢得胜利罢了。"[12]

　　从美学和道德意义上讲，反对这些庞然大物的一个后果就是平添了一些零散的小型建筑。[13] 国际风格的盒式建筑和"细小多部分方法"的对立，都体现在这些小型建筑在当地的称呼上。它们在伊斯坦布尔历史半岛上的三角形城市建筑群中突出可见，三个角分别是"市政大楼"（内夫扎特·埃罗尔，1953），"小微制造中心"（多根·特克里、萨米·西萨、梅廷·西普古勒，1959）和泽伊雷克社会安全局（赛达·艾尔登，图 16.2）。

　　这些国际风格的菱形建筑在地区环境中显得过于突兀，这就是一个典型现象。现代的城市建筑之所以在 20 世纪 60

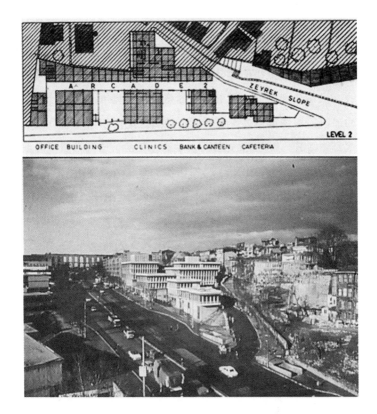

16.2 赛达·艾尔登，泽伊雷克社会安全局，土耳其伊斯坦布尔，1962—
　　　1964

年代饱受批评，是因为那些建筑在伊斯坦布尔的木质建筑结
构传统中是一种强势的入侵者。相反，小微制造中心是由一
系列很矮的小楼组成的，它们通过室外走廊和院落彼此相连。
这个院落向其后的一座清真寺敞开，以人行通道相连接，而
零星分布的小楼通过小楼梯融入大型建筑群中。

　　艾尔登在建造小微制造中心对面的泽伊雷克社会安全局
时采用了相同的手法。这两座建筑除了有明显的风格差异

（一个是突出的钢筋混凝土平露台，另一个参照了"土耳其老屋"）以外，都为国际风格大楼提供了另一种选择——把建筑分割成许多更小的部分，这样它就不会阻挡周围建筑的视线，也不会和当地的历史性地标建筑形成竞争。这种分割化的建筑，很快被作为应对所有的项目、地点和用户的万能公式，并因其"人性化的层面"、动态、灵活、适应自然等优点得到提倡。它避免出现乏味的廊道，而是创造建筑的个性来实现项目的功能要求。这方面的重要作品包括贝鲁茨·奇尼奇和阿尔图·奇尼奇设计的中东技术大学的建筑院（1961—1970）。当"细小多部分方法"在土耳其大行其道之时，全世界都出现了类似的策略，如阿尔弗雷德·曼斯费尔德、朵拉·盖德设计的耶路撒冷伊斯兰博物馆（1959—1992），贾法尔·图坎设计的约旦SOS儿童村（1988—1989）。在黎巴嫩，哈利勒·库里、拉乌尔·维尔尼和格雷瓜尔·塞罗夫等人设计的蒙特拉萨尔学院楼，成为象征建筑价值转变的里程碑，它是由一群小型的标准矩形建筑组成的。[14]

　　在这一时期，建筑界对"非理性""有机""表现主义"建筑产生兴趣，发展出另一种脱离棱形建筑的手法。土耳其的建筑师和评论家，如塞夫基·万利和比伦特·厄泽尔都参与了讨论。他们通过保持与布鲁诺·赛维和罗尔夫·古特布罗德的联系，来讨论欧洲的有机建筑。[15]这种倾向于有机比喻、表现线条和非同寻常的形式的手法，以兹维·海克尔设计的以色列特拉维夫附近的旋梯大楼（1981—1989，图16.3）最为典型。它是一栋拥有旋转楼层的公寓大楼，既是一次严密的几何探索，又是"与特拉维夫大多数理性主义建筑形成强烈对比的自由形象"。[16]在黎巴嫩，皮埃尔·埃尔-库利设计了

16.3　兹维·海克尔，旋梯大楼，以色列特拉维夫附近，1981—1989

雄伟的哈里萨大教堂，其突出的混凝土曲线柱直指天空，营造出一种与众不同的结构。但同时，它也表现了类似的对现代主义建筑风格之外的探索，试图建造出能承担这一遗址价值的、富有表现主义的标志建筑。

多样化的地域主义

之后的几十年，一个最重要的趋势是多种立场的区域建筑方法的兴起。这种多样性，同样反映在支持者和批评者用来区分他们方法的不同术语中，如"实际地域主义""情境现代主义""地方现代主义""新地域主义"。

以色列的地域主义运动的背景是1967年的战争及其后的历史。正如阿罗那·尼赞·施夫坦所评论的：在以色列占领了东耶路撒冷后，关于这个文化遗存的核心和宗教圣地，以色列专家向"以色列美丽土地委员会"立刻提出了新的重要规划，成员包括路易斯·康、刘易斯·芒福德、布鲁诺·赛维、巴克敏斯特·富勒、克里斯托弗·亚历山大、菲利普·约翰逊、尼古拉斯·佩夫斯纳和野口勇。这些国际建筑师受邀评估了这一规划。显而易见的是，以色列专家和国际建筑师委员会在耶路撒冷的未来问题上针锋相对。以色列专家遵循现代主义原则，确定了计划的优先顺序：首先是耶路撒冷作为城市的重要性，其次是城市中居民的福祉，最后才是将作为宗教中心的耶路撒冷与国家中心进行分离的意义。但国际建筑师委员会认为，这个规划"毫无眼界，也没有精神、主题或特点"，仅仅是要把耶路撒冷变成"现代化、国际范的光之城"。[17] 委员会反对这种排序：现代规划在任何地方都可以实施，但耶路撒冷在文化上的特殊性，要求必须保留它作为宗教核心的形象。以色列建筑在20世纪七八十年代向着更加"地域主义"的风格转变。这种风格正是从巴勒斯坦传统民居中借鉴的。一群土生土长的以色列建筑师，主张培养归属感、社会感和地方感，其目的是代表"在外国成长的"、离散各地的犹太人。综合住宅楼表面覆盖有微黄色的耶路撒冷石材（1918年设计规划，1968年强化修缮）和精致的大穹顶，类似的还有摩西·萨夫迪设计的吉洛38号定居点

（1979），萨洛·赫什曼设计的吉洛11号定居点，拉姆·卡尔米设计的吉洛6号定居点（20世纪70年代），还有亚科弗·雷赫特、阿蒙·雷赫特设计的东塔皮奥特住宅（1978—1982）。这些建筑都明显与包豪斯现代主义的白色粉刷墙产生强烈对比，而这正是特拉维夫建筑的一大特色。[18] 埃亚尔·魏茨曼认为，当时（1968年）规划重要建筑，不光是为了修建人们所必需的住宅，而是一种占领土地的方法，是"企图把已经占领的土地和周边的领土收入囊中……让它们（新建筑）显得更像以色列首都和历史圣城的有机组成……形成一种视觉上的表达，以模糊占领的事实和维持领土扩张"。[19]

从1932年（伊拉克独立）到20世纪50年代，伊拉克对西化的项目同样产生犹疑。在此期间，赖特、格罗皮乌斯、勒·柯布西耶、阿尔托等人与伊拉克建筑师一起开始寻找其他灵感来源。按照伊萨·费希的说法，20世纪50年代是"草率的实验阶段，伊拉克建筑师放弃了他们的文化根源，热衷追赶西方的潮流"。[20] 而这些"文化根源"，正是新一代建筑师和大学教授在20世纪70年代所追捧的热潮，这些人包括穆罕默德·萨利赫·马基亚、里法特·沙迪尔吉和希沙姆·穆尼尔。这种现象被一些评论家称为"从外国影响下解放出来"，"现代建筑语言的超越"。[21] 但是，很多建筑师并没有被孤立在所谓的"真正文化"之外，他们其实都参加了这个时期的国际论述，态度倾向于"欣赏历史形态"。里法特·沙迪尔吉早年曾与勒·柯布西耶合作设计了很多令人难忘的建筑，[22] 如烟草专卖总局（巴格达，1965—1967，图16.4）、国家邮政局（巴格达，1975）、哈蒙德与沙迪尔吉住宅区（巴格达，1972、1979）。

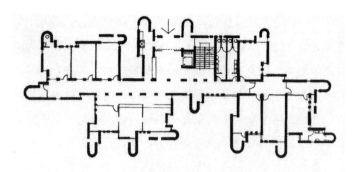

16.4   里法特·沙迪尔吉，烟草专卖总局，伊拉克巴格达，1965—1967

　　沙迪尔吉风格以用砖包裹的柱塔，以及带有稀疏纤细的拱形突出架间的立面为特点。它以对当地历史形态的解读为基础，如多产的建筑师希沙姆·穆尼尔设计的巴格达大学城（巴格达，1957 至今）、摩苏尔大学（1966 至今）和巴格达市长官邸（1975—1983）。在市长官邸中，穆尼尔在正方形大楼的四面外墙上加盖了尖拱，而外墙中央形成一座庭院。这是一种复古手法，随着全世界后现代派的崛起变得日趋流行。地域主义和民族主义的趋势在伊拉克一直持续到了21 世纪，[23] 但毫无疑问，建筑师因为连绵不断的战火，纷纷离开了这个国家。

　　黎巴嫩内战的一个后果就是当地形成了更热衷传统的建

筑文化。²⁴ 阿瑟姆·萨拉姆和雅克·利格–贝莱尔自 20 世纪 60 年代中期就开始提倡欣赏当地精神文明，萨拉姆还特地在作品中融入了历史元素，如他设计的赛顿城堡（1965）。他还写下了他眼中的西方建筑与近东传统建筑的不同根源——后者"建立在被伊斯兰教教义深刻影响的社会态度之上"。²⁵20 世纪 70 年代以后，除了萨拉姆以外，皮埃尔·埃尔–库利和其他的早期现代主义者更追求把现代主义与地区传统结合起来，或者在自然和城市背景中嵌入自己的建筑作品，或是把带有纹理的石材与其他当地材料融为一体，或者参考传统类型。而这一切在一些评论家眼中很快堕落为一种"虚假的地域主义"。²⁶

在同一时期，土耳其"实际地域主义"运动与以上各种发展道路都不相同。著名建筑师赛达·艾尔登通过直接借用与融合 20 世纪 30 年代以来的"土耳其老屋"的空间结构原则，不断对本土化的现代主义提出需求。他还坚持在诸多项目中继续采用这一原则，比如一些住宅项目与机构大楼（荷兰和印度大使馆、泽伊雷克社会安全局、阿塔图克图书馆）。但"实际地域主义"运动，远不是对传统主义的参考或文化根源的呼应。这一运动最初是由几位大学教授和期刊编辑共同发起的，如 20 世纪 60 年代早期的比伦特·厄泽尔和多甘·库班。他们认为，建筑应该成为知识性的学科，想要培养一种全面的理解，除了要掌握土耳其本地的社会和经济情况，也要了解世界历史和当代艺术运动。"复制西方形式""浪漫地域主义"等概念，都成了这些人的批评目标，他们想要拓展"实际地域主义"的定义，以及对"环境情况做出回应"，这代表着对一种国家当前现实的理性、公正的评价。因此，他们支持土耳其的发展主义的雄心，但同时也寻求现实主义技术，抵制过度创作。[27] 这一时期的土耳其建筑文化毫无疑问是政治化的产物。很多实践建筑师（如维达·达洛卡伊、塞夫基·万利、岑吉兹·贝克塔斯、图尔古特·坎塞维尔）都曾明确表示，建筑师应该肩负政治责任和社会承诺。建筑师协会的成员更赞成曼弗雷多·塔夫里评论中的"现代建筑对资本主义的屈服"，而非罗伯特·文丘里启发后现代主义的风格派手法。[28] 这种建筑文化，逐渐和外部的干预产生了密切联系。1980 年的政变终结了这个时代，压缩了所有建筑机构和出版社的生存空间并威胁到建筑师的生命和职业前途。

后现代派和伊斯兰建筑

地域现代主义和情境现代主义的不同轨迹，很快演变成一种"后现代派的同一化版本"，其日益强调建筑的历史主义功能，即建筑元素要承担文化身份。在这一背景下，融合了过去建筑风格的建筑，在全球的后现代主义背景下获得赞许。很多机构和奖项纷纷提出"现代化不该离开文化纽带"，其中就包括阿卡汗建筑奖（1980 年首次评选，以下简称"阿卡汗奖"）。这一奖项以现金奖励的方式赞助建筑师、社会和机构，并致力于提高对有关伊斯兰国家建筑的认识。在 20 世纪八九十年代，阿卡汗奖赞助、支持了著名建筑师和新一代建筑师所设计的典型建筑，以及一些历史保护项目和低收入人群住宅。[29] 阿卡汗奖最常奖励的是那些能处理好建筑身份问题的项目，以及那些被评为在现代化和传统间取得平衡的项目。阿卡汗基金会秘书苏哈·厄兹坎提到，现代主义在伊斯兰社会和第三世界的"失败"，是因为它的支持者忽视了"在建筑环境中文化价值的存在，过去与现在的连续性、身份感，以及对气候和用户（或社会）参与的需求的考虑"。[30] 用伊斯兰艺术和建筑史学家奥列格·格拉巴尔的话说：

> 设立阿卡汗奖的基础是：对建筑身份的关注和对本土人才的依赖，对思想价值而非单纯历史的关注，对每次建筑任务的适用技术的关注……对建筑所在地过往成就的关注，对本土灵感而非西式职业教育目标的关注……[31]

20世纪八九十年代，阿卡汗奖褒奖了赛达·艾尔登、里法特·沙迪尔吉、哈桑·法帝等人的作品和主要项目，例如：SOM设计的沙特阿拉伯吉达机场航站楼（1974—1982），是一座结合帐篷结构和先进技术以实现长距离移动的机场；SOM设计的沙特阿拉伯国家商业银行（图16.5）是首批可以适应特殊气候的摩天大楼，它由石墙构成，巨大的露台和中庭使得空气流通，以利于被动降温技术；汉宁·拉尔森设计的利雅得沙特外交部大楼（1980—1984）是一栋综合大楼，它以堡垒似的石头覆盖外墙，带有颇具仪式性的入口、分层的公共中庭，还有半私密中庭、内外庭院、内部街道和半封闭通道。

在国际话语中参与后现代派转型的建筑师，开始关注"伊斯兰建筑遗产"，并采用本质主义的手法，吸收了"伊斯兰建筑"风格，代表人物是约旦建筑师拉西姆·巴德兰。[32]

16.5 SOM，国家商业银行，沙特阿拉伯吉达，1977—1983

巴德兰在伊拉克、沙特阿拉伯、黎巴嫩、耶路撒冷、卡塔尔、阿联酋、马来西亚、也门和埃及设计了许多项目。他批评道："异化成了我们城市的一个特点，这使得阿拉伯人在自己的土地上反而成了外来者。"[33] 他的关注点转向传统城市结构和本土房屋的类型上，采用了庭院、窄街、突出的架间、拱形、穹顶和装饰等文化符号。这些特色体现在他精美的水彩壁画和很多项目中，如巴格达国家清真寺（1980—1981）、利雅得大清真寺和正义宫殿（卡斯拉尔-哈库姆建筑复合体，1986—1992）；另外还体现在三个住宅项目（贾巴尔·奥马尔开发公司，耶路撒冷、贝鲁特、麦加住宅综合楼，1995—2000）当中（图 16.6）。

关于当代清真寺建筑的主要争论演变为讨论伊斯兰文化与现代性的矛盾的一部分。这种争论偶尔会引发现实的冲突，比如，位于安卡拉的科贾泰佩清真寺事件：维达·达洛卡伊的超现代设计——从地面上升起一层薄混凝土薄壳穹顶，上面带有太空船形状的尖塔——在施工时被炸毁；后来，它被一座 16 世纪的斯里兰卡的赛扎德清真寺的复制品（赫斯勒维·塔拉、法坦·乌伦金，1967—1987）所替代。慢慢地，各式清真寺建筑开始遍布西亚乃至全世界。[34] 其中，令人印象深刻的建筑有穆罕默德·萨利赫·马基亚设计的巴格达库拉法清真寺（1961—1963），阿卜杜勒·瓦赫德·瓦基尔在沙特设计的复兴清真寺；最引人注目的是约旦的滨海清真寺（1986—1988）。此外，遵循"现代主义"手法的清真寺有：乔治·雷耶斯与贾法尔·图坎设计的艾萨巴卡清真寺、阿瑟姆·萨拉姆设计的清真寺（1973），两者都位于贝鲁特；丹下健三设计的费萨尔国王清真寺（1976—1984，利雅得），它的圆柱形祷告大厅顶部被垂直切开，以突出主祭坛；还有贝鲁茨·奇尼奇和坎·奇尼奇设计的安卡拉国会清真寺。国会清真寺未采用带有明显伊斯兰特色的传统符号，如穹顶和尖塔，而是用了更多暗喻手法：表达统治的穹顶用分级的垂直棱镜来演绎；传统的固体麦加墙改成透明屏幕；传统的清真寺廊柱庭院变成无柱门廊，阳台则暗示了尖塔（图 16.7）。

　　虽然与上文中现代性和伊斯兰建筑的分歧有所不同，但是受后现代建筑风格影响最突出的例子还是大型旅游综合体。在全球化、跨国公司、晚期资本主义和市场经济的影响下，大众旅游逐渐成了很多国家最赚钱的产业之一，后现代派建筑也顺势迎合了寻找"东方特色"的游客需求，成为一种营销策略。地中海、爱琴海、波斯湾地区充斥着酒店和度假区，商人将资本主义的享乐生活推广到全球，并以"体验异国文化"为口号吸引大量消费者。在 20 世纪 80 年代中期，这一点更具体地体现在五花八门的主题公园上。这些公园中出现

16.6 拉西姆·巴德兰，住宅区，耶路撒冷，1996

16.7 贝鲁茨·奇尼奇、坎·奇尼奇，国会清真寺（上：外观；下：室内），
    土耳其安卡拉，1989

了典型的"东方特色"墙体，标榜着"真实的当地生活"。在这种商业背景下，图凯·卡维达尔却试图开辟一种实验空间。他对他所说的"东方观看之道"进行了理论化，即这是一种以"反透视"为核心的传统，而不以透视法（近大远小）作为看待建筑的唯一标准。在将"东方观看之道"转化为建筑空间时，卡维达尔刻意突出了远景和能模仿伊斯兰传统绘画中的"反透视"效果的物体。他还故意将建筑物分割成数量不等的碎片，并增加了从某个角度能看到的碎片数量，仿佛它们都被压平、并列了。他试图营造一个无重力的空间，让建筑碎片在空间中飘浮（图16.8）。[35]

　　但是，并非许多建筑师都把度假胜地作为思考建筑的途径。相反，多数后现代风格的商业项目遍布许多城市的海岸线。在旅游投资项目中，迪拜的棕榈岛和世界岛是最有争议的。这两个项目建在海湾沿岸的垃圾填埋场上，约用了11亿立方米的砂石填海，将迪拜原本只有67千米长的海岸线延长至1500千米。随着每次填海长度都在增加。迪拜当局称这些项目为"水上诗歌"，目的是让它们大到在外太空都能看见。然而，棕榈岛很可能会引起当地海洋生物栖息地的环境问题。就建筑而言，棕榈岛（由沃伦·皮克林进行概念设计）被推广到阿联酋的很多地区，这些地区建有无数的别墅、酒店、大型购物中心、娱乐中心，总计有32种建筑风格，包括伊斯兰、地中海、现代主义和很多其他风格——体现了后现代商业的多样性、自由度和折中主义原则。[36]亚特兰蒂斯酒店是位于朱美拉棕榈岛遥远边缘的一座后现代主义标志性建筑，它只能由车辆通过隧道进入。它吸收并混合了凯旋门、泰姬陵和迈克尔·格雷夫斯设计的迪士尼酒店等多种风格的混合体。

16.8　图凯·卡维达尔，帕姆菲亚度假酒店，土耳其安塔利亚，1984

全球化和城市转型

　　除了大众旅游业，全球化对主要城市的中心产生了明显的影响，同时正在改变人们的建筑喜好，开始偏向于一种少一些历史，多一些进步的、风格强烈的现代主义手法。全球化的趋势让外国建筑师和建筑的跨国合作再次一拍即合。在海湾地区，20世纪80年代以来建造的"百大项目"总造价超过500亿美元，但其中只有12个项目是本地建筑师的作品，其他88个项目都是由西方公司设计的，[37]包括一些最知名的西方设计师和大型建筑事务所，如SOM、阿特金斯和HOK。不过，其他通过建筑实验声名鹊起的公司或个人，也拿到了大笔佣金，包括雷姆·库哈斯（OMA）、诺曼·福斯特、让·努维尔、扎哈·哈迪德、矶崎新、贝聿铭、杰西·瑞塞尔、渐近线建筑事务所、拉斐尔·维诺里等。处于世纪之交的西亚的全球化建筑实践，在大型城市开发区和重建地区体现得更为明显，如迪拜的谢赫扎耶德大道沿途规划、多哈的海滨大道、伊斯坦布尔的勒万特-马斯拉克大道、贝鲁特的市中心和阿布扎比的萨迪亚特岛。

2010 年，伊斯坦布尔的人口超过 1300 万，同时也经历了几十年的新自由主义的经济体制改革。[38] 20 世纪 90 年代末到 21 世纪初，土耳其新一代建筑师登场了，他们批评前辈的后现代历史主义风格，提倡构造中的感性和克制表达（如内夫扎特·萨因、汗·图美特琴），还提倡技术进步和专业性（如艾美尔·奥罗拉特、泰班里格鲁建筑事务所）。这一代建筑师和 20 世纪 60 年代年轻建筑师的反叛形成了强烈对比：60 年代的建筑师更重社会责任，对体制持批判态度；新一代建筑师大多数更愿意抓住市场机遇，而不是站在外部批判它。任何地方的大型建筑热潮都比不上伊斯坦布尔，整个城市到处都是购物中心和多用途的"优质生活中心"项目（截至 2012 年共有 180 个）。例如，勒万特-马斯拉克大道的新中央商务区，当时创造了摩天大楼高度的纪录。各种摩天大楼在土耳其的公寓大楼之间拔地而起，画出了一条新的天际线，如多根·特克里和萨米·西萨设计的大都会中心（1995—2003），它是土耳其第一批购物中心和商务中心之一；捷得建筑师事务所和泰班里格鲁建筑事务所设计的坎优购物中心（2002—2006），拥有半开放式的环形街道，而非像一个封闭的盒子；泰班里格鲁建筑事务所设计的蓝宝石大楼（2006—

2010），是土耳其最高的摩天大楼（261 米），其部分采用了被动调节气候技术。另外，"外国办公室"建筑事务所（FOA）设计的梅登购物中心（2007）虽不在中央商务区，但由于类型创新也备受瞩目。和许多采用密封墙体的普通商场截然不同，它让建筑和景观融为一体，围绕着一座露天广场展开（图 16.9）。[39]

　　1990 年黎巴嫩内战结束后，重建贝鲁特市中心成为当地最优先的建筑任务，同时也标志着黎巴嫩选择走自由市场经济，重新融入国际建筑文化。黎巴嫩内战将贝鲁特一分为二，也将市中心变成一座废墟，让它整整荒废了 20 年。[40] 内战结束后，黎巴嫩立刻通过了相关法律，征用市中心的所有财产，以重建地区的私人股份作为补偿。其中的主要受益者就是私人房地产公司和它们的新股东——索立迪尔公司。这家公司负责监督市中心的重建工程，项目占地超过 180 万平方米（其中 1/3 是填海区）。[41] 重建初期有很多本地建筑师加入，也邀请了很多国际建筑人才，如拉菲尔·莫内欧、矶崎新、让·努维尔、斯蒂文·霍尔、扎哈·哈迪德，还有荷兰的联合工作室。然而社会学家、建筑师和城市规划者对市中心私营化和城市设计决策提出了诸多问题。根据阿瑟姆·萨拉姆的说法，在市政当局"彻底破产"的背景下，这项投资"出于象征性的原因，是一项高度优先事项"[42]；用沙利·马科斯蒂的话说，"是高科技基础设施的一次豪赌，而国内其他地方的经济环境仍然恶劣"[43]。人们对城市设计的成果也提出了很多质疑。用埃利 G. 哈达德的话说："在城市更新和经济增长的标签下，历史街区被再包装，只为上层阶级服务，拆除了现有城市结构，而这些正是最先让街区充满生机的东西。"[44] 尽

16.9 "外国办公室"建筑事务所,梅登购物中心,土耳其伊斯坦布尔,2007

管如此,一些建筑师还是十分小心地处理了这一问题,例如拉菲尔·莫内欧,他设计的新露天剧场不但满足了现代需要,而且也是对老剧场形态的致敬。他没有把这一带变成一个封闭的购物中心。[45]

在新世纪之交,很多海湾城市成为建筑发展的重要中心,迪拜、阿布扎比、卡塔尔、巴林和科威特都证明了这一点。"只要在这儿争取到一个项目,它就能成为你实现梦想的乐园。"《建筑师》期刊当时也是这样介绍卡塔尔及其首都多哈的,把它们当成和迪拜、阿布扎比一样的建筑师的新兴市场。[46] 作为海湾地区最富有的国家,卡塔尔直到1971年才宣布独立。前首相埃米尔哈马德·本·哈立法·阿勒萨尼于1995年上台,从此,多哈这个采珍珠的小渔村成了他的改革试验田,同时也是新机构和新建筑浪潮的轨迹所在。给半岛电视新闻总部装配网络,在滨海路西海湾沿途建造摩天大楼,在人造岛(比如迪拜的棕榈岛)——卡塔尔珍珠岛上建造后现代派的高端度假区和奢华的住宅区……除了这些,多哈还建造了博物馆和大学,旨在成为卡塔尔的艺术教育中心。尤其值得一提的是伊斯兰艺术博物馆(2003—2009),由贝聿铭

建筑事务所设计，收藏有来自世界各地的伊斯兰艺术品（图
16.10）。贝聿铭设计的这座阶梯状建筑，位于滨海环形大道
的一端，与另一端的金字塔形的沙色外墙的喜来登酒店（当
地在沙漠中建造的第一栋建筑）遥相呼应，两者的中间是多
哈邮政局。伊斯兰艺术博物馆的室内中庭令人印象深刻，古
典有序的对称分布、精致的建筑细节和几何精度使得这栋建
筑成为一个令人难忘的公共空间。与其诱人的外表形成对比，
高效私密的内部往往会诞生新自由主义的氛围。贝聿铭公开
宣称该设计从开罗的伊本·图伦清真寺的洗礼喷泉中获得了
灵感，穹顶式天花板的形状从圆形变成了方形和八角形。小
穹顶形成画廊的天花板的纹理图案和多哈的建筑先例形成了
一种交流，如多哈邮政局和卡塔尔大学的拱顶样式。21世纪
前10年，多哈高速开发的建筑还包括圣地亚哥·卡拉特拉瓦
设计的摄影博物馆，让·努维尔设计的国家博物馆附属楼，
拥有典型火炬塔的体育城，列戈雷塔&列戈雷塔和矶崎新在
教育城中设计的教学楼。教育城占地面积为1400万平方米，
是许多美国大学分校机构所在地。

　　阿布扎比的天际线，主要是由几十年前所建的办公大楼

16.10　贝聿铭建筑事务所，伊斯兰艺术博物馆，卡塔尔多哈，2003—2009

形成的，但该城市想建成一个文化和教育中心，其中最吸引人的项目是在荒无人烟的沙迪岛上建造城市区。让·努维尔、弗兰克·盖里、诺曼·福斯特、扎哈·哈迪德和安藤忠雄，分别为多哈设计了五座博物馆，包括世界知名的卢浮宫和古根海姆美术馆的分馆。其他快速发展的项目有带有娱乐和体育功能的雅斯人造岛，以及由福斯特建筑事务所设想的马斯达尔城，该城市以可再生能源运营，是一座无碳城市。在目前竣工的建筑中，渐近线建筑事务所设计的雅斯酒店，以其无定形的形状和双曲面脱颖而出，其中的西亚传统遮阳设施"木格屏"（mashrabiya）转化成独立包裹酒店房间的额外层。对环境很敏感的第二层，由旋转的菱形玻璃板组成，投下的阴影用来保护阳台下方和室内空间，这样白天避免了过多的日晒，晚上又可以用变色的 LED 灯光来照明（图 16.11）。

迪拜博得世界上最有钱的投资者和最有名的建筑师的关注，这是由于当地政府的雄心壮志为全球资本创造了一个免税市场。[47] 当地政府下定决心要把迪拜的石油收入转化成持续高速发展的经济动力，大力改善旅游业和服务业，同时利用建筑的魅力来吸引大量游客、消费者和商家。[48] 在谢赫扎耶德大道两边和周围，不仅有棕榈岛，还有各种摩天大楼和大型购物中心，还有正在以前所未有的规模和速度兴建的无人岛城市。这个城市在短短数年就从一个小渔村发展成全球最壮观的建筑工地。迪拜迷人的天际线使它成为世界上最活跃的、最雄心勃勃的摩天大楼设计区。汤姆·莱特设计的帆船酒店（1994—1999）成为迪拜第一个地标，它为后来更多的摩天大楼拉开了更广阔舞台的大幕。SOM 设计的哈利法塔（2004—2010）是目前世界上最高的大楼（828 米），为这个城市增加

16.11　渐近线建筑事务所，雅斯酒店，阿联酋阿布扎比，2007—2009

了一个新纪录。大楼的高度是对结构工程学的极大挑战，解决方法是在156层以上用创新的薄六边形混凝土芯代替钢材，并采用螺旋形的缩退式屋顶平台。大楼的入口从安检处开始只能坐车进入，建筑在设计之初的立意就是公众从四面八方都能看到，却无法轻易进入。在一年当中的大多数日子里，它都隐藏在迪拜潮湿的薄雾之中。后现代主义对文化身份的迷恋并未被抛弃，官方声称大楼的设计灵感来自一种当地的沙漠之花。另外，SOM的阿德里安·史密斯在解释其设计时说："螺旋的形式在伊斯兰建筑中是多种多样的。大楼就是通过螺旋形楼梯来上升的。在伊斯兰建筑中，这象征可以直登天堂。"另一座迪拜地标建筑是SOM设计的无限塔（2006—2013），它也接受了一次结构工程挑战——76层的大楼，每一层都旋转了1.2°，最后结构总体扭转了90°。很多其他的海湾城市也是建筑实验和摩天大楼设计的中心，让·努维尔设计的多哈塔就是一个例子，它复制了巴塞罗那大楼的建筑形状，但是用一层木格屏主题的图案包裹建筑外侧，将图案的影子投向室内；由黎巴嫩公司MZ建筑事务所设计的阿布扎比阿达尔总部（2010）因其垂直的凹面盘吸引了人们的关注；还有土耳其建筑师艾巴尔斯·艾克斯设计的科威特哈姆拉塔（2003—2010，图16.12），它延续了针对特定气候的摩天大楼的设计轨迹，采用了全透明外壳，满足了人们全视角观景的愿望，同时也保护大楼免受阳光暴晒。为此，设计师从建筑中减去一个螺旋状的空隙，它垂直穿过塔楼，并根据黄道路径螺旋状地旋转，以便在石头覆盖的南立面上投下最大的阴影。

迪拜已经成为投资者和设计师的梦想之地，但是麦

16.12　2000 年前后海湾城的各种摩天大楼,从左至右依次为:SOM/ 阿德里安·史密斯,哈利法塔,阿联酋迪拜,2004—2010;MZ 建筑事务所,阿达尔总部大楼,阿联酋阿布扎比,2010;SOM,无限塔,阿联酋迪拜,2006—2013;让·努维尔,多哈塔,卡塔尔多哈,2005—2012;SOM/ 艾巴尔斯·艾克斯,哈姆拉塔,科威特科威特城,2003—2010

克·戴维斯却形容城市里都是"特朗普的幻想之旅""华特·迪士尼和阿尔伯特·施佩尔的融合";奥勒·布曼则称迪拜是"具有讽刺意味、极度乐观的游牧社会与颓废的城市……"[49] 在两极分化的评论之后,据近距离观察过这些建筑的人说:迪拜被分割成了两个空间——"幻想空间"和"日常空间"。[50] 亚西尔·埃尔舍斯塔维认为:"一方面,不是迪拜

的大型项目和标志性建筑，而是它的日常空间暗示了全球城市现象：非正规经济空间、贫困移民的聚集地，建筑缺少设计感、功能灵活的剩余空间、民族市场和公交车站。"[51] 在迪拜，来自全世界的消费者在大型购物中心购买西方产品，购物中心有人工滑雪场、溜冰场和大型海洋馆，但城市也有严重的经济、性别和民族阶层问题；城市没有人行道，只能坐车到达各个区域。这是一个拥有不同居住区的城市，既有阿联酋大家族综合住宅，又有欧洲的单身公寓和南亚的劳工营地。这个城市虽然文化多元，但并非国际化大都市（因其分隔了很多不同的阶层），其快速发展的城市区，充斥着交通、污染和垃圾处理问题。

在适当的时候可以这样认为：迪拜之所以会引起人们的迷恋或蔑视，也许正因为它代表了一个以全球性中心为目标建造的城市，并且是其中最极端、最不受限的例子。雷姆·库哈斯不仅参与了迪拜的建筑冒险，设计了超大、超密集的海湾城（总面积1.4亿平方米，容纳150万人口，图16.13）总体规划，而且，他以迪拜为参照将世纪之交的全球建筑状况进行了理论化总结。[52]

> 迪拜海湾是当前疯狂的现代化发展的前沿阵地……如果想见到世界末日，你可以将迪拜看成我们所知的建筑和城市的结局；或者乐观一点说，你可以在海湾出现的新兴事物——已建和已提案的项目——中找到新建筑和新城市的开端……[53]湾区不仅仅重塑了自己，也重塑了世界。[54]

尽管如此，库哈斯还是谨慎地对待迪拜的建筑奇观竞赛和"建筑师对形状的上瘾"，并向极简主义迈出了一步。"在短短三周内实现几乎完全未知的设计，真会让品牌建筑师体验到花一年都感受不到的刺激。"[55] 在这种情况下，一切批评和颠覆性的意见注定会倒向简单化和极简主义。这一点已在迪拜的复兴大楼（2006）上得到证实，这座大楼由OMA的库哈斯和费南多·多尼斯联合设计。无论如何，以上这些思路与20世纪中叶的现代化理论已经相去甚远。如今，迪拜这样的城市，要么是全球城市发展的榜样，要么是警醒世人的预言。

在跨国资本主义改变这些城市的同时，耶路撒冷仍是国

16.13　雷姆·库哈斯/OMA，海湾城，阿联酋迪拜，2006—

际建筑关注的焦点，因为这座城市不断引发全球冲突。21世纪初，"第二耶路撒冷"开发项目（2002）吸引了以色列、巴勒斯坦和其他国家的建筑师和文化人，他们试图建立一个"共享城市"的景象。迈克尔·索尔金（编辑）、拉西姆·巴德兰、罗米·霍斯拉、汤姆·梅恩、摩西·萨夫迪、贾法尔·图坎、埃亚尔·魏茨曼、利伯乌斯·伍茨和阿里·齐亚达等都付出了极大的努力。他们重新考察城市，从小范围建筑调整到乌托邦式的展望，纷纷提出各种建议，努力使这座城市重归统一，人人共享。[56]

　　但是，包括耶路撒冷在内，全球冲突对建筑和城市空间产生着重大影响。尤其是一旦我们把目光从单纯的建筑转移到低收入群体的居住环境，全球化资本和宗教紧张导致的问题就更加凸显。成千上万的建筑工人日复一日拥入迪拜，他们很多人来自南亚，急需找到工作。投资者或主管当局认为，赋予这些国际工人移民权利既不合法也不合情理，但这种情况逃脱不了各方的质疑。人权观察机构在2006年发布了题为《盖大楼，骗工人》的调查报告，[57] 根据报告，伊斯坦布尔的城市建筑50%以上是由农村移民盖起来的，他们迫于生计，只能在一夜之间盖起临时居所。投资者把这些临时的窝棚变成了脆弱地基上的缺乏基础设施的多层公寓，他们通过走半合法的程序，最近才使这些建筑合法化。狡诈的房地产公司建造了伊斯坦布尔大部分的住宅，为非法活动提供了许多机会。[58] 在1978年、1982年两次与以色列的战争中，黎巴嫩有1/3的人口被迫暂时出国避难甚至永远离开家园。[59] 贝鲁特的南郊挤满了内战时期的难民。直到2010年，城市地区的艾利萨项目（1994年至今）和建筑改善问题，仍是黎巴嫩政府和真主党之间持续紧张的谈判焦点。[60] 从1948年立国之初，建立定居点就是以色列扩大领土的主要手段。这从以色列前总理本–古里安的公开讲话中明显能看出来："建立定居点就是活生生的征服！国家的未来要依靠移民。"[61] 以色列通过协商建造新的定居点，将巴勒斯坦规划到山谷中的孤立地带，拉菲·西格尔和埃亚尔·魏茨曼称这种情况为"依托平民建筑的平民占领行为"[62]。这些住宅问题需要进行更加深入的讨论，任何想要理解当地建筑环境的建筑师和学者，忽视这一问题都是不应该的。

　　尽管存在这么多不确定性，但我们依然能得出一个结论：在西亚，我们能够观察到明显的全球冲突和亮点，而这种情况也可能代表一枚硬币的两面——20世纪末的人类社会充满彼此矛盾的力量，它们相互牵扯，推动了世界的全球化。

注 释

1 我的写作得益于写作期间与很多学者的直接通信，十分感谢贝特鲁的埃利·G.哈达德为我推荐关于黎巴嫩的文章，特拉维夫的阿罗那·尼赞-施夫坦推荐了以色列的相关文章，伯克利的达姆鲁吉推荐了伊拉克的相关文章。另外，特别感谢以下机构和他们的职员，尤其是哥伦比亚大学的肯尼思·弗兰姆普敦，麻省理工的西贝尔·博兹多甘和纳赛尔·拉巴特，伯克利大学的内扎尔·阿尔萨贾德与阿联酋大学的亚西尔·埃尔舍斯塔维，还有出版了大量以色列当代建筑图书的阿卡汗基金会，以及编写了海湾地区建筑期刊的AMO。他们在西亚培养了一批现当代建筑方向的博士和硕士。虽然如此，关于这些课题的奖学金毫无疑问还太少，我这短短一讲只能作为粗略的概述供诸位参考，这是为了引导读者关注相关的学术课题，深入开展更多的研究。

2 Albert Hourani, "Introduction," in Albert Hourani, Philip Khoury and Mary Wilson (eds), *The Modern Middle East*, 2nd edn (London, NY: I.B. Tauris, 2005), 1-20.

3 Nezar AlSayyad, "From Modernism to Globalization: The Middle East in Context," in Sandy Isenstadt and Kishwar Rizvi (eds), *Modernism and the Middle East: Architecture and Politics in the Twentieth Century* (Seattle, London: University of Washington Press, 2008), 256.

4 有关话题的延伸阅读如下，直接讨论尤见：Oussama Kabbani, "Public Space as Infrastructure: The Case of Postwar Reconstruction of Beirut," in Peter Rowe and Hashim Sarkis (eds), *Projecting Beirut: Episodes in the Construction and Reconstruction of a Modern City* (Munich, London, NY: Prestel, 1998), 240-59; Maha Yahya, "Unnamed Modernisms: National Ideologies and Historical Imaginaries in Beirut's Urban Architecture," Ph. D. Dissertation, MIT, Boston, 2005; Rafi Segal and Eyal Weizman (eds), *A Civilian Occupation: The Politics of Israeli Architecture* (London, NY: Verso, 2003). 最近关于建筑与其他地区冲突的关系的讨论，可见：Martha Pollak, *Cities at War in Early Modern Europe* (New York: Cambridge University Press, 2010); Jean-Louis Cohen, *Architecture in Uniform: Designing and Building for the Second World War* (Montreal: Canadian Center for Architecture, 2011).

5 详见：Daniel Lerner, *The Passing of Traditional Society: Modernizing*

the Middle East (New York: The Free Press, 1958). 关于现代主义理论与 20 世纪晚期东方主义的讨论，见 : Zachary Lockman, *Contending Visions of the Middle East: The History and Politics of Orientalism*, 2nd edn (Cambridge: Cambridge University Press, 2010).

6 Sibel Bozdoğan and Esra Akcan, *Turkey: Modern Architectures in History* (London: Reaktion Press, 2012).

7 Ihsan Fethi, "Contemporary Architecture in Baghdad," *Process Architecture* (May 1985): 112-32; Mina Marefat, "Wright in Baghdat," in Anthony Alofsin (ed.), *Frank Lloyd Wright: Europe and Beyond* (Berkeley: University of California Press, 1999); Magnus T. Bernhardsson, "Visions of Iraq: Modernizing the Past in 1950s Baghdat," in *Modernism and the Middle East*, 81-96.

8 Panayiota I. Pyla, "Ekistics, Architecture and Environmental Politics, 1945-1976: A Prehistory of Sustainable Development," Ph.D. dissertation, MIT, Boston, 2002; Panayiota I. Pyla, "Baghdad's Urban Restructuring, 1958: Aesthetics and Politics of Nation Building," in *Modernism and the Middle East*, 97-115.

9 Hashim Sarkis, "Dances with Margaret Mead: Planning Beirut since 1958," in *Projecting Beirut*, 187-201.

10 Jad Tabet, "From Colonial Style to Regional Revivalism: Modern Architecture in Lebanon and the Problem of Cultural Identity," in *Projecting Beirut*, 83-105, quotation: 96.

11 Bozdoğan and Akcan, *Turkey*.

12 Jad Tabet, "From Colonial Style to Regional Revivalism," 100.

13 Enis Kortan, *Türkiye'de Mimarlık Haraketleri ve Eleştirisi (1960-1970)* (Ankara: publisher not indicated, 1974).

14 Elie Haddad, "Architecture in Lebanon (1970-2005)," 未公开发表。

15 Bülent Özer, "Ifade Çeşitliliği Yönünden Çağdaş Mimariye bir Bakış," *Mimarlık* 41, no. 3 (1967): 12-42; Atilla Yücel, "Pluralism Takes Command: The Turkish Architectural Scene Today," in Renata Holod and Ahmet Evin (eds), *Modern Turkish Architecture* (Philadelphia: University of Pennsylvania Press, 1984), 119-52.

16 Kenneth Frampton and Hasan-Uddin Khan, *World Architecture 1900-2000: A Critical Mosaic; vol. 5: The Middle East* (Wien, New York:

Springer, 2000), 219.

17 Quoted in: Alona Nitzan-Shiftan, "Capital City or Spiritual Center: The Politics of Architecture in Post—1967 Jerusalem," *Cities* 22, no. 3 (2005): 229-40, quotation: 236; 也可见: Alona Nitzan-Shiftan, "The Walled City and the White City: The Construction of the Tel Aviv/Jerusalem Dichotomy," *Perspecta* 39 (2007): 92-104.

18 参见 *Contemporary Israeli Architecture* (Tokyo: Process Architecture, 1984).

19 Eyal Weizman, *Hollow Land: Israel's Architecture of Occupation* (London: Verso, 2007), 26.

20 Fethi, "Contemporary Architecture in Baghdad," 124.

21 Udo Kulterman, "Architects of Iraq," *Contemporary Arab Architecture*, 54, 60.

22 Mona Damluji, "Baghdad Modern in Context," Conference Paper, SAH, April 13-17, 2011, New Orleans.

23 2001 年，萨达姆在一次与伊拉克建筑师的会谈中督促他们"净化他们的西方建筑设计，专注于真正的传统伊拉克建筑"。Hoshiar Nooraddin, "Globalization and the Search for Modern Local Architecture: Learning from Baghdad," Yasser Elsheshtawy (ed.), *Planning Middle Eastern Cities* (London: Routledge, 2004), 59-84, quotation: 79.

24 Haddad, "Architecture in Lebanon (1970-2005)."

25 Assem Salam quoted in Tabet, "From Colonial Style to Regional Revivalism," 102-103.

26 Haddad, "Architecture in Lebanon."

27 更多讨论请见: Bozdoğan and Akcan, *Turkey*, chapter 6.

28 同上。

29 可参见: Ismael Serageldin (ed.), *The Architecture of Empowerment: People, Shelter and Livable Cities* (London: Academy Editions, 1997).

30 Süha Özkan, "Complexity, Coexistence and Plurality," in James Steele (ed.), *Architecture for Islamic Societies Today* (London: Academy Editions, Aga Khan Award for Architecture, 1994), 23-27, quotation: 25.

31 Oleg Grabar, "The Mission and its People," in *Architecture for Islamic Societies Today*, 6-11, quotation: 7.

32 拉西姆·巴德兰说："我对伊斯兰的理解，是基于一套固定原则和价值体系以及随着时间流逝不断发生的巨大改变……这个想法来自一种建筑师如何处理地域概念的个人思维……随着伊斯兰建筑日益受到关注，我可以自豪地说：我运用的就是伊斯兰手法。" Rasem Badran quoted in James Steele, *The Architecture of Rasem Badran: Narratives on People and Place* (New York: Thames and Hudson, 2005), 38–39, 47.

33 Akram Abu Hamdan, "Interview with Rasem Badran," *Mimar: Architecture in Development*, no. 25 (Sept.1987): 50-70, quotation: 59.

34 更多相关讨论和实例见：Ismail Serageldin and Samir El-Sadek (eds), *Architecture of the Contemporary Mosque* (London: Academy Editions, 1996); Renata Holod and Hassan-Uddin Khan, *The Mosque and the Modern World* (London: Thames and Hudson 1997).

35 Bozdoğan and Akcan, *Turkey*, chapter 7.

36 出自一本宣传手册，为本讲作者个人收藏。

37 Mais Mithqal Sartawi, "The Lure of the West: Analyzing the Domination of Western Firms in the Gulf Region," 硕士论文 , MIT, Boston, 2010.

38 关于伊斯坦布尔全球化发展近况的英文文献，可参考：Çağlar Keyder (ed.) *Istanbul: Between Global and Local* (Maryland: Rowman& Littlefield, 1999); Deniz Göktürk, Levent Soysal and Ipek Türeli (eds), *Orienting Istanbul: Cultural Capital of Europe?* (New York: Routledge, 2010); Ricky Burdett and Deyan Sujic (eds), *Living in the Endless City: The Urban Age Project by the London School of Economics and Deutsche Bank's Alfred Herrhausen Society* (London, 2011); Bozdoğan and Akcan, *Turkey: Modern Architectures in History*.

39 更多相关讨论见 Bozdoğan and Akcan, *Turkey*.

40 有关人员伤亡的信息和照片，请参见：Oussama Kabbani, "Public Space as Infrastructure: The Case of Postwar Reconstruction of Beirut," in *Projecting Beirut*, 240-59.

41 请参见：Saree Makdisi, "Laying Claim to Beirut: Urban Narrative and Spatial Identity in the Age of Solidere," *Critical Inquiry* 23, no.3 (Spring 1997): 661-705; 也可见：Saree Makdisi, "Letter from Beirut," *Any*, 1, no.5 (March-April 1994): 56-59.

42 Assem Salam, "The Role of Government in Shaping the Built Environment," in *Projecting Beirut*, 122-33, 131. 也可见 Assem Salam, "The reconstruction of Beirut: A Lost Opportunity," *AA Files*, no.27

(Summer 1994): 11-13.

43 Makdisi, "Laying Claim to Beirut."

44 Elie Haddad, "Architecture and Urbanism in Beirut," *Arquitectura COAM* 359, 83-91, 91.

45 Rafael Moneo, "The Souks of Beirut," in *Projecting Beirut*, 263-73.

46 Kieran Long, "Emerging Markets: Qatar," *Architects' Journal* 229, no. 4 (February 2009): 21-34, 21.

47 关于迪拜的宣传册浩如烟海，此处不可能一一列举。想要了解这方面的历史，可参见：Christopher M. Davidson, *Dubai: The Vulnerability of Success* (New York: Columbia University Press, 2008).

48 1985 年，石油税收占阿联酋国内生产总值的 50%，2004 年下降至 5.7%，估计以后还会下降至 1%。许多建筑期刊的学术论文和其他文章将焦点转移到迪拜的投资项目。参见：Christine Murray, "Emerging Markets 2: Dubai," *Architect's Journal* 228, no. 21 (December 2008): 21-33; Moutamarat, AMO, Archis, *Al Manakh* (Dubai: International Design Forum, 2007); Rem Koolhaas, Tod Reisz et al., *Al Manakh II* (Abu Dhabi: Abu Dhabi Urban Planning Council, 2010). Both books are also issues of *Volume* magazine.

49 Mike Davis, "Does the Road to the Future End at Dubai?" *Log* (Fall 2005): 61-64; Ole Bouman, "Desperate Decadence," *Volume* 6 (2006): 4-8, quotation: 8.

50 许多报纸和学术期刊的作者，他们无论是谴责还是称颂迪拜，都在观察和研究这场盛大空前的投资。本观点出自一本审视城市景观的背后因素，研究极少被媒体关注的城市工地的书：Yasser Elsheshtawy, *Dubai: Behind an Urban Spectacle* (London, NY: Routledge, 2010). 也可见：Ahmed Kanna, "The State Philosophical in the Land without Philosophy: Shopping Malls, Interior Cities and the Image of Utopia," *TDSR* 16, no. 2 (Spring 2005): 59-73; Ayesha al Sager, Afnan al Rubaian, Sally Khanafer, "Neither Desperate, Nor Decadent," *Volume* 6 (2006): 9-11; Alamira Reem, Bani Hashim, et al., "The Scheherazade Syndrome: Fiction and Fact in Dubai's Quest to Become a Global City," *Architectural Theory Review* 15, no. 2 (August 2010): 210-30; Vishal Pandy, "How Sustainable is Dubai?" *Urban Land* 66, no. 6 (June 2007): 60-64.

51 Elsheshtawy, *Dubai*, chapters 3, 7, 8.

52 Esra Akcan, "Reading the Generic City: Retroactive Manifestoes for Global Cities of the Twenty-First Century," *Perspecta Yale Architectural Journal*, no.41 (2008): 144-52.

53 AMO, "Argument: Introducing … ," *Al Manakh*, 198.

54 Rem Koolhhas, "Last Chance?" *Al Manakh*, 7.

55 AMO, "Argument: Introducing … ," *Al Manakh*, 194.

56 Michael Sorkin (ed.), *The Next Jerusalem: Sharing the Divided City* (NY: Monacelli Press, 2002).

57 Elsheshtawy, *Dubai;* Jeff Herlitz, "Workers and Housing in Dubai," *Urban Land* 67, no. 2 (February 2008): 30.

58 Bozdoğan and Akcan, *Turkey*, chapter 8.

59 Yahya, "Unnamed Modernisms," 366.

60 Mona Harb-el-Kak, "Transforming the Site of Dereliction into the Urban Culture of Modernity: Beirut's Southern Suburb and Elisar Project," in *Projecting Beirut*, 173-81.

61 Quoted in Roy Kozlovsky, "Temporal States of Architecture: Mass Immigration and Provisional Housing in Israel," in *Modernism and the Middle East*, 139-60, quotation: 142. 也可见: Annabel Jane Wharton, *Selling Jerusalem* (Chicago: Chicago University Press, 2006).

62 Segal and Weizman (eds), *A Civilian Occupation*, 22. 也可参见: Weizman, *Hallow Land*.

第17讲 伊朗建筑：古老土地与新技术

帕梅拉·卡里

塑造民族风格

在恺加王朝（1779—1921）行将就木之际，伊朗与欧洲的交往范围也扩大了许多。其结果之一就是恺加历代国王委托建造了各式宫廷建筑，它们融合了伊朗与欧洲的风格。1906年以后，恺加王朝迫于民众起义的压力，开始实行宪政，用于修建宫廷建筑的王室资金受到限制。接着，这个国家兴建了一系列重要的公共机构，例如，国家文化遗产协会成为伊朗实施的大规模现代化运动中的重要机构。该协会成立于1922年（1934年被迫解散，1944年重组），成为很多保护项目和新公共机构的依托。[1]在协会各位创始人和成员的支持下，很多考古现场得到发掘，古老的纪念碑获得修复。尽管负责项目的大多是外国人，但这些项目依然引起了公众对伊朗国家文化遗产的关注，为保护这些遗产做出巨大贡献。

随着1925年恺加王朝的衰败，末代国王穆罕默德·礼萨·巴列维开启了他的统治时代（1925—1940），首都地区的现代建筑也开始取代恺加王朝的建筑。在德黑兰，很多恺加风格的建筑被摧毁殆尽，为新政府的建筑腾出空间。在信仰琐罗亚斯德教的议会代表阿巴布·凯霍斯罗·沙赫罗赫（20

17.1　建设中的伊朗国家银行，1929

世纪 30 年代的政府建筑复兴波斯帝国和萨珊王朝建筑风格的重要推动者）这些伊朗人的推动下，同时在当代西方潮流的影响下，伊朗前伊斯兰时期文化遗产的地位获得提升，并作为古典符号被装饰在巴列维时期的早期建筑上。例如：伊朗国家银行（图 17.1），它的柱头样式受到了波斯帝国（前550—前 330）时期的波斯波利斯宫殿群的影响。[2] 同时，法国建筑师安德烈·戈达尔设计建造的伊朗古代博物馆（又名伊朗·巴斯坦博物馆），其主入口有一道宏伟的拱门，还有一个象征着传奇的萨珊泰西封王宫的高耸、大跨度的拱门，后者据说是建于沙普尔一世时期（240—270）。通过一系列现代建筑，伊朗人将他们的文化遗产描绘成一种古老的、超越时空的作品。这恰好印证了本尼迪克特·安德森的观点："如果民族国家确如公众所认是'新的'、是'历史的'，则在政治上表现为民族国家的'民族'的身影，总是浮现在遥远的过去当中。"[3]

接纳西方建筑

第二次世界大战以后，一些本土机构和国际组织的资金支持为伊朗经济的发展创造了条件。这些新项目作为全国性的开发计划，[4]推动了大规模的住房建设，例如，恰哈萨德·达斯加赫住宅（波斯语中的"400套房"）项目。这一综合项目建于1949年，占地124360平方米，获得了伊朗抵押银行和国家银行的贷款支持。恰哈萨德·达斯加赫是伊朗最早一批向所有租户提供排水和电力设施的住宅安置项目。尽管如此，住宅单元的设计却不如人意——所有窗户不论朝向如何全都大小一致，房间布局也缺乏隐私感。[5]

虽然项目设计引起了一些不满，但通过这些大型开发项目，伊朗职业建筑师穆赫辛·福鲁吉（1983年逝世）、加布里埃尔·格弗莱基恩（1970年逝世）和瓦尔坦·阿瓦内西安（1982年逝世）的作品，为该国的中产阶级确立了新的身份。[6]这些建筑师在欧洲接受教育后，回到国内，在职业生涯初期都曾为德黑兰的精英阶层设计住宅。很多新建住宅都使用了混凝土，公共建筑也是如此，比如德黑兰大学主校区的一些建筑——由穆赫辛·福鲁吉、安德烈·戈达尔（1881—1965）等建筑师设计建造。他们在建造中采用混凝土，减少了传统材料的用量，但也导致了地方建筑技术和手工艺的衰落。[7]

这类建筑物的建造在巴列维王朝最后20年达到顶峰。欧佩克（OPEC）石油价格高也是这一局面的一个潜在诱因，但也可能是因为全国性的开发计划以及私人开发商的积极参与。[8] 在这20年间竣工的很多现代建筑，都严格遵循欧洲现代主义原则，这是全城建筑的主流。同时，多数建于恺加王朝时期的老旧建筑，要么被忽略，要么被修整，例如，增添巨大的玻璃墙，其悠久的历史设计也被篡改了。[9]

确实，新建筑很少带有伊朗民间建筑的特征，伊朗民间建筑经历了几个世纪的发展才得以形成，其设计初衷是为了应对国内不同地区的地理条件和天气状况。根据传统，厄尔布尔士山北坡和里海沿岸多雨地区的建筑，以"坡式屋顶"为特征，并抬升地基起到防洪作用。在干旱地区，多数建筑的屋顶都是平顶或穹顶，带有用结实的土坯或烧结砖建成的地窖。[10] 沙漠地区的建筑结构多数与北方是相反的：屋舍围绕在庭院四周，都带有集风口和地下贮冰室，以便应对沙漠炎热气候。大多数传统住宅不仅根据气候和地理特征修建，而且是一个个自给自足的微型社区，能种植蔬菜、饲养牲畜。但由于新的家用产品纷纷出现，填充了这些空间，伊朗传统住宅经济上自给自足的模式逐步瓦解，家庭开始成为个人消费的新单元。[11]

尽管伊朗从20世纪60年代抛弃了传统建筑方法（也抛弃了这种空间里的传统生活方式），但在此后几十年里，一些建筑师仍在尝试将伊朗的古代建筑学与现代技术相结合，主动适应伊朗地区独特的气候。随着后现代主义运动在西方兴起，他们对历史上各种建筑主题兼收并蓄。伊朗的传统建筑方法也在此时开始复苏，不仅对抗着西方输入的、拘谨的现代主义风格，也即时反映着全球建筑潮流。

对传统建筑形式的改进

1972 年，曼达拉公司的德黑兰学习中心（伊拉姆萨迪克大学）对伊朗传统建筑的一些方面进行修改，开辟了一片新天地。首席建筑师纳德·阿达兰设计构思了一座类似宗教学校的建筑综合体——演讲厅和教室围绕一座中庭进行布局。[12]"回归"传统风格和传统建筑手法的趋势，在 1977 年初步完工的一个大型综合住宅项目中体现得最明显。这个住宅项目由伊朗建筑公司 DAZ 承建，其负责人是建筑师卡姆安·迪巴。项目位于胡泽斯坦南部地区的老城舒什塔尔附近，因此又称为"舒什塔尔新城"。它是一个关于如何复兴传统的绝佳案例，并结合了伊朗南部庭院式住宅的多种特征。[13]

然而，舒什塔尔新城却没有赢得所有居民的欢心。他们私自逐渐改造了住宅的某些部分（比如分割原本共享的通道，遮掩自己的起居室以阻挡不必要的目光），以便适应保守的生活方式。在建筑圈内和大众印象中，这个项目一般都被认为是巴列维王朝晚期（尤其是迪巴最钟爱的堂妹法拉赫·巴列维统治的时期）的伊朗本土传统建筑的遗产。这些传统，也通常被认为是保守精英的陈词滥调。[14]

关于传统设计技术的一个更成功的案例，出现在伊朗建筑师纳德·哈利利（2008 年逝世）的作品中。哈利利在 20 世纪六七十年代走遍伊朗，学习了古代建筑技术并因此而闻名。他运用泥土、水、空气、火等传统元素，形成了独特的设计手法。[15] 他的关注点是以黏土为建材，避免因使用木材而砍伐森林，或因生产钢材而消耗化石燃料。由于用的是现成的可再生材料，哈利利在伊朗的两个主要项目中将生产成本和运输成本都降到了最低。它们分别是德黑兰南部的一所小学（1980）和阿瓦士的沙袋棚屋（1995）。修建小学时，哈利利运用的是被他命名为"吉塔凡"（Geltaftan）的手法——土制结构被当成一个窑洞烧制，最后形成一个单体居室。[16] 而他修建的沙袋棚屋（第9届阿卡汗奖获奖作品）采用的是现场用泥土灌装的沙袋，即被他称为"沙袋系统"或"超级土坯"的建造手法（图17.2）。[17]

这些先锋建筑师的作品深深影响了新一代建筑师，后者从1979年伊斯兰革命开始就实践了类似的技术手段。[18] 尽管哈利利在伊朗国内的作品十分稀少，但他的文章却在伊朗建筑师之间广泛流传。他的著作自80年代后期起被译成波斯语，成为伊朗各地建筑学院学生的灵感源泉。[19] 法哈德·艾哈迈迪设计的迪兹富勒文化中心（1995年竣工，曾获阿卡汗奖提名）似乎就是受了迪巴的舒什塔尔新城的启发。这个文化中心包含市场、茶馆、清真寺、图书馆、视觉艺术与工艺学校、美术馆、电影院和景观庭院，全面应用了伊朗南方建筑的形式，有着伊朗南方建筑的功能。传统的集风口有助于建筑内部的空气循环，地下空间为炎炎夏日带来了一个放松、清凉的室内环境（图17.3）。[20]

这种因地制宜的设计，并不仅限于伊朗的干旱地区。从此往北1000千米的德黑兰的"天堂公园"是为厄尔布尔士山脚下一块多风的地点量身定做的。这座公园是建筑师格莱姆·里塔·帕斯班·哈茨拉特于20世纪90年代中期设计的，还获得了1997年的阿卡汗奖，获奖理由是：它与德黑兰北部高地的自然地貌相得益彰。其中的一系列石头建筑让人联想起伊朗北方高原和库尔德斯坦省的传统建筑（也适用于德黑

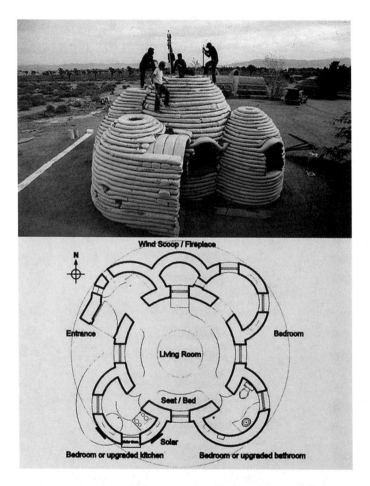

Wind Scoop / Fireplace

N

Entrance

Living Room

Bedroom

Seat / Bed

Solar

Bedroom or upgraded kitchen

Bedroom or upgraded bathroom

17.2 纳德·哈利利，沙袋棚屋，伊朗阿瓦士，1995。这些曲线或双曲线的薄壳结构由拱门、穹顶和壳体构成，援引了本地区古老的泥砖建筑形式。这些建筑用铁丝网加固，用以对抗地震；形状符合空气动力学，能抵御台风；而沙袋能抵御洪水，内部填充的泥土又能防火。这样的结构特别适合临时住所，因为不仅造价便宜，而且技术不熟练的工人也能快速建成，总体上是一种具有可持续性的建筑系统

17.3　迪兹富勒文化中心庭院，1995。从庭院喷泉的对面看到的建筑外观

17.4　阿什工作室，多维拉特二世综合住宅楼，伊朗德黑兰，2007。木质
　　　窗扇被打开时的外立面

兰北部苦寒的冬季）。

　　如今，年轻的伊朗建筑师全面认识到了传统建筑手法的
重要性和环境友好型可持续设计的重要性。这种手法近期的
代表作是一栋综合住宅楼，尽管它规模极小，仅供私人使用，
但却吸引了 2010 年阿卡汗奖评委会的注意。多维拉特二世综
合住宅楼建成于 2007 年，占地面积 512 平方米，是德黑兰本
地建筑公司阿什（Arsh）工作室的作品（图 17.4）。不同于德
黑兰其他中低层建筑，它具有一种类似百叶窗的外立面，开
口各式各样，供住户进行各种选择和调整。[21] 这样的外立面
会让人联想起伊朗传统住宅，因为各种空间的形式和功能都
可以自己调整。这些空间的分隔都是临时性的（不仅面对庭
院的立面会因为玻璃或木质屏风的不断移动而改变外形，各
个房间也会在白天或黑夜的不同时段服务于不同目的）。多

维拉特二世综合住宅楼的每一套住房都是错层式的，每一户都有通往自家屋顶花园的通道（让人联想起传统院落的屋顶样式）。建筑师将这座综合楼作为一个建筑模型，希望能应用到很多类似的场地上。确实，这个项目由于造价低廉（使用本地材料和技术的结果），很快成为附近其他社区住宅的模板。[22]

以上这些建筑师主要在建筑功能方面受到传统的影响，而其他建筑师则仅从形式特征当中汲取灵感。由纳什·贾汗·帕尔斯工程咨询事务所（NJP）的哈迪·米尔米兰（2006年去世）设计的拉夫桑詹体育中心（1994—2001）就是一个案例（拉夫桑詹市是伊朗东部沙漠中的一座城市，是克尔曼省拉夫桑詹县的首府）。也许是受到了像詹姆斯·斯特林的斯图加特州立绘画馆（1977—1984）和彼得·艾森曼的维克斯纳视觉艺术中心（1983—1989）这些具有象征性的后现代建筑群的启发，拉夫桑詹体育中心充满了传统建筑形式的符号。[23]特别值得关注的是中心的摔跤馆，它是一个圆锥状的雄伟建筑，象征着伊朗古老的贮冰室（图17.5）。

以上案例表现了在接受外国影响的同时，融合并重新解读地域建筑的过程。但是伊朗的建筑环境，不仅仅受到建筑美学的影响，就像这个国家物质文化各个方面一样，也与它过去50年的社会政治状况紧密相关。必须承认，伊朗的建筑有政治化的一面。巴列维时期，有大量的证据表明委托方（往往是皇室成员）和建筑师本人都设想过建造一个被许多地标建筑和震撼人心的公共建筑凝结起来的国家。在伊朗政府的官方说辞中，奢侈建筑被认为是国家辉煌景象的征兆，例如，德黑兰当代艺术博物馆，于1997年由卡姆朗·迪巴

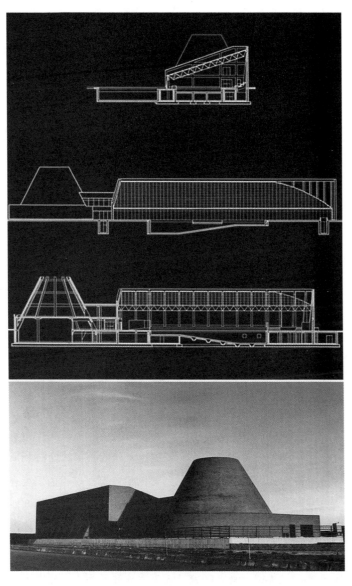

17.5 哈迪·米尔米兰，拉夫桑詹体育中心，伊朗拉夫桑詹，2001。从上
到下：立面图和外立面、西北方向视图

（DAZ工作室）设计建造，它是北美和欧洲地区以外的博物馆中收藏西方艺术品最多的一家。不过，很多伊朗人却认为这些藏品太俗气。

在1979年革命期间和革命后，包括雷扎国王纪念碑在内的少数建筑被夷为平地，很多的公共空间被重新安排，以适应伊斯兰共和国体制下的生活。性别隔离、缺乏公共娱乐空间，加上政治宣传壁画，成为20世纪八九十年代伊朗城市生活的标志特征。

政局动荡下的地标建筑

第一次到德黑兰的游客，常常会对首都西部梅赫拉巴德机场外的一个巨大地标建筑印象深刻。这座45米高的建筑，包括了下方的一座巨大美术馆和周围65000平方米的、设计精美的景观广场。后者形成了一个椭圆形的转盘，现在一般称为"自由转盘"。这座地标建筑建于1971年，就在波斯帝国建国2500周年庆之后不久。那次庆典吸引了世界各国政要来到伊朗。庆典仪式在阿契美尼德王朝的首都波斯波利斯附近举行，"包含皇家纪念仪式、精致的晚宴、炫目的焰火表演以及精彩的'波斯历史'游行"。[24] 外宾在前往波斯波利斯之前，要先参观德黑兰的一些新地标，其中就有伊朗年轻设计师侯赛因·阿马纳特设计的沙阿德纪念塔（Shahyad Arya-Mehr）（图17.6）。他从20多个参赛者中脱颖而出，赢得了这个项目。[25] 尽管这是他与伦敦知名企业奥雅纳公司合作的项目，但这座地标成功展现了伊朗风情，并体现了它的几个别称中

17.6　侯赛因·阿马纳特，沙阿德（现改名为阿扎迪）纪念塔，伊朗德黑兰，1971

的全部精髓——"伊朗之光""国王纪念碑"。[26] 但 1979 年革命后，伊斯兰政权将这座地标变成伊斯兰共和国的标志和伊斯兰革命胜利的象征。

尽管这座纪念塔多年来一直被苛待，并从革命时期就被反对国王的涂鸦所覆盖，但在 20 世纪 90 年代初还是被伊朗文化部修复了，如今被命名为"阿扎迪纪念塔"并重新对外开放。[27] 其内部展览空间展出了当地传统艺术品和工艺品，整个建筑在亲政府的集会期间和伊斯兰革命年度庆典期间都受到严格管制。[28]

尽管阿扎迪纪念塔的象征意义在 20 世纪 90 年代已经发生了变化，但伊斯兰共和国却不将其建造归功于自己——在集体记忆中，它仍然是巴列维时代的纪念塔。为了解决这一矛盾，德黑兰市政厅于1992年提出议案，要在德黑兰修建一座新的地标建筑。不久后，市政府举行了一场竞标，要求是设计一座既能安装电信设施，又能作为文化旅游中心的巨大地标建筑。最后中标的是建筑师穆罕默德·哈菲兹，他的前期调研早在1993年6月就开始了，而这座新的默德塔是2008年才完成的（图17.7）。

这座塔原本是德黑兰巴列维王城的一部分，原计划要在70年代后期完成。巴列维王城项目曾是伊朗占地面积最大的城市项目，规模甚至超过了17世纪著名的伊玛目广场。[29] 作为该计划的一部分，德黑兰城中心一块占地500万平方米的区域，将包括庆典空间、博物馆、图书馆、政府大楼、娱乐和餐饮设施、文化中心、开放式休闲空间以及一个带瀑布的公园。德黑兰地铁将在巴列维王城的中心林荫大道下方运行。最后还设计了一座通信铁塔，用以装饰王城的心脏位置。这座铁塔将被安置在王城的庆典中心和象征性的中心——"国家广场"。

像其他很多类似项目一样，这个项目在新政权上台后立即被叫停。不过，在1995年，这座塔的建设却在德黑兰市中心一块较高的地块——吉沙高地——上重新展开。这座综合塔楼，再加上毗邻的建筑，如今占据着12000平方米的土地。与巴列维早期蓝图的设想一致，这座高达435米的塔如今是全球最高的电信塔之一。[30] 全球那些著名的电信塔——如伦敦电视塔和柏林电信塔——都保留了其作为电信枢纽的功能。不过，由于这类建筑造价昂贵，很多地区现在都是用无线电天线支柱或简单的高天线来替代了。虽然电信铁塔的时代早已过去，但伊朗的媒体仍然为默德塔创造了一个非常积

17.7 穆罕默德·哈菲兹，默德塔，伊朗德黑兰，2008

极的形象——伊斯兰共和国的象征。这种自豪感来自一个事实：它是世界第六高塔，仅次于东京晴空塔（2012）、广州电视塔（2009）、上海东方明珠塔（1994）、加拿大国家电视塔（1976）和莫斯科电视塔（1967）。

甚至，在塔完工之前，伊朗媒体就已经把它描述成国家独立的象征。一份期刊上这样写道："默德塔标志着'强盛不衰'的伊斯兰共和国。"[31] 而其他报刊则称赞它带有中世纪伊斯兰图案的各种设计。根据哈菲兹的说法，这座塔的观景台的部分灵感来自从帖木儿到萨法维王朝的伊斯兰穹顶上发现的交织花纹（kabandi）。[32] 后来，大众媒体《正义经济报》将该塔作为 2007 年某期的封面，标题是："默德塔中的伊朗建筑学"。[33]

"让德黑兰的纪念建筑突出伊斯兰共和国属性"的呼声更强烈地出现在 1997 年第 8 届伊斯兰国家首脑会议（三年一度）的议事大厅中。与默德塔类似，这座建筑的蓝图来自曼达拉公司 1974 年对一个交响乐厅的设计。它在当年就为这家年轻的伊朗建筑企业赢得了声誉，甚至引起了国王的关注。曼达拉方面宣称，交响音乐厅的设计理念基于波斯式场所"营造统一"的观念。特别是有关花园的观念，既包括"隐藏的花园"，即被室内空间环绕的开放式庭院，又包括环绕建筑物整体的"显露的花园"。[34] 观众席头顶上的装饰天花板曾一度带有功能性——通过校准声音，让观众能听到最佳的混响效果。交响音乐厅也具有象征意义，能让人联想到阿契美尼德王朝首都波斯波利斯的那些层层叠叠的墙体构造。户外的矩形花园，意在唤起人们对古代波斯的装饰性花园的回忆。皇家楼梯间效仿了波斯波利斯的庆典楼梯，而位于主音乐厅的舞台效仿的则是波斯波利斯的"阿波陀那"（观众厅）。美国的 SOM 事务所当时也加入了这个项目的设计，但由于国王和几个曼达拉公司成员（包括纳德·阿达兰和雅哈·菲兹）逃离伊朗，项目在 1978 年被叫停。

曼达拉公司的前成员雅哈·菲兹在离开近 20 年后，于 1997 年 6 月被召回伊朗，在交响音乐厅蓝图的基础上为伊斯兰会议组织（OIC）第八届峰会场地进行设计。当年 5 月，穆罕默德·哈塔米意外当选总统，这次会议也将成为伊朗伊斯兰共和国历史的分水岭。该组织由于拒绝就两伊战争谴责伊拉克，它的前 5 次会议遭到伊朗共和国的抵制。而即将在 12 月举行的这次新的会议就成了一次解禁庆典。[35] 哈塔米计划在峰会上向与会各国代表发表题为"文明的对话"的开幕辞，与会国很多是一度与伊朗共和国断交的国家（包括埃及，它曾在 20 年前的革命初期为前国王巴列维提供短暂庇护）。

由于时间和预算有限，因此雅哈·菲兹为这个项目创造了一个新概念，用他所说的哈亚蒂（Heya'ti）建筑或"匆忙风格"建筑，以代替此前的"波斯式场所营造"。哈亚蒂要建造一种脱胎于传统什叶派典礼的当代建筑。[36] 尽管看上去有粗制滥造之嫌，这一建筑理念还是为伊斯兰共和国显示自身荣誉做出了贡献。虽然建筑质量下降，包括从美学到技术上的下降，有趣的是，政治精英们对此不但不以为耻，反而视为伊朗独立的标志。不管这种质量下降是去美学化的过程还是经济衰退的结果，伊朗政权都为它塑造了一种美好形象。在当时最流行的建筑期刊 *Abadi* 1997 年卷中，一篇关于这栋建筑的文章中充斥着诸如"将不可能变成可能""独立自强的标志"此类的小标题。[37]《阿巴尔·艾克提萨迪报》后来也发表

بنای اجلاس سران چون نمادی از صلح بر تارک تهران می درخشد

17.8　《阿巴尔·艾克提萨迪报》刊登的一篇文章强调了会议大厅帐篷式的
　　　结构。该建筑的电脑模型的照片上配有以下文字——"峰会大厅，
　　　如和平的象征闪耀在德黑兰的中心地带"。《阿巴尔·艾克提萨迪报》，
　　　2001年1月31日

了类似的文章，其中称这座建筑为"和平的象征"（图17.8）。

　　如果说峰会会议厅还不能完全代表哈塔米所说的"文明
的对话"，那么位于世界几大国首都的一系列伊朗大使馆新
建筑，则全面具体化了他的这次演讲。1998年，建筑师迈赫
迪·霍加蒂领导的技术管理集团在伊朗外交部举办了一次论
坛。会后，一群伊朗建筑师与外交官、外交部工作人员共同
倡议更新全世界的伊朗大使馆建筑，38 其目的就是为伊朗创造
一个美好的形象，并向世人展示伊朗丰富的艺术遗产和建筑
遗产。39 在所有大使馆中，达拉布·迪巴在柏林设计的伊朗驻
德大使馆脱颖而出。根据建筑师本人的说法，这座占地4509
平方米的建筑表现了"发生在德国诗人、哲学家与波斯诗人、

17.9 伊朗驻德国大使馆，德国柏林，2005

哲学家"之间的思想互惠和交流的历史。[40] 这座建筑整体外观的严肃感，正如迪巴所说的，"体现了这种历史关系中的精神维度"。此外，建筑的外立面覆盖着进口自伊朗本土的白色石板，其中蕴含了与哈菲兹和歌德的诗句相同的简洁与和谐（图 17.9）。[41] 部分内部空间的通透感是由连续的走廊和玻璃分隔的空间营造的，使得建筑核心部位的崇高性油然而生，同时也寓意着伊朗国民希望与外部世界进行透明的对话[42]。此外，建筑的外围有一片茂盛的草地，面对着柏林西南部富人区达勒姆区的波德比尔斯基大街，被改造成了典型的"波斯四合花园"（chahar-bagh）格局，包含了多块由中轴小路等分的草坪。在当时总统艾哈迈迪—内贾德摧毁了一切此种对话的机会的时代，这些建筑是否成功地传达了哈塔米所说的

"文明的对话"这一概念，这一点值得商榷。但建筑师的意图和大使馆设计当中所呈现出的建筑修辞手段（包括伊朗外交部出版的一本空泛的专著《外交建筑：伊朗大使馆的空间规划与建筑学》），都显示出政治观点对当代伊朗建筑设计新工艺所产生的影响。

不寻常与不和谐的发展

　　在巴列维的统治下，公共建筑（以及围绕这个主题所用的修辞手段）共同为伊朗营造了一个富庶国家的形象。但是，普通民居的建筑环境却与这个形象相去甚远。巴列维时代的最后20年伴随着长期的住房问题，特别是在1963年国王巴列维发动"白色革命"，为改善社会经济而进行大规模土地改革后，住房成了一个严重的社会问题。土地改革催生了一批新的小农土地所有者，但就算大面积地再分配土地，单个农民获得的土地仍无法满足大多数家庭的生存需求。改革的实际后果是农业产出减少，大批农民被迫向城市搬迁。[43] 很多这样的移居者并没有条件在城市里买到甚至租到房屋，而且土地价格在1972—1978年大幅上涨，占德黑兰和其他各大城市住房成本的30%—50%。[44] 这些住房问题，紧接着又导致了一系列社会动荡，最终引发了1979年的伊斯兰革命。[45] 在革命期间，很多贫困家庭"占用了成百上千的空置住房或半完工的公寓楼，将它们当成自己的家来重新打造"[46]。1980年9月，两伊战争爆发，伊朗政府也尝试将从边境城市过来的难民安置在城区中心的"空房"。他们也将很多公共建筑（包括旅馆和办公楼）改造成了贫民与难民的安置房。这样的占用，不仅仅是住房问题和两伊战争的后果，也是后革命时代处理巴列维时代公共机构和前巴列维统治下的中产阶级住房的独特经验。[47]

这些新的措施，结合伊斯兰共和国的宣传形象计划，是伊朗建筑环境的一个独特之处。政府机构和半国营机构（buniyads）大力推进了一种让德黑兰和各大城市的墙面都生机勃勃的宣传艺术。[48] 在两伊战争结束后，这些政治宣传作品也减少了，特别是哈塔米时代，大部分城市纷纷装上了商业广告牌。同时，年轻的艺术家纷纷用想象力丰富的壁画（以超现实主义风格描绘的场景）装饰城市街道的墙面，其中很多人找到了独特的方式来重新解读德黑兰的政治氛围（图17.10）。因而，借着哈塔米统治时期发展的自由和机遇，年轻一代伊朗艺术家开始为官方的主流论述中注入创造性的内涵，这种现象就是人类学家列维-斯特劳斯所说的"文化错乱"（bricolage）。[49]

2005 年，艾哈迈迪-内贾德就任总统后，新的官方形象宣传又在德黑兰再次兴起。支撑高架路的巨大支柱上刻有典籍中的名句；政府大楼和居民楼旁边的白墙布满了革命口号和革命形象，旨在向两伊战争中的烈士致敬。[50] 此外，城市剧院的对面还建起了一座巨大的清真寺。[51] 首都中的一大讽刺现象就是，不仅有宣传形象和宗教建筑在上述的艺术意义上比肩而立，同时存在的还有部分德黑兰居民炫耀财富的建筑（图17.11）。

这种不和谐的并存现象日益普遍。一些宗教建筑项目迎合了伊斯兰共和国的意识形态，如建筑师莫森·马哈里德在

17.10 艺术家梅迪·加迪亚洛的壁画,描绘了一座不连通任何地方的人行天桥,伊朗德黑兰第 10 区,2007

17.11 法扎德·达利里,恰纳兰公园综合住宅楼,伊朗恰纳兰,2008

17.12　梅拉特公园电影城（北面视图），伊朗德黑兰，2008

2005 年对位于库姆的法蒂玛圣陵的扩建。它和周围带生活功能的纯西式建筑形成了鲜明的对比。这些西式建筑是一群年轻建筑师积极参与的结果。尽管他们没有政治立场，但还是努力在政府投资的大型建筑中参与管理，其典型案例就是融合了两座大型电影院、一座展览厅和一条大型美食街的梅拉特公园电影城。这座电影城由德黑兰的本地公司"流体运动"建筑事务所（负责人是雷扎·达内什米尔、凯瑟琳·斯皮里多诺夫）设计，建成于 2008 年。在公园的边缘，由混凝土和玻璃制成的、表面弯曲的导风管悬在半空中，构成了一个带顶篷的开放空间，让过路行人也能很好地彼此互动（图17.12）。[52] 然而，这种公民空间可能被用于民间革命或反政府集会，因此在过去几十年中不被推广。

　　自 20 世纪 60 年代起，伊朗建筑提供了让人眼前一亮的思路来帮我们理解当代伊朗设计中的政治元素。建筑空间、邻近的场所以及设计过程中出现的建筑语汇，在过去半个世纪里承载了各种含义。许多大楼已经从世俗权力的象征变成了伊斯兰的国家艺术品，从严肃的政治领域，转变成流行设计的竞技场。在这半个世纪里，伊朗的私人建筑和公共建筑既是国家的生命力之所系，也是对体制的一种反抗。这些建筑在伊朗不稳定的政治舞台上扮演了许多角色，指导和塑造了伊朗人民的生活经验。因此，在衡量这个国家的身份特质时，这些建筑在这半个世纪里始终立于舞台中央。

注释

1 关于社会活动的内容，参见 Talinn Grigor, *Building Iran: Modernism, Architecture, and National Heritage under the Pahlavi Monarchs* (New York: Periscope Publishing, 2009).

2 Kishwar Rizvi, "Modern Architecture and the Middle East: The burden of representation," in idem and S. Isenstadt (eds), *Modernism and the Middle East: Architecture and politics in the twentieth century* (Seattle: University of Queensland Press, 14).

3 Benedict Anderson, Imagined Communities: Reflections on the Origins and Spread of Nationalism (London: Verso, 1983), 11.

4 伊朗住房与开发部在1947—1967年完成了两个类似的综合计划。另外，组建城市设计高等议会的目的就是协调居民住房。这些开发计划主要是为居民创造适宜的居所。第三个开发计划 (1968—1972) 则更加详细，对不同住房类型、建筑风格、建筑材料甚至旧街区改造都提出了规范性意见。也可见 Habibollah Zanjani, "Housing in Iran," *Encyclopedia Iranica* (2004), accessed: June 10, 2010, http://iranica.com/articles/housing-in-iran.

5 这些特征可见 Khadijeh Kia-Kujuri, *A Study of Nine Residential District in Tehran*(在建筑研究和规范司的监督下所做的研究), Manuscript 2.62

(Tehran: Ministry of Housing and Development, 1351/1972), 14. 摘自 Pamela Karimi, *Domesticity and Consumer Culture in Iran: Interior Revolutions of the Modern Era* (London and New York: Routledge, 2013), 69-70.

6　Mina Marefat, "The Protagonists Who Shaped Modern Tehran," in Chahryar Adle and Bernard Hourcade (eds), *Téhéran, Capitale Bicentenaire* (Paris and Tehran: Institut francais de recherche en Iran, 1992), 105-08.

7　这些建筑师也在新成立的伊朗注册建筑师协会的期刊《建筑师》(1946—1948 年出版) 上发表他们的观点。这个协会、这份期刊，都是由伊朗建筑师穆赫辛·福鲁吉创办并领导的，摘自 Karimi, *Domesticity and Consumer Culture in Iran,* 59.

8　Nader Ardalan, "Architecture.Pahlavi, after World War II," *Encyclopedia Iranica* (1986), accessed: October 10, 2011, http: //www.iranica.com/articles/architecture-viii.

9　Ali Madanipour, *Tehran: The Making of a Metropolis* (New York: John Wiley, 1998).

10　Sheila S. Blair and Jonathan M. Bloom, "Iran," *Grove Art Online. Oxford Art Online.* Oxford University Press, accessed: January 10, 2013, http: //www.oxfordartonline.com/ subscriber/article/grove/art/T041466.

11　Karimi, *Domesticity and Consumer Culture in Iran*, 92-93.

12　Blair and Bloom, "Iran."

13　Aga Khan Award for Architecture (Organization), *The Aga Khan Award for Architecture: The 1986 Award* (Geneva, Switzerland: Aga Khan Award for Architecture, 1986).

14　关 于 这 一 事 件 的 更 多 细 节， 参 见 Grigor, *Building Iran*; Karimi, *Domesticity and Consumer Culture in Iran*, 140-41.

15　John Sullivan and K. Lauren de Boer, "Building with Earth is Sacred Work: An Interview with Nader Khalili," *EarthLight* 32, 21, accessed: May 12, 2011, http: //www.earthlight. org/khalili_interview.html.

16　Geltaftan 的字面意思是 "烧制黏土"，这种方法让窑烧这种传统手法获得新生，同时鼓励人们使用现成的传统陶土材料。更多内容参见 Aga Khan Award for Architecture, *The Aga Khan Award for Architecture.*

17　Phillipa Baker (ed.), *Architecture and Polyphony: Building in the*

Islamic World Today (London: Thames and Hudson, 2004).

18 1986 年，哈利利在加利福尼亚创办了加利福尼亚泥土艺术与建筑协会 (Cal-earth)，并一直在那里工作、生活，直到 2008 年去世。他在 Cal-earth 创造了圆形陶土住宅，并组织了一些研究高效可持续建筑的学习研讨班。这一学院至今仍活跃在建筑界。也可参考 *ArchNet Digital Library*, accessed: May 20, 2012, http: //archnet.org/library/files/one-file.jsp?file_id=377.

19 哈利利的《独自奔跑》一书被坦哈·达维丹译介到美国，成为多所学校的本科教材。哈利利的其他著作，比如《陶土房屋与泥土建筑：如何自己建房》《月球上的人行道》《紧急情况下的沙地住所和生态村庄：如何自己建房》，都包含了他在 Cal-earth 研究和开发的建筑技术等相关信息。此外，哈利利还将波斯诗人鲁米的诗歌编译了两卷——《火焰之泉》《火焰之舞》。

20 对这些空间的视觉展示，见 Cynthia Davidson and Ismail Serageldin, *Architecture beyond Architecture: Creativity and Social Transformations in Islamic cultures, The Aga Khan award for architecture* (Geneva, Switzerland: Aga Khan Award for Architecture, 1995). 也可见 *ArchNet Digital Library*, accessed: May 20, 2012, http: // archnet.org/library/sites/one-site.jsp?site_id=1468.

21 更多内容请参考 Aga Khan Award for Architecture, 2010; "Dowlat II Residential Building," Archnet Digital Library, accessed: August 10, 2012, http: //archnet.org/library/files/onefile.jsp?file_id=3059.

22 关于该建筑的诸多细节的讨论，可见 Karimi, *Domesticity and Consumer Culture in Iran*, 166-7. 年代更近的一个类似的例子是建筑师阿里雷扎·马什哈迪米尔扎设计的一栋低成本的四层综合住宅楼。这栋建筑位于德黑兰的贫民区，门前有一堵棋盘格式砖墙作为遮蔽。砖墙从外壳中突出，在一天中不同的时段能投射出形状不同的阴影，让建筑原本乏味的立面变得活泼起来。关于这一项目的更多信息，可见 *World Builders Directory*, Online Database, accessed: January 20, 2013, http: // www.worldbuildingsdirectory.com/project.cfm?id=4063.

23 这些思想的流行，也要归功于一些关键性的文章，包括 Deconstruction: A Student Guide (London: Academy Editions, 1991) by Geoffrey Broadben, 此书早在 1996 年就被翻译并引进到伊朗。更多内容请参考 Geoffrey Broadbent and Manouchehr Muzayyeni (trans.), Vasazi (Deconstroksion):

Rahnamay-e Danishjooyan (Tehran: Shahrdari Tehran, 1375/1996).

24 伊朗媒体《信息报》在 1966 年 7 月号报道了这次盛会。更多内容请参考 Talinn Grigor, "Of =Metamorphosis: Meaning on Iranian Terms," *Third Text*, 17, 3 (2003): 207-25.

25 同上。

26 Hussein Amanat, interviewed by Grigor.Cited in Grigor, "Of Metamorphosis."

27 同上。

28 同上。

29 Jacquelin T. Robertson, "Shahestan Pahlavi: Steps toward a New Iranian Centre," in Renata Holod (ed.), *Toward an Architecture in the Spirit of Islam* (Philadelphia: The Aga Khan Award for Architecture, 1978), 44-51.

30 Iran Newspaper Editorial. 2001. *Nahveh tarrahi va ehdas borj-e milad dar Tehran barresi shod* [The Design Process in the Milad Tower], Iran Newspaper 2064, 1.

31 *Donyay-e Asansor* Editorial.2005.*Borj-e milad, mostahkan va mandegar* [The Potent and Everlasting Milad Tower], Donyay-e Asansor, 4(20), 22; Hamshahri Editorial.2000. Hameh chiz darbareh borj-e milad [All You Need to Know about the Milad Tower], Hamshahri, 8(2248), 7.

32 "Memari Irani Dar Borj-e Milad [Iranian Traditional Architectural Motifs in Milad Tower]," *Abrar Eghtesadi*, 5, 241 (2007): 16.

33 同上。

34 Mandala International Report, 1978, Tehran Center for the Performance of Music. Box 027.II.98, August Komendant Collection, University of Pennsylvania.

35 伊斯兰会议组织有一段相当长的历史。自 20 世纪初建立开始，它对每个伊斯兰国家都有着特别的意义。关于这一会议的更多内容，参见 Abdullah Al-Ahsan, *OIC, The Organization of the Islamic Conference: An Introduction to an Islamic Political Institution* (Herndon, VA.: International Institute of Islamic Thought, 1988), 11-13.

36 雅哈·菲兹 2004 年 5 月 10 日在华盛顿特区接受帕梅拉·卡里米的一段采访，摘自 Pamela Karimi and Michael Vazquez, "Ornament and Argument," *Bidoun: Art and Culture from the Middle East,* 13 (winter

2008): 93-97.

37 "Moruri bar Tahaquq-i Yek Tarh [A Look at the Formation of an Idea]," *Abadi*, 7, 26 (1997): 92-95.

38 Seyyed Kazem Kharrazi, "Introduction," in Memari Diplomatic: Barnameh Rzi Fazaie va Memari Sefarat khanehha [Diplomatic Architecture: Spatial Planning and the Architecture of Iran's Embassies] [Tehran: Markaz-e Chab va Entesharat-e Vezarat-e Omur-e Kharejeh (The Ministry of Foreign Affairs Press), 2004], 1-14.

39 同上。

40 最值得注意的是，他强调了波斯抒情诗人哈菲兹的诗歌对歌德的影响。参见 Aga Khan Award for Architecture, 2005; "Embassy of Iran," *ArchNet Digital Library*, accessed: May 10, 2012, http: //archnet.org/library/sites/one-site.jsp?site_id=14667.

41 同上。

42 这些原则，也同样应用在法兰克福的伊朗总领事馆的设计当中。这座建筑由 Naghsh-e Jahan Pars 工程咨询公司的哈米德·米兰于 2004 年完成，参见 "Consulate General of Iran," ArchNet Digital Library, accessed: May 10, 2011, http: //archnet.org/library/sites/one-site.jsp?site_id=14672.

43 更多内容请参考 Ervand Abrahamian, *A History of Modern Iran* (Cambridge: Cambridge University Press, 2008), 130-33.

44 Madanipour, Tehran, 394.

45 Asef Bayat, *Street Politics: Poor People's Movements in Iran* (New York: Columbia University Press, 1997); see also, Karimi, *Domesticity and Consumer Culture*, 10, 59, 114-16.

46 同上。

47 更多内容请见 Asef Bayat, "Tehran: Paradox City," *New Left Review* 66 (November-December 2010): 99-122. Online article, accessed February 10, 2012, accessed July 2011, http: //www.newleftreview.org.

48 Christiane Gruber, "The Message is on the Wall: Mural Arts in Post-Revolutionary Iran," *Persica* 22 (2008): 15-46.

49 Dick Hebdige, Subculture: The Meaning of Style (New York: Routledge, 1979), 5-19.

50 Pamela Karimi, "Imagining Warfare, Imaging Welfare: Tehran's Post

Iran-Iraq War Murals and their Legacy," *Persica* 22 (2008): 47-63.

51 有关这些开发项目的更多内容参见 Kasra Naji, *Ahmadinejad*, (London: I.B.Tauris, 2008), 49-51.

52 这一项目的更多信息参见 World Builders Directory, Online Database, accessed: January 20, 2013, http: //www.worldbuildingsdirectory.com/ project.cfm?id=1571.

第18讲 东南亚建筑：超越热带地域主义

凯利·香农

作为地方纽带的气候和景观

如果不联系东南亚复杂分层的历史，我们是不可能理解全球化背景下的东南亚当代史的。这一地区的重要性，得益于它的天然优势和地理位置：往返欧洲与中、日之间的所有船只都必须经过马六甲海峡——一条苏门答腊岛和马来西亚之间狭窄的海上要道。"东南亚"这一称呼的历史并不久远，直到"二战"期间才开始流行。当时，北回归线以南地区划归于路易·蒙巴顿领导的东南亚国家。[1] 如今的东南亚联盟包括以下地区：通常被划为东南亚"大陆国家"的缅甸、老挝、柬埔寨、越南和泰国；被划为东南亚"岛国"的文莱、菲律宾、新加坡、马来西亚和印度尼西亚。但是，在语言、历史、地理和种族上，这个地区明显不是一个整体。这一地区至少有四种主要的信仰：伊斯兰教、印度教、佛教和基督教。在历史上，这一地区从未经历过像中国、印度那样的政治大一统局面。不同西方国家曾统治着这里的不同地区，有荷兰、英国、葡萄牙、西班牙，之后是美国、法国。列强的殖民统治迫使东南亚各国的发展走上了迥异道路。只有泰国曾免遭殖民统治，但其王室也聘请了西方顾问，协助推动国家的现代化进程，因而可以说该国进行了"自我殖民"。[2]

连接这一地区更重要的纽带是类似的气候和景观。东南亚位于季风带，这使得公海航行和培养农作物变得极为复杂。除缅甸北部的一部分以外，整个东南亚地区都位于热带。从历史上看，高山与平原、陆地与水域等差异极大的地貌环境，使得海上贸易和农业同时获得了发展：港口贸易城市的特征是过渡性和临时性；而海岸、河岸聚居地受制于水道淤塞，经济只能依赖于多变无常的海上贸易。而且，由于这些城市的腹地通常土地有限，没有扩张空间，城市人口只能居住在水上，一般是住在吊脚楼或船屋里。正如斯蒂芬·凯恩斯的评论，"这种原始、低矮、高密度、人群混杂、拥有户外市场的聚居地，所用材料往往反映出建筑的临时性"。大量学者将当地建筑描述为"不稳定""歪歪扭扭""摇摇欲坠""脆弱""贫穷""乡野风格""狂野"。在他们的笔下，当地建筑永远处在变迁之中，"除非在当地最大的城市，否则当地人的生活总是要建立在不断迁移这一前提下"[3]。我们当然可以质疑，这些描述到底有多少反映了当地使用材料的真实情况，还是仅仅为了书面上的分类方便。这些分类，暗示了该地区在概念上的含混和复杂的历史。同时，这里的农业定居点都是相对孤立的，它们很少关心外界，社会结构紧密，被城墙和城门保护起来，自给自足地生活。当地的生产通常与宗教生活关系密切。被"神化"的国王住在高耸的圣城里，这代表了当地人的宇宙观，他们通常会严格遵循占卜得出的"福地"来选址。另外，气候和人文景观对东南亚地区的建筑也有着巨大的影响。

据安东尼·瑞德的说法，温和的气候和大量可用作建筑材料的速生林、棕榈、竹子，就是当地人并不重视住房建设的两个基本原因。[4]尽管这些原生态建筑显示出这一地区的不同民族、不同阶级在住房建设上有很大差异，但同时也表现出惊人的雷同——都使用柱状地基（通常安装在地上而非陷入地下），陡峭的马鞍形屋顶，山墙上的犄角装饰。[5]干栏式建筑（栅居、吊脚楼）是一种避开洪水的必要手段，但对地板和墙板的用料都十分节制，以便让建筑保持轻体量，便于移动（图 18.1）。

建筑的高度在这里被神圣化了，多数住房都是单层的，楼下可以养动物、堆废弃物或当成作坊。一层是居住空间，其上部的椽架用于储存大米或给祖先的祭品。一些东南亚国家还按照儒家思想划分严格的社会阶层。因此，这些城市在成为殖民地之前，甚至对不同建筑和场所的面积都有着严格规定；就连住所的风格、样式和颜色都受到严格控制，用于区分居住者的社会地位。民用建筑的轻体量和临时性，与宗教建筑的沉重感和永恒意象之间取得了平衡。石雕和迥异的样式，则常见于消亡文明的残迹、陵墓、清真寺、宫殿建筑之中。

早在 18 世纪末，殖民地城市的社会结构已逐渐成形，其特征是固定聚居点、军事要塞和贸易城镇的出现。在殖民时期，这一地区的热带民俗传统往往被归入所谓的“东方主义视角”，正如在各式各样的殖民地博览会中所见。[6]同时，伴随着殖民过程，城市也在不断变换自身形态，进而出现了将欧洲风貌与本地传统、民俗装饰相结合的新式建筑。在这一过程中，东南亚地区并非一味遵从西方原则。

与殖民主义相对立的是民族主义。到 20 世纪 50 年代中

18.1 传统多巴建筑，印度尼西亚沙摩西岛多巴湖，1986。托尔平多巴巴塔克村是典型的以陆地为基础的原生态村落

期，大多数东南亚国家都经过艰苦的反殖民斗争并赢得了独立。这时出现了大规模的、质朴的功能主义规划以及正统的现代主义建筑，代表了一种进步和改变。用澳大利亚建筑师菲利普·高德的话说："现代主义的'中性'建筑语言能帮助缓解种族之间的紧张态势。"

> 宏伟的建筑上使用了钢筋混凝土、百叶窗、宽大的挑出屋檐、伞状屋顶，这样一切似乎都预示着宏伟的现代主义已经被热带地区吸收了，以及效仿西方的问题已经被东南亚成功破解了。同时，这个城市的历史也被一点一滴地清除，曾活跃在街头的建筑生命力被逐渐榨干；现代的亚洲大都市，很大程度上就是一个在宽容中消亡的故事。[7]

又如阿诺玛·皮耶斯所说：

> 1973年石油危机过后，西方各国被迫自力更生，后独立时代的普世主义（在东南亚国家）发生剧烈变化。这也导致了一场文化危机，而人们寄托在受西方教育、为国家勾勒都市灵魂的政治精英身上的幻想日渐破灭，给这场危机火上浇油……在因循守旧观点中，宗教和文化的特点预示着后殖民语境下的文化多样性。这场变化推广了多数民族的文化，却让少数民族被迫边缘化。[8]

热带地域主义

那时候，东南亚建筑师已经将他们东西方融合的教育背景和实践经验结合起来了。20 世纪 50 年代，这一地区的很多建筑师都在英国（很多人都学过建筑协会开设的"热带建筑学"课程，1954—1957 年由马克斯维尔·弗莱负责，后来由奥托·科宁斯伯格负责）、澳大利亚（1962 年墨尔本大学开办了热带建筑学专业）和美国接受教育，带着对东西方差别的高度自觉回到祖国。在这一过程中出现了三部最有影响力的著作：马克斯维尔·弗莱和简·德鲁的《热带村居》（1947）、《潮湿地区的热带建筑》（1956），以及维克多·欧尔吉耶与阿拉达·欧尔吉耶夫妇的《设计与气候：建筑地域主义的生态气候研究》（1963）。这些书中的研究将现代主义学术讨论重新引向民俗传统，这点被亚历山大·佐尼斯、莉安·勒菲耶夫和布鲁诺·斯塔奥认为是反殖民主义、反传统、反国际风格的，[9] 并被肯尼思·弗兰姆普敦定义为"反抗性质的建筑学"。[10] 在装饰中加入本地特色，与地方建筑手法进行对话，重新解读传统地貌，适应多变气候中的细微区别，这一切导致的结果就是霍米·巴巴和阿比丁·库斯诺所说的"混血的现代主义"。[11]

因此，这一地区存在各种不同的实践：有从殖民时代流传下来的企业，如马来西亚的博迪、爱德华合伙人事务所（BEP，现改名为博迪·爱德华·拉坎-拉拉事务所），也有新出现的执业机构，如马来西亚建筑师合伙事务所（MAC，后来改组为新加坡设计合伙人事务所，现在改名为 DP 建筑设计事务所）。他们的组织形式模仿了瓦尔特·格罗皮乌斯的建筑

18.2 DP事务所，新加坡人民公园综合楼，新加坡，
1970。它是新加坡板式塔楼建筑的典范

师合作社（TAC）和伦敦的建筑师合伙人事务所。DP是由萧
伟林（威廉·林）、郑庆顺和许少全三人共同创办的，并通过
人民公园综合楼项目巩固了其行业标杆的地位（图18.2）。这
个项目由裙楼的购物中心和板式住宅楼构成，这借鉴了柯布
西耶的马赛公寓和日本新陈代谢派。

　　东南亚建筑发展大潮中出现的"大师"，包括泰国的喜勉
爵赛、新加坡的萧伟林和郑庆顺，以及马来西亚的杨经文。
1988年，在《娜迦：暹罗和西太平洋地区的文明起源》一书
中，喜勉爵赛通过研究将注意力引向本地人在吊脚楼里逐水
而居的居住形式，来呼吁整个地区为建筑学和城市创造出不

同的风貌。他还将自己的作品——曼谷的亚洲银行总部大楼称为"机器人大楼",将它归为后高技派建筑。萧伟林与郑庆顺共同创办了MAC和DP两家事务所,后来又各自从业直至退休。之后,萧伟林集中精力书写有关后现代语境下的亚洲城市文化。同时,郑庆顺采用了"热带都市"的比喻,而杨经文则应用了"生态气候学摩天大楼"的概念。后者采取了全球都市环境的主导形式(摩天大楼),同时用气候调节设备对它进行改造——加入大面积挡风玻璃、遮光的百叶窗、头顶的藤蔓架、遮阳装置、挡风板和绿植。郑庆顺反对将现代主义盒子建筑插入到城市当中,特别是在1997年亚洲金融危机之前。那次经济危机的一大表现就是来自主流建筑公司的大量西方建筑师竞相拥入新兴市场。他当时也大胆地提出:

> 在当前这种语境下,亚洲的热带国家需要的是更加内省的设计,要从这个地区、这个时代特定的自身环境中寻找设计主题。另外也可以引入新的技术环境,作为建筑形式和表达方式的激发因素,创造出超越种族和文化的、富有凝聚力的身份认同感。这就是创意设计从业人员所面临的挑战。[12]

库斯诺写过很多关于印度尼西亚城市空间和政治文化的文章,他从政治含义的角度描述了郑、杨二人开辟的新道路:

> 在这种层面上,建造"现代主义盒子",既不用对现代主义范式本身进行批判,也不用否定它的来源。事实上,气候调节装置都"依赖"于建筑结构,从形态学上说,与

全世界的建筑没有什么区别。当理解城市构造成了一种义务，也许就预示了建筑符号系统正在发生着某种改变：整个城市的文化模式被简化成一个非政治化的"气候问题"。气候先行主义，从经济角度去解读，也可看成是针对资本主义晚期发展所做的文化重建。而晚期资本主义发展的扩张不再以传播旧式的标准化"现代主义盒子"为手段。但是，郑、杨所采用的地域主义手法，也可从政治角度解读，代表"现代"后殖民国家在建设过程中对原始主义滋生的不满。躲在气候调节装置背后的"现代主义盒子"清晰地发声，使用的却是超越普世现代主义的另一门语言。它现在经历的环境，允许它通过非政治化的气候手段来表达身份。[13]

1989 年，郑庆顺领导的一个团队为新加坡建筑师学院定义了"热带城市"的概念。他们在新加坡的一块占地 72 英亩的后工业时代再开发滨河场地——甘榜武吉士（Kampong Bugis）上试验了很多想法，并设计了一种"双层城市"场景。在这里，公共领域延伸到多层裙楼空间，将购物、娱乐、社交和文化设施混为一体（图 18.3）。

居住和工作地点在整个开发区中将被分区式穿插，减少了通勤上的麻烦。项目的总体目标是在城市中心尽量增加居住空间，降低郊区和新城镇的开发需求。设计者以两种手法直接应对热带气候：一是大量采用遮阳设施，以便阻止城市结构性升温，其中使用的设备也可兼作雨水和太阳能的收集器；二是从水平和垂直两个方向上绿化城市，以便吸收热辐射和环境光照。同一年，杨经文在马来西亚也设计了一栋热

18.3   DP事务所，甘榜武吉士，1989。热带城市概念演示动画截图

带大楼——梅西尼亚加广场。1995年，该大楼一落成便获得了当年的阿卡汗奖。这栋15层的大楼也是IBM马来西亚分公司总部，位于吉隆坡附近的梳邦区（图18.4）。大楼螺旋形的垂直景观通过后退式露台（作为空中庭院）贯穿在建筑表面，其被动的低能耗特点，减少了室内空间聚集的太阳能。杨经文开发的"生态基础设施"，也在这些年逐步成熟，他的公司在中国和东南亚地区修建了大量的生态摩天大楼和景观大楼。马来西亚梳邦高科技园区的DIGI技术操作中心就是一个代表建筑，它将隔离二氧化碳和太阳能的高科技，与对抗洪水的基础技术结合起来。该建筑被包裹在一个"垂直植物景观系统"当中，这一系统有效降低了太阳能辐射，能为建筑隔热，并且通过生物手段净化了环境污染物（图18.5）。

　　另一种类似的热带地域主义也从该地区一种不太僵硬的学术思维和意识形态中逐渐发芽。两种建筑形式使得这个地区的建筑师获得了国际认同，因此当时出版的很多精美刊物都重点介绍了一些豪华的热带住宅和度假区。它们作为附属

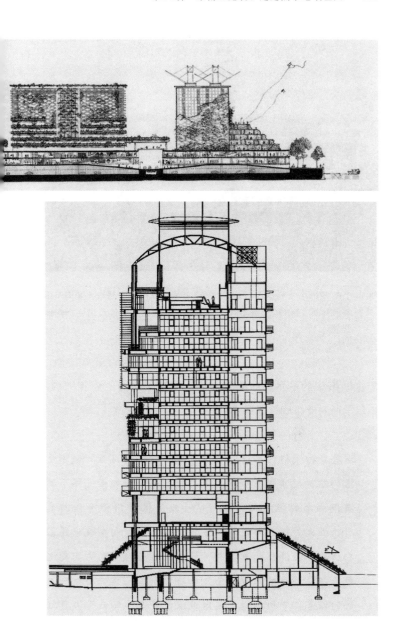

18.4　T.R.哈姆扎＆杨建筑事务所，梳邦再也市的IBM总部，吉隆坡附近，
　　　1995。与摩天大楼融为一体的景观调节了热带气候

18.5　T.R.哈姆扎＆杨建筑事务所，DIGI技术操作中心，马来西亚梳邦高科技园区，2012。先进技术与生态软工程相结合，创造出生态基础设施

建筑以聚集的亭台形式出现，成功保持了民间的建筑结构。皮尔里斯对此正确地指出：

> 这些乡村风格的临时隐居地，被刻画成逃离亚洲城市生活的粗糙现实的避难所。这些建筑是影射热带气候下的慵懒生活的微型乌托邦。这些度假区专门为有钱的商人、欧洲外派人员或跨国连锁企业设计，向发展中国家输出美元经济下的新产品，还引入了当地劳动力。美元经济注重精致的细节，创造出地方手工艺传统与材料复兴的假象。它所创造的高水准设计是本地客户无力负担的，它的消费者是西化的精英人士和西方游客，但后者并不能领会这种假象中的讽刺意味，并将这种热带体验

想象成殖民化瞬间的延伸。"地方的"真正变成了"全球的"。[14]

　　显然，批评度假建筑本身及它对民间建筑的再度诠释，是很容易的，这些批评在大量流行著作的帮助下传播甚广。不过，很多建筑师如巴厘岛的彼得·穆勒、巴马丹拿事务所，泰国的艾德·塔特尔，都对当地环境进行了精雕细琢，用标准化的空间秩序和各种繁复的细节，创造出令人难以置信的丰沛感——这都是他们对战后的功能主义和后现代主义进行理性扩展后的真实反馈。澳大利亚人凯瑞·希尔设计的具有异国情调的宾馆在当地享有盛名，也使他成为东南亚新一代年轻建筑师的精神导师："就像 OMA 的鹿特丹分部让欧洲新一代执业建筑师崛起了一样，希尔的工作室已经成为热带地区的一座实验室，有着大量不同的成果和目标。"[15]

　　希尔的作品不限于宾馆和其他逃避世俗的建筑：新加坡动物园的入口广场（2003）是典型的公共项目（图 18.6），建筑师严谨地协调了不同于"陈词滥调"的入口参观顺序。类似密斯·凡·德·罗的非对称设计，像风车般围绕着一座带有热带遮阳树木和倒影池的中心庭院。其他元素还包括一座提示访客抵达的院落、一座庆典广场和一座引导步行客流的柱廊。柱廊中木质的柱子、以巴劳木镶面的通透板条屏风、巴劳木地板与暖色花岗岩的长墙形成了鲜明对比。各种元素在水平面和垂直面上的重复出现，清晰地铺开一个东南亚风格的庭院，模糊了园区内外空间的界限，在人们完全进入动物园之前，营造了一个融洽的城市–自然关系。

　　20 世纪 50 年代在东南亚兴起的热带地域主义，是现代

18.6 凯瑞·希尔建筑事务所，新加坡动物园，新加坡，2003。动物园入口以巴劳木木柱镶面，体现出简洁与高雅（shankar S. 摄 /flickr）

主义在当地的相应产物。在东南亚各国各自寻求现代身份的过程中，它以各种形式广泛流行，直至今天。这种流行以过去几十年亚洲经济的腾飞为背景。同时，新的环保意识的形成与热带建筑的商业化过程，同样变成"健康""治愈"的同义词。柬埔寨裔法国人开办的阿斯玛建筑师工作室（由丽萨·罗斯与西里尔·罗斯夫妇、伊万·提兹亚内领导）在暹粒省开发了一系列高雅的建筑项目。暹粒是位于吴哥窟考古遗址外的一座小城，周围还有一系列度假区和餐馆。2001 年，罗斯夫妇与他们的父亲罗斯·博拉斯一道主持了坎塔·博帕医疗中心的建设。博拉斯是在柬埔寨内战时期出国的，在法国完成了建筑学的学业。20 世纪 90 年代临时回国时，他在吴哥和暹粒地区保护与管理当局担任副处长，为这一地区的寺

18.7　阿斯玛建筑师工作室，坎塔·博帕医疗中心，柬埔寨暹粒，2001。本地材料被嫁接在外部庭院的现代表现形式上

庙和综合性建筑提供咨询并做监理。他们受瑞士的坎塔·博帕基金会委托，设计建造为孩子提供免费医疗的医疗中心。这座中心的设计明显受到了秘鲁人亨利·西里亚尼的建筑理论的影响，并将吴哥窟建筑元素和城市思想相结合。它的综合楼位于已建成的儿科和妇产科医院之间的一片土地上。两间大型会议室可以兼作音乐厅、剧院和电影院，墙面的红砖让这个角落从街道"跳"出来；其他建筑——四间教室、一间新闻发布室兼图书馆以及咖啡厅——的排布呈"L"形，建在工地的另一个角落。它们既构成了内部的开放式步行区，又形成了一座庭院（图18.7）。综合楼的外立面被毛面混凝土加竹制填充物的框架包裹起来。三座巨大的倒影池既是这一项目的标志，又是一种自然屏障，因此建筑不再需要栅栏；池塘划出了公共、半公共空间和私用空间之间

的界限的同时，还能对可再生废水进行循环利用。所有的建筑材料都取自当地。在一个重建中的国家，在一个因旅游业导致的过度开发而面临解体风险的城市中，阿斯玛工作室成功营造了一种镇定感及现代感，发出了制止"急需项目"的无声呼吁。

三个新趋势

尽管热带地域主义是这个地区最突出并得到广泛认可的运动，但很清楚的一点是，快速的城市化伴随着不断变化的建筑实践，推动建筑学往新方向发展。东南亚当地建筑中主要有三个新趋势：

第一个趋势，不难推测，它与这一地区在全球化过程中的激进地位有关。它产生的建筑理论，首先主要用于制造奢侈的高层建筑（作为生活工作场所或投资增值）以及为财务自由、文化独立的富裕中产阶级设计的一些独立别墅；其次是针对当地材料（尤其是竹子）进行的新实验；再次是一批规模小但专门的作品，关注社会公平和日益增大的底层社会等话题。

东南亚地区的主要市场也向西方企业敞开大门，给了他们投资大规模建设的机会。但在这一过程中，建造的质量不尽相同。成熟的美国和欧洲企业，已经在这一地区做了几十年。尽管日本也有很多知名设计企业，包括日建设计、矶崎新事务所，但很多东南亚国家仍想给自己的城市盖上"西方的戳"，就是想强行加入"全球性都市"俱乐部——那些美化

18.8 贝利与克拉克（贝利建筑事务所）、迪杰·塞里科，双子塔，马来西亚吉隆坡，1997。一座饰有伊斯兰图案的国际风格摩天大楼

过的都市环境产生了一种令人麻木的雷同感，使社会和文化领域都变得扁平。[16] 根据理查德·马歇尔的说法，亚洲的这种全球化都市项目有一个共同特征——有一种值得怀疑的、对"缺席的都市主义"的渴求……通过建设楼房、铁路、街道、公园和人行道来刻意构建城市形态，却回避了对相应社会环境的培育。这样的回避，保证了其全球性面貌不被减弱。[17]

也许，"在国际化高层建筑中获得名望"这一推动力产生的最典型的建筑就是马来西亚吉隆坡双子塔（图18.8），由西萨·佩里与迪杰·塞里科共同设计。这栋88层、452米高的高强度钢筋混凝土塔楼，其钢铁和玻璃的外立面被设计成几何形状，仿照了伊斯兰传统图案，它一度是世界上最大的双子塔和最高建筑之一（后一个纪录在2004年被中国台北的

101 大楼超越）。而更新的西方企业则将地区作为一个新兴市场，以试验自己的新手法和新模型。但同时，这些缺乏经验的企业也因为缺乏当地的合作方，而很难处理好在建筑各个流程中出现的官僚问题。

在新加坡，高层公共住宅吸引了很多年轻公司进行新型公寓和高层形态的实验与开发。由黄文森、理查德·哈塞尔率领的 WOHA 建筑师事务所（1994 年创立），发展出一种新的实践形式，它优雅的细节处理超越了热带地域主义，却没有忘记后者带来的启示。他们设计建成的 28 层毛淡棉腾飞公寓大楼（2001—2003，图 18.9）获得了 2007 年阿卡汗奖。楼体南立面的起居和就餐空间的两个侧面都设置了"季风窗"，以应对这里的特殊气候。窗上隐藏着换气窗栅格，这些栅格智能地吸进气流、分散对流，又不会让公寓内部受到雨季的侵袭。这座条理明晰的都市建筑，便用了裸石混凝土、铝制和木制窗户，北立面是多孔的抽象铝制幕墙。在这座纤细的塔楼顶上，悬臂梁充当了绿植藤架。顶层公寓配合底层平面设计，不仅有一个三层的游泳池，还有一座门厅可以充当户外阳台，上面还种了一片竹林。林肯现代大楼是 SCDA 设计修建的一座 30 层公共住宅（图 18.10）。SCDA 是曾仕乾在新加坡创立的建筑设计公司，它与高高耸立的 WOHA 现代塔楼有着密切联系。曾仕乾将他的这件作品描述为"新热带主义"居所。这座受勒·柯布西耶启发的建筑为层高 6 米、相互交错的复式公寓，其中没有任何一户贯穿塔楼的整个面宽。幕墙遮光栅格和铝制镶面板，被夹在亮橘色的两翼之间，在视觉上非常突出。这两个翼部则将服务中心固定在地面，强调了塔楼垂直方向的纤细感。度假风格的景观、满布的棕榈树、

18.9 WOHA，毛淡棉腾飞公寓大楼，新加坡，2003。鲜明的立面标志着新加坡住宅开发的新类型

18.10 SCDA,林肯现代大楼,新加坡,2003。从外立面就可看出不同居住
单元之间的交错

可以游泳的倒影池,这一切组成了变化丰富的表面,既奢华
又富有诗意。

第二个趋势是对材料的试验,其代表人物是一个在日本
受训练的越南年轻建筑师——武重义,他的事务所总部设在
胡志明市,但他一直在为河内和湄公河三角洲地区的咖啡馆
和酒吧设计精致复杂的竹制建筑。他的一件代表作就是2010
年上海世博会的越南国家馆,由仓库改建而成,材料正是竹
子。他设计的风水咖啡馆(图18.11)位于平阳省,带有一个
优雅的穹顶,由48根竹条编成框架构成,高10米,跨度15

18.11　武重义建筑事务所，风水咖啡馆，越南平阳省，2007。这家户外咖啡馆带有抬高的水体浮面和弯曲的竹屏风

米，还有一个直径为1.5米的透光孔。浸过泥水并熏制过的竹条，以越南的传统技术编织起来，并覆盖高度防火的亚塔椰子材料，建筑过程中没有用一根钉子。2011年，武重义还在该省设计建造了一座占地5300平方米的学校建筑，可容纳800名学生。这座规划中的建筑，向内部回环曲折，形成了两座庭院，一座串联起了教师宿舍、体操馆、实验室和图书馆，另一座的周围都是教室。这些连续的栏杆，是用预制混凝土和遮光栅格建成的，通过遮阳设备创造出自然通风效果和有趣的光影图案（图18.12）。

　　第三个趋势和第二个是密切相关的：建筑师尝试用自己的作品去实现社会公平。很多国家的建筑同行都在探索这种建筑手法，尤其是在印度尼西亚。这里有两位建筑师最突出，他们的社会公共建筑能与以富豪为客户的主流作品相媲美。第一位建筑师是埃科·普劳托，主要在中爪哇的日惹市从业。他为艺术家、博物馆、教堂重新诠释了当地的传统住宅工艺，

18.12   武重义建筑事务所,平阳学校,越南平阳省,2011。类似户外的迂回设计,有开阔的"过渡"空间

作品中透出一种低调的庄严感和现代感。2005年,他得到一个利用自身技能进行志愿服务的机会,参与重建了一座被大地震毁灭的村庄。普劳托身为教育者和组织者的潜力在其中展露无遗。他动员了120户村民,与他们合作设计出具有抗震结构的标准住宅,使用了当地人的技术,利用集体劳动力并进行轮换,让所有住宅得以同时修建。尽管全村住房几乎都被地震摧毁,但单尼布肯村短短三个月就完成重建。同一时期的日惹其他村庄,仅勉强搭建起了临时避难所。[18]

第二位建筑师是安德拉·马丁,他的事务所是新一代东南亚建筑公司中的翘楚。马丁生于万隆,在老家完成学业后搬到了雅加达,在城中历史最悠久的设计公司 Pt. Grahacipta Hadiprana 积累经验。1998年,他与阿万提·阿尔芒共同创办了个人事务所 AMA。AMA 着眼于上流社会快速变化的世

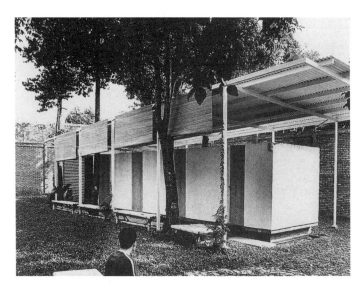

18.13　AMA, 出租屋，印尼宾塔洛，2002—2003。这是雅加达外围地区的简
　　　约、智能的"最小化生存住房"

界——这个地区的艺术和人文学者都渴望在雅加达的市中心
获得一席之地。AMA 受委托设计了"Gedung Dua 8"东印度
尼西亚艺术品和文化博物馆（图书馆），委托人是民族学家
兼纪录片制片人迪亚·桑达拉姆。博物馆中的循环系统借鉴
了本地的村庄结构和大胆的几何形式，通过肌理和光影的交
叠，一同温和地应对了当地气候。但在另一方面，AMA 也服
务于部分低收入群体。例如，他们在雅加达城郊的宾塔洛为
低收入工人修建的临时出租屋，成品最终被削减到了建筑最
基本的形态——四间简单的盒子状的居住单元。共享厨房、
洗衣间和浴室，都坐落在一个平台上，被简约地覆盖在一个
框架结构下方。这个框架结构包含原有的树木，并支撑着一
个倾斜的金属屋顶和用于制造出半私人空间的竹制卷帘（图

18.13）。从上流人士到通勤白领，再到移民劳工，AMA 关注的就是雅加达这座城市的建筑，这座快速转型的东南亚大都市中的建筑。

小 结

东南亚地区持续在世界舞台上展现风采，而这里的都市和建筑面临的挑战只会不断增加。城市迅速地发生着质变，而对理想化民间建筑的借鉴却被刻意抛弃了。水上村落逐渐消失，只留下中式商住楼作为唯一存留的民间城市形式。同时，城区的人口密度远远超过了其承载能力，城市再一次在种族、阶级和性别上产生分化。移民劳工只能远距离通勤，住在遥远但物价尚可负担的卫星城市，给社会环境和政治环境带来潜在的不稳定因素。伴随着这一地区的一次次自然灾难，人与自然之间的脆弱联系日益清晰，让我们想起气候变化的那些预言，想起人工干预与自然循环之间微妙的互动。世界银行最近的一份报告 [19] 预测：气候变化将给人口、GDP、城市范围和湿地面积带来巨大影响，该地区将遭受重创。该地区曾经的"水利文明" [20] 自从经济自由化以来就一直在快速演变，但东南亚城市建筑的出名之处就是它对水上历史的适应，有能力吸收或保留其中相互矛盾的地方。毫无疑问，东南亚的建筑师在面对未来挑战时，一定会延续这些特性，创造有弹性的地方性建筑学。

注 释

1　1943 年 10 月，温斯顿·丘吉尔任命路易·蒙巴顿作为东南亚指挥部（SEAC）的盟军最高司令员，蒙巴顿一直担任这一职务到 1946 年。在当代政治舞台上，这一地区的统一形象后来强化成了东南亚国家联盟（简称东盟，ASEAN）。这个组织以 1967 年 8 月 8 日的《曼谷宣言》为基础形成，是一个松散的条约组织，目的是保卫地区的集体安全。创始成员国有印度尼西亚、马来西亚、菲律宾、新加坡和泰国。文莱在结束了与英国漫长的保护国协议之后不久，于 1984 年 1 月加入。1995 年 7 月 28 日，该组织又吸收了越南作为成员国。1997 年 7 月 23 日，老挝和缅甸被允许加入；柬埔寨于 1999 年 4 月 30 日加入。

2　Thongchai Winichakul, *Siam Mapped: A History of the Geo-body of a Nation* (Honolulu: University of Hawaii Press, 1994).

3　Stephen Cairns, "Troubling Real-Estate: Reflecting on Urban Form in Southeast Asia," in Tim Bunnell, Lisa B.W.Drummond and K.C.Ho (eds), *Critical Reflections on Cities in Southeast Asia* (Singapore: Brill and Times Academic Press, 2002), 114-15.

4　安东尼·瑞德是很有名的东南亚历史学家，他的代表作包括：*Southeast Asia in the Age of Commerce, 1450-1680.Vol. 1: The Lands below the Winds* (New Haven: Yale University Press, 1988) and *Southeast Asia in the Age of Commerce, 1450-1680. Vol. 2: Expansion and Crisis* (New Haven: Yale University Press, 1993). 其中第一本书有一整章关于"物质文化"的探讨，深入地解释了东南亚地区的传统建筑。

5　Roxanna Waterson, *The Living House: An Anthropology of Architecture in South-East Asia* (Oxford: Oxford University Press, 1990).

6　可参考：A. Patricia Morton, *Hybrid Modernities: Architecture and Representation at the 1931 Colonial Exposition, Paris* (Cambridge: MIT Press, 2000); Anne Maxwell, *Colonial Photography and Exhibitions: Representations of the "Native" and the Making of European Identities* (London and New York: Leicester University Press, 1999); Tim Barringer and Tom Flynn (eds), *Coloinalism and the Object: Empire, Material Culture and the Museum* (London and New York: Routledge, 1998); Panivong Noridr, *Phantasmatic Indochine: French Colonial Ideology in Architecture Film and Literature* (Durham: Duke University Press,

1996); Marieke Bloembergen, Beverly Jackson (trans.), *Colonial Spectacles: The Netherlands and the Dutch East Indies at the World Exhibitions 1880-1931* (Singapore: Singapore University Press, 2006); Joost Cote, "Staging Modernity: The Semarang International Colonial Exhibition, 1914," in *RIMA: Review of Indonesian and Malaysian Affairs*, vol. 40, no. 1, 2006: 1-44.

7   Philip Goad, "New Directions in Tropical Asian Architecture," in P. Goad, A. Pieris and P. Bingham-Hall (eds), *New Directions in Tropical Asian Architecture* (Singapore: Periplus Editions, 2005), 17,12.

8   Anoma Pieris, "The Search for Critical Identities: A Critical History," in *Architecture' in Goad, Pieris and Bingham-Hall, New Directions in Tropical Asian Architecture*, 26.

9   Alexander Tzonis, Liane Lefaivre and Bruno Stago, *Tropical Architecture: Critical Regionalism in the Age of Globalism* (Chichester: Wiley-Academy, 2001).

10   Kenneth Frampton, "Towards a Critical Regionalism," in H. Foster (ed.), *The Anti-Aesthetic: Essays on Postmodern Culture* (Seattle: Bay Press, 1983), 16-30.

11   Homi Bhabha, *The Location of Culture* (London: Routledge, 1994); Abidin Kusno, *Behind the Postcolonial: Architecture, Urban Space and Political Cultures in Indonesia* (London: Routledge, 2000).

12   Kheng Soon Tay, *Megacities in the Tropics: Towards an Architectural Agenda for the Future* (Singapore: Institute of Southeast Asian Studies, 1989), 8-11.

13   Kusno, *Behind the Postcolonial*, 201.

14   Pieris, "The Search for Critical Identities," 31.

15   Goad, "New Directions in Tropical Asian Architecture," 19.

16   Rem Koolhaas, "Singapore Songlines," in Rem Koolhaas and Bruce Mau (eds), *S,M,L,XL* (Rotterdam: 010 Publishers, 1995), 1008-87.

17   Richard Marshall, *Emerging Urbanity: Global Urban Projects in the Asia Pacific Rim* (London: Spon Press, 2003), 192.

18   Graeme MacRae, "Globalisation and Indonesian Architecture: A Critical Regionalist Approach to National Identity," in unpublished manuscript, 2010.

19 N .Prasad, F. Ranghieri, F. Shah Zoe Trohanis, E. Kessler and R. Sinha, *Climate Resilient Cities: A Primer on Reducing Vulnerabilities to Disasters* (Washington DC: World Bank, 2009).

20 在创造"水利文明"一词时，法兰克福学派历史学家、汉学家魏復古(Karl Wittfogel，1896—1988)认识到：在东方高度发达的农业文明里，城市和乡村的状态遵循了一种与西方截然不同的发展模式。在他看来，中央集权政府的出现是因为需要建设水利工程和控制水患：良好的水资源管理和分配是需要相互合作的。参见 Karl Wittfogel "The Hydraulic Civilizations," in W.L.Thomas (ed.), *Man' s Role in Changing the Face of the Earth* (Chicago: University of Chicago Press, 1956); Karl Wittfogel, *Oriental Depotism: A Comparative Study of Total Power* (New Haven: Yale University Press, 1957).

第 19 讲　印度建筑：后尼赫鲁时代的国际主义

阿米特·斯里瓦斯塔瓦　彼得·斯克里弗

　　20 世纪下半叶许多国家从原殖民地发展成新兴的发展中国家，印度就是其中之一。一些看似放之四海皆准的建筑设计理念，最早都在印度颇受认可并广为流行。印度作为后殖民时代人口最多的边缘民主国家，与几位现代主义建筑大师有着千丝万缕的联系，这使得新印度在现代主义建筑国际化进程中具有举足轻重的示范作用。20 世纪晚期的建筑评论家认为，在一些最受尊敬的印度本土建筑师的作品中，可以看到地域主义和新传统处于很重要的位置。这些建筑的表现方式被推定为一种发自内心的抵抗，无论是地理和文化的角度上的独立自主性，还是在规范和形式上对欧洲霸权式的现代主义既定规范的抵抗。讽刺的是，也正是这种文化自豪感和潜力，使得印度得以从 20 世纪 80 年代后期开始，从封闭的经济体迅速转变为开放的经济体。矛盾的是，由于当代世界的消费文化为国际化的拼装设计提供了条件，因此全球化进程对曾经自信、独特的现代印度建筑特征产生了复杂的影响。而印度的互联网行业作为 21 世纪初最具影响力的建筑设计资助者，也是这一过程的主要推动力。

国际交流和引进导师

1965年春天，纽约的联合碳化物大厦举办了一场特殊的展览。这场主题建筑展，展出了数百件文物和1200多张摄影图片，它讲述了新印度第一位总理——已故的贾瓦哈拉尔·尼赫鲁一生中所发生的国家重建和现代化建设的大事记。确切来讲，也许，这次展览不过是一些由单柱和印度印花布所构成的独立面板和亭子罢了，这样的装置，可以说是相当简单甚至是"简陋"的。然而，建筑评论家都很欣赏展会中富有创造性实用主义且老练的展板布置，这是由来自新创办的印度国家设计学院（NID）一群建筑研究生设计的。美国建筑师查尔斯·伊姆斯和雷·伊姆斯夫妇共同担任该学院院长。[1]

由于受到了这种精巧且引人深思的表现方式的影响，因此有关印度后殖民建筑史的论述便集中在科学技术范式的发展之上，而这种发展是与尼赫鲁及其执政时代（1947—1964）紧密相关的。由国家资助的现代主义建设，往往追求大尺度的工业化和城市化项目。在国际广泛合作的框架下，国际顶尖设计师与新锐印度建筑师共同参与项目成为可能。这种合作相当必要，但在印度20世纪后半叶的建筑历史中却显得无足轻重。

自1947年独立后的20年里，印度建造了许多大尺度的建筑和公共设施。昌迪加尔（旁遮普邦的首府）的建设受到了国际上广泛的关注，并且国际舆论普遍认为这是一个出类拔萃的建筑作品。由于战后的现代建筑杰作被视为文化和政治上的沙文主义的解毒剂，因此人们认为尼赫鲁和新印度政府富有远见地赞助了现代主义大师，使他们能以前所未有的规模和象征意义来展示自己的理想。虽然人们认为这一具有创新意义的项目是由勒·柯布西耶与他在欧洲和印度的合伙人合作的结果，但其实它是美国城市建筑师组合阿尔伯特·梅耶和马修·诺维奇在1949—1950年设计的早期方案的一种改良。[2]我们从项目最初的委托要求中就能看出，尼赫鲁的方针是为了强化后殖民时期的印度与美国的关系。考虑到当时美国发达的科技和国际地位，他视美国为推动印度现代化进程的最佳合作伙伴。[3]我们还必须理解一点：建筑文化和20世纪中期蓬勃发展的现代主义都与印度有着直接联系。可见，尼赫鲁时期的发展是以美国主导下的国际交流为背景的。

与此同时，冷战促使西方民主国家开始联合其他国家，因此美国国际开发署此时已深度参与了印度许多大规模基础设施建设。[4]但实际上，对之后建筑和设计项目影响最大的是福特基金会提出的文化议程，它是一个表面独立的美国非政府组织。[5]

在福特基金会资助的一系列研究项目中，伊姆斯夫妇提交了具有开创性的报告——《关于印度的设计领域》（1958）。此报告对于印度发展战略政策的制定及各种技术和文化领域的投资原则，产生了深远的影响。据报告的建议，极具战略眼光的伊姆斯夫妇将建筑学作为统领设计领域的重点学科，使得印度手工艺的传统与工业化的未来结合在一起。随着1961年国家设计学院于艾哈迈达巴德建校后（这也是伊姆斯夫妇的另一项重要提议），建筑学的毕业生被学院聘为核心教员；并且他们的设计能力会在国际知名建筑设计师的指导下，通过共同参与委托项目得到提升。[6]无论是成名已久还是初出茅庐，许多来自大西洋两岸的建筑师都参与了这一过程，但最后是另一个美国人在这些合作中拔得头筹。

路易斯·康于 1962 年来到印度。他此行受雇于 NID 院方，为其著名的兄弟学校——新印度管理学院（IIM）提供设计咨询。这所同样位于艾哈迈达巴德的教育机构也是由福特基金会出资建造的。在康的建筑设计引导下，哈佛大学商学院制订课表的 IIM 项目，成为用开放态度在文化和技术领域进行多方交流的典范，而这也是正在进行现代化建设的印度与国际社会亟待建立的联系。[7] IIM 的设计指导工作，使得康在费城工作室里颇受重用的几个印度助手延长了项目时间。阿南特·拉杰和昌德拉森·卡帕迪亚是这些印度人中对后辈影响最深远的建筑设计师和教师，二人协同构建了康的成熟期作品中所特有的设计理念和表现语汇，并且之后加以提炼形成了他们自身的风格。IIM 这一项目促使另一位当地建筑师——B.V. 多西在艾哈迈达巴德建立了一所国际化的新建筑设计学院（图 19.1），这所学校很快成为印度最有影响力的建筑学教育和学术讨论的平台。由于多西早年在巴黎和印度直接受雇于勒·柯布西耶，所以他对国际合作项目并不陌生。此外，新学校还充分利用了他与康的密切关系，包括康定期访问艾哈迈达巴德的机会，以及康在专业及合作方面强大的人脉。

由于 NID 和新的建筑设计学院的建立，新兴的国际建筑设计市场在 20 世纪 60 年代中期聚焦于艾哈迈达巴德。与此同时，通过委托新设计和改进课程设置方面的进一步合作，此后 10 年中有许多著名的建筑师、工程师以及设计大师从美国和欧洲会集于这座城市。[8]

印度是一个外币稀缺的发展中国家，而这种本土与全球

19.1　20 世纪 60 年代，企业机构和外国技术文化援助组织的兴起和涌入，
　　　使得艾哈迈达巴德成为国际汇兑的中心，艾哈迈达巴德建筑学院就是
　　　这一机遇下的直接成果。这座自 1966 年起逐渐建成的校园，由其创
　　　始人多西设计，校园氛围和建筑风格体现了多西、勒·柯布西耶、康
　　　三人之间的对话与交流，后两位建筑师的私人关系也十分融洽

的交流模式，把符合国际潮流的设计理念带给了广大无力担
负留学费用的印度建筑学学生。整个 20 世纪 60 年代都延续
了这一交流模式，而这正是培育新一代印度建筑师的基础。
新一代建筑师认为他们是这一国际化学科发展的直接参与者，
而身为正在发展成现代化国度的"第三世界"国家公民，这
些建筑师也满怀自信。当然，那些国际专家也没有被盲目信
任与尊崇，而是以沟通的方式参与其中（图 19.2）。

　　然而，由于后来的政治、外交氛围的改变，以及与之相
随的民族情绪抬头，使得这种内涵丰富且相对平等的交流模
式最终没能持续下去。

19.2 哈斯穆赫·帕特尔议员住宅，印度艾哈迈达巴德，1969。住宅内部是
　　　当时典型的现代居住空间，装饰有传统印度织物和工艺品，还有各种
　　　名牌现代家居，比如伊姆斯和密斯设计的椅子

内部转型：聚焦本土与社会热点

在尼赫鲁关于现代印度的理念的背后，是一个复杂的政
治与文化的联盟，这一联盟是因共同抵御外国君主制而建立
起来的。然而，当印度独立后，被殖民统治之前的地域意识
重新燃起，使得这一脆弱的联盟立刻松动瓦解。尼赫鲁当政
时期一直压制地方对中央的反抗，但在他去世后这一现象很
快死灰复燃。所以，尽管与西方进行技术交流仍为印度建筑
师带来了新的设计需求和机会，但这些项目越来越多地是为
政治和文化自治的需求而服务的，这也背离了尼赫鲁建立一

19.3　阿希特·康文德，印度文化关系委员会大楼，1958—1961。它拥有
　　　阿萨德巴旺传统建筑的弧形屋顶，是现代主义建筑师联系当地形式进
　　　行试验设计的出色案例

个统一国家的愿望。昌迪加尔的建设，正是这一愿望的一种
表现。世俗且独立的自治区富裕精英，开始资助建筑师在印
度本土和世界范围内针对现代建筑进行更直接的对话，同时
却回避关于国家的思考。[9] 一些受外国现代主义思想影响并
功成名就的前辈建筑大师，也开始尝试与印度相关的形式及
符号的试验。一个明显的例子是，由毕业于格罗皮乌斯学院
的阿希特·康文德设计的印度文化关系委员会大楼（新德
里，图 19.3）就借鉴了阿萨德巴旺当地的茅草屋顶。[10] 另一
个展现这种地域主义倾向的早期案例是位于艾哈迈达巴德的
圣雄甘地纪念馆（1958—1963），它是由查尔斯·科雷亚设计
修建的。还有一个例子是多西设计的印度学研究院（1957—
1962），它采用的露石混凝土墙，借鉴了一种木质房屋（一种

古吉拉特传统住宅样式）。

　　20世纪60年代晚期，地域主义的风潮也体现在印度不断发展且日益多元化的建筑文化中。在以德里为中心的印度北部，曾担任勒·柯布西耶得力助手的薛夫纳特·普拉萨德设计了施拉姆中心（1966—1969）、阿克巴酒店（1965—1969）和印度理工学院（德里）内的 J.K.乔杜里大楼。他沿袭了附近的昌迪加尔的设计风格，并且在项目中继续探索现场浇筑混凝土的雕塑感和纹理。同时，以位于艾哈迈达巴德的新兴建筑学院为中心，建筑师在古吉拉特邦的中西部地区发展出一种具有当代地域主义特色的建筑风格。以位于艾哈迈达巴德的沙罗白别墅（1966—1968）为借鉴，通过曾与康和勒·柯布西耶紧密合作所获得的早期经验，他们在作品中大量使用了露石砖墙。其中，由多西设计的艾哈迈达巴德建筑学院（1966—1968）最广为人知。这种围绕地域主义风格的争论，以一种更加对立的方式反映在两位南印度建筑师——班尼特·皮塔瓦迪安和 S.L.奇塔莱的作品中。他们的事务所设在金奈（早先在马德拉斯），他们坚决支持更普遍的国际功能主义风格，以抵制极端的民族主义风格。这种设计倾向与北印度的建筑师同行形成了鲜明对比，尤其是来自"孟买—艾哈迈达巴德—德里和昌迪加尔"这条主线上的那些城市的建筑师。于是，印度在整个20世纪70年代都与国际保持着密切的交流，但这种交流的目的是对现代主义理念进行针对性的拣选，希望产生新的地域主义风格。时至今日，我们仍可以借助这种方法找到某一地区的建筑师与其他地区的建筑师的联系。

　　20世纪70年代，尼赫鲁的女儿英迪拉·甘地出任印度总理。这时的政治气氛与刚独立时截然不同，因此建筑设计工作的性质和范围也颇受时代的影响。由于英迪拉·甘地在改善贫困问题方面提出了激进的议案，并在不久前对巴基斯坦的战争中获得胜利，所以她能在1971年的选举中胜出，也为一个新时代奠定了基础。和她父亲的时代不同，英迪拉·甘地没有继续坚持那种表面参与"不结盟"组织，但实际却向世界并向西方世界倾斜的策略。事实上也是如此，由于一系列的军事和外交策略，在过去几十年中，印度与西方世界的距离越拉越大，而印度与苏联在技术和文化交流方面变得更为密切。在印度国内，这种转变表现在采取以苏联为范本的社会主义政策，尤其是由国家支持技术官僚的举措。[11] 1969年是圣雄甘地的百年诞辰，该事件也在某种程度上促进了印度左派势力的崛起。于是，许多富有社会责任感的专业人士（包括建筑师）纷纷开始重新思考甘地那些从未被实现的理念——通过自身的力量和传统技艺来谋求本国的发展。这些建筑师从当地传统建筑中提取切实可行的方法，以降低成本和提高建筑的被动适应性能，而这也是公认的当代设计的精髓。例如，英籍印度裔建筑师、甘地的追随者劳里·贝克于20世纪70年代初在印度南部设计的作品（图19.4），日后获得了举世瞩目的成功并产生了巨大的影响。然而，此时印度政府已不再将现代主义作为更广泛社会改革的工具，而是时刻关注尼赫鲁时代后发展起来的，一切超越传统价值观和区域差别的理念。

　　在这样以国家为中心进行内向型、自力更生式发展的大环境下，政府很快开始采用被称为"当地服务"的技术策略，用这种更有技术性的方法来解决印度快速发展带来的城市贫

19.4 劳里·贝克,特里凡得琅发展研究中心(带有砖制窗板的水阁内观),
      1972—1975。贝克利用低成本建筑材料,突破性地在喀拉拉邦南印度
      州创造了这件作品,它标志着印度重新践行了甘地在 20 世纪 70 年代
      的理念,参与了国际上的适用技术运动

困人口的住房问题。而联合国和世界银行这类机构也极为推
崇这一策略。这一策略要求房屋所有者根据政府提供的标准
化布局和施工设施来自行生产房屋所需的材料。在 20 世纪
70 年代早期,一些富有创新性的建筑师建造了一批社会住宅
项目,也为各种国营工业和教育机构设计了自治"小镇"。这
些项目也在全国范围内对住宅类型和规范产生了影响,而且,
公共事业部门及其他与住宅和城市发展相关的政府机构,也
在随后几十年中对其进行了大力推广。

 由 B.V. 多西设计的两座小镇是这一阶段具有代表性的案
例。一座是位于艾哈迈达巴德的希尔帕水磨小镇,它是为邻
近城市巴洛达的古吉拉特州肥料公司(GSFC,1964—1969)

19.5　B.V. 多西，印度电子公司总部，印度海德拉巴，1971。它当时成为
　　　行业典范，对后来许多公司基地和公共住宅项目产生了很大影响

而设计建造的配套社区；另一座则位于印度南部古城海得拉
巴，是为印度电子公司（ECIL, 1968—1971，图 19.5）而设
计的总部所在地，这座小镇日后也成为印度享誉世界的互联
网产业的中心。这些项目，采用了非常大胆的建筑手段，帮
助后殖民时期的印度建筑迈向了当代建筑的形态。这些手段
不但运用了当地所特有的材料及建造技术，还采用类型学的
方法，对社区形态和结构概念进行更深层次、更广泛的探
讨。研究表明，此时的印度建筑师与"十人组"时期的欧
洲同行有着密切频繁的交流。例如，多西代表印度参与了
CIAM 在 20 世纪 50 年代召开的最后几次大会，会后还与吉
安卡洛·德卡罗保持密切联系。由于得到了项目所在地的全
力支持，多西在他不断发展壮大的业务中分出很大一部分精
力和资源，投入没有实际收益的研究和创新的住房策略中。
并且，他通过与政府机构、教育合作伙伴以及其他非政府组织的合作，使得这些策略适用于发展中的印度，符合其社会经济的现实。

　　20世纪70年代早期，一批有海外留学和工作经验的印度建筑学生回到国内。这批经历了西方社会20世纪60年代末学潮的未来行业领导者突然发现，他们正处在一个可以推动印度发生改变的时刻。1974年，他们中的一群年轻建筑师和活动家组成了"格雷哈"（Greha，梵语中的"房子"）小组，并开始讨论国内建筑行业所处的位置。同时，他们也重新思考建筑师在解决印度由于快速城市扩张而引发的低收入住房和基础设施危机中扮演的角色。[12]基于20世纪70年代新的意识形态，这些现代主义建筑师认为他们应该通过自身所掌握的学识和技能，来为广大贫困阶层人口服务。1972年立法通过的《建筑师法案》也是促成这些变化的部分原因，这一法案首次在印度国内确立了建筑师的专业地位。随后，几座大城市纷纷成立了以建筑师为主导的城市设计委员会，建筑师的影响进一步扩大。

　　"新孟买"项目是这些前卫建筑师在公共项目领域最杰出的成果之一。早在1964年，查尔斯·科雷亚与普拉维娜·梅塔、施里诗·帕特尔就着手合作了第一个项目，但直到1971年，在左派政府决定使用技术手段解决贫困问题的大环境下，该项目才得以开工。政府主导成立了城市与工业发展公司（CIDCO），并任命科雷亚为"新孟买"首席建筑师，任期三年。这个项目富有创造性地提出了多节点的未来发展战略，从而缓解由于过度拥挤对城市中心所造成的压力。随后，马德拉斯和加尔各答这两座更大的城市也效仿了这一战略。

19.6 拉杰·鲁瓦尔，常设展厅结构，新德里，1972。该建筑是鲁瓦尔为
当年的新德里贸易展销会而设计的，展现了对高科技的畅想和朴素的
实践之间脆弱的关系

　　同时，20世纪70年代政府和公共事业部门的发展，也
促成了一批大胆但结构不成熟的公共建筑的出现，以便展现
国家城市化所取得的技术成就。拉杰·鲁瓦尔设计的新德里
会展中心，就是这些结构表现主义作品中的代表案例，但它
的知名度并不高。该建筑是印度全国性的会展中心，由一组
常设展厅构成（图19.6）。这座竣工于1972年的会展中心采
用了大胆的八面体晶格空间框架结构，从中我们可以清晰看
到大阪世博会和蒙特利尔世博会的影子。这栋建筑旨在用最
先进的灯光来向当地和国际观众展现印度现代化成就，以及
国家重点产业的生产效率。但是，出于成本考虑，这栋建筑
使用本地廉价劳动力来在现场浇筑混凝土的方式，并没有采
用预制高科技部件。虽然建筑的风格和象征意义已稍微过时，

但壮观的建造过程却无意间赋予它一种全新的内在活力。通过这种原始的建造方式，新德里会展中心在预算限制内按时建成了。该项目强调在全球一体化背景下，印度的经济实力可以在技术进步和自力更生精神的驱动下得到巩固。虽然国家仍面临来自社会现实和落后的前殖民经济导致的危机，但这一项目的顺利竣工，依然将20世纪70年代初印度国内低落的气氛一扫而空。

改革：商业化和文化交流

到了20世纪80年代，极具地方特色的地域主义思想又一次影响了建筑设计。但是，这一次针对的是建筑的文化形态和实践，也反映了泛中东及南亚地区的社会和经济发展的巨大成就。直接影响建筑学科发展的事件就是阿卡汗建筑奖的设立。这个三年一度的奖项，于1977年设立，并于1980年首次颁发。阿卡汗奖作为极具影响力且史无前例的国际奖项，是为当代伊斯兰建筑而设立的。然而，它也尝试确立建筑在社区营造及文化生活中的核心地位。在经济、文化全球化发展的背景下，1981年开始发行的建筑期刊《建筑发展》（*Mimar*）与阿卡汗奖，共同促使建筑师及其赞助者进行了广泛的探讨，包括"非西方"地区关于国家和地域特色的思考，以及如何在现代化和传统之间找到新的平衡。[13] 由于查尔斯·科雷亚和柬埔寨的马扎尔·伊斯拉姆等具有影响力的南亚建筑师加入了阿卡汗奖评审委员会，因此阿卡汗奖在印度以及相邻的伊斯兰国家有着举足轻重的地位。[14]

位于阿格拉市（泰姬陵所在地）的莫卧儿喜来登酒店被选为阿卡汗奖的首批获奖作品，它因此成为印度新建筑中史无前例的典范，有着无与伦比的影响力。这栋建筑在"延续历史传统"的类别中获得殊荣，它通过利用"已有的当地材料和技术、大量劳动力和传统技艺"，巧妙地诠释了一座国际化酒店的功能布局，以及当代建筑的设计语汇。[15] 很快，用传统材料，尤其是红砂石重新诠释当代建筑形式和功能的建筑手法成为一种行业标准。由拉杰·鲁瓦尔设计的地标建筑——国营贸易公司大楼（STC）于1989年竣工，它就是这一风潮的一个典型案例。早在1976年，鲁瓦尔在一次竞标中就已赢得了该项目的委托合同，他最初的设计理念是通过由朴素的原始条状混凝土建造而成的巨型空腹桁架，来体现极具表现力的结构设计，而这也是设计师在这一阶段的代表性设计手法。但是，等到该建筑于1989年动工时，却采用了砂岩板作为材料。[16] 鲁瓦尔随后将此种以多色砂岩为特色的建筑语汇发展成一种内涵丰富、极富想象力的设计理念。并且，他于20世纪80年代在德里建造了一系列重要的教育设施及校园建筑，还将他的理念融入了莫卧儿时代和拉其普特人的建筑和城市构造之中。在这些作品中，最广为人知的就是印度国家免疫研究所（1983—1990），以及宏伟的SCOPE政府办公楼（图19.7）。[17]

印度及南亚的建筑师采纳了阿卡汗奖再续历史和地域背景的诉求，这正反映了他们的本土观念——坚持当地的手工艺传统，抵制由西方霸权国家所制订的单边化现代主义。然而，1979年的伊朗伊斯兰革命，却刺激了20世纪80年代于南亚和中东地区所产生的后现代主义宗教思想的回潮。随着

19.7　拉杰·鲁瓦尔，SCOPE 政府办公楼，印度新德里，1980—1989。其中以砂岩进行色彩装饰，这明显参考了印度当地圆顶建筑（chatris）和历史建筑拉其普特人堡垒的城墙，旨在致敬当时建造这些建筑的奴隶的辛劳

印度教的日益兴盛，这种通过宗教特质对西方社会所进行的反击，同样发生在当代印度文化和政治之中。一方面，20 世纪 80 年代所追捧的文化意识形态，也促使印度建筑师在其作品中融入了越来越多的本土与宗教特色；但另一方面，从这一现象中应运而生的项目顾问，成为前卫现代主义建筑的一块新绊脚石。这些项目顾问通过重新审视住宅理论中有关印度教的吠陀教义，来为新项目提供战略性的空间设计指导。另外，我们也可以看到一些成熟建筑师在作品中为现代主义后期空间及技术规范带来了全新的形式和符号象征，从而找到新的赞助人。[18]

　　查尔斯·科雷亚在这段时期所建造的项目，再次成为极

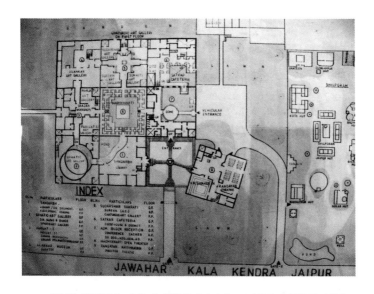

19.8　斋浦尔的贾瓦哈·哈拉·肯德拉艺术中心（1986）具有多层的平面结构，
　　　展现了古城斋浦尔的拉其普特史视觉和表演艺术。建筑借用了古印度
　　　的宇宙图案来设计网格和图案布局，以保证传统和现代的结合，并且
　　　兼具实用性和美感

有影响力但也极富争议的作品。他最广为人知的作品是位于
斋浦尔的贾瓦哈·哈拉·肯德拉艺术中心（1986）。他将九
宫格曼陀罗（Navgraha mandala）与空幻宇宙曼陀罗（Vastu-
Purusha mandala）等形式融入艺术中心的平面中，编织成富
有诗意的、不连续的网格结构。该建筑是通过吠陀教义进行
空间规划的杰出典范（图 19.8）。[19] 同样由他设计的德里英国
议会大楼（1987—1992），则设置了一条层次丰富的仪式性
步道，象征性地引导外国访客穿过"零点"（Shunyabindu，
印度教宇宙观中标志着虚空与能量的中心点），其中还有一
棵与英国艺术家霍华德·霍奇金共同设计的巨大榕树。从吠

陀教义中的"空幻宇宙"论到近期出版的《理性、科学及进步中的神话》，科雷亚向世人清晰地展示出印度历史中的神话的价值。他明确指出，这些纹饰图腾源自以下这些更著名的古老深邃的建筑体系——延陀罗（Yantra）、曼陀罗、查尔巴（Charbagh）。[20]

先锋现代主义建筑师在其作品中所反映出的这股文化新潮流，为更广泛的当代设计领域铺平了道路，使人们更为注重其中的审美价值及象征含义。在文化和宗教象征主义的不断影响下，20世纪80年代的印度当代建筑中出现了大量特立独行的新形式主义作品。

尽管这种价值取向的转变确实符合某些当代政治认同的观点，但当地的经济基础却促使他们在寻找身份认同的道路上独辟蹊径。由于西方国家在冷战时期决定通过鼓励私有制来对抗苏联阵营，所以消费主义文化在20世纪60年代的西方国家大行其道，并导致了国际旅游业在70年代的蓬勃发展。印度政府为了吸引急需的外汇，通过发展旅游业吸引这些国际资本，并进一步鼓励私人投资。由于地方特色和文化遗产成为有价值的商品，大量于20世纪80年代建造的新酒店，成为众多商业及文化综合体中获利最多的部分。由科雷亚设计的果阿城酒店（1982）、由萨蒂什·格罗弗设计的位于奥里萨邦布本斯法拉市的欧贝罗伊酒店（1983），以及由扎维里和帕特尔设计的位于乌代浦的奥拜瑞乌代维拉斯酒店（图19.9）就是其中的代表案例。以上这些作品，都对当地的文化以及建筑遗产做了多元化、直接的借鉴。其中，科雷亚的设计尤其戏剧化，不禁让人联想到查尔斯·摩尔和迈克尔·格雷夫斯这样的美国后现代主义建筑师的当代设计作品中，同样具

19.9　尼梅施·帕特尔、帕鲁尔·扎维里，奥拜瑞乌代维拉斯酒店，印度乌代浦，1985。得益于国际旅游业的兴起以及同时期政府对古迹的改造，两位建筑师得以对这座宏伟奢华的现代酒店中的梅瓦利风格建筑的元素进行大幅改造

有的这种机智狡黠的特色。然而，在诸如奥利萨邦、果阿邦和拉贾斯坦邦这样的低工业化地区，一方面，文化建筑促进了旅游业的发展，从而使得这些落后地区在国民经济中占有一席之地；另一方面，它也通过吸引更多的投资来保护现有的建筑遗产。无独有偶，于1984年设立的印度国家艺术和文化遗产基金（INTACH）这类新的机构，也使得印度开始保护历史遗迹和文化遗址。从殖民时代开始，印度的考古发现就一直存在关于遗产保护的偏见。但由于建筑遗产成为有经济价值的商品而受到越来越多的关注，人们开始重新审视原本地位岌岌可危的英国殖民时期的建筑遗存，并将其视为印度的多样化、层次丰富的历史中有价值的部分。[21]

20世纪80年代早期，印度政府通过名为"印度节日计划"的国际文化外交计划，来进一步挖掘印度自古特有的建筑文化的市场潜力。在政治上，这些节日被认为是在国内建立民族自豪感以及抗衡反对派的战略。这种鼓励文化多样性的做法，同样有利于印度向世界范围内潜在的合作伙伴及消费者推广其新兴的亚洲经济大国形象。建筑方面，1985年在法国召开的建筑博览会是非常受瞩目的，其中包括由拉杰·鲁瓦尔、拉姆·夏尔玛和马来·查特基策划的建筑特别展。另一个备受关注的活动是从1987年开始在苏联、瑞典以及瑞士举办的"印度节日"活动，该节日的主题活动就是由查尔斯·科雷亚策划的维斯塔拉建筑展。[22] 策展人通过展览将文化思潮的变化清晰地呈现在当代设计作品中。与此同时，他们还在更大规模的节日计划中不断发展，将建筑作为印度传统手工艺的一部分。这导致的结果就是，将建筑学特有的理性特质，归为一种不加批判的民间传说和神话的混合产物。整个20世纪80年代晚期，国内外关于这一现象一直争论不休。

20世纪80年代的国际舆论，对后现代建筑设计中所出现的"批判性地域主义"产生了日益强烈的兴趣。尽管印度在这一时期的发展与此潮流相契合，但正如我们所见，此时的印度建筑设计仍然坚持着次大陆的地域主义政治特色及观点，并在很大程度上与世界脱节。直到1984年，英迪拉遇刺后，其长子拉吉夫·甘地的政府才开始大幅调整其政策方针。但是直到20世纪90年代初，这一改革才得以进行，从而为当代印度的发展铺平了道路。

全球化及其国际主义

20世纪80年代，与旅游业发展齐头并进的是另一种私营企业的发展。由于重视重工业的发展，这种企业在经济规划者为独立后的印度所设计的宏伟蓝图中经常被忽视，但它却能推动印度在20世纪晚期加入了全球经济。

兴起于20世纪70年代的计算机技术，已经启发了一些企业家开始发掘印度在发展及输出信息技术（IT）方面的潜力。[23] 但是，随着西方消费文化在接下来约10年里的急剧膨胀，对价格适中的IT业技术人员以及技术支持服务产生了迫切的需求，从而促使印度的IT业迅速发展。[24] 到20世纪末，处于行业领先的印度IT公司，凭借其服务在国际市场上得到了指数级的扩张。其中要着重指出的是，这些公司不仅能依靠软件开发，还能通过设立全球呼叫中心和其他数字化的业务外包模式来吸引外资，它们所吸引的外资规模是前所未有的。在资金充足且市场前景光明的鼓舞下，这些新公司纷纷委托当地和国际知名的设计公司来建造引领潮流的新建筑，从而满足其业务扩张及推广品牌的需求。这些IT产业园以及相关的建筑（包括新机场、酒店、私人豪宅）主要集中在几个IT中心城市的郊区地带，这些产业园也成为印度在21世纪全球化背景下迈向经济强国的一个重要指标。

塔塔咨询服务公司（TCS）是印度历史最悠久、实力最强大的国际品牌公司，它委托世界知名的建筑师来设计代表其外向且务实的工作作风的建筑作品。从20世纪90年代晚期开始，塔塔建造了各种地标性项目，他们的设计师包括瑞士的马里奥·博塔和纽约的托德·威廉斯、钱以佳。这两位纽

19.10 马里奥·博塔，塔塔咨询服务公司总部大楼，印度海得拉巴，2003。该建筑证明了这位瑞士建筑大师的切石技术可用于坚固的几何雕塑和砖石建筑，也承认了印度在砖石建筑上有着悠久的传统

约建筑师以其对建造技艺的关注而闻名。博塔为 TCS 设计的位于海得拉巴的一栋办公楼（图 19.10），竣工于 2003 年的建筑，以天然砂岩作为建筑材料，大胆运用了柏拉图式的几何构图。该建筑既为客户提供了具有国际辨识度的标志性建筑，又致敬了印度自古以来营造石质纪念建筑的传统。

印孚瑟斯公司作为一个独特的竞争者，与一家孟买的新兴建筑设计公司——哈菲兹建筑承包公司——建立了密切联系。该承包商设计了一系列规模宏大的软件开发园区及培训设施。哈菲兹在这些作品中尝试了五花八门的建筑形式、风格以及新建筑材料。尽管加州的硅谷早已设立了国际化企业的标准，但这位建筑师涉猎广泛，他设计了位于迈索尔的印孚瑟斯软件部门 4 号大楼（一座诡异的高科技展览中心）和当地另一座新古典主义风格的印孚瑟斯全球教育中心，其造价高达 6540 万美元。它在 2005 年完工时是世界上最大的 IT 培训中心（图 19.11）。

由于这些全球创新型企业满怀雄心壮志，印度的建筑师得到了许多施展才华的机会。从 20 世纪 90 年代起，他们试图转变上辈人内向型的发展策略，打算重回国际舞台。尽管他们往往以奇怪的设计来体现当下的国际流行趋势，但从很大程度上来说，这种与世界接轨的方式势在必行。由于需要进行开发的体量和强度都很大，因此跨国合作针对那些"急切的资本"[25]，制订了一整套快速稳定的建筑设计规范流程。一方面，由于国际投资商要求项目的可控性，因而鼓励本土建筑师也采用国际通用的设计标准和建造方式。于是，采用玻璃和其他预制材料作为立面的钢结构，受到了新型商业及市政项目的追捧。这些材料对当地的建造市场来说是前所未见的，同时还常常要通过从国外大量进口来满足不断增长的需求。另一方面，由于印度缺乏能高效管理这些项目的大型建筑设计公司，所以必须引进具有项目管理经验的专家。在这种情况下，印度的建筑设计公司往往在当地扮演着合作者的角色，将管理及国际咨询的业务设立在其他更发达的亚洲城市，如吉隆坡、新加坡、中国的台北和上海（图 19.12）。因此，有海外留学和工作经验的年轻建筑师也日益倾向于从一开始就与海外的合作伙伴建立这样的合作模式。

尽管 21 世纪早期的这种国际交流，与 20 世纪 60 年代印度现代建筑风格中出现的国际主义有些许相似，但其本质却大为不同。由于印度政府的投资日益减少，也不再抱有建造

19.11 上：高技派的印孚瑟斯软件部门 4 号大楼，印度迈索尔，2005—2006。下：新古典主义的印孚瑟斯全球教育中心，印度迈索尔，2005。两者均由总部设在孟买的哈菲兹建筑承包公司在同一时期设计

19.12　华东建筑设计研究总院（ECADI），古吉拉特邦国际金融科技城，约2011—2017，印度艾哈迈达巴德。该建筑群是典型的，由全球金融驱动，印度和东亚联合事务所设计的大体量商业建筑群，具有上海和迪拜的风格

国家建筑这种宏伟理想，因此现在的印度建筑师主要是为国际投资者提供服务。建筑师的设计不再受制于当地环境和社区环境，更不再从中汲取灵感。在市场经济的环境下，从国外引进材料及工艺，确实可以满足市场和工期的需求，但是长远来看，这却可能无法可持续地适应当地的环境。印度的办公建筑市场不断追求更加"绿色"的建筑，尤其是热衷于参与美国的能源与环境设计先锋（LEED）认证体系。由于过去的印度现代主义建筑是通过被动的低成本手段来设计高能效建筑及城市，且在这方面拥有50年以上的丰富经验（我们可以在许多印度建筑大师的作品中看到这样的传统，例如B.V.多西和劳里·贝克），因此，忽略这种传统而热衷于以高科技手段实现"绿色"目标，使得印度建筑充满风险。

　　同样，由于建筑行业迷信高科技以及全球跨领域数字服务外包所带来的丰厚报酬，因此有越来越多的印度本土建筑师向国外客户提供远程服务。以德里的萨特里尔公司为例，这家建筑承包商不到5年就从只有3个员工的事务所发展成300多人的大型企业。这些建筑公司复制了印度IT行业的成功模式，专注于为全世界的建筑、工程和建造行业提供深化设计及图文服务。但是从专业角度看，这种受人瞩目的国际成就，对当今印度建筑的影响微乎其微。[26]

由于缺乏国家凝聚力，或者说无意加强彼此的联系，现今的印度建筑师在市场经济背景下越来越倾向于单打独斗。他们经常为同一个客户服务，却不参与任何专业技术探讨。其结果就是，在过去20年中，印度国内的杂志和学术讨论在建筑发展方向的问题上都没什么新观点。这种状况与20世纪60年代的学术思潮相差甚远。在那个时代，新兴的印度现代主义建筑师与国外建筑师携手合作，共同设计了许多富有创意且遵循当地环境的建筑。

虽然当今社会对于国家和地域特征秉持中立观点，但当代建筑师还是尝试为自己的作品赋予某些意义。在保守的价值观和全球货币经济的共同影响下，一种新的国际主义竟然不可思议地诞生了。越来越多受经济利益驱动的流动人口以及开放的市场经济，使得海外的印度人在世界范围内进行着密切交流。由于共同的信仰或是毕业于国内同样的学校，这些海外的印度人会自发组成联盟，共同寻找国家归属感和身份认同。因此，印度国内建造了大量由海外同胞赞助的宗教建筑。然而，这些项目仍属于传统建筑的范畴，参与者通常不会采用现代建筑的设计手法。于是出现了这样一种现象：一群印度祭司指导工人采用古老技艺建造了像德里阿克萨达姆神庙这样的建筑，完全抛弃了钢材、混凝土等材料。这类大尺度的建筑，还进一步促使大量石匠加工神庙的部件，甚至将其出口海外。这种形式的国际合作正在不断打压真正的现代建筑，并利用世界各地的赞助者的财富努力重新回归传统建筑。

目前的国际交流风潮是彼此独立且彼此矛盾的。新的印度公司总部大楼普遍采用璀璨夺目的进口镀膜钢材和玻璃，而与之相对的却是因出口原料而复兴的古代采石场，一小群工匠正在那里为争取开明精英的赞助而奋力工作。与此同时，各种非营利机构正在为如何在国际化潮流中富有创造性地保留传统技艺而四处奔走。在德里、艾哈迈达巴德和孟买这样的中心城市，地域性的现代主义建筑早在100多年前就生根发芽了。年轻建筑师效仿前辈雷瓦尔、多西和科雷亚，在设计中融入更现代化的材料、形式和技术。这样的建筑事务所包括：雏形建筑事务所、马萨洛联合事务所、姆巴亚工作室和拉胡·梅罗特拉联合事务所，他们用富有诗意的手法展现建筑国际主义在过去和现在的多种可能性。但由于他们的委托项目主要来自小型教育机构与住宅项目，因此，他们这种具有精致审美且合乎道德的建筑实践，并未能对公共空间和设施产生足够影响（图19.13）。

劳里·贝克的建筑思想对城市中心以外的本土区域至今仍有影响力，例如，在古吉拉特邦的雅京潘地亚、泰米尔纳德邦的阿努帕玛坤多，这些地方仍在抵制国际通用的建筑规范。这些地方的建筑往往采用废弃材料，聘用缺乏经验的工人，并邀请居民参与设计。由于这些设计项目有社会大众的直接参与以及道德规范的约束，因此为印度建筑的可持续发

19.13　拉胡·梅罗特拉联合事务所，某制片人的周末别墅，印度马哈拉施
　　　特拉邦阿利巴格，2002

展提供了最宝贵的直接经验。但是，这些受助于小型非营利
组织的项目的影响力也非常有限。这些扎根于印度本土且关
注可持续发展的年轻建筑师，能否获得足够的客户和支持
者？在开放的市场环境下，他们能否以一种全新文化来抵御
日益受欢迎的国际设计风潮？这些依然有待观察。

　　印度正打算在21世纪初成为国际舞台上重要的新兴经济
体，继而再次成为亚洲的经济中心。但与印度后殖民主义时
期形成鲜明对比的是，那时的印度建筑业与20世纪中期"国
际"现代主义的欧洲大师合作紧密。而渴望经济腾飞的夙愿，
已经使今天的印度建筑师和建筑业处于截然不同的国际竞争、
国际影响及交流环境中。建筑业一片虚假繁荣的印度，到底
会为后人留下怎样的建筑遗产？我们不得而知。

注 释

1 该团队还有一位美国设计师亚历山大·吉拉尔德，早年曾与伊姆斯在印度另一个委员会合作过。参见 *National Institute of Design Documentation 1964-69* (Ahmedabad: National Institute of Design, 1969).

2 就在马修·诺维奇在 1950 年由于飞机失事过早离开人世后，更多杰出的法国建筑师受邀接手这个项目。

3 尼赫鲁与西方世界的关系和他在印度对外政策的影响力，极大地考验着印度本土和外来的建筑师。详见一份独立前尼赫鲁对美国态度的特别研究。Kenton J. Clymer, "Jawaharlal Nehru and the United States: The Pre-independence Years", *Diplomatic History* 14, no. 2 (1990): 143-61.

4 美国的参与，如 CIA 关于欧洲和亚洲文化的研究项目，参见 Frances Stonor Saunders, *Who Paid the Piper?: The CIA and the Cultural Cold War* (London: Granata Books, 1999).

5 福特基金会的第一任主席保罗·霍夫曼曾是"马歇尔计划"战后欧洲重建工作的主要行政长官。在他担任主席期间，于 1951 年会见了印度总理尼赫鲁。他们讨论了基金会参与印度中央发展风险的可能性，后在 1952 年选择新德里为印度新首都，在当地建立了基金会的第一个国际事务办公室。其他关于基金会建立的细节，参见 Eugene S. Staples, *Forty Years, a Learning Curve: The Ford Foundation Programs in India 1952-1992* (New Delhi: The Ford Foundation, 1992).

6 Charles Eames and Ray Eames, "*The India Report* (April 1958)", (Ahmedabad: National Institute of Design, 2004).

7 Letter, Gautam Sarabhai to Louis Kahn, April 5, 1962, "IIM - Sarabhais Correspondence (Vikram-Gautam)", Box LIK 113, Louis I. Kahn Collection, University of Pennsylvania and Pennsylvania Historical and Museum Commission. 高塔姆·萨拉拜在给路易斯·康的信中解释了康在 NID 的服务和培训项目设置中的作用，并引用了伊姆斯的印度建筑报告中的理念来解释这种特殊安排。据信中的说法，康被邀请为学院建筑团队的教育顾问。

8 其中包括哈里·威斯、巴克敏斯特·富勒、恩里克·佩雷斯苏蒂、海因里希·科西纳和弗莱·奥托。NID 还与德国乌尔姆设计学院和伦敦皇家艺术学院就设计课程和方法进行过交流。NID 的档案中也提到了与伦敦建筑工艺学校的合作计划,但从未实现,因为启动"工业化建筑"项目的最初想法在 1969 年被废弃了。

9　在这些地域主义者的眼里,NID 这类机构被认为是野心勃勃的政治精英们的后花园。这些人利用现代建筑理论来与中央集权传统国家和传统集权势力对抗。最初以 NID 作为国家设计中心,艾哈迈达巴德逐渐被城市产业精英掌握,他们试图用历史悠久的吉拉特水磨小镇的经济文化地位,作为孟买的区域性定位——印度首屈一指的商业都市。

10　阿希特·康文德的这些建筑策略(包括孟加拉国形式)几乎肯定受到了新东方主义的艺术表达形式的影响,这些早已深深体现在他于 20 世纪 40 年代求学哈佛时的导师格罗皮乌斯的后期作品(位于巴格达)中。

11　在印度国会的推动下,甘地领导的中间党和印度共产党建立了更坚固的战略联盟。

12　M.N. Ashish Ganju and A.G. Krishna Menon, "The Architect: A Symposium on the New Disciplines of a Profession", *Seminar* (*India*) 180 (Aug, 1974). 格雷哈小组的核心成员包括 H.D. 查亚、瓦桑特·卡玛斯、罗米·霍思拉、阿什·甘居,他们试图利用传统居住形式和模式中固有的"集体精神",同时将建筑师作为设计师的理念替换为负责刺激和协调居民自身空间发展的促进者的理念。

13　*Mimar* 杂志迅速模仿了创办于 1984 年的另一种著名光面建筑杂志《建筑 + 设计》(*A+D*),并且成为此后几十年当代建筑思想和理论实践的重要论战平台。

14　还有多西,他曾经与摩西·萨夫迪、纳德·阿达兰共同起草了 1976 年由伊朗政府发起,在联合国温哥华会议上通过的《居住地权利法案》。他在《纽约时报》1976 年 7 月 8 日的一篇报道中被描述为"中东促进协会的积极分子",文中还指出"乡土建筑往往被评价为过多现代设计的抽象体现"。

15　"Awards 1978-1980: Mughal Sheraton Hotel, Agra, India", Aga Khan Award for Architecture, accessed 20 December 2012, www.akdn.org/akaa_award1_awards.asp.

16　在科雷亚为德里人寿保险公司 (LIC) 设计的大楼中,也可以看出他回应了日益增长的对地域主义亲和力的需求。该项目于 1975 年开工,明显沿袭了他之前所设计的、暴露在混凝土中的高层建筑,如干城章嘉公寓 (1970—1983) 和维斯瓦拉亚塔楼 (1974—1980)。然而,当该项目在

1986 年建成时，表面却被红色砂岩渲染了。

17　自 20 世纪 80 年代起，多西与桑珈建筑事务所（创办于 1980 年，办公地点是自己家）开展了许多项目，很多传统建筑材料和技术，在建筑过程中得到了创新利用，包括将出自当地的再生光面釉瓦镶嵌在拱顶外立面上，拱顶结构也采用了自带保温性的手工空心瓷瓦。

18　瓦斯图维迪亚的传统复兴，得到了印度泰米尔建筑与雕塑学院校长 V. 加纳帕蒂·撒帕蒂的大力支持。他创立了吠陀信托和吠陀研究基金，并因此获得了 2009 年度"印度公民荣誉奖"。后来他还继续创办了位于新墨西哥州圣菲的梅奥尼克科技大学。

19　关于九宫格曼陀罗形式在设计中的运用，贾瓦哈·卡拉·肯德拉有一个详细的评论。参见 ee Vikramaditya Prakash, "Identity Production in *Postcolonial Indian Architecture: Re-Covering What We Never Had*", in *Postcolonial Space*(s), ed. Gülsüm Baydar Nalbantoğlu and Wong Chong Thai (New York: Princeton Architectural Press, 1997), 39-52.

20　Charles Correa, "Vistara: The Architecture of India", *Mimar* 27 (Mar 1988): 24-26.

21　Swati Chattopadhyay, "Expedient Forgetting: Architecture in the Late Twentiethcentury Nationalist Imagination", *Design Book Review* (Fall 2000): 27.

22　由于 1985 年展览会成为印度当代建筑概述的主要出版媒介，大量的建筑目录在巴黎由 Electa Moniteur 出版社出版。*Catalogue, Architecture in India: A Festival of India Publication* (Paris: Electa Moniteur, 1985).

23　其中包括创立于 1971 年的印度斯坦计算机有限公司 (HCL)，以及孟买圣塔克鲁兹电子出口加工园区 (SEEPZ) 的发起者塔塔集团。到 1973 年，该园区已成为印度 IT 科技服务主要的出口中心。

24　印度本土主要的 IT 公司有成立于 1980 年的 Wipro 和成立于 1981 年的 Infosys。随着市场的变化以及世界银行日益加剧的压力，拉吉夫·甘地政府最初进行过一些努力，早在 1985 年就放松了印度高度严管的经济。所以，随着 1991 年印度全面推行市场经济，印度已从传统工业全面跃入了新的知识经济的怀抱，并将其作为经济增长的新动力。

25　拉胡·梅罗特拉在他对这些近期发展的、更全面的批判性概述中应用了"急切的资本"这一恰当的概念，参见 Rahul Mehrotra, *Architecture in India Since 1990* (Pictor, 2011).

26 Paolo Tombesi, Bharat Dave and Peter Scriver, "Routine Production or Symbolic Analysis? India and the Globalization of Architectural Services", *The Journal of Architecture* 8, no. 1 (Spring 2003): 63-94; Paolo Tombesi, Bharat Dave, Blair Gardiner and Peter Scriver, "Rules of Engagement: Testing the Attributes of Distant Professional Marriages", *Journal of Architectural Engineering and Design Management* 3 (2007): 49-64.

第20讲　中国建筑：改革开放与当代

朱　涛

改革初期的全面升级

　　1978 年 12 月，中国开始实行改革开放，推行了一系列经济发展政策，这给环境建设带来了一场巨变。但由于缺少市场经济的经验，只好"摸着石头过河"，走一步看一步，谨慎地实施各项改革措施。

　　1979 年到 20 世纪 80 年代中期，中国通过一系列大刀阔斧的改革措施开始了一个名为"摸着石头过河"的壮举，其具体措施包括：农村改革、成立乡镇企业、加强地方财政自主权以鼓励地方开发等。在这众多的改革措施中，与中国建筑业相关的有：开放国际贸易，在南方沿海城市设立经济特区，在全国不断加大住宅建设的投资力度。

　　中国的建筑业从 1980 年开始飞速发展，对建筑设计院的改革也紧随其后。在"文化大革命"时期，大多数建筑研究院闭门歇业。改革开放后的 80 年代初，建筑师纷纷回到设计单位，并在建设工作中各展其能。1983 年，全国各地的建筑设计院经历了国有体制改革，也成为建筑市场中极其活跃的一分子。[1]

　　20 世纪 80 年代，中国知识分子和广大群众都开始接触西方的知识和理论，其中就包括美学和理论研究。中国建筑师在没有理解自身历史和文化语境的状况下，迫不及待地吸收了西方建筑理论，这往往会给他们带来一种信息爆炸引起的眩晕感，例如，勒·柯布西耶的《走向新建筑》（1923）、布鲁诺·赛维的《建筑空间论》（1948）和查尔斯·詹克斯的《后现代建筑语言》（1977）等著作都是在1981—1982年引进出版的。当时的中国建筑师面临着一个共同的难题：当他们在建造实践中面对"大屋顶"（用现代材料模仿中国传统斜屋顶建筑）时，到底是该引用勒·柯布西耶和赛维的著作，将它视为一种前现代的、抽象的历史，还是应该按照詹克斯的分类，将其视为一种后现代主义手法？

　　一直以来，建筑师总是在现代与传统（通常被称为现代主义与民族形式）的议题上争论不休。现代主义的支持者认为，国际主义风格代表了社会的进步。他们将开放、前瞻、民主以及决不妥协的现代主义特征，融入了抽象与朴实的建筑形式；把传统的建筑形式与专制、保守的封建政策等同起来。民族形式的支持者则认为，中国建筑的现代化进程必须具有"民族特色"。他们主要采用了三种传统元素：从中国宫殿、古庙以及民居式样演变来的斜屋顶（大屋顶），受江南传统园林启发的"如画园林"（picturesque garden），以及传统装饰图案。

　　持有以上两种不同观点的建筑师，面临着一系列相似的问题。第一个问题是，他们都没有开展过任何富有想象力或技巧娴熟的形式实验。尤其是在20世纪80年代初，绝大多数建筑师不是沉溺于单调的国际主义风格，就是肤浅地模仿民族主义形式。不过，由于中国建筑师的设计水平迅速提高，这种情况在 20 世纪 80 年代中期有了一些改善。第二个问题更严重，而且没有被妥善解决——对立的双方都没有通过批判性的历史分析找到设计的依据。现代主义支持者剔除了"现代建筑"中复杂的层次和含义，形成了一种更简洁的设计语言，但他们并没有将其视为复杂的历史过程的一部分。事实上，21 世纪的建筑师在这一过程中已经发展出了一系列不同的概念和表现方式，以便应对不同情况下现代与传统之间的冲突。民国时期的建筑师面对着一个关键问题：自 19 世纪末以来，在历经几十年的动荡后，他们都无法从历史传承中找到能立得住的建筑理论。事实上，这种关于现代主义和民族形式的争论，让人联想到了 20 世纪 20 年代五四运动和新文化运动时期关于现代主义和国家传统的争论。这些想法很快就反映在民国时期的建筑实践当中，却因为抗日战争（1931—1945）和解放战争（1946—1949）的爆发而被迫中断。直到 20 世纪 50 年代，中国建筑师又一次面临难题，举步维艰，试图找到一种不同于以往的、代表社会主义新阶段的建筑风格。[2]

　　20 世纪 80 年代初，在类似上海、广州这样自古开放的港口城市中，出现了一系列颇有文化意境的作品，它们不再纠结于体现现代主义或是民族形式。其中，时任上海同济大学建筑系主任的冯纪忠于 1980 年设计的松江方塔园，就是此类作品中杰出的代表。该园林坐落于上海郊区松江，它向世人证明，人们依然可以在现代语境下用一种全新的巧妙方法致敬中国传统乡土建筑。

　　作为一座露天博物馆，方塔园展示了一座宋代的塔、一

20.1　冯纪忠，何陋轩，中国上海，1987。图片来源：OCAT上海馆，《久违的现代：冯纪忠/王大闳建筑文献集》，同济大学出版社，2017.

堵明代的墙、一座元代的桥，还有从别处移来的一座清代寺庙和明代民居等几处古迹。冯先生将这些古迹用行云流水般的步道系统串联起来。人们行走在其中，既能感受到中国传统园林的特色（起伏的地形、曲折小径和蜿蜒的水景），也可以领略到现代主义的设计手法。以挡土墙中对"方"石的处理为例，他将两堵相互垂直的断墙从转角处脱开，让直直的石凳笔直地突出赏竹亭，并且向周围景色延伸。在园林的东南角有一座何陋轩（图20.1），该建筑平台布局采用了具有现代感的自由组织方式，却很好地融入周边的园林景色。[3]

　　自20世纪80年代以来，中国建筑开始深受外国建筑师的影响。由美籍华人建筑师贝聿铭设计的香山饭店，从1980年设计完稿之后，就迅速成为中国建筑师热烈争论的焦点。这座饭店的杰出之处主要体现在两个方面：首先，它是中国第一批"高端涉外酒店"（80 年代初，在几座一线城市用于接待外宾的酒店）的集大成者，此类饭店还包括广州的白云宾馆、南京的金陵饭店、北京的建国饭店和长城饭店。当时的普通民众只能远远欣赏这些饭店，所以在他们眼中，这些建筑就成了"先进的文明与生活方式"的代表。香山饭店就是这一建筑类型的典范。在其他当代建筑师仅仅将中国传统凉亭强加到千篇一律的现代酒店大堂（对"中国元素"的肤浅表达）中时，贝聿铭却早已意识到中国建筑史上的一个关键时刻的到来——人们可以在国际形式和中国传统建筑之外探索出"第三种"可能性。

1979 年，贝聿铭应北京市政府邀请在紧邻故宫的区域设计一座高层酒店，但他后来成功说服了委托方，在距北京城 20 多千米外的香山脚下建造了一座低层饭店。在香山饭店（图 20.2）中，他采取近似对称的布局方式，将大堂设置在中轴线上，中轴线两侧与环绕了一组中庭的四层酒店客房及其他设施相连。与传统中国园林普遍采用的对称布局和封闭式中庭截然不同，贝聿铭有意通过各种不同建筑与景观元素在地面层实现了这种对称和封闭。贝聿铭用少量的水平山墙和棚屋顶作为大部分屋顶的收口。名为"四季园"的中庭，就坐落于大堂，它接近传统的露天庭院。贝聿铭的设计所采用的空间钢架和玻璃的结构，能让人们联想到中国的山墙和屋脊。建筑立面借鉴了唐宋时代的木架构填充墙形式，而粉刷墙则是以江南园林的围墙为蓝本。

当一些中国建筑师因贝聿铭将传统象征元素成功融入现代主义形式而受到鼓舞的同时，另一些人则批评这栋建筑的造价过高，其选址也因紧挨着香山景区，对周围自然景色造

20.2　贝聿铭，香山饭店，中国北京，1982

成一定破坏。他们还进一步对其设计策略提出质疑，认为他用现代的语言对建筑体量进行组织，并将中国的江南园林和民居元素移植到建筑表面的做法难以令人信服。尽管如此，他们仍赞赏贝聿铭的实验精神，他的设计手法也给其他中国建筑师留下了深刻印象。

　　就建筑质量而言，无论是推崇现代主义还是民族形式的建筑师的设计水平，都从 20 世纪 80 年代开始取得了引人瞩目的进步。北京的中国国际展览中心 2—5 号馆（图 20.3）是由柴裴义设计的，它也是现代主义作品的代表作。建筑师采用"立体切割"的手法，将完整的建筑分割成一系列小体量空间，使其立面具有虚实对比的节奏和明暗变化，显得活泼起来。而由戴念慈设计的曲阜阙里宾舍（图 20.4），则是民族形式建筑中的翘楚。该建筑紧邻山东曲阜最重要的历史遗

20.3 柴裴义，中国国际展览中心（静安庄馆）2—5号馆，中国北京，
1985

20.4 戴念慈，阙里宾舍，中国山东曲阜，1985

迹——孔庙和孔林。戴念慈为了将该建筑融入周围的历史建筑构造中，采取了类似对称的布局方式，将绝大多数两层高的客房分解成一系列合院式建筑。阙里宾舍的平面布局与贝聿铭先生的香山饭店相似，但因其对称和封闭的特点显得更克制。在立面处理上，大屋顶成为其中最醒目的元素。尤其是在处理酒店大堂屋顶的问题上，戴先生花了大量的精力来处理传统木结构与他所采用的钢筋混凝土结构之间的冲突。他的解决方案十分精妙，但也略带讽刺——从外表看，该屋顶是"原汁原味"的传统十字形歇山顶；但是人们走到里面，便会发现它是一整块四角受力的混凝土天花板。

加速发展

1992年春，邓小平赴南方视察，在视察过程中发表南方谈话，推进了中国的经济改革。政府推出了一系列旨在向市场经济进行转变的大胆举措，包括建立严格的法制体系，创建多中心、各自独立的市场运作审查与问责制度。

20世纪90年代，单一的建筑文化在三种主要力量下发生解离。这三种力量分别是，市场经济的发展、中国青年实验建筑师的出现、外国建筑师的拥入。1980年，政府决定在深圳、珠海、汕头、厦门设经济特区；1990年，上海浦东开发区也建立起来，这些政策给建筑师带来了大量的新委托任务。政府开始将福利分房制度纳入全国性市场体系，同时，1994年的分税制改革也刺激了房地产市场迅速发展。

在20世纪90年代市场经济大潮的冲击下，无论是代表现代化的国际形式一方，还是代表核心传统文化的民族形式一方，都没有人继续思考新时期的建筑表现形式。开发商大力推广将传统大屋顶或"欧陆风情"的设计风格与时髦的现代主义相结合的形式，或者将任何他们期望的文化元素加在立面上。在建筑学研究领域，外来的后现代主义理论中的符号学和"装饰学"备受建筑师的推崇，但是建筑师们往往只肤浅地诠释这些理论。

对这种风气不满的一批青年建筑师，纷纷在20世纪90年代中期开办了个体事务所。受益于市场经济改革，他们才能走出强调协同合作、不署名、强调标准化流程的设计院和大型公司。从文化上说，这些建筑师尝试进行独立自主的建筑讨论，不受过于具象的设计表达的影响。1996年，在美国毕业并任教十几年的张永和回国，成为新一代建筑师的领军人物。尽管他的作品局限于理论研究和小型建筑装置，但他仍通过明确地阐述理论观点，概念性地解决设计问题，抽象且元素化的形式语言，积极应对内行和大众媒体，为人们开启了一种全新思路（图20.5）。受到张永和的激励，几位青年建筑师——包括刘家琨（成都）、王澍（杭州）以及稍后的马清运（上海）、张雷（南京）等——开始组成"实验建筑师"团体。

"实验建筑师"从20世纪90年代中期开始，基于西方理论，发展出新的理论课题和设计策略，其中就包括"概念设计"。这种设计方法鼓励建筑师和学生通过个性化的思考形成新颖的设计，而不是遵循传统的功能主义和主观表现主义。张永和将这种在美国建筑院校极为流行的设计手法介绍到中国。此外，实验建筑师思考的理论课题还包括："基

20.5 张永和，席殊书屋，中国北京，1996

本形式"，即通过提炼关键元素来抵制多余的结构和象征主义；"空间"作为组成内部空间的精髓，而远比外部形状重要；受到肯尼思·弗兰姆普敦的"诗意建筑"启发而形成"构造学"；同样受弗兰姆普敦影响形成"批判性地域主义"（他鼓励中国建筑师通过思考"普遍性"和"地方城市特色"来探索"建筑的地域性"）。以上这些思考，都为中国建筑师在快速现代化的过程中构建文化特征提供了极有价值的机会。

　　这个实验建筑阶段，正好与建筑评论家王明贤、饶小军、史建所提出的中国"先锋实验艺术"运动时间相一致。[4] 尽管实验建筑被许多中国建筑师和学校的建筑生视为一种学习手段，但其核心概念中却存在一个固有的悖论——实验建筑师的灵感往往来自他们的艺术家朋友，他们时常进行合作。另外，他们都有许多相似的设计趣味，比如建造实体装置。但是，建筑师更关注在基本原理的框架下对规则进行修正，这种做法与艺术家们往往采用颠覆性的方式去创作形成了鲜明对比。20世纪90年代晚期，实验建筑和先锋艺术共同迅速建立了一种抵制规范化建筑实践的文化特性。但是，两者内部所固有的矛盾，直到2000年以后才为人所知。

　　全球化在20世纪90年代迅速蔓延，正处于迅速城市化进程中的中国，十分渴望复制"毕尔巴鄂效应"，这为许多国外建筑师带来了大量的文化设施委托。与拒绝在北京历史老城区建造高层建筑的贝聿铭先生相比，这些年轻的外国建筑师（如伊朗的扎哈·哈迪德）却将整个中国视为"一张惊人的亟待创作的白纸"。[5] 当一位法国建筑师于1999年在天安门广场一隅设计了以巨型钛钢穹顶覆盖三座音乐厅的国家大剧院时，也标志着这一阶段达到了顶峰。中国试图吸引世界各地的知名建筑师，希望他们能在全国各大城市创造出令人眼花缭乱的地标建筑。

21世纪的中国建筑走向何方

从2004年回溯，中国在过去近30年中所取得的巨大经济发展成就吸引了许多国际知名的记者、学者和政策研究者来讨论中国特色的发展模式。这一现象表明，中国通过"摸着石头过河"成功蹚过了改革的河流，找到了一种具有连贯性且独特的现代化模式。

中国的经济在1978—2010年飞速增长，国内生产总值以平均每年约10%的速度递增。这是中国历史上经济持续增长较长的一段时期。与此同时，中国的城市化进程以前所未有的速度和广度向前发展着。

在这一时期，实验建筑普遍具有争议。21世纪早期的实验建筑中最突出的作品是刘家琨设计的成都鹿野苑石刻博物馆（图20.6）。这座展示各式石刻艺术品的博物馆，本身就是一块巨大的"人造石"。与柴裴义设计的中国国际展览中心类似，刘家琨也将建筑分解成一系列小体量的空间，它们拥有一系列竖直的条形长窗。建筑师在组织外部空间的同时也在设计内部空间。该建筑反映了路易斯·康关于区分"服务与被服务空间"的设计理念。建筑师将整个项目分解为尺寸不同但皆为两层楼高的建筑体量，中央最大的体量被用作展示空间，而外围的一串较小的单元，则是办公室和服务空间。

20.6 刘家琨，鹿野苑石刻博物馆，中国四川成都，2002

刘家琨将其设计"人造石"的理念，进一步运用在了墙体的建造上。和柴裴义所使用的在中国20世纪八九十年代颇为流行的粉刷墙不同，刘家琨决定以当时十分罕见的清水混凝土作为建材。正如冯纪忠用"何陋轩"的平台布局来象征20世纪80年代逐渐开放的社会风气一样，刘家琨尝试用清水混凝土来抵制世纪之交盛行的庸俗商业建筑。

> 清水混凝土是"人造石"的重要组成部分。设计师希望"人造石"是朴素、完整的，是一块冷峻的"巨石"。另外，在一个流行为建筑"涂脂抹粉"的年代，清水混凝土不但是一种建筑建造技术，而且是一种审美倾向和精神追求。[6]

刘家琨设计的石刻博物馆，追求的是空间与材料在更高层次上的统一；而王澍设计的宁波博物馆（图20.7）则反映了建筑整体的一致性与碎片化的内部空间和材料之间的巨大张力。建筑师曾独自站在宁波荒凉的开发新区，将这座建筑视为一座"人造假山"。该博物馆的底层是一块完整的建筑体量，而在建筑上层分裂成五道独立的"山坡"，或曰展览馆。在博物馆中间部分，拥有一个类似雅典卫城的户外平台，供游客观赏周围的景观——一小块一小块的稻田，邻近的新城开发区和远处的群山。而建筑内部则被切割成不同的"洞窟式"的展览空间、峡谷般的流线空间以及下沉庭院，使游客会产生步入迷宫的错觉。建筑的外立面是由用竹模版浇筑的清水混凝土，以及从各个拆迁工地收集到的20多种砖石、瓦片构成的。王澍设计的这座博物馆是一个包含大量物质和文化碎片的庞然大物。

由刘家琨和王澍设计的这两座博物馆，是中国建筑师在20年中追求连续性和设计转型过程中的杰出代表。王澍设计的中国美术学院象山校区第一期和第二期项目，分别建于2004年和2007年，反映了建筑师对建筑"民族形式"的精妙见解（图20.8）。和戴念慈设计的阙里宾舍相似，建筑师同样运用了三种形式语言——斜屋顶、花园和装饰图案。但是戴先生在阙里宾舍的设计上直白地模仿了中国宫廷和古代寺庙，强调中轴线、对称的布局结构和斜屋顶；而王澍设计的象山校区，则深受江南园林和民居的启发，采用了更加碎片化、风景化和不对称的布局手法。王澍的这一作品和冯纪忠的方塔园类似：各个建筑单体采用分散式的布局方式，新旧建筑比肩而立，景观设计如诗如画。王澍用"U"形或曰"之"字形的建筑体块界定了空间，而由建筑环绕而成的中庭，不是

20.7 王澍，宁波博物馆，中国浙江宁波，2008

20.8 王澍，中国美术学院象山校区，中国浙江杭州，2004、2007

面向基地外围，就是面向校园中心一座保育良好的小山。他通过用不同的窗户图案、"之"字形的长楼梯、水平百叶窗，以及用来细分大片建筑外立面的垂直木板，来消解建筑原本巨大的体量感。与宁波博物馆一样，该项目从浙江无数的拆迁工地中回收利用了数百万片砖块和瓦片，更为该项目平添了一分"碎片化"的含义。王澍碎片化的设计倾向，是所有实验建筑师中最强烈的。最终，他所设计的校园成了一座微型城市，无数建筑碎片在其中彼此碰撞又相互独立。对王澍和其他中国建筑师而言，在文化连续性的基础上设计出保留中国传统居住习惯的作品，同时又要具有划时代的特征，着实是一个难题。[7]

"实验建筑师"的重要作品还包括张永和的二分宅、马清运的玉石山柴（父亲宅），这两座建筑都对建筑形式和材料进行了大胆尝试。而张雷设计的南京大学图书馆和学生宿舍，则尝试了一种更抽象和纯粹的建筑语言。这些作品通过鼓励青年建筑师寻求新鲜的创意和表达方式，为中国建筑注入了活力，同时也促使中国建筑评论走出一条不同的道路。20世纪80年代的建筑评论，对现代主义和民族形式的看法过于笼统且教条。90年代，建筑评论对实验建筑开始一边倒地褒扬。21世纪初，中国的建筑评论界又开始出现一种更自律的风气——建筑评论家通常与建筑师紧密合作，但又各自独立。

在一种名为"后批判"的视角下，李翔宁认为，"实验建筑师"的想法过于抽象化和理想化。他认为，中国社会的巨变使醉心于批判地域主义和中国传统文化特质的"实验建筑师"，显得曲高和寡。相反，李翔宁更欣赏那些采用他称之为"权宜建筑"设计策略的青年建筑师，因为这种策略更灵活，讲求功能性和国际化。这些建筑师和公司包括：都市实践、大舍建筑、卜冰、陈旭东、华黎、马岩松、张斌、张柯和祝晓峰。[8] 而史建的批评观点则提供了更全面的语境分析。2003 年，在庆祝张永和于中国从业 10 年的活动中，史建指出了"实验建筑师"的明显局限：

> ……总体而言，这些建筑都带着学术派的印记。在中国高速城市化的浪潮中，他们（"实验建筑师"）并没有采取一种更主动的回应策略，而是在 20 世纪 80 年代的语境下继续尝试他们为之陶醉不已的"文化建筑"。[9]

国家风格中的"大"

21 世纪，一个备受中国民众瞩目的建筑现象，就是在全国范围内修建史无前例的超大型建筑。受到中国经济繁荣和大家渴望国家地位提升的影响，各级城市都建造了体育馆、歌剧院、博物馆以及政府办公大楼。当代建造巨型建筑的浪潮，可以归于两个主要原因：中国有对"大"体量建筑的需求和受当今国际化影响产生的"毕尔巴鄂效应"。2008 年北京奥运会、2010 年上海世博会（图 20.9）以及 2010 年广州亚运会，都是此类现象的集中代表，这些盛会给了中国展示其强大实力和执行力的机会，也提升了民族自豪感，促进了国内生产总值的增长。

20 世纪 90 年代以来，中国特别希望通过引进国外建筑师来展现超现代性和先进性。保罗·安德鲁设计的中国国家大

20.9　何镜堂、SCUT 建筑设计研究院，2010 年上海世博会中国国家馆，
　　　中国上海，2010

剧院，雷姆·库哈斯设计的中央电视台总部大楼（光华路办
公区，图 20.10），以及赫尔佐格与德梅隆等设计的国家体育
场（图 20.11），都显示了这一点。虽然外国建筑师的拥入给
中国建筑带来了积极影响（例如，向中国建筑师介绍成熟的
建筑设计思考、标准化设计方法和建造技术，以及为许多中
国城市营造都市建筑文化氛围），但是这种"巨大建筑"带来
的浪费，在各个城市愈演愈烈，现在也导致人们隐隐的担忧。
中央电视台总台大楼楼顶的"悬臂"距离两座斜塔的跨度达
到 70 米，此设计的目的是创造一种"连续循环"的意向。而
在中国国家体育场，有许多巨大钢构件编织而成的外部网状
结构，与内部混凝土体育场相互独立，这层表皮只需要承受
其本身以及防火梯的重量。扎哈·哈迪德为广州歌剧院设计
了一层浮动表皮，这需要额外耗费大量的钢筋。另外，由于

20.10 雷姆·库哈斯/OMA，中央电视台总部大楼（光华路办公区），中国北京，2002

20.11 赫尔佐格与德梅隆，国家体育场，中国北京，2008

这些钢筋要包裹黑色脆性花岗岩面板，因此许多复杂的曲面都需要手工抛光。

民用建筑受关注

2008年，中国发生的两件大事——北京奥运会和汶川大地震引起了有关建筑的功能、价值及其社会关系的思考。为奥运会而建的大量地标建筑熠熠生辉，令人惊叹；而四川汶川大地震则摧毁了数以万计的不符合设计标准的公共建筑，包括5000多栋学校建筑，由此导致的死亡人数远超过其他同类地震。尽管很多其他城市的超大建筑似乎将中国推上了超级大国的舞台，但那些坍塌的学校，反映了一些贫困地区基础设施依然薄弱的现状。

2008年汶川大地震后，中国建筑师当中激起了一种消失了20多年的社会公共意识。受到地震地区的废墟及悲伤气息的感染，刘家琨工作室出资修建了胡慧珊纪念馆（图20.12）。胡慧珊是因地震导致的学校坍塌而遇难的5000多名学生中的一个。与一般建造巨型纪念碑的做法不同，刘家琨决定为这个年轻、平凡的个体专门修建一座占地仅19平方米的纪念馆。它可能是全中国最小的博物馆。

来自中国台湾的建筑师谢英俊通过高超的专业技能和各种社会活动，对震后重建工作做出了卓越贡献。早在1999年南投地震之后，谢先生和他的乡村建筑工作室就参与了台湾中部的乡村重建工作，并且在九年中积累了大量经验。2004—2006年，他还在河北省、河南省建造了生态农舍的样板房，

20.12 刘家琨，胡慧珊纪念馆，中国四川成都，2008—2009

可装配大厅和厕所。谢英俊的设计团队开发出一套取代原本必须聘用建造公司，工期长、造价高的建造方式。村民们用他们的方法可以自己建造房屋（结合了标准化的轻钢框架体系与本土填充材料）。为更好地适应当地的风土、习惯，谢英俊所设计的房舍通过低能耗材料和可再生资源技术，实现了环境可持续发展的目的。

2008年，中国建筑传媒奖（CAMA）将杰出成就奖颁给了冯纪忠，但冯先生在一年后不幸逝世。这位94岁高龄的获奖者在他的获奖感言中极力倡导"公民建筑"的理念：中国城市的持续发展（预计到 2030 年年底将会有 10 亿的城市居民），不但需要政府和投资机构更高水平的社会参与，而且可能需要配套制度的改革。

注 释

1　1966—1976 年，中国的大学几乎停办，建筑专业的训练和教学也几乎停滞，一群训练有素的建筑师逐渐沉寂、消失。1978 年以后，面对着振兴产业的迫切需要，中国开始开办大学，培养建筑师。建筑专业的增长与学生人数的激增十分令人激动：1977 年中国只有 8 所高校开设建筑系，只招收了 321 名学生；而 1978 年，全国共有 46 个建筑专业，录取了 1914 名学生。

2　随着 1977 年恢复高考，中国高等教育也开始恢复，包括建筑学课程。新的建筑系学生纷纷拥入一度荒废的教学楼和图书馆，在散乱的资源中急切地挖掘能找到的一切知识。这些学生很快成长为中国当代建筑的主要力量。

3　Feng Jizhong, *Staying with the Ancient and Becoming New* (Beijing: The Eastern Publishing Co. Ltd, 2010), 73-108.

4　Rao Xiaojun, "The Marginal Experiment and Architectural Reform," *New Architecture* 3 (1997), 12-15; Wang Mingxian and Shijian, "China's Experimental Architecture in the 1990s," *Literature and Art Studies* 1 (1998), 118-27.

5　Susan Jakes, "Soaring Ambitions," *Time Asia*, April 26, 2004.

6　Liu Jiakun, *Now and Here* (Beijing, China Architecture & Building Press, 2002), 111.

7　王澍在 2012 年获得普利兹克奖，理由是"他创造了一种永恒的、深深植根于其背景而又有普遍性的建筑"。

8 Li Xiangning, "'Make-the-Most-of-it' Architecture: Young Architects and Chinese Tactics," *Times + Architecture* 6 (2005), 18-23.

9 Shi Jian, "The Ten Years of FCJZ in the Context of Hyper-Urbanization," *Architect* 2 (2004). 在过去 10 年里，我也在文化和社会领域批判过实验建筑理论。在文化角度，我认为它缺乏美学，甚至是在逃避现实，缺乏足够的勇气去面对社会现实带来的文化矛盾。在社会角度，我注意到一些实验建筑师已经迅速从一群"前卫分子"变成一群"明星"建筑师，他们屈从于庸俗的商业，投身设计乡村别墅和精英会所等擅长的领域，就好像中国社会的住房问题、环境恶化和社会不公平等问题离他们异常遥远。参见 Zhu Tao, "The Promises and Assumptions of 'Tectonics'," *Times + Architecture* 05 (2002); "Eight Steps toward FCJZ Atelier," *Architect* 08 (2004); "'Chinese Dwelling,' or Chinese Opportunism + Cynicism?" *Time + Architecture* 03 (2006); "The 'Criticality' Debate in the West and the Architectural Situation in China," *Time + Architecture* 05 (2006).

第21讲　日本战后建筑

大岛唯史

"未来的城市就藏在废墟之中。"[1] —— 矶崎新

　　日本的建筑氛围一直在美好愿景和建筑现实这两端之间摇摆。这样摇摆的结果就是日本当代建筑持续衍生出多种表达形式。这一状况是由全球和日本现代建筑技术的发展引起的，并受到20世纪下半叶政治、经济和社会巨大变革的影响。这些变革既有伴随着飞涨的国内生产总值和人口总量出现的"经济奇迹"，也有"后泡沫经济"时代的冷峻现实。

　　在"二战"几乎毁灭一切之后，日本这个战败国在大规模重建计划中，很快重燃了战前几十年就出现的现代主义狂热。在刚战败的日本，这种理性的建筑方法建设了大量的预制房屋，大大缓解了高达420万所的住房缺口。这方面的早期案例主要是军营式建筑。柯布西耶的门生坂仓准三（1904—1969）和前田国男（1905—1986），都积极寻求方法实现自己导师的理想。1941年，坂仓着手开发一种A型框架的"组装建筑"；而前田推进了预制房屋计划，并将其命名为"Premos"，他在1945—1952年建设了1000多套这种住房。[2]在这种最小面积仅52平方米的居住单元里，前田以榻榻米作为基础面积单位，构建了一个由胶合板覆面、能自我支撑、

长约3英尺的蜂窝板系统，并用浅木桁架支撑屋顶。1947年，建筑行业热情地接受了预制房屋，进而出现了一些提倡"预组装住房""标准化预制住房""板式住房"的论文。[3] 这种最小面积仅为12坪（约36平方米）的典型住宅，满足了住宅缺乏危机中的大众需求，并轻易地让传统木结构建造方式转向了预制方式。它采用了适合榻榻米地席、障子和拉门的模块。

刚刚战败时，严峻的经济形势和社会变化导致趋于最小化的核心家庭住宅的兴起，例如增泽洵（1925—1990）设计的原氏住宅（1953）和清家清设计的只有单个房间的"自宅"（1954）。20世纪50年代，日本出现了单体最小化住宅，以作为进行大规模建设的实验原型。建筑师池边阳（1920—1979）从1944—1946年与坂仓的合作中汲取经验，并且在新日本建筑师集团（NAU）期间从与前田的合作中汲取了经验。池边阳开发了一系列住宅作为研究案例，总数达98所。在这些住宅中，他融入了当时普遍的工业化元素，如标准化钢框格窗。这些设计简化了柯布西耶的模度，并通过池边阳发明的整体模块（GM）为更多日本民众所接受。这个模块以二倍数形式为基础，最终成为住宅行业模数组合工业化生产的点金石。1952年，增泽洵开始开发他的最小化两层住宅，其简单直接的设计，表现出预制技术的成熟，但直到他去世这所住宅也未能完成。

钢筋混凝土、钢和玻璃的相关技术发展，产生了新一代豪华而精致的建筑作品。在盟军占领时期（1945—1952），美国文化对日本的影响体现在安东尼·雷蒙德设计的清水钢筋混凝土结构的《读者文摘》大楼（1951）当中。该大楼位

21.1　坂仓准三，日本镰仓现代艺术博物馆，日本镰仓，1951

于东京的中心区，紧挨日本天皇的居所。在建筑内部，保罗·魏德林格设计的创新的悬臂树状结构，展现了室内空间和室外野口勇设计的雕塑景观之间前所未有的开放性。

　　新的公众机构以及勒·柯布西耶通过底层架空柱抬升体量的现代建筑原则，都体现在坂仓准三设计的日本镰仓现代艺术博物馆（图 21.1）中。丹下健三在他重建广岛的宏大计划（1946—1947）中，首先建成了地标建筑——广岛和平纪念馆（图 21.2）。他将勒·柯布西耶利用底层架空柱和遮阳篷的表达手法，与传统的日式建筑细节进行了有机结合。在广岛和平纪念馆中，裸露的钢筋混凝土块被抬离地面，呈现出

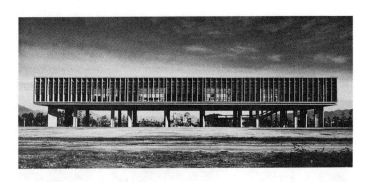

21.2　丹下健三，广岛和平纪念馆，日本广岛，1955

一种象征意义，通过轴线与具有双曲抛物面的和平拱门相连。
在现代建筑业中，日本的传统扮演了何种角色？这个问题又
出现了，其中争议最大的就是丹下健三的粗野主义作品——
钢筋混凝土构成的香川县厅舍（1955—1958）。它能让人联想
起传统的日式梁柱结构建筑。前田扩展了柯布西耶的马赛公
寓（1945—1952）的模度，将日本人的生活方式融入他的纪
念性建筑——东京晴海公寓（1956—1958）。柯布西耶甚至亲
自参与了日本的建筑项目，在1959年建成了上野国立西洋美
术馆（图21.3）。

　　1960年5月，日本建筑设计师通过在东京举办的世界设
计大会正式登上世界舞台。这次大会吸引了来自26个国家的
设计师。会议期间，包括黑川纪章和菊竹清训在内的一群年
轻建筑师宣布成立了"新陈代谢派"，并宣传他们的"有机主
义超级建筑"的概念。这个流派的创始人包括：建筑师大高
正人、菊竹清训、黑川纪章，记者兼评论家川添登，工业设
计师荣久庵宪司，平面设计师粟津洁，还有后加入的建筑师
槙文彦和大谷幸夫。新陈代谢派对国际现代建筑协会所代表

21.3　勒·柯布西耶，国立西洋美术馆，日本东京上野，1959

的现代主义正统持批评态度，他们提倡一种更有活力的有机手法，让城市结构和建筑结构可以大量吸纳临时、可替换的构件。这次大会后，丹下健三公布了富有创意的"1960 东京湾计划"。这是一种细胞状结构，连接了现有的市区构架，并将它延伸到东京湾。借用生物学上的比喻，这一计划表现的是"放射状的细胞体进化成了脊椎动物……"1961 年 3 月，《1960 东京湾计划》一书出版，其主旨就是"将放射状的向心系统转化成一个线性发展的系统"。

　　尽管 20 世纪 60 年代有很多极具想象力的城市开发计划未能实现，但很多单体建筑却得以完成。丹下健三在山梨文化会馆（1967）项目中，实现了对巨型空心和开放板式屋顶的表达。新陈代谢派的作品还包括菊竹清训的"天空住宅"（1958，带有一种名为"移动巢"的可替换居住单元）和Tōkōen 宾馆（1965），还有黑川纪章的拼插式建筑中银舱体大楼（图 21.4）。不过，随着 20 世纪 60 年代政府推行"国民收

21.4 黑川纪章, 中银舱体大楼, 日本东京, 1972

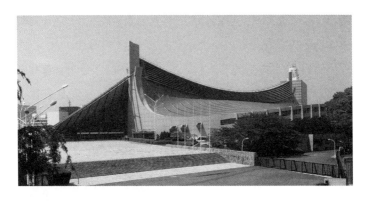

21.5　丹下健三 , 东京奥林匹克体育馆 , 日本东京 , 1964

入倍增"计划 , 日本取得了骄人的"经济奇迹"。后来建筑业
出现全面繁荣的局面 , 其标志就是丹下健三为 1964 年东京奥
林匹克体育馆设计的斜拉式屋顶 , 可谓意义深远（图 21.5）。
这个双曲抛物面结构建筑 , 借鉴了柯布西耶为布鲁塞尔世博
会设计的飞利浦展馆（1958）和埃罗·萨里宁的耶鲁大学冰
球馆（1958）。这一作品作为本国建筑实力的象征 , 让日本建
筑师昂首挺胸 , 站上了世界舞台。日本第一座高层建筑——
位于东京的 36 层高的霞关大厦 , 其落成标志着日本掌握了抗
震结构技术 , 也标志着国民经济的腾飞 , 同时标志着日本的
都市环境从低楼层社区变成了高楼层社区。

　　20 世纪 60 年代 , 经济和技术的进步伴随着地价的飞涨 ,
建筑师东孝光在这种环境下开始创作他的都市生活宣言。1960
年 , 日本与美国签订《日美安保条约》, 紧接着便是推行"国
民收入倍增"计划 ; 而 60 年代初最重要的事件当数 1964 年
东京奥林匹克运动会。东京为了准备奥运会对主要街道和高
架路进行了建设 , 大批居民搬到郊区以躲避交通堵塞和环境

污染。东孝光却反其道而行之，将自己家建在了城市中心区，就在他能买得起的最大一块土地上，那是位于 Killer Street 的一块大约 30 平方米的三角形地块。Killer Street 是东京都政府为奥运会而专门修建的一条宽阔街道。东孝光的私宅表达了他所说的"一坪运动"（1 平约合 3.3 平方米）的概念。他解释道："不论土地多么有限，也能找到一种建筑方式来表现某个人或某个家庭的生活方式。当场地越接近最小面积，对家庭生活方式的表达就会越明显。"东孝光的塔屋（图 21.6）是一栋钢筋混凝土结构的六层住宅，总面积约 180 平方米。它的房间真的是逐个叠加起来的，让人联想到日本传统的漆盒。每层的空间小心地交织在一起，地下是储存空间，地上一楼是车库和玄关，二楼是起居室、餐厅和厨房，三楼是浴室，四楼是主卧，五楼是儿童房和屋顶花园。

　　1970 年大阪世博会上的设计作品使这一繁荣局面达到高潮，其最大的亮点就是丹下健三设计的、拥有巨型立体框架屋顶的中心节日广场。而矶崎新和新陈代谢派表现了对技术发展乐观积极的时代精神，例如：菊竹清训的世博塔，黑川纪章的实验建筑 Takara Beauty-Rion 和东芝 IHI 展馆。1970 年世博会是展现日本经济在 60 年代快速腾飞成果的一次国际盛会。节日广场是世博园的中心，也是一座表演舞台。它将大量表演者和游客会集在一处，利用当时的最新技术举行大规模的庆祝仪式和表演。在丹下健三的率领下，矶崎新参与绘制了这次世博会的总设计图，他们通过中心广场的规划活动和建筑实践致敬了"巨型技术"时代。矶崎新没有选择坚实的建筑形式，而是尝试实现临时的建筑，探索其作为瞬间和体验场所的可能。丹下健三和 URTEC 工作室为广场设计了能

21.6　东孝光，塔屋，日本东京，1967

敞开的巨大立体框架屋顶。矶崎新在屋顶下安排了大量的机器人，它们配备移动座位、戏剧化的声音和光电系统，在电脑控制下四处巡场。矶崎新利用当时最先进的设备，将数百个扬声器和合成器通过电脑统一起来，营造出三维立体音效。尽管这一技术很快就过时了，但"节日广场"作为一种多变的、可持续响应的建筑概念，始终存在于矶崎新的设计灵感之中。

20世纪70年代是一个建筑师风格多样、两极分化的时代，因为日本人的价值观发生了转变，从对科学、技术和宏观经济的崇拜，转向对精神和非物质因素的关注。在1973年的"石油危机"和由此产生的经济危机的双重打击下，60年代的人预言过的美好未来渐行渐远，城市出现了人口膨胀、空气污染和工业废弃物等问题。

这个时代的"激进"年轻建筑师与新陈代谢派不同，他们在现存环境中寻找改进生活质量的方式，不再试图以技术为基础表现重大的建筑理念。他们多样化的实践方式体现在从思想家、艺术家和工匠等角度来看待建筑学。这种思想路线体现在一个非正式组织——"建筑师 X 小组"（ArchiteXt group）的作品中。这个小组的成员包括相田武文和竹山实，他们都支持个性化的建筑实验。相田武文、东孝光、宫胁、铃木恂和竹山实都生于20世纪30年代，在战后初期接受教育。"建筑师 X"这个名字是对其他建筑师组织名称的调侃，这些组织包括"建筑电讯派"和"X 小组"，而后者中的"X"同样是对阅读建筑"文脉"的一个讽刺性的指称。"建筑师 X 小组"的代表作包括竹山实设计的名为"一番馆（图21.7）""二番馆"（1970）的家庭酒吧兼俱乐部，位于东京新

21.7　竹山实，一番馆，日本东京，1970

宿区的歌舞伎町，其主体是钢筋混凝土结构，并以鲜艳油漆画上了充满活力的超大型抽象画。

出于对都市环境的抗拒，很多建筑师将目光转向内在——小型私家住宅设计。原广司为自己设计的"倒影之屋"（1973—1974），将一个理想化的城市嵌入一个简单木盒，并通过一系列云朵状的亚克力天窗将屋内照亮。安藤忠雄的清水混凝土建筑——住吉长屋，完全与邻近的建筑隔绝，将焦点集中于一个能采光和接收雨水的内部庭院。伊东丰雄的白色的"U"形住宅（1976）使用了弯曲的混凝土合围，但也缺少开口，不便进入内部连续的居住空间。中心庭院在特定的窗口才能看见，强调了空间与光线的纯粹感。

其他建筑师也纷纷脱离建设方案中直观的结构意义和历史意义，而是探索柏拉图式几何形式的纯粹感。其代表项目有筱原一男的"立方体森林住宅"（1971）和白井晟一的椭圆形建筑群 NOA 大楼。后者以乡村风格红砖为底座，表面覆以光滑的黑色铜板。矶崎新的群马县美术博物馆（1974）以一系列直径为 12 米的立方体框架为基础，通过这些框架表现了他的"美术馆即空间"的概念。正如矶崎新所描述的，"新的美术馆脱离了一切语境，为漂泊于世界各地的艺术品提供了一个锚定地。铝板覆面的立方体框架，形成了基本的合围结构，展览设施和交通设施作为附加结构，一座博物馆在这两者复杂的互动中诞生了"。一系列的立方体形成一个基础的长方形区域，作为主展览空间，而两个较短的侧翼能投影。入口的空间与这个长方形区域垂直相交，而一个双倍立方体空间则被抬升起来，悬浮在一座方形清水池塘之上，用作日本传统艺术画廊。它以 22.5° 角与主展馆空间相接，朝南的立面覆盖着边长 1.2 米的方形玻璃板，2 毫米厚的铝板将结构柱体覆盖起来，创造出闪光的格状表面——抽象几何形式产生的效果从各个角度得到诠释。正如矶崎新在《立方体的比喻》一文中所阐述的，采用过这种手法的有艺术家卡西米尔·马列维奇、彼得·蒙德里安、索尔·勒维特、超级工作室以及日本的 Tateokoshi 设计法。

20 世纪 80 年代，日本史无前例的经济繁荣使土地价格飞涨，导致"泡沫经济"。建筑业在后现代主义的影响下重新繁荣起来，日本战后初期的新陈代谢派宣告终结。这时，不同的建筑派别自由地诠释历史和风格，将地方元素和流行文化元素结合起来。日益频繁的建设活动和日益高涨的城市化进程，带来了多种多样的建筑形式，似乎想要把一切想法变成现实。

矶崎新在设计筑波中心综合楼（图 21.8）时，追求的是带有讽喻意义的风格主义思想。他试图脱离整体化组合系统的影响，遵循非层次化的原则，将经典案例、现代主义元素和以往作品的影子杂糅在一起。这一设计方案将理想化的方形、圆形和三角形元素，以及它们的三维形式（立方体、球体和三角柱体），都应用在了建筑内外部的形式（包括内墙的表层和外立面）上。在建筑的中心位置，矶崎新刻意模仿了西方先例，如米开朗琪罗的罗马卡比托利欧广场（1538—1650），将椭圆中心广场下沉，人们只能沿南北轴线或顺着自然的多层瀑布进入广场。通过材料之间的对比，他突出了几何形式和有机形式的并列，例如广场上那些本地开采的、或粗糙或光滑的花岗岩；还有，光滑的哑银色外墙瓷砖与铝制板材、清水混凝土墙也呈现出并列关系。人们可从外部支柱

21.8   矶崎新，筑波中心综合楼，日本茨城县筑波，1983

上看出矶崎新对克劳德·尼古拉斯·勒杜（1736—1806）的
经典模仿，也可通过椭圆窗体看出他对弗朗切斯科·波洛米
尼（1599—1667）的致敬。但同时人们也能感受到一种抽象
的视觉空间，比如一个独立的酒店宴会厅，它通过光线的魔
术，让人在立方空间中产生一种身在球体空间中的错觉，或
者让人将音乐厅的门廊误认为是一个颠倒过来的立方体。对
矶崎新来说，碎片化的设置是在有意引导人们脑海中产生废

墟的形象，创造出一种精神分裂式的悬念。碎片各自脱离了它们诞生的地点，因此失去了原始的意义。在被称为"当代"的空间中，它们以无意义的形式、形状、元素和片段分散组装在一起，通过隐喻的作用，显得忽明忽暗。在这种情况下，唯一有效的手法是组装碎片，就像拼贴画或拼布杯子。[4]

在20世纪80年代后期，日本城市多样化特征日趋明显，同时表现了建筑师大胆的建筑观。在名为"螺旋大楼"（图21.9）的一座综合文化体上，桢文彦将东西方元素在几何表面和空间结构上组合起来，表现了东京都的独特活力。在东京都的中心区，原广司设计的大和国际大厦（1987）是一家时装公司的总部，呈现出一个虚拟都市景观，其灵感源于具有日本特色的山区小城。长谷川逸子的湘南台文化中心（1989）表现的是"第二自然"——球体形式和晶体形式集合起来，在生机勃勃的河岸广场边缘，有着童话般的银色树木。高松伸设计的大阪麒麟广场（图21.10）则将科幻的魅力进一步拓展。它包含了四座有灯光装饰的塔楼，镜面的细节装饰，反射出周围娱乐社区勃勃的生机。篠原一男设计的东京工业大学百年纪念馆（图21.11）外表被铝板包裹，仿佛呈现的是动画中的高达机器人；同时也可看成一架飞机坠毁后的机身，将火车站和校园连接起来。安藤忠雄的水之教堂（1988）和光之教堂（1989）用清水混凝土墙合围的形式，通过聚焦于自然元素，呈现出一种宁静的、极简的世界观。

日本"泡沫经济"导致房地产和股票价格飞涨，对社会产生了巨大影响，其中就包括从垂直方向给都市带来的各种变化。独立住宅在建设方案中纷纷变成"铅笔楼"，比如岸和郎在大阪日本桥的私人住宅（图21.12），虽然叠加了四层楼，

21.9 槇文彦，螺旋大楼，日本东京，1985

21.10 高松伸,麒麟广场,日本大阪,1987

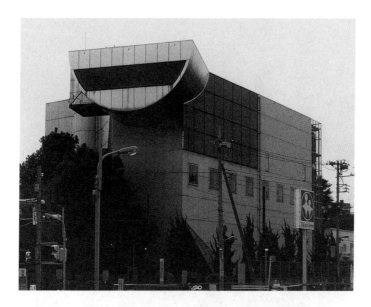

21.11　筱原一男，东京工业大学百年纪念馆，日本东京，1988

但面宽仅有 2.5 米。东京新宿西部的老净水厂，变成新的高层
办公楼聚集区；而代表铅笔楼最高水平的是丹下健三的新哥
特风格的双子塔——东京都厅舍（图 21.13）。而在大阪，原
广司的梅田蓝天大厦（1993）用一座戏剧性的环形天桥连接
了大楼的双塔。

　　不过，日本这些大楼的崛起，也伴随着一种下降的，或
者说"站起来的就一定会再趴下"的趋势。[5] 丹下设计的东京
都厅舍就被拆除了，为了给拉菲尔·维诺里的东京国际论坛
场馆（图 21.14）腾出位置。尽管筱原一男在横滨的私人住宅
（1984）和伊东丰雄的白色"U"形住宅都展现了仿佛超越时
空的几何特征，但还是分别在 1994 年和 1997 年被拆除。还
有一个最极端的例子——高崎正治设计的形似宇宙飞船的水

21.12　岸和郎，私人住宅，日本大阪日本桥，1992

21.13　丹下健三，东京都厅舍，日本东京，1991

21.14　拉菲尔·维诺里，东京国际论坛场馆，日本东京，1992—1996

晶光线宾馆，仅仅存活了三年（1986—1989）。

　　在经历过繁荣与衰退的几轮循环后，日本"后泡沫经济"时代经历了一次最漫长的经济衰退，而这也重新激发了很多创新和再利用的建筑方案。战后初期日本的乐观主义，被一个严肃反思的时代所取代，人们对经济、社会，甚至对建筑业规则的结构范式都做出了反思。现在，日本社会面临着人口锐减和快速老龄化的现实。从"泡沫经济"前到"后泡沫经济"时代，日本也从一个工业社会转变为以服务业和信息产业为基础的社会。1995年，阪神大地震和奥姆真理教对东京地铁的袭击，给这一年烙上了"大规模死伤"的印记。这个世纪末，日本企业也经历了"终身雇员制"的终结。此后，下一代的建筑师解决的都是一些小范围问题，比如犬吠工房的"宠物建筑"，坂茂的"纸管建筑"，以及像家具住宅（1995）和幕布墙住宅（1995）之类的小型住宅项目。微型城市设计与20世纪60年代新陈代谢派那些超大型建筑形成鲜明对比，它们追寻城市多样性带来的生机，这体现在犬吠工房出版的《东京制造》（1998）一书中，也体现在他们位于东京城区的紧凑工地上的"家和犬吠工房"（2005）这类单体住宅建筑上。

　　进入21世纪，不同的日本设计师再次对未来产生了不同的展望，包括东京各地出现的大批的高层建筑方案，以及伊东丰雄的仙台媒体中心（1995—2001）这类非常激进的方案。仙台媒体中心有着海草状的钢制管状结构。SANAA事务所建造的21世纪当代艺术博物馆（2004）拥有环形的玻璃外墙，这一建筑对建筑学的基本原则、程序和概念都进行了再思考。一些高端时尚品牌，也希望建筑师做一些建筑实验，例如：

21.15　SANAA 事务所，表参道迪奥旗舰店，日本东京，2001—2003

青木淳为路易·威登专卖店设计的金属幕墙（2002），SANAA
设计的结晶状的表参道迪奥旗舰店（图 21.15），赫尔佐格
与德梅隆设计的以玻璃镶嵌的、钻石网格状的普拉达专卖店
（2003）。这些建筑师的实践日益全球化，SANAA 为瑞士洛桑

的劳力士培训中心（2010）设计的一座起伏的混凝土坡屋顶、坂茂设计的梅斯蓬皮杜中心，都体现出这一趋势。SANAA 建筑事务所的成就不证自明，他们赢得了 2010 年普利兹克奖，事务所的成员妹岛和世还策划了 2010 年威尼斯建筑双年展。这次展览展出了妹岛的学生石上纯也荣获金狮奖的作品——直径为 0.9 毫米的碳纤维结构微型装置。但就在展览闭幕之前，它被一只猫轻易撞碎了，因此声名狼藉。随着全球经济的变化，2008 年"雷曼兄弟破产案"和 2011 年日本大地震带来的灾难等，可能会让日本建筑师的脑海中浮现出矶崎新的那句名言——"未来的城市就藏在废墟之中"。

注释

1　以"废墟"为题出版，参见 *Architectural Apocalypse: Ryuji Miyamoto*, Heibonsha, 1988.「廃墟論：建築の黙示録」（宮本隆司写真集，1988，平凡社），4-11.

2　"premos"中的"pre"来自"预制"（prefab），m 指前田，o 指小野薰（一位工程师兼东京大学的教授），s 指制造企业名称中的 san。参见 Jonathan Reynolds, *Maekawa Kunio and the Emergence of Japanese Modernist Architecture* (Berkeley: University of California Press, 2001), 146-49.

3　Nishi Kazuo, "Prehabu jutaku no dai ikkan wo miru (Looking at the first period of prefab houses)," *"Gendai kenchiku no kiseki" Shinkenchiku*, special issue (December 1995): 146.

4　Arata Isozaki, *The Island Nation Aesthetic* (London: Academy Editions, 1996), 51-52.

5　Botond Bognar, "What goes up, must come down: Recent urban architecture in Japan," *Harvard Design Magazine*, 1997 Autumn, 33-43.

第22讲 澳大利亚与新西兰建筑：中心的边缘

菲利普 · 高德

　　就知识上和地理位置上而言，澳大利亚和新西兰的建筑长期地被认为处于世界的"边缘"（这并不符合事实）。但在过去50年（1960—2010），这方面的理论探索和材料实践，让澳、新的建筑在当地生产领域获得了独特的地位。两国都曾是英国的海外殖民地，城市化和现代化水平都很高，而且分别与英国和美国保持着历史的、经济的和政治的关系，但也都被归于亚太地区的语境下。它们都拥有雄奇美丽的自然风光和多变的气候条件，但也由于国民身份、土著等问题导致冲突不断，困扰重重。在这种情况下，两个国家的建筑被各种离散的都市文化支撑起来。这些都市文化扎根于对本地文化的深入、自觉的批判，对参与更广泛的全球对话有时会感到无比焦虑。[1]本讲要阐述的就是始于20世纪60年代的当代主义的外延，以及这种思潮内部的一些分化——重新发现通俗文化；拥抱土著文化；用现代主义为这一地区的城市定型，并用后现代主义对它们进行再塑造；重新发现郊区；对决定建筑形态的气候给出"回答"；将数字技术作为建筑形态研究的一个重要组成部分。这些分化给两个国家带来了三重结果：将独立住宅（用新西兰的流行语说就是"高尚居所"）变得永久化和神圣化；[2]住宅如何代表普通市民成为持续性的难题；在无可避免的城市扩张面前，关注人口密集带来的社会现实和社会不公平问题变得尤为紧要。简单来说，这是在技巧和伦理因素中不断被追捧和撕裂的两种世俗建筑文化。

澳大利亚和新西兰被塔斯曼海分隔，相距 1500 千米。在地理条件上，两国是截然不同的，澳大利亚的土地面积达 760 多万平方千米（世界国土面积排名第 6），但人口只有 2570 万（2020 年数据）。新西兰的领土面积约为 26.8 万平方千米，只有澳大利亚的 1/28，主要包括北岛和南岛两个大岛，总人口为 500 多万（2020 年数据）。但两国却有一些惊人的相似点，都是发达国家，都在亚太地区占据优势，都具备高度城市化，都有几座中心城市被绵延的郊区所包围。例如，在澳大利亚，各州首府——阿德莱德、布里斯班、霍巴特、墨尔本、珀斯、悉尼和堪培拉——聚集了全国 65% 的人口；而在新西兰，北岛的主要城市奥克兰和惠灵顿，以及南岛的主要城市克赖斯特彻奇市聚集了全国 52% 的人口。同时，两国的文化都与各自的自然条件密切相关。在新西兰，有和阿尔卑斯山一样高的山峰、起伏的平原和火山，也有多发的地震带，还被亘古不变的太平洋所围绕。波利尼西亚人于 1250—1300 年从大洋彼岸迁移到了新西兰，逐渐发展出毛利文化。在澳大利亚，由于其土地广袤，拥有的自然条件包括北部的热带雨林和亚热带草原，中部和西部人迹罕至的广大沙漠地，还有东南部的温带灌木平原——多数主要城市就聚集在这一地区的海岸地带。1788 年，英国第一批囚犯和居民抵达新南威尔士；新西兰则从 19 世纪早期开始收容漂泊不定的人。移居到新西兰的访客包括捕鲸人、海豹猎人和商人，以及最先定居的传教士；后来这里作为新南威尔士的一个殖民地（受悉尼管辖），于1841年成为英国国王统治下的独立殖民地。

在历史上，两国与当地的土著居民的关系都是冲突不断。在新西兰，英国与毛利人于1840年签订了《怀唐伊条约》。尽管19世纪六七十年代发生过血腥冲突，但毛利文化还是得到了理解、接纳和尊重，成为现代新西兰文化的重要组成部分。不过，双方紧张关系仍时时可见，这既是因为贫穷，也是因为城市化后毛利人内部的日渐疏远。毛利艺术和毛利建筑的重要价值，使得当地形成了一套复杂的建筑学。历史学家迈克·奥斯丁从20世纪70年代中期开始对此进行了深入研究，后来彼得·肖、黛卓·布朗也做了很多研究。[3] 这些人的研究关注土著建筑形式、礼仪和空间习惯，从整体上丰富了善于表现这些特色的理论观点，并滋养了新一代进步的建筑师（包括几位影响力极大的毛利人建筑师）。与新西兰截然不同，在澳大利亚，土著居民主要在塔斯马尼亚州过着游牧生活，多数人都十分顺从，却几乎被赶尽杀绝。他们中的绝大多数要么被征服，被迫搬离聚居地；要么被欧洲人带来的传染病所感染，或者酗酒放纵……这些土著部落在澳大利亚大陆上生活了4万多年，尽管人类学家鲍德温·斯宾塞爵士对他们的生活进行了大量观察，但他们的空间类型和传统建筑规划却被彻底忽视了。直到20世纪80年代，科尔·詹姆斯、保罗·福莱洛斯和保罗·梅默特等学者和建筑从业者才开始接触当地人（城市里和城市外的），记录土著聚居地的家族形式、空间类型和传统建筑。梅默特的《澳大利亚土著建筑》（2007）是一本影响深远的著作[4]，但同时也提出一种控诉——早在1968年就有了第一部澳大利亚建筑史，但那本书中竟没有一句关于土著建筑的内容。[5] 在澳大利亚和新西兰，20世纪60年代的建筑师关心的都是如何将现代主义融入当地社会。

澳大利亚与新西兰的现代主义

20世纪60年代后期，澳、新的建筑评论家都指出，现代主义的形式表现出明显的本地特色或地方形式。例如，罗宾·博伊德注意到，一群悉尼的建筑师发明了种类繁多的建筑，这群人后来又被称为"悉尼学派"。[6]

这些建筑出现在家庭、学校和大学的建筑项目里，其中使用了烧砖、黏土瓦棚屋屋顶、上色的木结构和木镶边（图22.1）。悉尼学派既包括安彻、莫特洛克、莫里与伍利事务所这类公司，也有伊恩·麦凯、菲利普·考克斯、托尼·摩尔、彼得·约翰逊这些独立设计师，还有像新南威尔士政府建筑师部门的迈克尔·迪萨特这样的公务员。他们都对英国派的粗野主义和北欧建筑保持关注，尤其关注芬兰建筑师阿尔瓦·阿尔托、海基·赛伦、凯嘉·赛伦的公共建筑和宗教建筑。他们与北欧建筑的联系，既体现在他们对本地风景的关切当中，也体现于一种意识——从本地民俗中吸取建筑技术和工艺，不但不妨碍现代主义，反而能激发一种人性化的现代主义。

这种富有地区特色的争论不仅仅发生在悉尼，从那时起，两国的学者都给出类似的反应和各自的理解，内容包括：以场地为基础的规划、诚实使用材料做法以及表现性的结构（尤其是钢筋混凝土结构）。

22.1　肯·伍利，肯·伍利私宅（外观），澳大利亚摩士曼，1962

　　在那时，这种元素在当地所有地区的建筑中都很流行。1967年，彼得·比文在期刊 *RIBA* 上发表了一篇以"南岛建筑"为主题的文章。在文章中，他旗帜鲜明地指出了坎特伯雷平原的气候、原材料和地理问题，也点明了当地建筑文化与英国人、苏格兰人的理想之间的纽带关系。比文还强调了当地成熟的混凝土技术，以防震为目的的清晰结构，熟练使用光面混凝土梁和砌块的设计手法。他呼吁人们关注克赖斯特彻奇市坎特伯雷大学内由沃伦和马霍尼设计的学生会大楼（图22.2）。[7]

　　比文自己的建筑作品与沃伦和马霍尼的并不雷同。他积极地运用了各种材料和结构的关系：位于克赖斯特彻奇市的多层建筑曼彻斯特团结友好协会大楼（1964—1967），使用了折线形屋顶和一层的预制支架；位于奥克兰的坎特伯雷拱廊

22.2   沃伦、马霍尼，坎特伯雷大学伊拉姆市校区学生会大楼，新西兰南岛
克赖斯特彻奇，1964—1967

大楼，既致敬了意大利建筑师贝尔吉欧加索、皮瑞瑟第和罗杰斯（BPR 事务所）等人的作品，又表达了将欧洲都市主义与对建筑环境的处理手法引入两国历史名城的愿望（图22.3）。

在澳大利亚也是这样，建筑师在形式表达上的信心日益增长，并将业务拓展到了小规模市区建筑上。这些建筑所在的景观环境接近于由爱德华兹、马迪根、托尔兹罗和布里格斯事务所设计的位于新南威尔士州德威的华令加郡图书馆（图22.4），还有博兰和杰克逊设计的位于维多利亚州格伦伊里斯的哈罗德·霍尔特游泳馆（1969）。在这些作品中出现的变形混凝土结构和大跨度的内部空间，成为后来更大型的地标建筑的原型。[8]

同时，云肯·弗里曼设计的、位于墨尔本的维多利亚州政府办公楼（1962—1970），则显示出对这个富于历史内涵

22.3 彼得·比文，坎特伯雷拱廊大楼，新西兰北岛奥克兰，1965—1967

22.4　爱德华兹、马迪根、托尔兹罗和布里格斯，华令加郡图书馆，澳大利亚新南威尔士州德威，1967

的殖民城市的透彻理解。他对办公室布局进行了巧妙的安排，并让塔楼稍稍偏移，用以致敬 J.J. 克拉克为文艺复兴时期的复兴财政大楼设计的中轴线景观。很明显，在澳、新两国的建筑文化中，都暗含着一种与历史、城市相和解的趋势。[9]

美式生活与建筑的影响

　　20 世纪 60 年代，美国在澳大利亚和新西兰流行文化上和政治上的影响达到顶峰。[10]"二战"后，澳大利亚和新西兰比以往任何时候都更加积极地追随美国的生活方式。1966 年、1967 年，澳大利亚和新西兰的货币陆续改用十进制，与英镑、便士脱钩。从20世纪50年代起，他们全盘接受了美式生活和建筑形式——汽车旅馆、购物中心、露天电影院、食物外带餐馆和保龄球场遍地开花。60年代，由于国际旅游业的推动，大型高层旅馆建筑的设计和修建给两国的大城市带来了强烈的美国风格，比如，莱斯利·M.佩罗特与洛杉矶建筑师威尔顿·贝克特共同设计的墨尔本南十字酒店（1962），SOM设计的悉尼温特沃斯酒店（1962—1966）和奥克兰洲际酒店（1966—1967）。

1960年，罗宾·博伊德在《澳大利亚的丑陋》一书中恐慌地预言了大众对美国制造的追崇。这本书出版后受到塔斯曼海两岸读者的追捧。[11]博伊德的这本雄辩之作，于20世纪50年代末在社会上推动人们形成新的环保意识。其影响最大的人就是尽力保护野外环境的社会活动家米洛·邓菲，他也曾是一名建筑师。一些书也表现出对都市环境的高度重视，比如博伊德的书，还有唐·加扎德的《澳大利亚的愤怒》（1966）。《澳大利亚的愤怒》一书直接借用了《建筑概论》在20世纪50年代掀起的都市美化运动的观点。[12]此外，博伊德敏锐地意识到：在企业资本的主导下，澳大利亚的城市正在被迅速地重新塑造。

人民日渐富裕，社会快速发展，都是20世纪60年代澳大利亚和新西兰的重要特征。尽管1961年出现了信贷紧缩，但两国的主要城市发展还是一路高歌，它们的郊区不断向四周扩展。面对来势汹汹的郊区扩张潮，一些建筑师，如肯·伍利、迈克尔·迪萨特和格雷姆·古恩被一些激进的建筑承包商（如悉尼的佩蒂特和塞维特公司、墨尔本的商业建设者公司）招募，在郊区的中心和外围设计一些高质量的住宅；他们还负责景观设计，比如，在已有的大树周围种植一些澳大利亚本地植物。

虽然澳大利亚土地辽阔，但几乎都被矿产开采行业占据，不过也有一些采矿业配套的开发项目对建筑有所影响。矿业公司所属的矿山小镇纷纷被设计成一些理想化的拉德博恩风格（Radburn-Styled）郊区，一般分布在遥远的热带地区或干旱地区，比如，由唐·亨得利·富尔顿设计的位于昆士兰州最北部的威帕小镇（1967），比尔·豪罗伊德设计的位于西澳大利亚皮尔布拉的沙伊盖普小镇（70年代），都与自己母公司在城里高耸的标志性摩天大楼相映成趣。云肯·弗里曼设计的位于墨尔本的 BHP 住宅（图22.5）就是一个典型案例：一座钢和玻璃材质的密斯风格竖井，为了达到美学效果，自上而下逐渐缩小。它的钢甲壳不仅体现了该公司的主要产品——钢材和铁矿石，而且同时作为框架结构和外壳的材料。这是一个明显的技术进步，表现了澳大利亚人对简洁建筑手法的偏好。BHP 住宅也是一座严格遵循密斯精神的"形式主义"塔楼，它一落成就占领并瓦解了其所在地的殖民地风格网格规划[13]。在惠灵顿，新西兰银行（BNZ）建起了他们的BHP 住宅楼——由斯蒂芬森和特纳设计的30层黑色玻璃大楼。这栋大楼耗费10年才建成，而那时各种建筑思想早已翻天覆地，因此，它那毫无生气的黑色外表，让更新一代的建筑师云里雾里。

22.5　云肯·弗里曼，BHP 住宅，澳大利亚墨尔本，1967—1972

现代主义的信徒哈利·赛德勒

　　维也纳移民哈利·赛德勒（1923—2006）是一位特殊的建筑师，他把一生奉献给了一种现代主义形式和一座城市，同时对建筑思想的日新月异无动于衷。他是贝聿铭和爱德华·巴恩斯在哈佛大学时的同学。[14] 赛德勒并没有恳求政府赞助，而是与荷兰建筑商迪克·杜塞尔多普的公司合作。他们的合作关系也成为基于投机资本和悉尼风光特色的现代都市主义产生的关键。他们捕捉了悉尼的全景以供私人消费，在地面上尽可能创造一种源于巴西灵感的奢侈景观。杜塞尔多普也是第一家进行工地合并的建筑开发商。[15] 这使得赛德勒可以设计独立式的塔楼，让悉尼市中心的城市形体一改嘈杂的街道模式。他在其中加入新的公共景观以呼应悉尼的海港地形，还收购和布置了一些国际现代主义艺术家的作品。

　　悉尼的建筑师和开发商的早期合作达到高潮的标志是澳大利亚广场的落成。（图 22.6）这个项目糅合了 31 个小型地产项目。澳大利亚广场是由各种建筑和各类空间组合而成的，包括一栋 50 层高的环形办公大楼，一栋 13 层独立板状办公楼，一座带喷泉的市民广场，以及一系列定制艺术品。到 1967 年完工时，这座环形办公大楼也成为悉尼最高的建筑，也是全球最高的轻型混凝土建筑，它是在皮埃尔·路易吉·奈尔维的协助下完成的。视觉上，人们对这座塔楼不需要进行过于理性化的看待：它可看成一根圆柱形大棒，与低处水平方向的棱镜（一座板式办公楼）在视觉上形成对应，并进一步与地面景观形成对比——其中应当包括一座圆形喷泉、一座环形花圃和一座抽象雕塑（最后选择了亚历山

22.6　哈利·赛德勒，澳大利亚广场，澳大利亚悉尼，1961—1967

大·考尔德的一件黑色钢质抽象主义雕塑作品）。换句话说，通过一个巨大的尺度，整个综合体可被解读成对一系列物体的巧妙安排。这是一种新式的都市艺术。[16] 赛德勒用这座广场以及它的不同平面、喷泉、边缘可当座位的圆形花圃，创造了西格弗里德·吉迪恩曾向往的都市主义——一个秉承了巴洛克风格的空间，并通过它表面上点缀的艺术品、雕塑和建筑来服务城市。区别是，在巴洛克时代，是教会主导了这种艺术品的聚集，而在20世纪60年代的悉尼，这是由一种房地产开发的新模式完成的。在这种模式下，企业想要的是成为一个带有标志性设计的开发区的租户，而非自己出资修建新大楼。[17]

尽管在20世纪80年代受到了后现代主义者的批评，但事实证明，赛德勒与杜塞尔多普的合作以及他的现代主义城市概念在澳大利亚是有前途的。90年代后期，赛德勒在悉尼、墨尔本、珀斯和布里斯班设计了一系列摩天大楼，而且将尼迈耶和布雷·马克斯的巴洛克线条更多地用于建筑物的基座或地面楼层，以便创造出带有艺术气质的公共景观。这些项目都由私人投资，每个案例都试图将现代主义融入城市的历史当中。他的最后一件作品——布里斯班的河滨广场（1999—2005）是一个由三部分构成的整体，分别是停车场、写字楼和住宅，每个部分在近景、中景和远景中，都能产生各自的雕塑感和画面感，但三者合一时，又构成了一幅和谐的全景。赛德勒为一栋热带摩天大楼谱写了一曲富于戏剧性的天鹅之歌。

建筑与政府

美国在中心城市形态变革中形成了一种有效模式，它在20世纪60年代澳大利亚首都堪培拉进行都市合并时起到了关键作用。像班宁-马登事务所和汤姆·马霍尼共同设计的柱廊和大理石贴面的澳大利亚国家图书馆（1964—1968）这类建筑，都是古板的现代古典主义的代表作，就像美国的华盛顿特区。但是澳大利亚国家美术馆（1967，1973—1982）和澳大利亚高等法院（1972，1975—1980）的设计竞标却都被爱德华兹、马迪根、托尔兹罗和布里格斯事务所夺得并展开建设。这代表一种截然不同的、更有自信的国际主义形式的胜利——实际上，这代表由政府资助的粗野主义迎来了"迟到的春天"。多伦多的澳裔建筑师约翰·安德鲁斯放弃了在北美的成就，回到澳大利亚，为堪培拉市贝尔康纳的卡梅伦办公楼项目（1969—1977）工作。这是另一种标志，表明使用无模混凝土、系统思维和大规模巨型建筑的设计思路和手段，受到了热烈欢迎。因为这些手法敏锐地适应了当地地形，特别是在堪培拉，当地政府正在针对国内处在萌芽状态的卫星城，展开一个不同寻常的大工程。1972年大选中获胜的是高夫·惠特兰领导的新工党，这届政府支持的很多这类项目最终开工建设，并引进了新一代的年轻建筑师。他们虽然接受的是自由党的委托，但最后却被与堪培拉在工党领导下的改革混为一谈。

在新西兰，国有建筑在整个建筑业中的规模要小得多，这也可以理解。1964年，英国建筑师巴希尔·斯彭斯爵士受命对坎贝尔和佩顿设计的新西兰议会大楼（图22.7）进行扩建。这一委托的争议颇多，原因是新西兰与英国剪不断理还乱的关系。最终，该建筑于1977年正式开放（但1982年才彻底完工）。它独特的外形——一个向内收缩的圆柱体位于一座三层的鼓状建筑顶上，最顶上是铜制皇冠式建筑，里面是内阁议事大厅和办公室——和它的绰号"蜂巢"出奇地一致，也让它的形象成为"20世纪新西兰最广为人知的形式"之一。[18]

22.7　巴希尔·斯彭斯爵士，议会大楼（行政楼侧翼），新西兰惠灵顿，
　　　1964—1977

尽管人们很容易联想到欧洲传统的草编蜂窝（这也是其他人研究的主题），[19] 但斯彭斯很可能受到了新西兰北岛的火山遗迹或活火山景观的影响。即使这样的形式在功能上有一些问题，但被斯彭斯灌注了一种更强烈的象征意图——将曾具有当地特色的自然景观强势融入一种殖民地风情之中。

　　新西兰20世纪60年代末和70年代初的公共建筑作品，多数是由国家工程部主导的，其类型多集中于高等教育机构建筑，最著名的包括：怀卡托大学汉密尔顿校区（1963年—20世纪70年代），坎特伯雷大学的伊拉姆校区（20世纪六七十年代），梅西大学的吐丽提校区，以及北帕默斯顿校区（1960—1978）。在这一时期，澳大利亚的大学也经历了前所未有的扩张，还有一些新创办的教育机构，包括科廷大学、詹姆斯·库克大学、莫纳什大学和拉筹伯大学，以及一些在建筑史上意义重大的大楼。它们所用的几乎全是粗野主义的常见手法，代表人物有詹姆斯·比瑞尔、迪克森–普雷顿、艾格斯顿·麦克唐纳与西科姆；还有新南威尔士州政府建筑师办公室的几位建筑师，他们的主任是 E.H. 法姆（泰德·法姆）。他们的作品遍布全国的校园。在珀斯的西澳大利亚大学里，格斯·弗格森法律大楼（1964—1967）是对切合语境和气候的粗野主义进行的成熟表达。在很大程度上，这些校园作为理想化的行人空间，使年轻建筑师在巨型建筑领域小试牛刀，或者研习了一番邻近关系。在澳大利亚与新西兰，大学校园与独户住宅都成为一种建筑的实验室，能让年轻人接触到在投机性城市建设里很少能做的实验。

迈向后现代主义的澳大利亚

20世纪70年代的澳大利亚城市里还存在着光辉的60年代引起的错觉。从30年代末就开始梦想的贫民窟清除计划，终于在多个房屋委员会手下一致通过。尤其是在墨尔本和悉尼，成排的内城联排式住房，在"社会进步"的名义下被拆除，代之以供低收入者居住的高层高密度住宅。在各州首府城市的中心商业区，建筑物纷纷被推倒，以便适应城市塔楼和广场的概念。19世纪和20世纪早期的街景也被破坏。社区不是没有意识到这种危险，早在20世纪50年代中期，澳大利亚国家信托基金就在各州组建了分支机构。1954年，新西兰的历史遗迹信托基金会建立，但直到70年代初才出现了连续的历史遗产保护运动，并形成了如《巴拉宪章》（1979）这类在国际上极具影响力的保护性法规，同时引起了建筑行业的另一次成长。建筑师开始致力于保护工作，对现有建筑或历史建筑进行改建和再利用。

20世纪70年代早期是澳大利亚建筑史上的关键时期。1971年，建筑师兼评论家罗宾·博伊德英年早逝。1966年，丹麦设计师约翰·伍重离开澳大利亚，彼得·霍尔接手并完成了他的悉尼歌剧院（1973）。这两个事件仿佛为澳大利亚建筑史翻过了名为"现代主义"的一页。三种不同的建筑流派在20世纪80年代初期开始发展，而且时常彼此交织。这三种流派从各个层面都放弃了它们在城市中的角色，因为城市已经是关于保护历史建筑和风景的战场了。重要的是，三者共同反映了当地建筑文化的意图。

第一种流派是回归科学的或社会心理学的原则。这些原则根据气候和景观进行建设，着眼于人们对太阳能、新能源、新生活方式和积极的社区参与等内容产生的新兴趣。从很多方面看，这都是一种反文化的体现，反的对象就是严阵以待的现代主义逆流的美学思潮。这方面案例包括：莫里斯·肖参与设计的20世纪70年代悉尼的社区游戏场地建设；高校建筑系学生积极实践的各类作品，如托恩·维勒的可持续低能耗的"无名住宅"（1974），它完全用可回收材料建成，根据设计，还能自发电并回收所有废弃物；[20] 西德尼·巴格斯的泥土建筑；墨尔本建筑师凯文·博兰的开放式工作室实践，其主要作品是与伯纳德·布朗联合设计的位于沃东加的克莱德·卡梅伦联盟训练大学（1957—1975），它有着巨大的无模混凝土下水管道、混凝土砌块和工业玻璃，是一种随心所欲的新陈代谢派的设计，也可以说是为工人设计的低科技版的蓬皮杜中心。[21]

　　第二种流派是重新挖掘人们对 19 世纪和 20 世纪早期澳大利亚乡村和地域性建筑中"诚实"的功能性传统的潜在兴趣。从 20 世纪 70 年代开始，新南威尔士州的格伦·穆卡特和菲利普·考克斯，昆士兰州的雷克斯·艾迪生、加布里埃尔·普尔和约翰·曼瓦林，达尔文市的 Troppo 建筑事务所（1981 年创立）就开始批评审视早期的民俗建筑原型。他们不仅要考虑它的美学价值，还要考虑它与气候、结构、材料、形式类型学和空间传统的契合，例如，重新发掘阳台和瓦楞钢板用途（图 22.8）。这些建筑师的作品多数位于中心城市的郊区外围，却产生了巨大的国际影响力和知名度。例如，穆卡特的住宅重新确立了"别墅"的理念，以作为对帕拉第奥式理想的当代解读。它坐落在一片美丽的草原景观中，巍然耸立于未经雕琢的旷野。

　　第三种流派与新兴的后现代主义相关——深受美国建筑影响的年轻一代建筑师重拾建筑技巧的运动，也是对城市的重新参与。查尔斯·摩尔的海滨农庄（1965）在整个澳大利亚都很有名气，被同行奉为建筑惯例，并进行了各种诠释。另外，像塔斯马尼亚的赫弗南事务所、内申·里斯与威利事务所、科克斯与卡迈克尔事务所等公司，以及维多利亚州的彼得·克罗恩等个体建筑师，却在 20 世纪 70 年代对独立式住宅进行了很多实验，对"纽约五人组"的作品进行了当地化

22.8　Troppo 建筑事务所，绿色罐头住宅，澳大利亚达尔文，1980

阐释。[22] 在悉尼，道格拉斯·戈登于 1964 年从美国回到澳大利亚，他设计的住宅始终受到文丘里的影响。[23] 彼得·科里根 1972 年在《澳大利亚建筑》期刊上发文，提到了罗伯特·文丘里的作品。[24] 1974 年 10 月，查尔斯·詹克斯访问澳大利亚，举办讲座并接受采访。[25] 1979 年，"四个墨尔本建筑师展"于墨尔本举办，这是后现代主义的包容性对已有几十年历史的、井然有序的新柯布西耶形式主义纽约运动的一次大胆挑战。[26]

同样在墨尔本，1979 年，批判性的期刊《转变》正式创刊，主要刊登澳大利亚学术界关于后现代主义的文章。在其后的 20 年里，这本期刊以地域性视角和有争议的方式明确聚焦于墨尔本的批判性设计文化，还发出了诸如"在西澳大学举行重访珀斯现代主义作品"此类信号以展现批判性。[27] 1980 年，安德鲁·梅特卡夫在悉尼召开了 RAIA 全国大会，以"建筑的乐趣"为主题，会上的重要发言人包括迈克尔·格雷夫斯、雷姆·库哈斯和乔治·贝尔德等。澳大利亚的职业建筑师似乎终于进入了后现代时期。[28]

澳大利亚：对话与分歧

从20世纪70年代中期开始，出现了爱德蒙和科里根、诺曼·戴伊、学院派的康拉德·哈曼，[29] 以及像理查德·芒迪、伊恩·麦克杜格尔和霍华德·拉格特［三人创立了阿什顿-拉格特-麦克杜格尔事务所（ARM）］这样更年轻的建筑师。芒迪、麦克杜格尔、拉格特三人在墨尔本的建筑实践，将"接受郊区的民俗风格和它生活化的普通质量"这一趋势理论化，同时也将理解建筑作品背后的美学意图这一行为的重要性提升到了理论高度。爱德蒙和科里根在维多利亚州凯思博的复活教堂和维多利亚州博士山的圣约瑟夫小教堂两个建筑中，通过使用表现主义设计和鲜明的彩色砖墙，构成了澳大利亚建筑的关键形式，并将顽固的正统现代主义彻底清除（图22.9）。20世纪80年代以来，墨尔本的这群建筑师，经常宣传激进的形式实验和符号实验，是一群争议性人物。他们通常发自肺腑地认同"丑陋庸常"的形式，而国内其他人在看待这个问题时却大多持怀疑态度。

同时，墨尔本在城市风格和品位上的颠覆，在悉尼甚至澳大利亚全国都没有太多支持者。例如，赛德勒就始终是后现代主义的积极反对者，敢说敢言。其他人，比如埃斯皮·多兹和亚历山大·谭尼斯，他们的立场虽然随时间而有所改变，但主要致敬了20世纪20年代的建筑师莱斯利·威

22.9 爱德蒙和科里根，复活教堂，澳大利亚凯思博，1976—1981

尔金森和约翰·D.摩尔的都市主义手法，谨慎地控制别墅和
住宅，鼓励城市采取一种将在 20 年后才由菲利普·塔利斯、
彼得-约翰·坎特里尔及杜尔巴赫集团等设计师和设计公司着
力探索的都市形态。[30] 格伦·穆卡特出现在澳大利亚建筑界对
话当中，这是 20 世纪 80 年代中期的一个重要事件，甚至被
菲利普·德鲁写进了畅销书《铁之叶：澳大利亚建筑先驱格
伦·穆卡特传》（1985）中。[31] 在后现代主义的语境下，以及
在弗兰姆普敦对批判性地域主义充满焦虑的呼吁下，穆卡特
设计的简洁的线性别墅满足了大多数人的两种渴望：一是对
历史的渴望，二是以浪漫主义抵制设想中的城市的渴望。他
勇敢地摆脱了纷争，把最著名的作品放在郊外，因此很快
获得了神话般的尊崇（图 22.10）。理查德·勒普拉斯特里

22.10　格伦·穆卡特，马格尼住宅，澳大利亚宾吉宾吉，1982—1984

尔在悉尼和纽卡斯尔的教学活动又为这一运动添砖加瓦。一小部分他所设计的精工细作的住宅出现在田园风光中，仿佛体现了一种坚定的立场——重视现象学和地理位置的基础作用。[32] 在布里斯班，布雷特·安德烈森和彼得·奥戈尔曼也探索了类似的主题，他们建设了少量位于新奇的地点和景观中的独立式创意住宅。[33] 因此，对悉尼、布里斯班和纽卡斯尔的几代年轻建筑专业毕业生来说，澳大利亚建筑行业的关键问题似乎是"如何将精工细作的民用场所巧妙地安排在景观当中"。

21世纪的下一代建筑师

将独户的浪漫主义理想形式作为澳大利亚建筑的典型代表，这种想法最后被证明是错误的。当代建筑师在后现代修

正主义时代接受教育，也经历过数字化设计和可持续思潮的
兴起，他们无疑给建筑学实践带来了成熟的理论条件，其中
不仅有对现代主义本身的批判，也有对景观、对城市的价值
的敏锐洞察，还有从某些古罗马公民形式中获取的灵感。在
墨尔本，人们研究了数字化建筑在符号学意义上的可能性，
其中最积极的公司是 ARM。这类研究在堪培拉的澳大利亚国
家博物馆项目（2001）中达到顶峰。[34] 后来，莱昂斯（Lyons）
公司的麦克布莱德·查尔斯·瑞恩、米妮菲·尼克森等人也
参与进来，他们的作品以令人惊讶的形式阐述建筑，虽激起
当地建造者的惊讶和愤怒，却能站在国际数字化设计实验的
前沿。他们唯一的局限仅仅来自澳大利亚相对单一的建筑行
业实践（图 22.11）。

　　不过，从大方向上看，年轻一代澳大利亚建筑师谨慎地
在"中心的边缘"步步为营。建筑业的中心——欧洲和美
国——与澳大利亚之间，并不存在知识上的鸿沟。社交的数
字化和快速的空中交通，让澳大利亚人不再甘心居于人后：
必须留过学或在海外从业，似乎不再是这群人的标志。相反，
他们都知道，建筑实践是本土性的，但关注点却是普遍的。
在布里斯班，M3 建筑事务所在迈克尔·班尼、迈克尔·克里
斯滕森和迈克尔·拉维里的领导下，通过物质性和数字化操
作做出体验效果，案例有布里斯班女子文学院的创意学习中
心（2007），以及位于昆士兰巴卡尔丁的"知识树"（M3 与布
莱恩·霍珀合作）。在"知识树"上，3600 块独立的回收木块，
组合排列出一棵曾生长于澳大利亚工党成立旧址上的大树的
树冠（图 22.12）。

　　在维多利亚州，肖恩·戈塞尔的线性住宅外部包裹着一

22.11 ARM 事务所，多层大楼，澳大利亚墨尔本理工大学，1995

22.12 M3 建筑事务所、布莱恩·霍珀，知识树，澳大利亚昆士兰，
2007—2009

22.13   陈周·立特尔事务所，斜顶住宅（内部），澳大利亚悉尼，2010

层回收木板和生锈的钢质甲壳，以一种风化的纪念碑的形式
重新审视了现代主义，而他为墨尔本理工学院设计的档案馆
（2010）则探索了将玻璃盘用作遮阳装饰的可能性。在悉尼，
陈周·立特尔事务所的"斜顶住宅"（图 22.13），采用了黑色
钢质百叶窗和透明乳白色玻璃。它不仅表明了舒适的数字建
筑特有的参数折叠，而且通过"做减法"超越了肤浅的雕塑
形式。

在布里斯班，多诺万·希尔的昆士兰州立图书馆（与佩
德·希尔普合作，2006），探索了一种风化纪念碑的形式，通
过木板条和无模混凝土最大限度地体现出了细节，并且在温
和的亚热带气候中创造了一种纪念碑式的室内外空间。约
翰·沃德尔在澳大利亚各地的许多建筑中以形式上惊人的灵
活性达到了同样的效果，让人联想到莫雷蒂和蓬蒂的作品；
而在墨尔本的伍德湿地，他却将建筑作为一种大规模的城市艺术。其他公司，如悉尼的尼森·默卡特和克斯汀·汤普森，墨尔本的 NMBW，都提倡要更诚实地回归材料、类型和地点的本质。尽管他们自觉地去除了建筑装饰，但这三家公司的作品，都展示出了一种斯巴达式的简朴，赋予城市环境以道德约束，对充斥流行文化的城市挥出一记重拳。

新西兰：后现代主义转折及之后

　　类似的"早熟"特征，也出现在新西兰当地建筑师的作品中，他们在 20 世纪 80 年代也经历了后现代修正主义的猛烈冲击。新西兰在接受现代主义新形式过程中的两个关键人物，被保罗·沃克描述为"新西兰最后的现代建筑师"——伊恩·阿斯菲尔德（1940—）和罗杰·沃克（1942—）。[35] 他们从 20 世纪 60 年代末就开始借用新西兰本地民俗形式和惠灵顿的险峻地势来创作一种建筑组曲——从一方面看，它是一种自由的新陈代谢派或波普风格的建筑群；另一方面，它又是高度浪漫主义的"现代"地中海式村庄。阿斯菲尔德的作品吸引了国际社会的注意。[36] 被他亲手粉刷成白色的住宅和办公室位于惠灵顿坎达拉的一座山脚下，并且一直在增建当中，就像一幅从未画完的涂鸦（图 22.14）。沃克的建筑风格始终不变，波普风的舷窗，蓝红黄的角塔式屋顶，表现主义的木质支架，并且都出现在了惠灵顿的帕克·缪斯公司开发的 30套住房里；而他设计的位于卡莱卡湾的布里顿住宅（1974），外形像一座城堡，建在一个 45° 的斜坡上，向下延伸出 10 层楼面。

22.14 伊恩·阿斯菲尔德，阿斯菲尔德住宅，新西兰惠灵顿坎达拉，
　　　1965—

　　20世纪80年代，风格迥异的新西兰新一代的建筑师如雨后春笋般涌现出来。1990年以来，批判性建筑期刊《间隙》开始在奥克兰大学校园以外发行。来自奥克兰的毛利建筑师路易·汤普森在他设计的一次性住房——特别是他本人在考希玛拉玛的一所巴比伦金字塔式的胶合板盒子住宅——中尝试了一种柔化的纪念碑形式，并大胆挑战了奥克兰南部为毛利人修建的群居建筑。其他人，如费伦·哈伊和米歇尔·斯托特则将房子嵌入当地景观中，这种做法被保罗·沃克和贾斯汀·克拉克认为是与澳大利亚建筑师之间的一个明显区别，[37]也是房屋与自然的一种对话。这种对话让新西兰的建筑在短短几十年内得到了国内外的一致好评。[38]新西兰建筑以异域性、"他者"、在中心之外等为特征（这一习惯也可以在很多澳大利亚建筑学派身上发现），进而形成了一种敏锐、自觉的批判

性。这在新西兰建筑学者身上表现得尤为明显（尤其是涉及新西兰在战后现代建筑中受到毛利文化与思想的影响，或毛利人的原创地位等问题时）。结果，诸如约翰·斯科特设计的福图纳小教堂（惠灵顿卡洛里，1958—1961）和 JASMAD 公司设计的奥克兰萨摩亚住宅（毛塔萨摩亚，1977—1978）这类作品被深入研究，但研究的焦点是它们能否准确传达土著建筑形式，如澳大利亚的"wharenui"或萨摩亚的"fale"等。近期的作品，包括 JASMAX 事务所设计的位于惠灵顿的新西兰蒂帕帕国立博物馆，试图表达该国的双重文化（即毛利人文化和本土白人文化）。这座博物馆沿着清晰的结构线进行设计，其中的结构性，旨在认可关于土地形式、城市、"共有土地"、"分享土地"这类毛利文化概念。该项目最终建成了一栋具有高尚主题的建筑，但令人失望的是，它不过是一种常见的对普通形式的堆砌。

21世纪：本地的和全球的

澳大利亚自觉地接受了它在世界上以及在全球建筑对话中的复杂地位。这种现象持续了很久，而且并不像新西兰那样经历了大量社会争论和学术上的审视。澳大利亚出现这种现象的原因很多，但其中有一点很重要：土著居民的存在本身，以及那段冲突不断的历史，几十年来一直被澳大利亚政治界和文化界所忽视。具有讽刺意味的是，出现在 1980 年的多元文化的代表建筑，却为米切尔·朱戈拉·索普领衔设计的新国会大楼落户堪培拉立下汗马功劳。由罗马尔多·朱戈

22.15　米切尔·朱戈拉·索普，澳大利亚国会大楼，澳大利亚堪培拉，
　　　　1980—1988

拉完成于 1988 年的澳大利亚国会大楼，糅合了大量的建筑主
题，既有古典风格，也有现代风格。它的艺术设计呼应了堪
培拉城最早的设计师沃尔特·伯利·格里芬和马里昂·马霍
尼在建筑和景观上的意图。重要的是，前庭的地面上布置了
一幅由九万块石头组成的巨大马赛克画。这幅画是由土著艺
术家米歇尔·尼尔森·加戈马拉创作的，是对土著居民及其
文化的一次意义重大的表现（图 22.15）。

　　建筑学各领域认可土著居民的身份和地位则更晚。20 世
纪早期的基督教传教活动是早期欧洲文化在尚未理解土著居
民视觉和社会空间习俗的情况下，企图将他们纳入自己文化
体系的直接后果之一。在 20 世纪 30 年代，一些艺术家和建
筑师曾零星地将土著主题纳入自己的作品中，但直到 70 年代，
无论是建筑还是研究方面都几乎没有真正地结合。80 年代早

期，来自北方的提维群岛的彼得·迈尔斯等建筑师的作品，标志着一批地标式建筑的建设，比如格雷戈里·伯吉斯设计的维多利亚州的布朗巴克文化中心（1986—1990），以及北方乌卢鲁的卡塔丘塔文化中心（1990—1995）。但后来，也出现了土著居民和建筑师之间的真正合作，例如，丹根蒂尔事务所这类公司以及保罗·福莱洛斯这类个体建筑师。新南威尔士州公共设施部门于1995年还成立了梅丽马土著设计事务所。

承认土著社会的存在，以及随之而来的对澳大利亚当地景观重要性的重新评估，这种认识在21世纪头10年澳大利亚的发展中起到了重大作用。由LAB建筑师事务所设计的墨尔本联邦广场于2002年完工，它是澳大利亚联邦成立100周年系列纪念活动中最大的建筑项目。它不仅唤起了人们对城市边缘的小街巷和一段历史的记忆，也让人想起了偏远的西澳大利亚州金伯利（那里的景观中包含各种不同的色彩、材质和空间感）；它还让人发现了数字化建筑在工程建设和美学上的潜力。[39] 这种对澳大利亚建筑的解读，代表了澳大利亚人以一种新的成熟态度理解自己的土地，而这一过程还会持续下去。这也预示了一点："中心的边缘"这个位置，也可能代表着它在新的趋势中早有一席之地。类似的认识也出现在新西兰建筑界并持续至今。

如果说土著文化在刺激这两种认识的觉醒方面扮演了关键角色，那么在过去30年中还有一个同样重要的挑战——建筑专业实践的不同形式。全球化带来的压力和机遇，让登顿·科克·马歇尔建筑事务所（DCM）、芬德·卡扎里迪斯建筑事务所、伍兹贝格建筑事务所、考克斯集团和"建筑师"事务所的从业者，能获得来自英国、欧洲大陆和中东地区的

22.16 "建筑师"事务所,怀托摩洞游客服务中心,新西兰怀托摩,2010

重大项目委托,更重要的是,他们还能获得整个亚太地区的委托,而这一地区所委托的项目规模往往大于国内项目。业内专家一直在追踪、部署,以便能参与这些项目,有时还能得奖。一个典型例子就是DCM设计的英国曼彻斯特民事司法中心(2003—2007),它获得了多项大奖。在国际上进行建筑实践并获得成功,意味着澳、新两国有两种行业实践在发展:一种是大型的多国项目,一般使用复杂的3D技术,有时这部分会外包给印度等国家;另一种实践是中小型项目,通常是实验性质的、"困难"的项目。因此,建筑业的对话不仅在知识层面进行了划分,也从建筑实践和项目获取手段的模式上区分开。不过,总的来说,建筑自身往往有时会跨越这些实践过程、数字化过程和工程特征的界限。在墨尔本,DCM和艺术家罗伯特·欧文利用复杂的数字合成技术设计建造了弯曲的韦布大桥上的轻型钢格构件(2000—2003)。该桥的管状造型,象征土著人捕捞鳗鱼用的陷阱,这是对昔日发生在_____的活动的一种纪念。在新西兰,"建筑师"事务所的克里斯托弗·凯利设计了怀托摩洞游客服务中心（图 22.16）。服务中心"空中贝壳"式的顶棚，被设计成"Hinaki"样式——由一个螺线管的表面环绕，与下面黑暗的洞穴形成鲜明对比。两个项目都应用了21世纪的新技术，也都处在"中心的边缘"，同时，它们在历史悠久的景观和文化中找到了新内涵。

注释

1　Philip Goad, *New Directions in Australian Architecture* (Balmain, NSW: Pesaro Publishing, 2001), 12-13. 又可见：Jennifer Taylor, *Australian Architecture since 1960* (Red Hill, ACT: RAIA National Education Division, 1990), 9-12.

2　"高尚居所"来自大卫·米切尔的一本书的标题，参见 David Mitchell, *The Elegant Shed: New Zealand Architecture since 1945* (Auckland, New York: Oxford University Press, 1984).

3　参见 Mike Austin, "Polynesian Architecture in New Zealand", PhD thesis, University of Auckland, 1976 and "Polynesian Influences in New Zealand Architecture", *Formulation Fabrication: The Architecture of History*, Papers from the 17th Annual Conference of the Society of Architectural Historians, Australia and New Zealand, Wellington, 2000; Peter Shaw, *New Zealand Architecture from Polynesian Beginnings to 1990* (Auckland: Hodder & Stoughton, 1991); and Deidre Brown, *Maori Architecture: from Fale to Wharenui and Beyond* (Rosedale, NZ: Raupo/Penguin, 2009).

4　Paul Memmott, *Gunyah, Goondie and Wurley: The Aboriginal Architecture of Australia* (St Lucia, Qld: University of Queensland Press, 2007).

5   James Freeland, *Architecture in Australia: A History* (Melbourne: Cheshire, 1968).

6   R obin Boyd, "The State of Australian Architecture", *Architecture in Australia*, 56: 3 (June 1967): 454-65.

7   Peter Beaven, "South Island Architecture", *RIBA Journal* (September 1967): 375-82.

8   Hannah Lewi and David Nichols (eds), *Community: Building Modern Australia* (Sydney: UNSW Press, 2010), 84-111.

9   Philip Goad, "Absence and Presence: Modernism and the Australian city", *Fabulation,* Papers from the 29th Annual Conference of the Society of Architectural Historians, Australia and New Zealand, Launceston, July 2012.

10 例如，于 1951 年 9 月签署的《澳新美安全条约》。

11 Robin Boyd, *The Australian Ugliness* (Melbourne: Cheshire, 1960).

12 Don Gazzard (ed.), *Australian Outrage: The Decay of a Visual Environment* (Sydney: Ure Smith, 1966).

13 Philip Goad, "BHP House, Melbourne", in Jennifer Taylor (ed.), *Tall Buildings, Australian Business Going Up: 1945-1970* (Sydney: Craftsman House, 2001), 260-81.

14 Gevoork Hartoonian, "Harry Seidler: Revisiting Modernism", *Fabrications*, 20: 1 (January 2011): 30-53.

15 这一论断是爱丽丝·斯皮格尔曼在她的书中提出的，参见 Alice Spigelman, *Almost Full Circle: Harry Seidler* (Rose Bay: Brandl & Schlesinger, 2001), 188.

16 菲利普·高德提出的 "澳大利亚广场" 被收入了他和朱莉·威利斯编辑的百科全书 *The Encyclopedia of Australian Architecture* (Melbourne: Cambridge University Press, 2011), 50-51.

17 Goad, "Australia Square", 50.

18 Jessica Halliday, 转引自 Julia Gatley (ed.), *Long Live the Modern: New Zealand's New Architecture 1904-1984* (Auckland: Auckland University Press, 2008), 217.

19 Robin Skinner, "A Search for Authority: The Sketch Design of the ~~hive~~", *Additions to Architectural History*, 该书收录了 2002 年在布 ~~于~~行的澳新建筑史学家第 19 次年会上的论文。

20 Tone Wheeler, "The Autonomous House", *Architecture in Australia*, 63: 4 (1974).

21 Andrew Hutson, "Architects Groups and the Pipe Dreams of Clyde Cameron College", *Progress*, 2003, 158-62. 该书收录了 2003 年在悉尼举行的澳新建筑史学家第 20 次年会上的论文。

22 Conrad Hamann, "Seven in the Seventies", exhibition notes, Monash University Gallery, Clayton, Vic., 1981.

23 道格拉斯·戈登 (1933—2006)，1959 年毕业于悉尼大学，后在宾夕法尼亚大学取得硕士学位 (1959—1961)。毕业后回国之前，他在 SOM (纽约) 建筑设计事务所为戈登·邦沙夫特工作，也曾为米切尔-吉古拉工作室和罗伯特·文丘里工作。参见 Howard Tanner, "Gordon & Valich", in Philip Goad and Julie Willis (eds), *The Encyclopedia of Australian Architecture* (Melbourne: Cambridge University Press, 2011), 282.

24 Peter Corrigan, "Reflections on a New North American Architecture: The Venturis", *Architecture in Australia*, 61: 1 (February 1972): 55-67.

25 "AA Interview: Charles Jencks", *Architecture Australia*, 64: 1 (February 1975): 50-59.

26 1979 年在墨尔本鲍威尔街美术馆举行的"四个墨尔本建筑师展"主要展出了埃德蒙和科里根工作室、诺尔曼·戴伊斯、格雷格·伯吉斯和彼得·克罗恩的作品。展览的最大特色是，同一个标题下的四位建筑师在美学方面的态度截然不同，这和 1967 年"纽约五人组"在 MoMA 举办的特展形成鲜明对比 [由理查德·梅耶、格瓦特梅·西格尔、彼得·艾森曼和约翰·赫迪尤克的作品构成，随后还出版了图书《五位建筑师》(1972)]。

27 关于珀斯本地的建筑师 (杰弗里·豪利特、杰弗里·萨默海斯、戈登·芬恩、克兰茨与谢尔顿事务所) 以及 20 世纪 50 年代珀斯住宅的一系列重要专题论文，于西澳大利亚大学柯列迪美术馆展览期间 (1992—1997) 先后发表。

28 关于 20 世纪 80 年代"建筑之乐"会议的意义的详细分析，参见 Paul Hogben, "The Aftermath of 'Pleasures' : Untold Stories of Post-Modern Architecture in Australia", *Progress*, 该书收录了 2003 年在悉尼举行的澳新建筑史学家第 20 次年会上的论文。

29 一篇关注墨尔本接纳后现代主义一事的重要文章是：Conrad Hamann's

"Off the Straight and Narrow", *Architecture Australia* (June 1984): 61-66.

30 参见 Philip Thalis and Peter John Cantrill, *Public Sydney: Drawing the City* (Sydney: Faculty of the Built Environment, University of New South Wales and the Historic Houses Trust of New South Wales, 2013).

31 Philip Drew, *Leaves of Iron: Glenn Murcutt, Pioneer of an Australian Architectural Form* (Sydney: Law Book Co., 1985).

32 Rory Spence, "Sources of Theory and Practice in the Work of Richard Leplastrier", M. Arch thesis, University of NSW, 1997.

33 *Andresen O'Gorman - Works 1965-2001, UME*, 22 (2011).

34 Dimity Reed (ed.), *Tangled Destinies: National Museum of Australia* (Mulgrave, Vic.: Images Publishing Group, 2002).

35 Paul Walker, "Modern Architecture in New Zealand", *DOCOMOMO*, 29 (September 2003): 46.

36 Robin Skinner, "Larrikins Abroad: International Account of the New Zealand Architects in the 1970s and 1980s", in Andrew Leach, Antony Moulis and Nicole Sully (eds), *Shifting Views: Selected Essays on the Architectural History of Australia and New Zealand* (St Lucia, Qld: University of Queensland Press, 2008), 103-11.

37 Justine Clark and Paul Walker, "Making a Difference: New Zealand Houses at the Beginning of the *21st Century*", in Geoffrey London (ed.), *Houses for the* 21st Century (Singapore: Periplus, 2004), 63.

38 Paul Walker, "Here and There in New Zealand Architecture", *Fabrications*, 14: 1 & 2 (December 2004): 33-46.

39 Norman Day and Andrew Brown-May, *Federation Square* (South Yarra, Vic.: Hardie Grant, 2005).

本书部分图片来源：

图 1.5　https://en.wikipedia.org/wiki/Lever_House#/media/File:Lever_
　　　　House_390_Park_Avenue.jpg

图 1.6　https://zh.wikipedia.org/wiki/File:Miami_Beach_FL_Fontainebleau01.jpg

图 1.9　https://nl.wikipedia.org/wiki/Bestand:Paolo_Monti_-_Servizio_
　　　　fotografico_-_BEIC_6338771.jpg

图 1.11　https://commons.wikimedia.org/wiki/File:Charles_Moore_Piazza_
　　　　d%27Italia.jpg

图 1.12　https://de.m.wikipedia.org/wiki/Datei:Barcelona,_Spain_
　　　　(8271776325).jpg

图 2.2　https://commons.wikimedia.org/wiki/File:Sainsbury_Wing,_National_
　　　　Gallery,_London,_March_2015_(01).JPG

图 2.4　https://metropolismag.com/viewpoints/1980-venice-biennale-
　　　　postmodernism-book/

图 2.8　https://www.flickr.com/photos/joevare/2885823707

图 3.2　https://nl.m.wikipedia.org/wiki/Bestand:Prouv%C3%A9_La_Maison_
　　　　Tropicale.jpg

图 3.5　https://commons.wikimedia.org/wiki/File:Menil_Collection,_Houston,_
　　　　Texas_-_20130915-07.JPG

图 3.8　https://commons.wikimedia.org/wiki/File:The_Spectrum_Building,_
　　　　West_Swindon_-_geograph.org.uk_-_287906.jpg

图 3.10　https://ca.wikipedia.org/wiki/Arquitectura_high-tech#/media/
　　　　Fitxer:HSBC_Hong_Kong_Headquarters.jpg

图 4.3　https://de.m.wikipedia.org/wiki/Datei:Berlin,_Kreuzberg,_
　　　　Friedrichstrasse_43-44,_Haus_am_Checkpoint_Charlie_(cropped).jpg

图 4.4　https://tr.wikipedia.org/wiki/Dosya:Wexnercenter.jpg

图 4.5　https://commons.wikimedia.org/wiki/File:Paris_WBW_Parc_de_la_
　　　　Villette.jpg

图 4.7　https://ja.wikipedia.org/wiki/%E3%83%95%E3%82%A1%E3%82%A
　　　　4%E3%83%AB:Folie_N8_@_La_Villette_@_Paris_(33893431256).jpg

图 4.8　https://commons.wikimedia.org/wiki/File:Jewish_Museum_Berlin_-_
　　　　Garden_of_Exile.jpg

图 4.9　https://en.wikipedia.org/wiki/File:Jewish_Museum_Berlin_02.JPG

图 4.14　https://hu.m.wikipedia.org/wiki/F%C3%A1jl:Prague_-_Dancing_ House.jpg

图 4.15　https://hu.m.wikipedia.org/wiki/F%C3%A1jl:Prague_-_Dancing_ House.jpg

图 6.8　https://commons.wikimedia.org/wiki/File:Ceiling,_Entrance_Foyer,_ Jwahar_Kala_Kendra.JPG

图 7.1　https://commons.wikimedia.org/wiki/File:Ceiling,_Entrance_Foyer,_ Jwahar_Kala_Kendra.JPG

图 7.8　https://et.wikipedia.org/wiki/Fail:Gehry_House_-_Image01.jpg

图 7.10　https://commons.wikimedia.org/wiki/File:Menil_Collection,_ Houston,_Texas_-_20130915-04.JP

图 7.13　https://fivenonblondes.wordpress.com/2008/11/20/dominus/

图 7.16　https://nl.wikipedia.org/wiki/Seattle#/media/Bestand: SeattleMontage.png

图 8.2　https://nl.wikipedia.org/wiki/Seattle#/media/Bestand: SeattleMontage.png

图 9.10　https://nl.wikipedia.org/wiki/Seattle#/media/Bestand: SeattleMontage.png

图 12.7　https://commons.wikimedia.org/wiki/Category:Gelbes_Haus_(Flims)#/ media/File:Flims_Gelbes_Haus.jpg

图 16.5　https://commons.wikimedia.org/wiki/File:National_Commercial_ Bank,_Jeddah.jpg

图 18.8　https://it.m.wikipedia.org/wiki/File:The_Petronas_Twin_Towers_in_ Kuala_Lumpur_(Malaysia).JPG

图 19.8　https://sq.wikipedia.org/wiki/Skeda:Plan,_Jawahar_Kala_Kendra,_ Jaipur,_Rajasthan.JPG

图 19.9　https://commons.wikimedia.org/wiki/File:Rajasthan_(6373261127).jpg

图 19.11　https://commons.wikimedia.org/wiki/File:Software_development_ block_4,_Infosys_Mysore_(1).JPG ; https://commons.wikimedia.org/ wiki/File:Global_Education_Centre_front,_Infosys_Mysore.JPG

图 20.6　https://www.archdaily.cn/cn/photographer/paulo-goulart

图 20.7　https://zh.wikipedia.org/zh-sg/File:Window_setting_of_Ningbo_ Museum_(1).JPG

图 20.8　https://www.flickr.com/photos/eager/15892134267

图 20.9　https://zh.wikipedia.org/wiki/File:Expo_2010_China_Pavilion_ Daytime.jpg

图 20.10　https://zh.wikipedia.org/zh/File:China_Central_Television_ Headquarters_2.jpg

图 20.11　http://flickr.com/photo/46742370@N00/2840717144

图 20.12　https://commons.wikimedia.org/wiki/File:Hu_Huishan_Memorial_ Museum_on_May,_3_2020_01.jpg